高等教育建筑类专业系列教材

绿色建筑设计

主编　张丽丽
副主编　莫妮娜　李彦儒　巩文斌
参编　刘　飞　侯超平

重庆大学出版社

内容提要

本书系统性地阐述了绿色建筑的相关理论、设计手法、绿色能源与材料的运用等,旨在为绿色建筑设计提供系统的指导。全书除绪论外共包括6章内容:第1章介绍了绿色建筑设计相关应用理论,主要包括建筑热工、建筑热环境、自然通风和建筑能耗等相关知识;第2章至第4章从建筑外环境到建筑单体,再以建筑内部为视角对绿色建筑的调控设计策略进行了阐述;第5章、第6章介绍了可再生能源与绿色材料以及它们在绿色建筑中的应用。

本书可作为建筑学、城市规划学、风景园林学专业的教材,也可供有关的设计、施工和科研人员使用。

图书在版编目(CIP)数据

绿色建筑设计 / 张丽丽主编. -- 重庆:重庆大学出版社, 2022.4

高等教育建筑类专业系列教材
ISBN 978-7-5689-3013-0

Ⅰ. ①绿… Ⅱ. ①张… Ⅲ. ①生态建筑—建筑设计—高等学校—教材 Ⅳ. ①TU201.5

中国版本图书馆 CIP 数据核字(2021)第 242620 号

高等教育建筑类专业系列教材
绿色建筑设计
LÜSE JIANZHU SHEJI
主 编 张丽丽
副主编 莫妮娜 李彦儒 巩文斌
责任编辑:王 婷 版式设计:王 婷
责任校对:关德强 责任印制:赵 晟
*
重庆大学出版社出版发行
出版人:饶帮华
社址:重庆市沙坪坝区大学城西路 21 号
邮编:401331
电话:(023) 88617190 88617185(中小学)
传真:(023) 88617186 88617166
网址:http://www.cqup.com.cn
邮箱:fxk@cqup.com.cn (营销中心)
全国新华书店经销
重庆华林天美印务有限公司印刷
*
开本:787mm×1092mm 1/16 印张:18.5 字数:475 千
2022 年 4 月第 1 版 2022 年 4 月第 1 次印刷
印数:1—3 000
ISBN 978-7-5689-3013-0 定价:49.00 元

前　言

绿色建筑是21世纪建筑发展的主流，是适应生态发展、改善人类人居环境的必然选择，绿色建筑理论研究和设计应用也已逐渐成为建筑学科的热点问题。我国政府对发展绿色建筑给予了高度重视，国家和地方都陆续出台了若干发展绿色建筑的重大决策。

近年来，我国城镇化进程加快，城镇化率从2001年的37.7%增长到2020年末的63.89%，预计到2025年，中国城镇化率将达到65.5%。从2001年起，我国建筑的建造速度就维持在高位，年竣工面积均超过15亿 m^2，建筑存量也不断增长。2020年，我国建筑面积总量约700亿平方米。建筑能耗占全社会总能耗的比重高达28%，连同建筑材料生产和建筑施工过程的能耗一起，占总能耗的比重接近50%，且建筑用能呈现出逐年上升趋势。因此，树立全面、系统、可持续的科学发展观，走建筑绿色化道路，是我国建筑的必然发展趋势。

编者致力于绿色建筑领域的研究和教学十余年，在乡村振兴背景下的传统聚落和民居绿色设计领域取得了不错的研究成果。但在教学的过程中发现，针对建筑学、城乡规划学等相关设计专业的绿色建筑教材少之又少，且大多偏理论研究。为了丰富绿色建筑设计类教材库，让学习和从事建筑相关设计类的学生、专业人士能够更好地学习和掌握绿色建筑设计理论和策略，我们编写了这本《绿色建筑设计》教材，与其他同类教材相比有以下几个特点。

（1）集概念、理论、设计、案例于一体，整体思路清晰，逻辑性强，内容丰富全面，适合不同层次和水平的读者，特别适合建筑学、城乡规划学和风景园林学专业教学使用。

（2）将绿色建筑设计技术与经典设计案例相结合，从专业角度进行分析，具有针对性，做到了理论与实践相结合，通俗易懂，适合不同层次的读者阅读。

（3）涵盖内容广泛、内容详细，注重推陈出新，紧跟时代步伐，可操作性、应用性强。

本书围绕绿色建筑概念的产生、发展脉络，绿色建筑评价和绿色建筑技术，阐述了绿色建筑发展的光明前景。全书共分 6 章，主要包括绪论、绿色建筑场地设计、绿色建筑室外环境、绿色建筑单体设计策略、绿色建筑室内环境调控、可再生能源应用等内容。书中还配有大量绿色建筑材料及案例分析的资源，以二维码的形式展现，针对性强，便于实际应用。

本书由张丽丽担任主编，莫妮娜、李彦儒、巩文斌担任副主编。具体编写人员及分工为：张丽丽（绪论，第 3 章）、莫妮娜（第 2 章）、李彦儒（第 1 章）、侯超平（第 4 章）、刘飞（第 6 章）、巩文斌（第 5 章），全书由张丽丽负责统稿。研究生侯羽遥、杜俊飞、程静月、李浩林、董卓君、刘浩如、田蕾、张雪梅和王恺等绘制了本书的部分图例和格式调整工作，在此表示衷心感谢。

因编者经验和水平有限，书中难免存在疏漏之处，敬请批评指正。

编　者

2021 年 8 月

目　录

0　**绪论** ………………………………………………………………… 1
　0.1　绿色建筑的概念及发展背景 ……………………………………… 1
　0.2　绿色建筑的发展历程 ……………………………………………… 3
　0.3　绿色建筑评估体系 ………………………………………………… 6

1　**绿色建筑设计相关应用理论** ………………………………………… 13
　1.1　建筑热工 …………………………………………………………… 13
　1.2　建筑热环境 ………………………………………………………… 58
　1.3　自然通风 …………………………………………………………… 77
　1.4　建筑能耗 …………………………………………………………… 89

2　**绿色建筑微观外环境——场地设计** ………………………………… 101
　2.1　气候 ………………………………………………………………… 101
　2.2　选址 ………………………………………………………………… 106
　2.3　场地总体规划布局 ………………………………………………… 110
　2.4　场地景观配置 ……………………………………………………… 121
　2.5　场地铺装设计 ……………………………………………………… 126

3　**绿色建筑单体设计策略** ……………………………………………… 130
　3.1　建筑单体设计原则 ………………………………………………… 130
　3.2　建筑体形设计 ……………………………………………………… 138

3.3 建筑空间设计 …… 147
3.4 建筑围护结构 …… 168
3.5 蓄热体布置设计 …… 188

4 绿色建筑室内环境调控技术——热、光、声 …… 196
4.1 建筑热环境调控 …… 196
4.2 建筑光环境调控 …… 219
4.3 建筑声环境调控 …… 226

5 可再生能源在建筑中的集成应用 …… 231
5.1 可再生能源概述 …… 231
5.2 太阳能 …… 232
5.3 风能 …… 247
5.4 地热能 …… 250

6 绿色建筑材料简介 …… 262
6.1 绿色建筑材料的定义与内涵 …… 262
6.2 绿色建筑材料的分类及其评价 …… 264
6.3 绿色建筑材料的选择 …… 266
6.4 常用绿色建筑材料的性能及其应用 …… 271

附录 …… 281
附录 1 建筑热工术语 …… 281
附录 2 经典作品分析 …… 283

参考文献 …… 285

0 绪论

0.1 绿色建筑的概念及发展背景

0.1.1 绿色建筑的概念

国内关于绿色建筑的定义，比较权威的是《绿色建筑评价标准》(GB/T 50378—2019)中提出的："在其全寿命期内，节约资源、保护环境、减少污染，为人们提供健康、适用、高效的使用空间，最大限度地实现人与自然和谐共生的高质量建筑。"

对于该定义，可以从以下5个方面来理解：

①绿色建筑的理念应体现在建筑全寿命周期内的各个时段，包括项目前期策划、建筑规划设计、建材和建筑部品的生产加工与运输、建筑施工及安装、建筑运营，以及建筑寿命终结后的处置和再利用。

②绿色建筑应是节能、低碳排放的建筑。

③绿色建筑作为为人服务的生活和生产设施，应充分体现其健康性、适用性和高效性。

④绿色建筑应是环境友好型的，是与自然和谐共生的建筑。

⑤绿色建筑应满足前期策划、项目实施、后期运营等各阶段的高质量标准要求。

自20世纪60年代以来，绿色建筑在全球范围内得到了持续和广泛的关注。与绿色建筑相近的概念中，生态建筑强调在符合人类居住的条件下，尽可能利用且不破坏建筑物当地环境，实现维系生态平衡、保护生态安全的目的；可持续建筑力求通过建筑对资源和能源的节约使用、高效利用、再生和循环利用,降低建筑对环境的影响;节能建筑注重降低建筑能耗;生物气候建筑偏重于对地域气候环境的弹性应变;低碳建筑则重点关注降低建筑全生命周期的碳排放量。以上诸概念虽然在研究切入点上存在差异,但其基本内涵在实质上是相通的,都是在保证使用者健康、舒适需求得到满足的前提下,力求通过一定的技术手段,实现建筑节约资源和能源、保护环境、减少污染的共同目标。

0.1.2 绿色建筑的发展背景

背景一:资源、环境危机与可持续发展思想的提出

始于18世纪60年代的工业革命,标志着人类社会进入了全新的飞速发展阶段,主要表现在:出现了以蒸汽、电力等为动力的先进生产工具,极大地提高了劳动效率和生产力水平;采用化石能源(煤炭、石油、天然气等)作为主要动力源,改变了传统的能源结构;通过资本、技术、人力、生产资料的高度聚集,组织起大规模的社会化大生产;科学技术的发展促进了更多新技术、新材料、新工艺、新产品的出现,推动了社会变革和新的资本主义生产关系的形成,加快了城市化进程。进入20世纪后,随着经济增长和科学技术的迅猛发展,城市化水平不断提高,经济与技术全球化将人类社会文明推向了一个崭新的阶段。然而,20世纪六七十年代出现的能源危机也使人类逐渐认识到,在改造自然、增强自身利用自然资源能力的同时,人类赖以生存和发展的资源和环境却也遭到破坏——自然资源的无节制开发和利用造成了不可再生资源的枯竭、水土流失、水资源短缺、植被破坏、生态退化和生物多样性减少;城市的无限制扩张引发了城市人口急剧膨胀、交通拥挤等严重的城市问题,工业生产产生的大量废弃物排放超越了环境自净能力,造成了严重的环境污染,并导致出现臭氧层空洞、温室效应与全球气候变暖。20世纪80年代,人们明确提出了可持续发展思想。1992年,在巴西的里约热内卢召开了联合国环境与发展大会(简称UNCED),通过了体现可持续发展思想的两个重要纲领——《里约环境与发展宣言》和《21世纪议程》,将可持续发展作为全球的发展战略并被世界各国普遍接受,这标志着人类在可持续发展的问题上已经有了深刻的认识,并在全球性政策的制定上达成了共识。

背景二:建筑的能源消耗与环境影响

建筑业是大量消耗资源和能源以及对生态环境产生多方面影响的产业。建筑领域相关的绝大部分能源消耗和温室气体排放都发生在建筑的建造和运行这两个阶段。建筑建造阶段的能源消耗是指由于建筑建造所导致的从原材料开采、建材生产、运输以及现场施工所产生的能源消耗。建筑运行用能是指在住宅、办公建筑、学校、商场、宾馆、交通枢纽、文体娱乐设施等建筑内,为居住者或使用者提供供暖、通风、空调、照明、炊事、生活热水,以及其他为了实现建筑的各项服务功能所产生的能源消耗。据统计资料显示,一个国家的建筑运行能耗一般占能耗总量的25%~40%;如果加上建筑材料的生产运输以及建筑建造和拆除过程的能耗,该比例会上升至约50%。

在西班牙、英国、瑞士、日本、中国、巴西和博茨瓦纳,建筑能耗分别占到全国总能耗的23%、39%、47%、25%、28%、42%和50%。20世纪90年代中期,美国的建筑能耗占全国商业总能耗的比例约为54%。我国的国务院发展研究中心于2003年初在《中国国家综合能源战略和政策研究》中指出:我国既有的近400亿平方米建筑中,99%属于高能耗建筑;在新建建筑中,95%以上仍然是高能耗建筑。目前我国的建筑能耗占能源消耗总量的比例已由1978年的10%上升至27%。其中,建筑运行的采暖空调能耗占建筑能耗的主要部分,约为65%。在此背景下,节约建筑能耗,提高建筑的资源和能源利用效率,成为十分迫切和必要的建筑发展方向。

在环境影响层面,据欧盟能源研究机构的统计,大约3/4的能量消耗以及大约相同级别的碳化合物排放来自建筑和交通,其中大约1/2的能量用于建筑的供热、制冷、采光和通风等设备的运作;造成温室效应和臭氧层破坏的气体中,有约50%的氟利昂产生自建筑物中的空调机、制冷系统、灭火系统及一些绝热材料等;约50%的矿物燃料(煤、石油、天然气)的消耗与建筑的运行有关。因此,约50%的CO_2(相当于1/4的温室气体)排放来自与建筑相关的活动。统计表明,我国建筑活动所造成的污染(包括空气污染噪声污染、光污染、电磁污染等)约占全部污染的34%;建筑垃圾占人类活动产生垃圾总量的40%。

0.2 绿色建筑的发展历程

0.2.1 国外绿色建筑的发展历程

真正的绿色建筑概念的提出和思潮的涌现是在第二次世界大战之后。现代绿色建筑的发展大致可分为3个阶段:唤醒和孕育期(20世纪60年代)、形成和发展期(1970—1990年)及蓬勃兴起期(2000年以来)。

1)生态意识的唤醒

20世纪60年代是人类生态意识被唤醒的时代,也是绿色建筑概念的孕育期。20世纪60年代,美籍意大利裔建筑大师保罗·索勒瑞(图0.1)首次把生态学(Ecology)和建筑学(Architecture)两词结合为生态建筑学(Arcology)。他提出应尽可能利用当地的环境特点及气候、地势、阳光、空气、水等自然因素,尽可能不破坏大、小环境因素,以保障生态系统的健康运行,同时有益于人类的健康。阿科桑蒂城的设计和实践充分体现了保罗·索勒瑞的设计理念。

图0.1 美籍意大利裔建筑大师保罗·索勒瑞

1969年,英国著名环境设计师、规划师和教育家伊恩·麦克哈格(图0.2)出版了著作《设计结合自然》(图0.3),详细阐述了人与自然环境之间不可分割的依赖关系、大自然演进的规律和人类认识的深化,标志着生态建筑学的诞生。

图 0.2　麦克哈格

图 0.3　设计结合自然

2)绿色建筑概念的形成和发展

1970—1990 年,绿色建筑概念逐步形成,其内涵和外延并不断丰富,绿色建筑理论和实践逐步深入和发展。

20 世纪 70 年代,石油危机使得太阳能、地热、风能等各种建筑节能技术应运而生,节能建筑成为建筑发展的先导。

20 世纪 80 年代,世界自然保护组织首次提出"持续发展"的口号;同时,节能建筑体系逐渐完善,并在德国、英国、法国、加拿大等发达国家广泛应用。

1987 年,世界环境与发展委员会发表《我们共同的未来》报告,确立了可持续发展的思想。

1990 年,英国建筑研究所(Building Research Establishment,简称 BRE)率先制定了世界上第一个绿色建筑评价体系——建筑研究所环境评估法(Building Research Establishment Environment Assessment Method,简称 BREEAM)。

1992 年,在巴西的里约热内卢召开的联合国环境与发展大会(United Nation Conference on Environment and Development,简称 UNCED)上,国际社会广泛接受了"可持续发展"的概念,即"既满足当代人的需要,又不对后代人满足其需要的能力构成危害的发展",并首次提出绿色建筑的概念。

1993 年,美国出版了《可持续发展设计指导原则》一书。书中提出了尊重基地生态系统和文化脉络,结合功能需要,采用简单的适用技术,针对当地气候采用被动式能源策略,尽可能使用可更新的地方建筑材料等 9 项可持续建筑设计原则。1993 年 6 月,国际建筑师协会第十九次代表大会通过了"为争取持久未来的相互依赖宣言"(简称芝加哥宣言),提出保持和恢复生物多样性,资源消耗最小化,降低大气、土壤和水的污染,使建筑物满足卫生、安全、舒适以及提高环境意识等原则。同年,美国创建绿色建筑协会。

1994 年,第一届国际可持续建筑会议(ICSC)首次给出了可持续建筑的定义:在有效利用资源和遵守生态原则的基础上,创造一个健康的建筑环境并使其持续保持。

1999 年 11 月,世界绿色建筑协会在美国成立。

3)绿色建筑世界范围内的蓬勃兴起

进入 21 世纪后,绿色建筑的内涵和外延更加丰富,绿色建筑理论和实践进一步深入和发展,在世界范围内形成了蓬勃兴起和迅速发展的态势,许多绿色建筑的经典工程实例不断涌现出来。另外,绿色建筑评价体系也在逐渐完善。进入 21 世纪,继英国、美国、加拿大之后,日本、德国、澳大利亚、挪威、法国等国家也相继推出了适合于其地域特点的绿色建筑评价体系,且很多国家将绿色建筑标准作为强制性规定。2007 年 10 月 1 日,美国洛杉矶出台了第一个强制性的绿色建筑法令。法令给出了该城的绿色建筑标准,规定新建建筑、改建建筑都应该达到最低绿色标准。

0.2.2 国内绿色建筑的发展历程

绿色建筑中绿色要素在中国的发展可以追溯到古代。我国传统民居大部分是绿色的,例如黄土高原的窑洞建筑、新疆地区的阿以旺民居、福建西南山区的土楼建筑、海南黎族船屋、川西滇西北的邛笼式建筑等。

1973 年,在联合国人类环境会议的影响下,我国首部环保法规性文件《关于保护和改善环境的若干规定(试行草案)》由国务院颁布执行。

20 世纪 80 年代以后,我国开始提倡建筑节能,但系统性研究还处于初始阶段,在许多相关的技术研究领域还是空白。

自 1992 年巴西里约热内卢的联合国环境与发展大会召开以来,中国政府大力推动绿色建筑的发展。

1994 年,出版了《中国 21 世纪议程——中国 21 世纪人口、环境与发展白皮书》,国务院颁布了《中国 21 世纪初可持续发展行动纲要》。

2001 年 5 月,原建设部住宅产业化促进中心研究和编制了《绿色生态住宅小区建设要点与技术导则》,提出以科技为先导,总体目标是推进住宅生态环境建设及提高住宅产业化水平。

2002 年 7 月,原建设部颁布了《关于推进住宅产业现代化提高住宅质量的若干意见》和《中国生态住宅技术评估手册》,并对十多个住宅小区的设计方案进行了设计、施工、竣工验收全过程的评估、指导与跟踪检验。

2004 年,原建设部制定《建筑节能试点示范工程(小区)管理办法》《全国绿色建筑创新奖管理办法》《全国绿色建筑创新奖实施细则》《关于组织申报首届〈全国绿色建筑创新奖〉的通知》。建设部“全国绿色建筑创新奖”的启动,标志着中国的绿色建筑进入了全面发展阶段。

2005 年,原建设部制定了《关于发展节能省地型住宅和公共建筑的指导意见》,颁布了《公共建筑节能设计标准》(GB 50189—2005);召开了首届国际智能与绿色建筑技术研讨会,其主题为:智能建筑、绿色住宅、领先技术、持续发展。

2006 年,原建设部召开了第 2 届国际智能、绿色建筑与建筑节能大会,主题为:绿色、智能——通向节能、省地型建筑的捷径;颁布了《绿色建筑评价标准》。

2007 年,原建设部召开了第 3 届国际智能、绿色建筑与建筑节能大会,主题为:推广绿色建筑——从建材、结构到评价标准的整体创新;筹建了城市科学研究会节能与绿色建筑专业委员会。国家启动绿色建筑示范工程、低能耗建筑示范工程和可再生能源与建筑集成技术应用示范工程,发布了《中国应对气候变化的政策与行动》白皮书,启动了绿色建筑职业培训及政府培训。

2008 年 3 月,中国城市科学研究会绿色建筑与节能专业委员会成立;4 月,中国绿色建筑评价标识管理办公室成立,主要负责绿色建筑评价标识的管理工作,受理 3 星级绿色建筑的评价标识,指导1、2级绿色建筑的评价标识活动。召开了第4届国际智能、绿色建筑与建筑节能大会,主题为:推广绿色建筑,促进节能减排。

2009年,成功举办第5届国际智能、绿色建筑与建筑节能大会,主题为:贯彻落实科学发展观,加快推进建筑节能。

2011年12月1日,住房和城乡建设部发出全面推进绿色建筑发展的倡议,明确了"十二五"期间绿色建筑的发展目标、重点工作和保障措施等。

2012年11月8日,党的十八大和国家"十三五"规划提出深度推进绿色建筑的发展,改善生态环境,并提出生态修复、城市修补的城市双修理念。

2013年1月6日,国务院发布了《国务院办公厅关于转发发展改革委、住房城乡建设部绿色建筑行动方案的通知》,提出"十二五"期间完成新建绿色建筑10亿平方米,到2015年末,20%的城镇新建建筑达到绿色建筑的标准要求;同时还对"十二五"期间绿色建筑的方案、政策等予以了明确支持。

2014年,住房和城乡建设部发布公告,批准《绿色建筑评价标准》为国家标准,编号为GB/T 50378—2014,自2015年1月1日起实施。原《绿色建筑评价标准》GB/T 50378—2006同时废止。

2015年12月3日,住房和城乡建设部发布国家标准《既有建筑绿色改造评价标准》(GB/T 51141—2015)和《绿色医院建筑评价标准》(GB/T 51153—2015),自2016年8月1日起实施。

2016年4月15日,住房和城乡建设部发布国家标准《民用建筑能耗标准》(GB/T 51161—2016)和《绿色饭店建筑评价标准》(GB/T 51165—2016),自2016年12月1日起实施。6月20日,住房和城乡建设部发布国家标准《绿色博览建筑评价标准》(GB/T 51148—2016),自2017年2月1日起实施。

2019年,住房和城乡建设部再次修订了国家标准《绿色建筑评价标准》,自2019年8月1日起实施。原《绿色建筑评价标准》(GB/T 50378—2014)同时废止。

2020年,中国城市科学研究会和中国工程建设标准化协会联合发布《健康社区评价标准》。住房和城乡建设等七部委印发《关于绿色社区创建行动方案的通知》,提出2020年力争全国60%以上的城市社区参与创建行动并达标。2020年底,中华人民共和国国民经济和社会发展第十四个五年规划和2035年远景目标纲要中提出了双碳目标。

0.3 绿色建筑评价体系

0.3.1 国外绿色建筑评价体系

目前,国外较有影响的绿色建筑评价体系有:美国的LEED绿色建筑评价体系、加拿大的GBTool评价体系、英国的BREEAM评价体系、德国的生态建筑导则LNB、日本的建筑物综合环境性能评价体系(CASBEE)、澳大利亚的建筑环境评价体系NABERS、挪威的EcoProfile评价体系、法国的ESCALE评价体系等。

这些评价体系,基本都涵盖了绿色建筑的三大主题(减少对地球资源与环境的负荷和影响,创造健康、舒适、高效的使用环境,与自然和谐共生),并制定了定量的评分体系(对评价内容尽可能采用模拟预测的方法得到定量指标,再根据定量指标进行分级评分)。

1)美国能源及环境设计先导计划(LEED)

(1)LEED 的发展历程

LEED 的全称为 Leadership in Energy & Environmental Design,可译为“能源及环境设计先导”。LEED 是 1998 年由美国绿色建筑委员会(United States Green Building Council,简称 USGBC)颁布并监督实施的建筑环境评价体系。2000 年,在 LEED 1.0 版本的基础上推出了 LEED 2.0 版本;2009 年,LEED 又推出了升级版本 LEED V3;2013 年,再次升级为最新版本 LEED V4;目前最新版本为 LEED V4.0。除了以上主要版本外,LEED 体系还有一些地方性版本,例如波特兰 LEED 体系、西雅图 LEED 体系、加利福尼亚 LEED 体系等,都做了适应当地实际情况的调整。

(2)LEED 的评价方法和体系

LEED 评价几乎适用于所有的建筑类型(无论是商业建筑还是住宅建筑)。其认证体系包含:

- 面向新建筑的评价体系——LEED for New Construction,简称 LEED-NC;
- 核壳结构与内装分离——LEED for Core & Shell,简称 LEED-CS;
- 针对商业内部装修——LEED for Commercial Interior,简称 LEED-CI;
- 强调建筑运营管理评价——LEED for Existing Building,简称 LEED-EB;
- 住宅评价——LEED for Home,简称 LEED-H;
- 社区规划与发展评价——LEED for Neighborhood Development,简称 LEED-ND。

2013 年开始实施的 LEED V4 评价体系,从“选址与交通”“可持续场地”“节水”“能源与大气”“材料与资源”“室内环境质量”“创新”“区域优先”等 8 个方面对建筑进行综合考察和评判,在满足评估点和创新点的基础上,将评估结果分为 4 个等级(图 0.4)。

图 0.4　LEED 认证等级

LEED 推出后在北美地区影响很大,目前世界上已有几百座建筑通过了 LEED 的等级认证,我国《生态住宅技术评估手册》也是参考 LEED 的结构编写的。整个 LEED 评价体系的设计力求覆盖范围广,同时实施非常简单易行,这是其获得美国市场乃至国际社会认可的关键原因之一。

2)加拿大绿色建筑挑战(GBTool)

(1)GBTool 的发展历程

“绿色建筑挑战”(Green Building Challenge,简称 GBC)于 1996 年由加拿大发起,在当时有美、英、法等 14 个国家参加。经过这些国家对多达 35 个项目的探索实践之后,最终确立了一套合理评价建筑物能量及环境特性的方法体系——GBTool。1998 年 10 月,在加拿大温哥华召开了有 14 国参加的绿色建筑国际会议(GBC98),建立了一个适应不同国家和地区各自技术水平和建筑文化传统的国际化绿色建筑评价体系。2000 年 10 月,在荷兰马斯特里赫特召开了“可持续建筑 2000”国际会议,各参与国在两年的时间里利用 GBTool 对各种典型建筑进行测试,对 GBTool 进行了版本更新。绿色建筑挑战的目的是发展统一的性能参数指标,建立全球化的绿色建筑性能评价标准和认证系统,使有用的建筑性能信息可以在国家间进行交换,最终使不同地区和国家之间的绿色建筑实例具有可比性。

(2)GBTool 的评估方法和体系

GBTool 对建筑的评定内容包括各项标准到建筑总体性能,其环境性能评价框架分 4 个层次,从高到低依次为:环境性能问题、环境性能问题分类、环境性能标准、环境性能子标准。其中,环境性能问题包括以下 7 个方向:室内环境质量、资源消耗、服务质量、经济性、环境负荷、管理和交通。GBC 的评价等级被设定为-2 到+5 分,其中,5 分为高于当前建筑实践标准要求的建筑环境性能;1~4 分代表中间不同水平的建筑性能表现;0 分是基准指标,是在本地区内可接受的最低要求的建筑性能表现,通常是由当地规范和标准规定的;-2 分是不符合要求的建筑性能表现。

3)英国建筑研究组织环境评价法(BREEAM)

(1)BREEAM 的发展历程

英国的建筑研究组织自 1988 年开始研发本国的建筑环境评价体系。《建筑研究组织环境评价法》(The Building Research Establishment Environmental Assessment Method,简称 BREEAM),是由英国“建筑研究组织”和一些私人部门的研究者于 1990 年制定的。这是世界上第一个绿色建筑评价体系。从 1990 到 2004 年,BREEAM 推出了评价其他建筑类型的不同分册。如今,BREEAM 已评价了英国市场 25%~30%的新建办公建筑。

(2)BREEAM 的评价方法和体系

BREEAM 最初的两个版本分别适用于办公建筑和住宅。其后伴随着英国建筑规范标准的发展,BREEAM 不断推出新的版本。BREEAM 评价条目包括九大方面:①管理——总体的政策和规程;②健康舒适——室内和室外环境;③能源——能耗和 CO_2 排放;④交通——有关场地规划和运输时 CO_2 的排放;⑤水——能耗和渗漏问题;⑥原材料——原料选择及对环境的作用;⑦土地利用——绿地和褐地使用;⑧地区生态——场地的生态价值;⑨污染——(除 CO_2 外的)空气和水污染。每一条目下分若干子条目,各对应不同的得分点,分别从建筑性能、设计与建造、管理与运行这 3 个方面对建筑进行评价,满足要求即可得到相应的分数。

BREEAM 的评分是由各个类别中评分点的得分相加,然后加上生态积分确定的权重比,得出的最后的评分(图 0.5)。BREEAM 评价结果分为 4 个等级——合格、良好、优良、优异,同时规定了每个等级下的设计与建造、管理与运行的最低限分值。

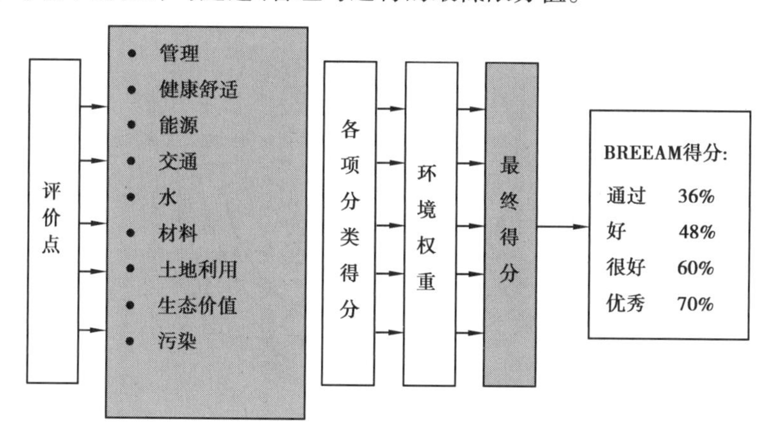

图 0.5　BREEAM 评分卡

4)德国绿色建筑评价体系(DGNB)

(1)DGNB 的发展历程

作为生态节能建筑和被动式设计发展最早的欧洲国家,德国早先却没有推出类似英国或美国的可持续建筑评价标准,这源于德国人对自己现有工业标准的自信。自工业革命以来,德国已建立了一套相当完善、要求很高的工业标准体系,使德国在绿色建筑的推广和开发中有自己独特的见解和经验。

2006 年起,德国政府组织专家对第一代绿色建筑评价体系——BREEAM 和 LEED 进行研究,然后在 2008 年正式推出了自己的可持续建筑评价体系——DGNB。德国的 DGNB 体系是世界先进绿色环保理念与德国高水平工业技术和产品质量体系的结合,是构筑在现有工业化标准体系之上的评价体系。DGNB 体系是由政府参与的可持续建筑评价体系,由德国交通、建设与城市规划部和德国建筑协会共同参与制定,具有国家标准性质及很高的科学性和权威性。

(2)DGNB 评价体系的构成及评分标准

德国 DGNB 是一套透明的、易于理解和操作的认证体系,整套体系包含 61 条标准,从 6 个领域对建筑物进行评价:经济质量、生态质量、过程质量、社会文化及功能质量、技术质量和基地质量。DGNB 主要分为设计阶段的预认证和施工完成后的正式认证,评价体系中的每一条标准都有明确的使用方法和目标值,在成熟的软件和数据库的支持下,只需要根据相应的公式对建筑已经记录的质量进行计算分析,就可最终得出评分。50%以上为铜级,65%以上为银级,80%以上为金级。最终的各方面得分情况会由软件以罗盘格(图 0.6)的形式展现,使人们能更直观地解读该建筑的评分情况。

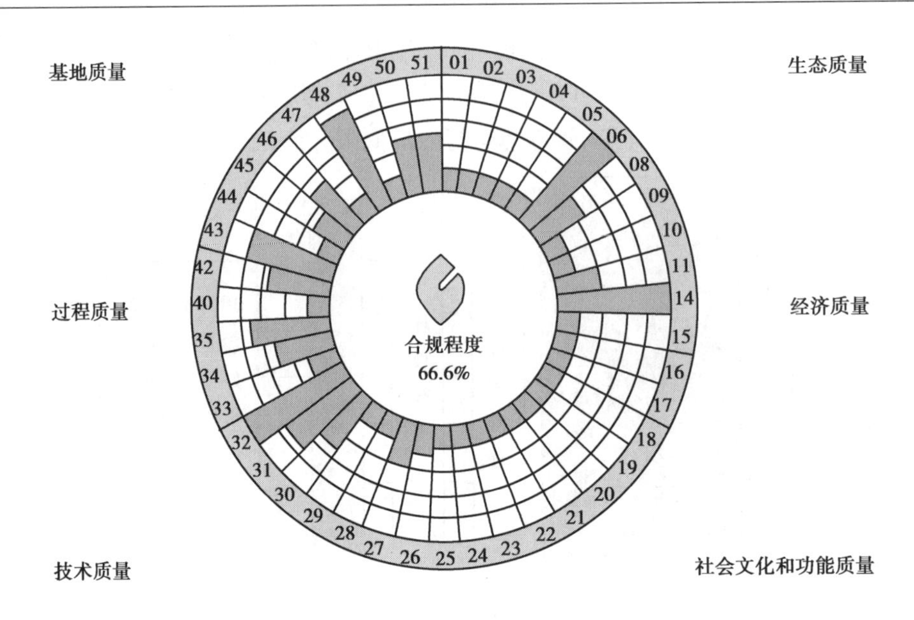

图 0.6 德国 DGBN 评价图

5)日本建筑物综合环境性能评价体系(CASBEE)

(1)CASBEE 的发展历程

日本的建筑物综合环境性能评价体系(Comprehensive Assessment System For Building Environment Efficiency,简称 CASBEE)是由日本国土交通省、日本可持续建筑协会建筑物综合环境评价研究委员会共同合作,由日本政府、企业、学者组成的联合科研团队于 2002 年开始研发的绿色建筑评价体系。2003 年 7 月,开发出了用于新建建筑的评价工具;2004 年 7 月展开修订,同时公布了用于新建、既有建筑物、短期使用建筑的评价工具和以建筑群为对象的环境评价工具,并规定某些城市在建筑报批申请和竣工时必须使用 CASBEE 进行评价;2008 年,CASBEE 又推出了最新版本。

日本 CASBEE 作为首个由亚洲国家开发的绿色建筑评价体系,是亚洲国家开发适应本国国情的绿色建筑评价体系的一个范例。它更接近亚洲国家的实际情况,对中国开发相应的绿色建筑评价体系具有借鉴意义。

(2)CASBEE 的评价方法和体系

0.1世界其他国家和地区绿色建筑评价标准

CASBEE 可用于评价各类型建筑,包括办公楼、商店、宾馆、餐厅、学校、医院、住宅。针对不同阶段和利用者,有 4 个有效的工具,分别是初步设计工具、环境设计工具、环境标签工具、可持续运营和更新工具。CASBEE 提出以用地边界和建筑最高点之间的假想空间作为建筑物环境效率评价的封闭体系。以此假想边界为限的空间是业主、规划人员等建筑相关人员可以控制的空间,而边界之外的空间是公共空间,几乎不能控制。CASBE 需要评价“Q(quality)即建筑的环境品质和性能”和“L(loadings)即建筑的外部环境负荷”两大指标,分别表示“对假想封闭空间内部建筑使用者生活舒适性的改善”和“对假想封闭空间外部公共区域的负面环境影响”。

CASBEE 采用 5 级评分制，基准值为水准 3(3 分)，满足最低条件时评为水准 1(1 分)，达到一般水准时为水准 3(3 分)。依照权重系数，各评价指标累加得到 Q 和 L，最后根据关键性指针——建筑环境效率指标 BEE(Building Environment Efficiency)，给予建筑物评价。

$$BEE = \frac{Q}{L} \tag{0.1}$$

当建筑物的环境品质与性能(Q)越大、环境负荷(L)越小时，建筑物环境效率(BEE)越大。CASBEE 的绿色标签分为 S、A、B+、B-、C 五级，其中，CASBEE 值<0.5 为 C(Poor)，0.5～1 为 B-(Fairly Poor)，1～1.5 为 B+(Good)，1.5～3 为 A(Very Good)，CASBEE 值>3 为 S(Excellent)。

0.3.2 国内绿色建筑评价体系

2006 年，原建设部正式颁布了《绿色建筑评价标准》，并在 2014 年进行了改版，目前为 2019 年修订后的最新版本。《绿色建筑评价标准》的评价对象为住宅建筑和公共建筑(包括办公建筑、商场、宾馆等)。对住宅建筑，原则上以住区为对象，也可以单栋住宅为对象进行评价；对公共建筑，则以单体建筑为对象进行评价。

绿色建筑评价指标体系由安全耐久、健康舒适、生活便利、资源节约、环境宜居 5 类指标组成，且每类指标均包括控制项和评分项；另外还统一设置了加分项，见表 0.1。控制项的评定结果应为达标或不达标；评分项和加分项的评定结果应为分值。

表 0.1 绿色建筑评价分值

	控制项基础分值	评价指标评分项满分值					提高与创新加分项满分值
		安全耐久	健康舒适	生活便利	资源节约	环境宜居	
预评价分值	400	100	100	70	200	100	100
评价分值	400	100	100	100	200	100	100

绿色建筑评价应在建筑工程竣工后进行。在建筑工程施工图设计完成后，可进行预评价。绿色建筑划分为基本级、一星级、二星级、三星级 4 个等级。当满足全部控制项要求时，绿色建筑等级应为基本级。其他三个星级均应满足全部控制项的要求，且每类指标的评分项不应小于其评分项满分值的 30%。当总得分分别达到 60 分、70 分、85 分且满足标准相关要求时，绿色建筑等级分别为一星级、二星级、三星级。

0.3.3 国内外绿色建筑评价体系对比

选取国内绿色建筑评价标准《绿色建筑评价标准》，同国外主流绿色建筑评价体系——德国的 DGNB，英国的 BREEAM，美国的 LEED，加拿大的 GBTooL 进行分析对比，从评价内容、评价对象、评估机制、评价过程和方法等方面进行比较，总结出国内外这几种绿色建筑评价体系的共同点和局限性，见表 0.2。

表 0.2 国内外绿色建筑评价体系对比

评价体系	开发国家	管理机构	评价对象	评价内容	评价方法
绿色建筑评价标准	中国	住建部科技发展促进中心和中国绿色建筑与节能专业委员会	各类民用建筑	安全耐久、健康舒适、生活便利、资源节约、环境宜居	1.标准分为控制项和评分项； 2.绿色建筑必须满足全部控制项； 3.按满足评分项数的程度划分为4个等级
LEED	美国	美国绿色建筑委员会(USGBC)	新建建筑，既有商业综合建筑	场地可持续性，水利用率，耗能与大气，材料与资源保护，室内环境质量，创新	1.打分卡记分； 2.颁发通过、铜质、金质、白金四个等级证书
GBTooL	加拿大	加拿大绿色建筑协会(CGBC)	新建建筑、改建翻建筑	资源能耗，环境负荷，室内环境，环境服务质量，经济性，管理，出入交通	1.建立在Excel基础上； 2.分数从-2分到+5分，Excel逐级加权计算总分； 3. Excel自动生成性能图标
BREEAM	英国	英国建筑研究会	新建建筑，既有建筑	健康舒适性，能耗，交通，水耗，材料，土地利用，生态价值，污染	1.计算BREEAM等级和环境性能指标； 2.将分数转化为4个级别：通过、良好、优良、优异； 3.授予绿色认证证书
DGNB	德国	德国可持续发展建筑委员会	新建建筑和改建建筑	自然环境保护、建筑生命周期的成本、生活环境的舒适健康	1.制定评估内容和权重比例； 2.通过计算分析，最终得出评分，分为铜级、银级、金级3级

习 题

1.美国的绿色建筑评价体系是(　　)。

A.LNB　　B.BREEM　　C.LEED　　D. NABERS

2.绿色建筑的概念是什么？如何理解绿色建筑？

3.简述国内外绿色建筑的评价标准。结合具体案例，分析评价标准的现实中的应用。

1 绿色建筑设计相关应用理论

1.1 建筑热工

1.1.1 围护结构传热基础知识

在自然界中，只要存在着温差，就会出现传热现象，而且热能总是由温度较高的部位传至温度较低的部位。例如，当室内外空气之间存在温度差时，就会产生通过房屋外围护结构的传热现象。冬天，在采暖房屋中，由于室内气温高于室外气温，热能就从室内经外围护结构向外传出；夏天，在空调建筑中，因室外气温高，加之太阳辐射的热作用，热能从室外经外围护结构传到室内。

热量传递有三种基本方式，即导热、对流和辐射。实际的传热过程无论多么复杂，都可以看作是这三种方式的不同组合。因此，传热学总是先分别研究这三种方式的传热机理和规律，再考虑它们的一些典型组合过程。

1）导热

在固体、液体和气体中都存在导热现象，但是在不同的物质中，导热的机理是有区别的。在气体中，是通过分子做无规则运动时的互相碰撞而导热。在液体中，是通过平衡位置间歇移动着的分子振动而导热。在固体中，除金属外，都是由平衡位置不变的质点振动而导热；而在金属中，主要是通过自由电子的转移而导热。

纯粹的导热现象仅发生在理想的密实固体中，但绝大多数的建筑材料或多或少总是有孔隙的，并非密实的固体，在固体的孔隙内将会同时产生其他方式的传热。但因对流和辐射方式传递的热能在这种情况下的所占比例甚微，故在建筑热工计算中，可以认为在固体建筑材料中的热传递仅仅是导热过程。

(1)温度场、温度梯度和热流密度

在物体中，热量传递与物体内温度的分布情况密切相关。物体中任何一点都有一个温度值，一般情况下，温度 t 是空间坐标 x, y, z 和时间 τ 的函数，即：

$$t = f(x, y, z, \tau) \tag{1.1}$$

在某一时刻物体内各点的温度分布，称为温度场，式(1.1)就是温度场的数学表达式。

上述的温度分布是随时间而变的，故称为不稳定温度场。如果温度分布不随时间而变化，就称为稳定温度场，用 $t = f(x, y, z, \tau)$ 表示。

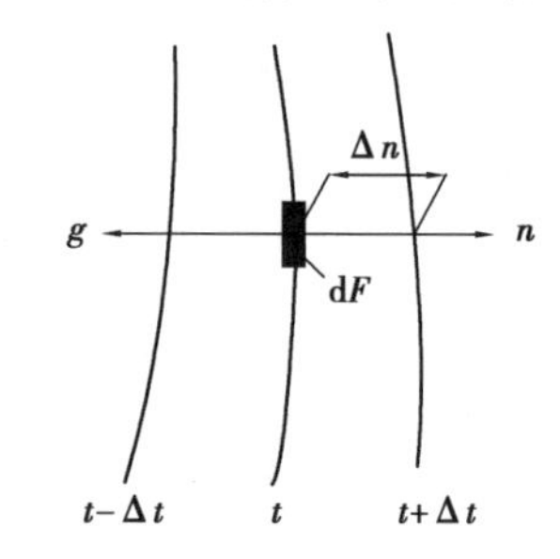

图 1.1 等温面示意图

温度场中同一时刻由相同温度各点相连成的面称为"等温面"。等温面示意图就是温度场的形象表示。因为同一点上不可能同时具有多于一个的温度值，所以不同温度的等温面绝不会相交，参看图 1.1。在与等温面相交的任何方向上，温度都有变化，但只有在等温面的法线方向上变化最显著。温度差 Δt 与沿法线方向两等温面之间距离 Δn 的比值的极限，称为温度梯度，表示为：

$$\lim_{\Delta n \to 0} \frac{\Delta t}{\Delta n} = \frac{\partial t}{\partial n} \tag{1.2}$$

显然，导热不能沿等温面进行，而必须穿过等温面。在单位时间内，通过等温面上单位面积的热量称为热流密度。设单位时间内通过等温面上微元面积 $\mathrm{d}F$ 的热量为 $\mathrm{d}Q$，则热流密度可表示为：

$$q = \frac{\mathrm{d}Q}{\mathrm{d}F} \tag{1.3}$$

由式(1.3)得：

$$\mathrm{d}Q = q\mathrm{d}F \text{ 或 } Q = \int_F q\mathrm{d}F \tag{1.4}$$

因此，如果已知物体内的热流密度的分布，就可按式(1.4)计算出单位时间内通过导热面积 F 传导的热量 Q(称为热流量)。如果热流密度在面积 F 上均匀分布，则热流量为：

$$Q = q \cdot F \tag{1.5}$$

(2)傅立叶定律

由导热的机理可知，导热是一种微观运动现象，但在宏观上它表现出一定的规律性。这一规律被称为傅立叶定律，因为它是由法国数学物理学家傅立叶于 1822 年最先发现并提出的。

物体内导热的热流密度的分布与温度分布有密切的关系。傅立叶定律指出：均质体内各点的热流密度与温度梯度的大小成正比，即：

$$q = -\lambda \frac{\partial t}{\partial n} \tag{1.6}$$

式中，λ 是个比例常数，恒为正值，称为导热系数。负号是为了表示热量传递只能沿着温度降低的方向而引进的。沿着 n 的方向温度增加，$\frac{\partial t}{\partial n}$ 为正，则 q 为负值，表示热流沿 n 的反方向。

(3)导热系数

由式(1.6)可得：

$$\lambda = \frac{|q|}{\left|\frac{\partial t}{\partial n}\right|} \tag{1.7}$$

导热系数是指在稳定条件下，1 m 厚的物体，当两侧表面温差为 1 ℃时，在 1 h 内通过 1 m^2面积所传导的热量。导热系数越大，表明材料的导热能力越强。

各种物质的导热系数均由实验确定。影响导热系数数值的因素很多，如物质的种类、结构成分、密度、湿度、压力、温度等。因此，即使是同一种物质，其导热系数的差别也可能很大。一般说来，导热系数 λ 值以金属的最大，非金属和液体的次之，而气体的最小。工程上通常把导热系数小于 0.25 的材料用作保温材料（绝热材料），如石棉制品、泡沫混凝土、泡沫塑料、膨胀珍珠岩制品等。

值得说明的是，空气的导热系数很小，因此不流动的空气就是一种很好的绝热材料。也正是这个原因，如果材料中含有气隙或气孔，就会大大降低其 λ 值，所以绝热材料都制成多孔性的或松散性的。应当指出，若材料含水性大（即湿度大），材料导热系数就会显著增大，保温性能将明显降低（如湿砖的 λ 值要比干砖的高一倍到几倍）。物质的导热系数还与温度有关，实验证明，大多数材料的 λ 值与温度的关系近似直线关系，即

$$\lambda = \lambda_0 + bt \tag{1.8}$$

式中 λ_0——材料在 0 ℃条件下的导热系数；

b——经实验测定的常数。

在工程计算中，导热系数常取使用温度范围内的算术平均值，并把它看作常数。

2)对流

对流传热只发生在流体之中，它是因温度不同的各部分流体之间发生相对运动、互相掺和而传递热能的。促使流体产生对流的原因有二：一是本来温度相同的流体，因其中某一部分受热（或冷却）而产生温度差，形成对流运动，这种对流称为“自然对流”；二是因为受外力作用（如风吹、泵压等），迫使流体产生对流，称为“受迫对流”。自然对流的程度主要决定于流体各部分之间的温度差，温差越大则对流越强；受迫对流的程度取决于外力的大小，外力越大，则对流越强。

在建筑热工中所涉及的主要是空气沿围护结构表面流动时，与壁面之间所产生的热交换过程。这种过程既包括由空气流动所引起的对流传热过程，同时也包括空气分子间和空气分子与壁面分子之间的导热过程。将这种对流与导热的综合过程称为表面的“对流换热”，以便与单纯的对流传热相区别。

由流体实验得知，当流体沿壁面流动时，一般情况下，在壁面附近（也就是在边界层内）存在着层流区、过渡区和紊流区 3 种流动情况，如图 1.2 所示。

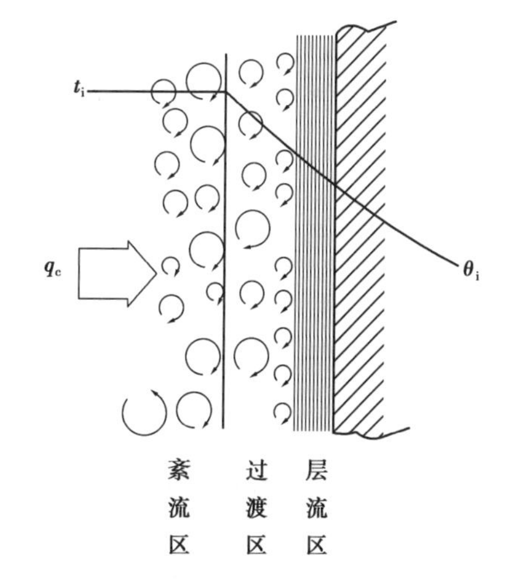

图 1.2 表面对流换热

为确定表面对流换热量,可利用牛顿公式:

$$q_c = \alpha_c(t - \theta) \tag{1.9}$$

式中 q_c——对流换热强度,W/m^2;

α_c——对流换热系数,$W/(m^2 \cdot K)$;

t——流体的温度,℃;

θ——固体表面的温度,℃。

α_c值的大小取决于很多因素,是一个十分复杂的物理量。为简化起见,在建筑热工学中,根据空气流动状况(自然对流或受迫对流)、结构所在的位置(是垂直的,水平的还是倾斜的)、壁面状况(是有利于空气流动还是不利于流动)以及热流方向等因素,采用一定的实用计算公式。

(1)自然对流(指围护结构内表面)

垂直表面 $$\alpha_c = 2.0\sqrt[4]{\Delta t} \tag{1.10}$$

水平表面(热流由上而下) $$\alpha_c = 2.5\sqrt[4]{\Delta t} \tag{1.11}$$

水平表面(热流由下而上) $$\alpha_c = 1.3\sqrt[4]{\Delta t} \tag{1.12}$$

式中 Δt——壁面与室内空气的温度差。

(2)受迫对流

内表面 $$\alpha_c = 2 + 3.6v \tag{1.13}$$

外表面 $$\alpha_c = 2 + 3.6v(冬); \quad \alpha_c = 5 + 3.6v(夏) \tag{1.14}$$

式中 v——气流速度,m/s。

3)辐射

辐射传热与导热和对流在机理上有本质的区别,它是以电磁波传递热能的。凡温度高于绝对零度(0 K)的物体,都能发射辐射热。辐射传热的特点是发射体的热能变为电磁波辐射能,被辐射体又将所接收的辐射能转换成热能,温度越高,热辐射越强烈。由于电磁波能在真空中传播,所以物体依靠辐射传递热量时,不需要和其他物体直接接触,也不需要任何中间媒介。

(1)物体的辐射特性

按物体的辐射光谱特性,可分为黑体、灰体和选择辐射体(或称非灰体)三大类,如图 1.3 所示。

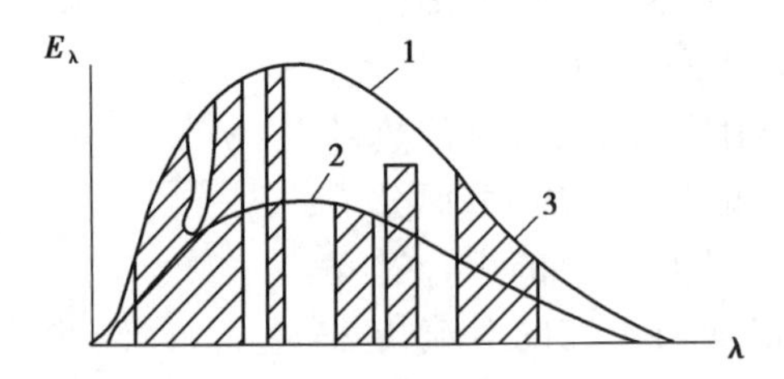

图 1.3 在同温条件下,黑体、灰体和非灰体单色辐射的对比

1—黑体;2—灰体;3—非灰体

①黑体:能发射全波段的热辐射,在相同的温度条件下,辐射能力最大。

②灰体:其辐射光谱具有与黑体光谱相似的形状,且对应每一波长下的单色辐射力 E_λ,与

同温、同波长的黑体的 $E_{\lambda,b}$ 的比值 ε 为一常数,即:

$$\frac{E_\lambda}{E_{\lambda,b}} = \varepsilon = 常数 \tag{1.15}$$

式中,比值 ε 称为"发射率"或"黑度"。一般建筑材料都可看作灰体。

③非灰体(或选择性辐射体):其辐射光谱与黑体光谱毫不相似,甚至有的只能发射某些波长的辐射线。

根据斯蒂芬-波尔兹曼定律,黑体和灰体的全辐射能力与其表面的绝对温度的四次幂成正比,即:

$$E = C\left(\frac{T}{100}\right)^4 \tag{1.16}$$

式中　C——物体的辐射系数,W/(m^2 · K);

　　T——物体表面的绝对温度,K。

由实验和理论计算得黑体的辐射系数 C_b=5.68,根据式(1.17)可得知,灰体的辐射系数 C 与黑体辐射系数 C_b 之比值即是发射率或黑度 ε,即:

$$\frac{C}{C_b} = \varepsilon \quad 或 \quad C = \varepsilon C_b \tag{1.17}$$

同一物体,当其温度不同时,其光谱中的波长特性也不同。随着温度的增加,短波成分能增强,如图 1.4 所示。物体表面在不同温度下发射的辐射线的波长特性,一般可用对应于出现最大单色辐射力的波长来表征,此波长以 λ^* 表示。根据 Wien 定律,有:

$$\lambda^* = \frac{2\ 898}{T} \tag{1.18}$$

式中　T——物体表面的绝对温度,K。

在一定温度下,物体表面发射的辐射能绝大部分集中在 λ=(0.4~7)λ^* 的波段范围内。建筑热工学把 λ>3 μm 的辐射线称为长波辐射,λ<3 μm 的辐射线称为短波辐射。

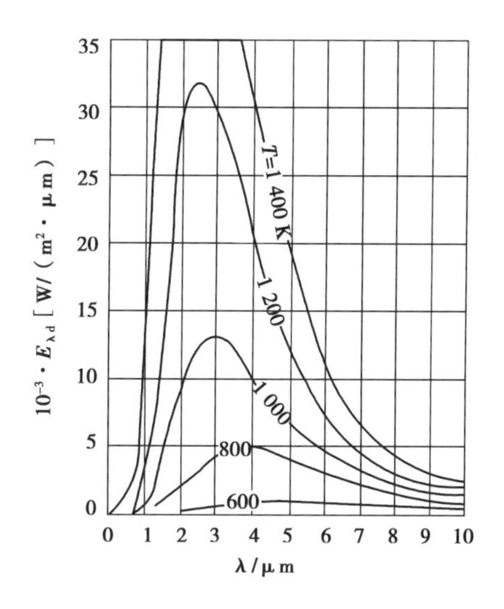

图 1.4　同一物体在不同温度下的辐射光谱

例如,太阳表面温度约为 6 000 K,按式(1.18)可得 λ^*=0.483 μm。其辐射能量主要集中在 λ=0.2~3.0 μm 的波段内,故属于短波辐射。一般围护结构的表面温度为 300 K 左右,$\lambda^* \approx$10 μm,属于长波辐射。

(2)物体表面对外来辐射的吸收与反射特性

任何物体不仅具有本身向外发射热辐射的能力,而且对外来的辐射具有吸收和反射性,某些材料(玻璃、塑料膜等)还具有透射性。绝大多数建筑材料对热射线是不透明的,投射至不透明材料表面的辐射能,一部分被吸收,一部分则被反射回去,如图 1.5 所示。被吸收的辐射能 I_p 与入射能 I 之比值称为吸收系数 ρ;被反射的辐射 I_r 与入射能之比称为反射系数 r,显然有:

$$r + \rho = 1 \tag{1.19}$$

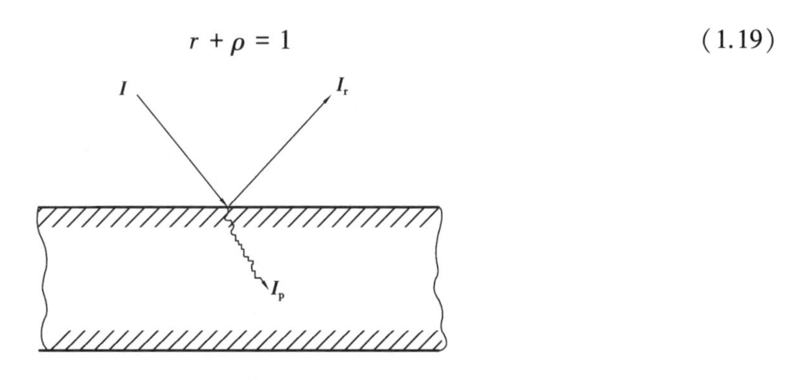

图 1.5　不透明表面的反射和吸收

对于任一特定的波长，材料表面对外来辐射的吸收系数与其自身的发射率或黑度在数值上是相等的，即 $\rho=\varepsilon$，所以材料辐射能力越大，它对外来辐射的吸收能力也越大。反之，辐射能力越小，则吸收能力也越小。如果入射辐射的波长与放射辐射的波长不同，则两者在数值上可能不等，因吸收系数或反射系数与入射辐射的波长有关。白色表面对可见光的反射能力最强，而对于长波辐射，其反射能力则与黑色表面相差极小。抛光的金属表面，不论对于短波辐射还是长波辐射，其反射能力都很高，即吸收率很低。材料对热辐射的吸收和反射性能，主要取决于表面的颜色、材性和光滑平整程度。对于短波辐射，颜色起主导作用；对于长波辐射，则是材性起主导作用。所谓材性，是指其为导电体还是非导电体。因此，将围护结构外表面刷白，对于在夏季反射太阳辐射热是非常有效的，但在墙体或屋顶中的空气间层内刷白则不起作用。

(3)物体之间的辐射换热

由于任何物体都具有发射辐射和对外来辐射吸收反射的能力，所以在空间里任意两个相互分离的物体，彼此间就会产生辐射换热，如图 1.6 所示。如果两物体的温度不同，则较热的物体因向外辐射而失去的热量比吸收外来辐射而得到的热量多，较冷的物体则相反，这样，在两个物体之间就形成了辐射换热。应注意的是，即使两个物体温度相同，它们也在进行着辐射换热，只是处于动态平衡状态。

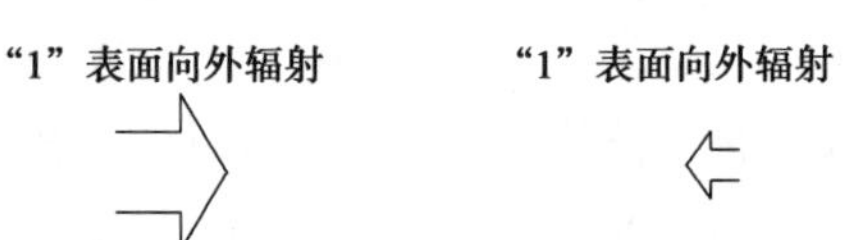

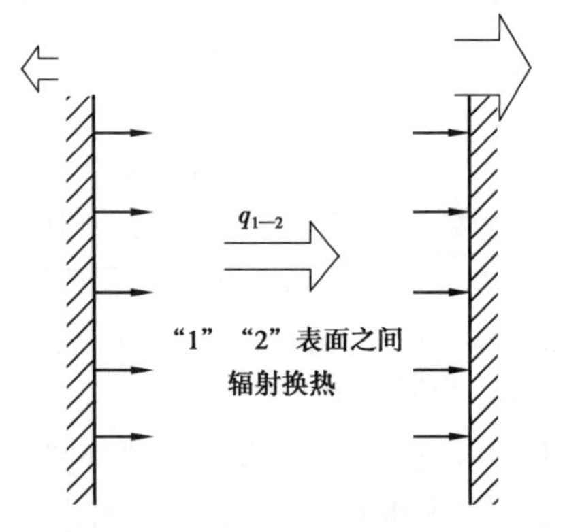

图 1.6　表面的辐射换热

"1"—表面辐射散热；"2"—表面辐射得热

两表面间的辐射量主要取决于表面的温度、表面发射和吸收辐射的能力，以及它们之间的相互位置。任意相对位置的两个表面，若不计两表面之间的多次反射，仅考虑第一次吸收，则表面辐射换热量的通式为：

$$Q_{1,2} = \alpha_r(\theta_1 - \theta_2) \cdot F \quad 或 \quad q_{1,2} = \alpha_r(\theta_1 - \theta_2) \tag{1.20}$$

式中　α_r——辐射换热系数，$W/(m^2 \cdot K)$；

θ_1、θ_2——两辐射换热物体的表面温度，K；

F——壁面面积。

在建筑中有时需要了解某一围护结构的表面(F_1)与所处环境中的其他表面(如壁面、家具表面)之间的辐射换热,这些表面往往包含了多种不同的不固定的物体表面,很难具体做详细计算,在工程实践中可采用式(1.20)进行简化计算。

4)围护结构传热原理

房屋围护结构时刻受到室内外的热作用,不断有热量通过围护结构传进或传出。在冬季,室内温度高于室外温度,热量由室内传向室外;在夏季则正好相反,热量主要由室外传向室内。通过围护结构的传热要经过3个过程,如图1.7所示:①表面吸热——内表面从室内吸热(冬季),或外表面从室外空间吸热(夏季);②结构本身传热——热量由高温表面传向低温表面;③表面放热——外表面向室外空间散发热量(冬季),或内表面向室内散热(夏季)。

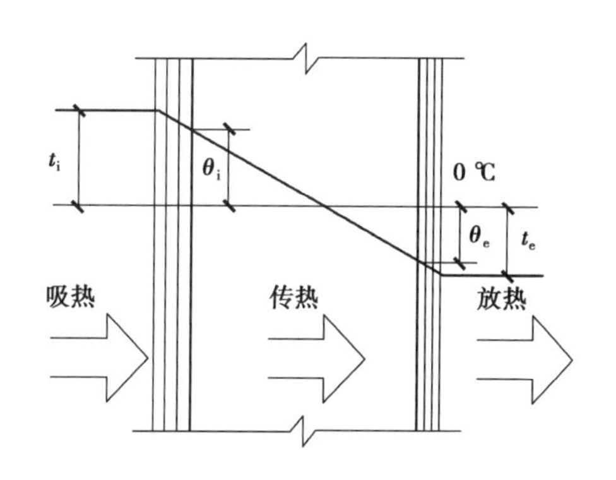

图1.7　围护结构传热过程

严格地说,每一传热过程都是3种基本传热方式的综合过程。吸热和放热的机理是相同的,故一般总称为"表面热转移"。在表面热转移过程中,既有表面与附近空气之间的对流与导热,又有表面与周围其他表面间的辐射传热。

在结构本身的传热过程中,实体材料层以导热为主,空气层一般以辐射传热为主。当然,即使是在实体结构中,大多数建筑材料也都含有或多或少的孔隙,而孔隙中的传热又包括3种基本传热方式。特别是那些孔隙很多的轻质材料,其孔隙传热的影响是很大的。

(1)表面换热

表面热转移过程中的对流与导热是很难分开研究的,一般都只能将两者的综合效果放在一起来考虑。为了与单纯的对流传热相区别,本书中将这种同时考虑对流与导热综合效果的传热称为"对流换热"。按前述式(1.9)和式(1.20),表面换热量是对流换热量与辐射换热量之和,即:

$$q = q_c + q_r = \alpha_c(\theta - t) + \alpha_r(\theta - t) = (\alpha_c + \alpha_r)(\theta - t) = \alpha(\theta - t) \tag{1.21}$$

式中　q——表面换热量,W/m²;

α——表面换热系数,$\alpha=\alpha_c+\alpha_r$;

θ——壁表面温度,℃;

t——室内或室外空气温度,℃。

在实际设计当中,除某些特殊情况(如超高层建筑顶部外表面)外,一般热工计算中应用α值时,均按《民用建筑热工设计》(GB 50176—2016)的规定取值(参见表1.2及表1.3),而不必由设计人员去逐一计算。

(2)结构传热

严格地说,结构本身的传热过程并非单纯是导热,其详细情况将在以后有关部分介绍,作为传热基础知识,下面仅就平壁导热作简要叙述。

在建筑热工学中,"平壁"不仅包括平直的墙壁、层盖、地板,也包括曲率半径较大的墙、穹顶等结构。虽然实际上这些结构很少是由单一材料制成的匀质体,但为便于说明传热规律,这里仅对"单层匀质平壁"作简单介绍。

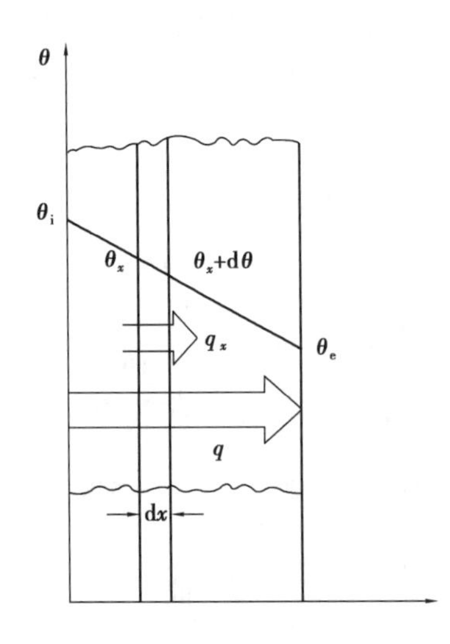

图 1.8 平壁一维导热模型

如图 1.8 所示为单层匀质平壁,仅在 x 方向有热流传递,即一维传热或单向传热,认为平壁内仅以导热方式传热。壁内外表面温度分别为θ_i和θ_e,且$\theta_i>\theta_e$,由式(1.6)知在单位时间内,通过单位截面积的热流q_x为:

$$q_x = -\lambda \frac{\partial \theta_x}{\partial x} \tag{1.22}$$

式中 λ——材料的导热系数,W/(m·K);

θ_x——温度梯度,K/m。

当平壁各点温度均不随时间而变时,通过各截面的热流强度也不随时间而变,且都相等,此种传热称为"稳定传热"。稳定传热的特点是除温度和热流保持恒定不变之外,同一层材料内部的温度分布呈一直线,故各点的温度梯度相等。

就图 1.8 而言,各点的温度梯度均为:

$$\frac{d\theta}{dx} = -\frac{\theta_i - \theta_e}{d} \tag{1.23}$$

将其代入式(1.22),即得单层匀质平壁在一维稳定传热时的热流强度 q 为:

$$q = \frac{\lambda}{d}(\theta_i - \theta_e) \tag{1.24}$$

式(1.24)表明,在稳定传热过程中,通过平壁任一截面的热流强度与导热系数、内外表面温差成正比,而与壁厚成反比。

1.1.2 建筑围护结构的稳定传热计算

建筑物及房间各面的围挡物总称为建筑围护结构。它分为不透明和透明两部分:不透明围护结构有墙、屋顶和楼板等;透明围护结构有窗、玻璃幕墙、阳台门上部等。按是否与室外空气接触,又可分为外围护结构和内围护结构。外墙、屋顶、外门、外窗和外立面的玻璃幕墙等,都属建筑的外围护结构。

室外的环境热作用通过建筑物的外围护结构影响着室内的热环境。为保证冬、夏室内热湿环境的基本热舒适性,并达到建筑节能设计标准的要求,必须采取相应的保温和防热措施。因此,需要掌握基本的传热原理与计算,从而掌握围护结构保温、防热、节能性能指标的控制,了解材料的相关热物理特性。

室内外温度的变化规律影响着建筑保温与隔热设计,所以根据建筑保温与隔热设计中所考虑的室内外热作用的特点,可将室内外温度的计算模型归纳为如下两种:

①恒定的热作用。如图 1.9 所示,室内温度和室外温度在计算期间不随时间而变,这种计算模型通常用于采暖房间冬季条件下的保温与节能设计。

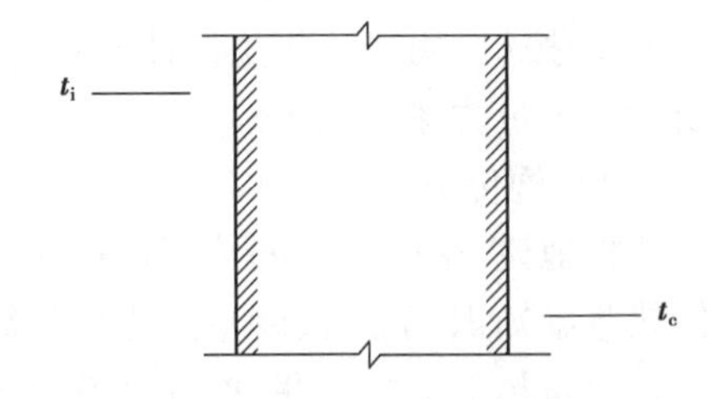

图 1.9 恒定的热作用

②周期热作用。如图 1.10 所示,根据室内外温度波动的情况,又分单向周期热作用[图 1.10(a)]和双向周期热作用[图 1.10(b)]两类,前者通常用于空调房间的隔热与节能设计,后者通常用于自然通风房间的夏季隔热设计。

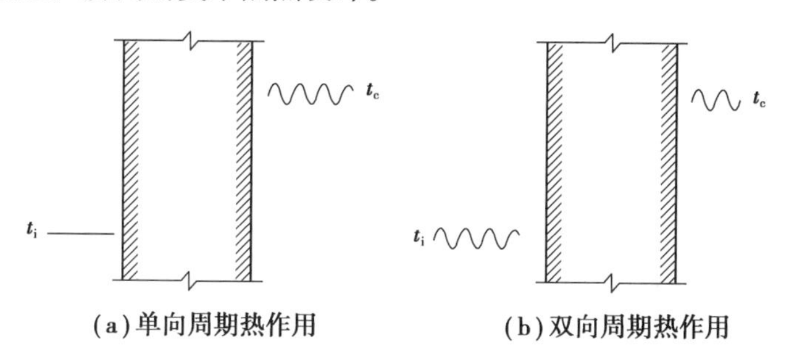

图 1.10　周期热作用

1)一维稳定传热特征

在建筑热工学中,“平壁”不仅是指平直的墙体,还包括地板、平屋顶及曲率半径较大的穹顶、拱顶等结构。

有一厚度为 d 的单层匀质材料,当其宽度与高度的尺寸远远大于厚度时,则通过平壁的热流可视为只沿厚度一个方向,即一维传热。当平壁的内、外表面温度保持稳定时,则通过平壁的传热情况不会随时间变化,这种传热称为一维稳定传热,其传热特征可归纳如下:

①通过平壁的热流强度 q 处处相等。只有平壁内无蓄热现象,才能保证温度稳定,因此就平壁内任一截面而言,流进与流出的热量必须相等。

②同一材质的平壁内部各界面温度分布呈直线关系。由式(1.22)$q_x=-\lambda\dfrac{\partial\theta_x}{\partial x}$知,当 q_x 为常数时,若视 λ 不随温度而变,则有$\dfrac{\mathrm{d}\theta}{\mathrm{d}x}=$常数,各点温度梯度相等,即温度随距离的变化规律为直线。

2)单层平壁的导热和热阻

严格地讲,只有在密实的固体中才存在单纯的导热现象。而一般的建筑材料内部或多或少的总有一些孔隙。在孔隙内除导热外,还有对流和辐射换热方式存在,但由于对流及辐射换热量所占比例很小,故在热工计算中,对通过围护结构材料层的传热过程,均按导热过程考虑。

(1)单层匀质平壁的导热

由一维稳定传热特征可知

$$\frac{\mathrm{d}\theta}{\mathrm{d}x}=\frac{\theta_e-\theta_i}{d} \tag{1.25}$$

利用式(1.22),由 $q_x=-\lambda\dfrac{\mathrm{d}\theta}{\mathrm{d}x}$得

$$q=-\frac{\theta_i-\theta_e}{d}\times\lambda$$

$$q = \frac{\theta_i - \theta_e}{\frac{d}{\lambda}} \tag{1.26}$$

式(1.26)为单层匀质平整的稳定导热方程。

式中,d/λ 定义为热量由平壁内表面(θ_i)传至平整外表面(θ_e)过程中的阻力,称为热阻,即:

$$R = \frac{d}{\lambda} \tag{1.27}$$

式中 R——材料层的热阻,$(m^2 \cdot K)/W$;

d——材料层的厚度,m;

λ——材料层的导热系数,$W/(m \cdot K)$。

热阻是表征围护结构本身或其中某层材料阻抗传热能力的物理量。在同样的温差条件下,热阻越大,通过材料的热量越小,围护结构的保温性能越好。要想增加热阻,可以加大平壁的厚度,或选用导热系数 λ 值较小的材料。

(2)多层平壁的导热与热阻

凡是由几层不同材料组成的平壁都称为多层平壁,例如双面粉刷的砖砌体外墙,如图 1.11 所示。

设有三层材料组成的多层平壁,各材料层之间紧密黏结,壁面很大,每层厚度各为 d_1、d_2 及 d_3,导热系数依次为 λ_1,λ_2 及 λ_3,且均为常数。壁的内、外表面温度为 θ_i 及 θ_e(假定 $\theta_i > \theta_e$),均不随时间而变。由于层与层之间黏结得很好,我们可用 θ_2 及 θ_3 来表示层间接触面的温度,如图 1.11 所示。

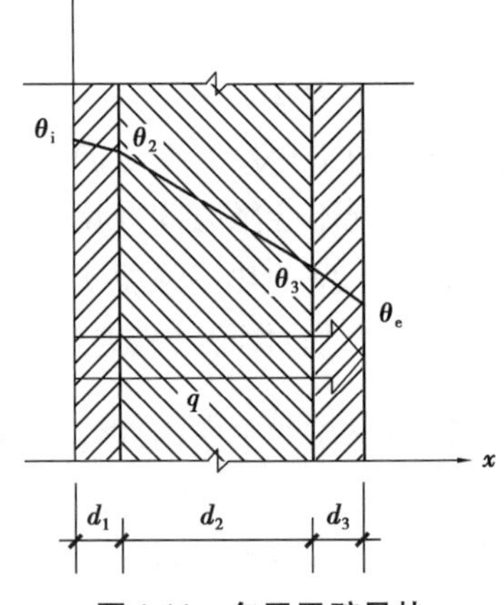

图 1.11 多层平壁导热

将整个平壁看作由 3 个单层平壁组成,应用式(1.26)可分别算出通过每一层的热流强度 q_1,q_2 及 q_3,即:

$$q_1 = \frac{\lambda_1}{d_1}(\theta_i - \theta_2) \tag{1.28}$$

$$q_2 = \frac{\lambda_2}{d_2}(\theta_2 - \theta_3) \tag{1.29}$$

$$q_3 = \frac{\lambda_3}{d_3}(\theta_3 - \theta_e) \tag{1.30}$$

根据稳定传热特征有:

$$q = q_1 = q_2 = q_3 \tag{1.31}$$

联立式(1.28)—式(1.31),可解得:

$$q = \frac{\theta_i - \theta_e}{\frac{d_1}{\lambda_1} + \frac{d_2}{\lambda_2} + \frac{d_3}{\lambda_3}} = \frac{\theta_i - \theta_e}{R_1 + R_2 + R_3} \tag{1.32}$$

式中　R_1、R_2、R_3——第一、二、三层的热阻。

具有 n 层的多层平壁的导热计算公式如下：

$$q=\frac{\theta_{\mathrm{i}}-\theta_{n+1}}{\sum_{j=1}^{n}R_j}\tag{1.33}$$

式(1.33)中，分母的每一项 R_j 代表第 j 层的热阻，θ_{n+1} 为第 n 层外表面的温度。从这个方程式可以得出结论：多层平壁的总热阻等于各层热阻的总和，即：

$$R=R_1+R_2+\cdots+R_n$$

(3)组合壁的热阻

前面所讨论的单层平壁、多层平壁中的每一层都是由单一材料组成的。在建筑工程中，围护结构内部个别材料层常出现由两种以上材料组成的、两向非均质围护结构(包括各种形式的空心砌块，填充保温的墙体等，但不包括多孔黏土空心砖)，如图 1.12 所示。其平均热阻可按下述方法加以确定。

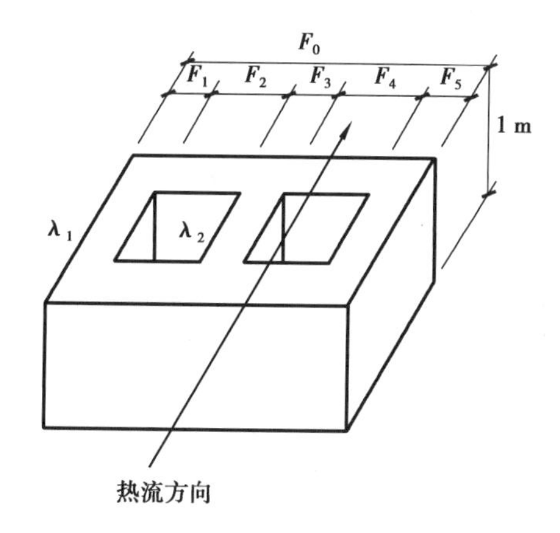

图 1.12　组合材料层

平行于热流方向沿着组合材料层中的不同材料的界面，将其分成若干部分，该组合壁的平均热阻应按下式计算：

$$\overline{R}=\left[\frac{F_0}{\frac{F_1}{R_{0,1}}+\frac{F_2}{R_{0,2}}+\cdots+\frac{F_n}{R_{0,n}}}-(R_{\mathrm{i}}+R_{\mathrm{e}})\right]\varphi\tag{1.34}$$

式中　$\overline{R}$——平均热阻，$(\mathrm{m}^2\cdot\mathrm{K})/\mathrm{W}$；

F_0——与热流方向垂直的总传热面积，m^2；

F_1、F_2、…、F_n——按平行于热流方向划分的各个传热面积，m^2；

$R_{0,1}$、$R_{0,2}$、…、$R_{0,n}$——各个传热面部位的传热阻，$(\mathrm{m}^2\cdot\mathrm{K})/\mathrm{W}$；

R_{i}——内表面换热阻，取 0.11$(\mathrm{m}^2\cdot\mathrm{K})/\mathrm{W}$；

R_{e}——外表面换热阻，取 0.04$(\mathrm{m}^2\cdot\mathrm{K})/\mathrm{W}$；

φ——修正系数，按表 1.1 取值。

表 1.1　修正系数 φ 值

λ_2/λ_1 或 $(\lambda_2+\lambda_3)/2\lambda_1$	φ
0.09～0.10	0.86
0.20～0.39	0.93
0.40～0.69	0.96
0.70～0.99	0.98

注:①表中 λ 为材料的导热系数。当围护结构由两种材料组成时,λ_2 应取较小值,λ_1 应取较大值,然后求两者的比值;

②当围护结构由三种材料组成,或有两种不同厚度的空气间层时,φ 值应按 $(\lambda_2+\lambda_3)/2\lambda_1$ 确定;

③当围护结构中存在圆孔时,应先按圆孔折算成相同面积的方孔,然后按上述规定计算。

3)平壁的稳定传热过程

(1)内表面吸热

冬季室内气温 t_i 高于内表面温度 θ_i,内表面在对流换热与辐射换热的共同作用下得热,则热流强度:

$$q_i = q_{ic} + q_{ir} = (\alpha_{ic} + \alpha_{ir})(t_i - \theta_i) \text{ 或 } q_i = \alpha_i(t_i - \theta_i) \tag{1.35}$$

式中　q_i——平壁内表面吸热热流强度,W/m²;

q_{ic}——室内空气以对流换热形式传给平壁内表面的热量,W/m²;

q_{ir}——室内其他表面以辐射换热形式传给平壁内表面的热量,W/m²;

α_i——内表面换热系数,它是内表面的对流换热系数 α_{ic} 及辐射换热系数 α_{ir} 之和,是当围护结构内表面温度与室内空气温度之差为 1 K 时,1 h 内通过 1 m² 表面积传递的热量,W/(m²·K)。内表面换热系数的取值大小与表面材质、室内气流速度和室内平均辐射温度等因素有关。建筑设计中,内表面换热系数的取值,见表 1.2;

t_i——室内空气温度,℃;

θ_i——围护结构内表面的温度,℃。

表 1.2　内表面换热系数 α_i 和换热阻 R_i

表面特性	α_i[W/(m²·K)]	R_i[(m²·K)/W]
墙面、地面、表面平整或有肋状突出物的顶棚($h/s \leqslant 0.3$)	8.7	0.11
有肋状突出物的顶棚($h/s > 0.3$)	7.6	0.13

注:表中的 h 为肋高,s 为肋间净距。

(2)平壁材料层的导热

根据多层平壁导热的计算公式(1.32)可直接写出:

$$q_\lambda = \frac{\theta_i - \theta_e}{\dfrac{d_1}{\lambda_1} + \dfrac{d_2}{\lambda_2} + \dfrac{d_3}{\lambda_3}} \tag{1.36}$$

式中 q_λ——通过平壁的导热热流强度,W/m^2;

θ_e——平壁外表面的温度,℃。

(3)外表面的散热

与平壁内表面的吸热相似,只不过是平壁把热量以对流及辐射的方式传给室外空气及环境。因此有:

$$q_e = \alpha_e(\theta_e - t_e) \tag{1.37}$$

式中 q_e——外表面的散热热流强度,W/m^2;

α_e——外表面的换热系数,它是外表面的对流换热系数α_{ec}及辐射换热系数α_{er}之和,是当围护结构外表面温度与室外空气温度之差为 1 K 时,1 h 内通过 1 m^2表面积传递的热量,$W/(m^2 \cdot K)$。

外表面换热系数的取值大小与围护结构外表面材质、室外风速和环境辐射温度等因素有关。建筑设计中,外表面换热系数的取值见表 1.3。

表 1.3 外表面换热系数α_e及外表面换热阻R_e值

适用季节	表面特征	$\alpha_e[W/(m^2 \cdot K)]$	$R_e[(m^2 \cdot K)/W]$
冬季	外墙、屋顶、与室外空气直接接触的表面	23.0	0.04
	与室外空气相通的不采暖地下室上面的楼板	17.0	0.06
	闷顶、外墙上有窗的不采暖地下室上面的楼板	12.0	0.08
	外墙上无窗的不采暖地下室上面的楼板	6.0	0.17
夏季	外墙和屋顶	19.0	0.05

由于所讨论的问题属于一维稳定传热过程,则应满足:

$$q = q_i = q_\lambda = q_e \tag{1.38}$$

联立式(1.35)—式(1.38),可得:

$$q = \frac{t_i - t_e}{\frac{1}{\alpha_i} + \sum \frac{d}{\lambda} + \frac{1}{\alpha_e}} = K_0(t_i - t_e) \tag{1.39}$$

式中 q——通过平壁的传热热流强度,W/m^2;

K_0——平壁的传热系数,$K_0 = \frac{1}{\frac{1}{\alpha_i} + \sum \frac{d}{\lambda} + \frac{1}{\alpha_e}}$,$W/(m^2 \cdot K)$。

假如把式(1.39)写成热阻形式,则有:

$$q = \frac{t_i - t_e}{R_0} \tag{1.40}$$

式中 R_0——平壁的传热阻,是表征围护结构(包括两侧表面空气边界层)阻抗传热能力的物理量,$(m^2 \cdot K)/W$。它是传热系数 K_0 的倒数。

由式(1.40)可知,在相同的室内、外温差条件下,热阻 R_0越大,通过平壁所传递的热量就越少。所以,总热阻 R_0是衡量平壁在稳定传热条件下的一个重要的热工性能指标。比较式(1.39)及式(1.40),可得:

$$R_0 = \frac{1}{\alpha_i} + \sum \frac{d}{\lambda} + \frac{1}{\alpha_e} \tag{1.41}$$

或

$$R_0 = R_i + \sum \frac{d}{\lambda} + R_e \tag{1.42}$$

式中　R_i——平壁内表面换热阻,内表面换热系数的倒数,$(m^2 \cdot K)/W$;

R_e——平壁外表面换热阻,外表面换热系数的倒数,$(m^2 \cdot K)/W$。

4)封闭空气间层的热阻

静止的空气介质导热性甚小,因此在建筑设计中常利用封闭空气间层作为围护结构的保温层。在空气间层中的传热过程,与固体材料层中的不同。固体材料层内是以导热方式传递热量的;而在空气间层中,导热、对流和辐射3种传热方式都明显存在,其传热过程实际上是在一个有限空气层的两个表面之间的热转移过程,包括对流换热和辐射换热,如图1.13所示。

因此,空气间层不像实体材料层那样,当材料导热系数一定后,材料层的热阻与厚度成正比关系。在空气间层中,其热阻主要取决于间层两个界面上的空气边界层厚度和界面之间的辐射换热强度。所以,空气间层的热阻与厚度之间不存在成比例增长的关系。

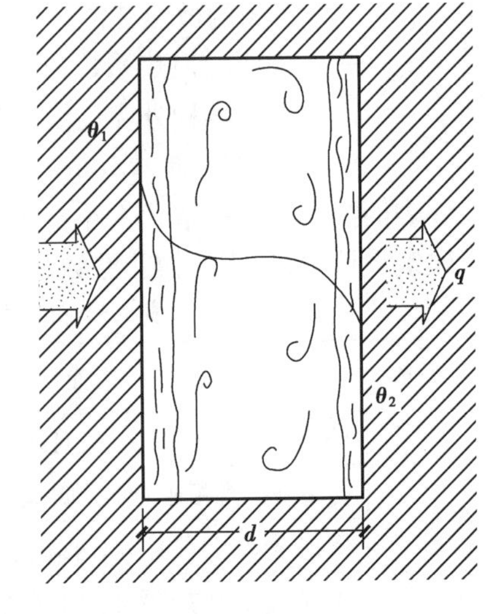

图1.13　垂直封闭空气间层内的传热过程

5)平壁内部温度的计算

围护结构的内部温度和表面温度都是衡量和分析围护结构热工性能的重要依据,主要用于判别围护结构内部是否会产生冷凝水,或判断表面温度是否低于室内露点温度。因此,需要对所设计的围护结构进行逐层温度核算。

现仍以图1.11所示的三层平壁结构为例,在稳定传热条件下,通过平壁的热流量与通过平壁各部分的热流量都相等。

根据 $q=q_i$,得:

$$\frac{1}{R_0}(t_i - t_e) = \frac{1}{R_i}(t_i - \theta_i) \tag{1.43}$$

可得出壁体的内表面温度为:

$$\theta_i = t_i - \frac{R_i}{R_0}(t_i - t_e) \tag{1.44}$$

根据 $q=q_1=q_2$,得:

$$\begin{aligned} \frac{1}{R_0}(t_i - t_e) &= \frac{1}{R_1}(\theta_i - \theta_2) \\ \frac{1}{R_0}(t_i - t_e) &= \frac{1}{R_2}(\theta_2 - \theta_3) \end{aligned} \tag{1.45}$$

由此可得出:

$$\theta_2 = \theta_i - \frac{R_1}{R_0}(t_i - t_e)$$
$$\theta_3 = \theta_i - \frac{R_1 + R_2}{R_0}(t_i - t_e) \tag{1.46}$$

将式(1.44)代入式(1.46)即得：

$$\theta_2 = t_i - \frac{R_i + R_1}{R_0}(t_i - t_e)$$
$$\theta_3 = t_i - \frac{R_i + R_1 + R_2}{R_0}(t_i - t_e) \tag{1.47}$$

由此可推知，对于多层平壁内任一层的内表面温度 θ_m，可写成：

$$\theta_m = t_i - \frac{R_i + \sum_{j=1}^{m-1} R_j}{R_0}(t_i - t_e) \tag{1.48}$$

式中　$\sum_{j=1}^{m-1} R_j = R_1 + R_2 + \cdots + R_{m-1}$——从第1层到第 $m-1$ 层的热阻之和，层次编号则看热流的方向。

根据 $q=q_e$，得：

$$\frac{1}{R_0}(t_i - t_e) = \frac{1}{R_e}(\theta_e - t_e) \tag{1.49}$$

由此可得出外表面的温度 θ_e 为：

$$\theta_e = t_e + \frac{R_e}{R_0}(t_i - t_e)$$

或

$$\theta_e = t_i - \frac{R_0 - R_e}{R_0}(t_i - t_e) \tag{1.50}$$

应指出，在稳定传热条件下，当各层材料的导热系数为定值时，每一材料层内的温度分布是一直线，在多层平壁中成一条连续的折线。材料层内的温度降落程度与各层的热阻成正比，材料层的热阻越大，在该层内的温度降落也越大。材料导热系数越小，层内温度分布线的斜度越大（陡）；反之，导热系数越大，层内温度分布线的斜度越小（平缓）。

1.1.3　建筑保温、隔热与节能

1）建筑保温与节能设计策略

我国北方大部分地区冬季气温较低，持续时间较长。根据我国建筑热工设计分区图，这些地区分别属于严寒地区、寒冷地区。在这些地区，房屋必须有足够的保温性能，才能确保冬季室内热环境的舒适度。即使在夏热冬冷地区，冬季也比较冷，这类地区的建筑同样需要适当考虑保温。因此，建筑保温与节能设计是建筑设计的一个重要组成部分。

为了保证严寒与寒冷地区冬季室内热环境的舒适度，除建筑保温外，还需要有必要的采暖设备提供热量。当建筑物本身具有良好的热工性能时，维持所需的室内热环境，需要的供热量较小；反之，若建筑本身的热工性能较差，则不仅难以达到应有的室内热环境标准，还将

使供暖耗热量大幅度增加，甚至还会在围护结构表面或内部产生结露、受潮等一系列问题。在进行建筑保温与节能设计时，为了充分利用有利因素，克服不利因素，应注意以下设计策略。

(1)充分利用太阳能

在建筑中利用太阳能一般包括两层含义：一是从节约能源角度考虑，太阳能是一种洁净的、可再生的能源，将其引入建筑中，有利于节约常规能源，保护自然生态环境，实现可持续发展。二是从卫生角度考虑，太阳辐射中的短波成分有强烈的杀菌防腐效果，室内有充足的日照对人体健康十分有利。

(2)防止冷风的不利影响

冷风对室内热环境的影响主要有两方面，一方面是通过门窗缝隙进入室内，形成冷风渗透；另一方面是作用在围护结构外表面，使其对流换热系数增大，加大了外表面的散热量。在建筑保温与节能设计中，应争取不使大面积外表面朝向冬季主导风向。当受条件限制而不可能避开主导风向时，应在迎风面上尽量少开门窗或其他孔洞。在严寒地区还应设置门斗，以减少冷风的不利影响。就保温而言，房屋的密闭性越好，热损失就越少，从而可以在节约能源的基础上保持室温。但从卫生要求来看，房间必须有一定的换气量。

基于上述理由，从增强房屋保温能力来说，总的原则是要求房屋有足够的密闭性(但是还要有适当的透气性或者设置可开关的换气孔)。当然，那种由于设计和施工质量不好而造成的围护结构接头、接缝不严而产生的冷风渗透，是必须防止的。

(3)选择合理的建筑体形与平面形式

建筑体形与平面形式，对保温质量和采暖费用有很大的影响。建筑师在处理体形与平面设计时，首先应该考虑的是功能要求、空间布局以及交通流线等。然而若因只考虑体形上的造型艺术要求，致使外表面面积过大，曲折凹凸过多，则对建筑保温与节能是很不利的。因为外表面面积越大，热损失越多，而不规则的外围护结构往往又是保温的薄弱环节。因此，必须正确处理体形、平面形式与保温的关系，否则不仅增加采暖费用，而且浪费能源。

(4)房间具有良好的热工特性，建筑具有整体保温和蓄热能力

首先，房间的热特性应适合其使用性质。例如，在冬季全天候使用的房间应具有较好的热稳定性，以防止室外温度下降或间断供热时，室温波动过大。对于只是白天使用(如办公室)或只有一段时间使用的房间(如影剧院的观众厅)，要求在开始供热后，室温能较快地上升到所需的标准。其次，房间的围护结构具有足够的保温性能，以控制房间的热损失。

同时，建筑节能要求建筑外围护结构——外墙、屋顶、直接接触室外空气的楼板、不采暖楼梯间的隔墙、外门窗、楼地面等部位的传热系数不应大于相关标准的规定值。当某些围护结构的面积或传热系数大于相关标准的规定值时，应调整减少其他围护结构的面积或减小其他围护结构的传热系数，使建筑整体的采暖耗热量指标达到规定的要求值，保证建筑具有整体的保温能力。

房间的热稳定性是指在室内外周期热作用下，整个房间抵抗温度波动的能力。房间的热稳定性又主要取决于内外围护结构的热稳定性。围护结构的热稳定性是在周期热作用下，围护结构本身抵抗温度波动的能力。围护结构的热惰性是影响其热稳定性的主要因素。对于热稳定性要求较高和需要持续供暖的房间，围护结构内侧材料应具有较好的蓄热性和较大的热惰性指标值，也就是应优先选择密度较大且蓄热系数较大的材料。

(5)建筑保温系统科学,节点构造设计合理

在建筑物的外墙、屋顶等外围护结构部分加设保温材料时,保温材料与基层的黏结层、保温材料层、抹面层与饰面层等各层材料组成特定的保温系统,如模塑聚苯板(EPS 板)外墙外保温系统、岩棉板外墙保温系统、现场喷涂硬泡沫聚氨酯外墙外保温系统等。

建筑外围护结构中有许多传热异常部位,即传热在二维或三维温度场中进行的部位,如外墙转角、内外墙交角、楼板或屋顶与外墙的交角,以及女儿墙、出挑阳台、雨篷等构件处。每一个成熟的保温系统,都对这些传热异常部位的节点构造有相应的研究设计成果。在采用某种保温系统的同时,应充分利用合理的系统节点构造,以确保建筑保温与节能设计的科学性。

(6)建筑物具有舒适、高效的供热系统

当室外气温昼夜波动,特别是寒潮期间连续降温时,为使室内热环境能维持所需的标准,除了房间(主要是建筑外围护结构)应有一定的热稳定性之外,在供热方式上也必须互相配合。即供热的间歇时间不宜太长,以防夜间室温达不到基本的热舒适标准。

2)建筑隔热设计标准

房间在自然通风状况下,夏季围护结构的隔热计算应按室内、外双向谐波热作用下的不稳定过程考虑。室外热作用就是以 24 h 为周期波动的综合温度;而室内热作用就是室内气温,它随室外气温的变化而变化,因而也是以 24 h 为周期波动的。

隔热设计标准就是围护结构的隔热应当控制到什么程度。它与地区气候特点,人民的生活习惯和对地区气候的适应能力以及当前的技术经济水平有密切关系。

对于自然通风房屋,外围护结构的隔热设计主要控制其内表面温度 θ_i 值。为此,要求外围护结构具有一定的衰减度和延迟时间,保证内表面温度不致过高,以免向室内和人体辐射过多的热量而引起房间过热,恶化室内热环境,影响人们的生活、学习和工作。

按照《民用建筑热工设计规范》(GB 50176—2016)的要求,自然通风房屋的外围护结构应当满足如下的隔热控制指标:

①通常情况下,屋顶和西(东)外墙内表面最高温度 $\theta_{i,max}$应满足下式要求:

$$\theta_{i,max} \leqslant t_{e,max} \tag{1.51}$$

式中 $\theta_{i,max}$——外围结构内表面最高温度,℃。

$t_{e,max}$——夏季室外计算温度最高值,℃。

②对于夏季特别炎热地区(如南京、合肥、芜湖、九江、南昌、武汉、长沙、重庆等),$\theta_{i,max}$应满足下式要求:

$$\theta_{i,max} < t_{e,max} \tag{1.52}$$

③当外墙和屋顶采用轻型结构(如加气混凝土)时,$\theta_{i,max}$应满足下式要求:

$$\theta_{i,max} \leqslant t_{e,max} + 0.5 \tag{1.53}$$

④当外墙和屋顶内侧为复合轻质材料(如混凝土墙内侧复合轻混凝土、岩棉、泡沫塑料、石膏板等)时,$\theta_{i,max}$应满足下式:

$$\theta_{i,max} \leqslant t_{e,max} + 1 \tag{1.54}$$

⑤对于夏季既属炎热地区、冬季又属寒冷地区的区域,其建筑设计既应考虑防寒又应考虑防热,外墙和屋顶设计则应同时满足冬季保温和夏季隔热的要求。

3)非透明围护结构的保温与节能

建筑保温与节能是随着我国建设事业的逐步发展与经济条件的日益改善而逐渐完善、提

高的。从经济快速发展初期的建筑保温要求，到我国逐步推行的建筑节能 30%、50%和 65%的战略目标，对应于不同时期，建筑外围护结构中非透明围护结构——外墙、屋顶、底面接触室外空气的架空或外挑楼板、非采暖楼梯间（房间）与采暖房间的隔墙或楼板、非透明幕墙、地面等部位的保温与节能设计有不同的具体要求。

（1）建筑保温与最小传热阻法

保温设计取阴寒天气作为设计计算基准条件。在这种情况下，建筑外围护结构的传热过程可近似为稳态传热。按稳态传热的理论，传热阻便成为外墙和屋顶保温性能优劣的特征指标，外墙和屋顶的保温设计即确定其最小传热阻。

最小传热阻特指在建筑热工的设计与计算中，容许采用的围护结构传热阻的下限值。规定最小传热阻的目的，是为了限制通过围护结构的传热量过大，防止内表面冷凝，以及限制内表面与人体之间的辐射换热量过大而使人体受凉。

在我国北方采暖地区，设置集中采暖的建筑，其外墙和屋顶的传热阻不得小于按下式确定的最小传热阻[单位为$(m^2 \cdot K)/W$]：

$$R_{0,\min} = \frac{t_i - t_e}{[\Delta t]} R_i \tag{1.55}$$

式中 t_i——冬季室内计算温度，℃；

t_e——冬季室外计算温度，℃；

n——温差修正系数；

R_i——内表面热转移阻，$(m^2 \cdot K)/W$；

$[\Delta t]$——室内气温与外墙（或屋顶）内表面之间的允许温差，℃。

（2）建筑节能与传热系数限值法

建筑节能是指在建筑中合理地使用和有效地利用能源，不断提高能源的利用效率。

①居住建筑的保温与节能。

我国的严寒和寒冷地区主要包括东北、华北和西北地区，而累年日平均温度低于或等于 5 ℃的天数在 90 天以上的地区为采暖区。采暖区的居住建筑包括住宅、集体宿舍、招待所、旅馆、托幼等，居住建筑的节能指标由建筑围护结构和采暖系统共同完成。在不同的节能阶段中，建筑围护结构所承担的节能比例分别是：20%、35%和 50%。由此可以推断出：各地区在一定的气候条件下，室内设计采暖温度为 18 ℃时，建筑体形系数一定的情况下，建筑外围护结构传热系数的限值。部分地区采暖居住建筑部分围护结构传热系数限值如表 1.4 所示。

表 1.4 部分地区采暖居住建筑部分围护结构传热系数限值 单位：[$W/(m^2 \cdot K)$]

采暖期室外平均温度（℃）	代表性城市	屋顶		外墙		不采暖楼梯间	
		体形系数≤0.3	体形系数>0.3	体形系数≤0.3	体形系数>0.3	隔墙	户门
-3.1～-4.0	西宁、银川、丹东	0.70	0.50	0.68	0.65	0.94	2.00
-4.1～-5.0	张家口、鞍山、酒泉	0.70	0.50	0.75	0.60	0.94	2.00
-5.1～-6.0	沈阳、大同、本溪	0.60	0.40	0.68	0.56	0.94	1.50

续表

采暖期室外平均温度/℃	代表性城市	屋顶		外墙		不采暖楼梯间	
		体形系数≤0.3	体形系数>0.3	体形系数≤0.3	体形系数>0.3	隔墙	户门
-6.1～-7.0	呼和浩特、抚顺、大柴旦	0.60	0.40	0.65	0.50	—	—
-7.1～-8.0	延吉、通辽、通化	0.60	0.40	0.65	0.50	—	—
-8.1～-9.0	长春、乌鲁木齐	0.50	0.30	0.56	0.45	—	—

表1.4中的外墙传热系数限值是考虑了周边热桥影响后的外墙平均传热系数。当采暖期室外平均温度低于-6.1℃时，楼梯间要求为采暖楼梯间，所以对隔墙与户门的热工性能不加限制。

②公共建筑的保温与节能。

新建公共建筑节能50%是建筑节能第一阶段的要求，在2010年以后新建的采暖公共建筑应在第一阶段基础上再节能30%，实现节能65%的目标。在集中采暖系统设定的室内设计温度的条件下，建筑实现节能50%目标时，建筑非透明围护结构的热工设计要求如下：

a.严寒、寒冷地区建筑的体形系数应小于或等于0.4；

b.在一定的气候分区中，围护结构传热系数不得大于限值。

严寒地区公共建筑围护结构传热系数限值如表1.5所示。

表1.5　严寒地区围护结构传热系数限值　　单位：[W/(m^2·K)]

分区	围护结构部位	体形系数≤0.3	0.3<体形系数≤0.4
A区	屋面	≤0.35	≤0.30
	外墙(包括非透明幕墙)	≤0.45	≤0.40
	底面接触室外空气的架空或外挑楼板	≤0.45	≤0.40
	非采暖房间与采暖房间的隔墙或楼板	≤0.6	≤0.6
B区	屋面	≤0.45	≤0.35
	外墙(包括非透明幕墙)	≤0.50	≤0.45
	底面接触室外空气的架空或外挑楼板	≤0.50	≤0.45
	非采暖房间与采暖房间的隔墙或楼板	≤0.8	≤0.8

注：①严寒地区A区与B区的区划参见《公共建筑节能设计标准》(GB 50189—2015)。
②外墙的传热系数是指考虑了外墙内结构形成的热桥后的平均传热系数K_m。

③非透明围护结构的传热系数计算。

围护结构的传热系数K应按下列公式计算：

$$K=\frac{1}{R_0};R_0=R_i+\sum R+R_e \tag{1.56}$$

式中　R_i——内表面换热阻，在一般工程实践中取$R_i = 0.11(m^2 \cdot K)/W$；

R_e——外表面换热阻，在一般工程实践中取$R_e = 0.04(m^2 \cdot K)/W$；

R——各材料层的热阻，$R = d/\lambda$ $(m^2 \cdot K)/W$，其中材料为均质材料，材料的厚度为 d（对平屋面的找坡层计算厚度取最小厚度），材料的导热系数 λ 是实验室测定的导热系数 λ_m 与考虑实际使用条件进行修正（乘以大于 1.0 的修正系数 α）后的数值。

外墙平均传热系数K_m应是外墙主体部位的传热系数K_p与面积F_p和结构热桥部位的传热系数K_b与面积F_b加权平均后的传热系数，单位为 $W/(m^2 \cdot K)$，按下式计算：

$$K_m = \frac{K_p F_p + K_{b1} F_{b1} + K_{b2} F_{b2} + \cdots + K_{bn} F_{bn}}{F_p + F_{b1} + F_{b2} + \cdots + F_{bn}} \tag{1.57}$$

式中　K_m——外墙平均传热系数，$W/(m^2 \cdot K)$；

K_p——外墙主体部位的传热系数，$W/(m^2 \cdot K)$；

F_p——外墙主体部位的面积，m^2；

$K_{b1}, K_{b2}, \cdots, K_{bn}$——结构热桥部位的传热系数，$W/(m^2 \cdot K)$；

$F_{b1,}, F_{b2}, \cdots, F_{bn}$——结构热桥部位的面积，$m^2$。

（3）建筑能耗控制与围护结构热工性能权衡判断法

围护结构热工性能权衡判断法就是通过计算、比较设计建筑和参照建筑的全年采暖空调能耗，来判定围护结构的总体热工性能是否达到节能设计要求，以便确定建筑热工节能设计参数的方法。这种方法建立在控制建筑物总能耗的基础上，同时考虑了公共建筑节能设计与计算的科学性与合理性。在许多公共建筑的设计中，往往着重考虑建筑外形立面和使用功能，有时难以完全满足传热系数限值的规定。尤其是采用大面积玻璃幕墙时，建筑的窗墙面积比和对应的玻璃热工性能很可能突破有关规范的规定限制。为了尊重建筑师的创造性工作，同时又使所设计的建筑能够符合节能设计标准的要求，引入建筑围护结构总体热工性能是否达到节能要求的权衡判断。权衡判断不拘泥于要求建筑围护结构各个局部的热工性能，而是着眼于总体热工性能是否满足节能标准的要求。

权衡判断是一种性能化的设计方法，具体做法是先构想出一栋虚拟的建筑，称之为参照建筑，分别计算参照建筑和实际设计的建筑的全年采暖和空调能耗，并依照这两个能耗的比较结果做出判断。当实际设计的建筑能耗大于参照建筑的能耗时，应调整部分设计参数（例如提高窗户的保温隔热性能，缩小窗户的面积等），重新计算所设计建筑的能耗，直到设计建筑的能耗不大于参照建筑的能耗为止。

权衡判断的核心是对参照建筑和所设计建筑的采暖和空调能耗进行比较并做出判断。用动态方法计算建筑的采暖和空调能耗是一个非常复杂的过程，必须借助于不断开发、鉴定和广泛推广使用的建筑节能计算软件进行计算。在计算过程中，为了保证计算的准确性，必须对建筑的工况做出统一具体的规定，使计算结果具有可比性。

4）透明围护结构的保温与节能

建筑物的透明围护结构是指有采光、通视功能的外窗、外门、阳台门、透明玻璃幕墙和屋顶的透明部分等，这些透明围护结构在外围护结构总面积中占有相当的比例，一般为 30%～60%。从对冬季人体热舒适的影响来说，由于透明围护结构的内表面温度低于外墙、屋面及地面等非透明围护结构的内表面温度，所以容易形成冷辐射；从热工设计方法上来说，由于它们的传热过程的不同,所以应采用不同的保温措施;从冬季失热量来看,外窗、透明幕墙及外门的失热量要大于外墙和屋顶的失热量。因此,必须充分重视透明围护结构的保温与节能设计。

(1)外窗与透明幕墙的保温与节能

在建筑设计中,确定外窗和幕墙的形式、大小和构造时需要考虑很多因素,诸如采光、通风、隔声、保温、节能等,因而就某一方面的需要就做出某种简单的结论是不恰当的。以下仅从建筑保温与节能方面考虑,提出一些基本要求。

外窗与透明幕墙既有引进太阳辐射热的有利方面,又有因传热损失和冷风渗透损失都较大的不利方面,就其总效果而言,仍是保温能力较低的构件。窗户保温性能低的原因,主要是缝隙空气渗透和玻璃、窗框和窗樘等的热阻太小。表 1.6 是目前我国大量性建筑中常用的各类窗户的传热系 K 值。

表 1.6 窗户的传热系数

窗框材料	窗户类型	空气层厚度(mm)	窗框窗洞面积比(%)	传热系数 K [W/(m^2·K)]
钢、铝	单层窗	—	20~30	6.4
	单框双玻窗	12 16 20~30	20~30 20~30 20~30	3.9 3.7 3.6
	双层窗	100~400	20~30	3.0
	单层+单框双玻璃	100~400	20~30	2.5
木、塑料	单层窗	—	30~40	4.7
	单框双玻窗	12 16 20~30	30~40 30~40 30~40	2.7 2.6 2.5
	双层窗	100~400	30~40	2.3
	单层+单框双玻璃	100~400	30~40	2.0

注:①本表中的商户包括一般窗户、天窗和阳台门上部带玻璃部分;

②阳台门下部门肚板部分的传热系数,当下部不做保温处理时,应按表中值采用;当做保温处理时,应按计算确定。

由表 1.6 可见,单层窗的 K 值在 4.7~6.4 W/(m^2·K)范围内,约为 1 砖墙 K 值的 2~3 倍,也就是其单位面积的传热损失约为 1 砖墙的 2~3 倍。即使是单层双玻窗、双层窗,其传热系数也远远大于普通实心砖 1 砖墙的传热系数。

为了有效地控制建筑的采暖耗热量,在建筑节能设计规范中,应严格要求控制外窗(包括透明幕墙)的面积。其指标是窗墙面积比,即:某一朝向的外窗洞口面积与同朝向外墙面积之比。

为了提高外窗的保温性能,各国都注意了新材料、新构造的开发研究。针对我国目前的情况,应从以下几方面来做好外窗的保温设计。

①提高气密性,减少冷风渗透。

除少数建筑设固定密闭窗外,一般外窗均有缝隙,特别是材质不佳,加工和安装质量不高时,缝隙更大。为了提高外窗、幕墙的气密性能,外窗与幕墙的面板缝隙应采用良好的密封措施,玻璃或非透明面板四周应采用弹性好、耐久性强的密封条密封,或采用注入密封胶的方式密封。开启扇应采用双道或多道弹性好、耐久性强的密封条密封;推拉窗的开启扇四周应采用中间带胶片毛条或橡胶密封条密封。单元式幕墙的单元板块间应采用双道或多道密封,且在单元板块安装就位后密封条应保持压缩状态。

②提高窗框保温性能。

在传统建筑中,绝大部分窗框是木制的,保温性能比较好。在现代建筑中由于种种原因,金属窗框越来越多,由于这些窗框传热系数很大,故使窗户的整体保温性能下降。随着建筑节能的逐步深入,要求提高外窗保温性能,其主要方法为:

首先,将薄壁实腹型材改为空心型材,内部形成封闭空气层,提高保温能力。其次,开发出塑料构件,以获得良好保温效果。再次,开发了断桥隔热复合型窗框材料,有效提高了门窗的保温性能。最后,不论用什么材料做窗框,都将窗框与墙体之间的连接处理成弹性构造,其间的缝隙采用防潮型保温材料填塞,并采用密封胶、密封剂等材料密封。

提高玻璃幕墙的保温性能,可通过采用隔热型材、隔热连接紧固件、隐框结构等措施,避免形成热桥。幕墙的非透明部分,应充分利用其背后的空间设置成密闭空气层,或用高效、耐久、防水的保温材料进行保温构造处理。

③改善玻璃的保温能力。

单层窗中玻璃的热阻很小,因此,仅适用于较温暖的地区。在严寒和寒冷地区,应采用双层甚至三层窗,增加窗扇层数是提高窗户保温能力的有效方法之一,因为每两层窗扇之间所形成的空气层,加大了窗的热阻。此外,近年来国内外多使用单层窗扇上安装双层玻璃的单框双玻中空玻璃窗,中间形成良好密封空气层。此类窗的空气间层厚度以 9~20 mm 为最好,此时传热系数最小。当厚度小于 9 mm 时,传热系数则明显加大;当大于 20 mm 时,则造价提高,而保温能力并不提高。

在有的建筑中,当需进一步提高窗的保温能力时,可采用 LOW-E 中空玻璃、惰性气体的 LOW-E 中空玻璃、两层或多层中空玻璃与 LOW-E 膜。在严寒地区的居民楼、医院、幼儿园、办公楼、学校和门诊部等建筑中,可采用双层外窗或双层玻璃幕墙提高建筑的整体保温性能。但是,考虑到使用玻璃时除了应该关注其热工性能外,还应当注意其光学性能,如可见光透射比、遮阳系数等,故在玻璃的选用过程中尚需综合考虑。

(2)外门的保温与节能

这里外门包括户门(不采暖楼梯间)、单元门(采暖楼梯间)、阳台门以及与室外空气直接接触的其他各式各样的门。门的热阻一般比窗户的热阻大,而比外墙和屋顶的热阻小,因而也是建筑外围护结构保温的薄弱环节,表 1.7 是几种常见门的热阻和传热系数。从表 1.7 看出,不同种类门的传热系数值相差很大,铝合金门的传热系数要比保温门大 2.5 倍。在建筑设计中,应当尽可能选择保温性能好的保温门。

表 1.7 几种常见门的热阻和传热系数

序号	名称	热阻	传热系数 [W/(m^2·K)]	备注
1	木夹板门	0.37	2.7	双面三夹板
2	金属阳台门	0.156	6.4	—
3	铝合金玻璃门	0.164~0.156	6.1~6.4	3~7 mm 厚玻璃
4	不锈钢玻璃门	0.161~0.150	6.2~6.5	5~11 mm 厚玻璃
5	保温门	0.59	1.70	内夹 30 mm 厚轻质保温材料
6	加强保温门	0.77	1.30	内夹 40 mm 厚轻质保温材料

外门的另一个重要特征是空气渗透耗热量特别大。与窗户不同的是,门的开启频率要高得多,这使得门缝的空气渗透程度要比窗户缝大得多,特别是容易变形的木制门和钢制门。

5)建筑保温与节能计算

在严寒和寒冷地区,采暖建筑物耗热量指标是建筑围护结构热工性能权衡判断的依据,也是评价采暖建筑节能设计的一个重要指标。建筑物耗热量指标由通过围护结构的传热耗热量和通过门窗缝隙的空气渗透、空气调节耗热量两部分组成,其中不包括建筑物内部得热(包括炊事、照明、家电和人体散热)。

(1)计算单位建筑面积通过围护结构的传热耗热量$q_{H.T}$

$$q_{H.T} = (t_i - t_e)\left(\sum_{i=1}^{m} \varepsilon_i \cdot K_i \cdot F_i\right) / A_0 \tag{1.58}$$

式中 t_i——全部房间平均室内计算温度,一般住宅建筑取 16 ℃;

t_e——采暖期室外平均温度,℃,按表 1.8 采用;

ε_i——围护结构传热系数的修正系数,按表 1.9、表 1.10 采用;

K_i——围护结构的传热系数,W/(m^2·K);

F_i——围护结构的面积,m^2;

A_0——建筑面积,按各层外墙外包线围成面积的总和计算,m^2。

表 1.8 部分城市采暖期室外平均温度 单位:℃

地名	北京市	呼和浩特	沈阳	长春	哈尔滨	西安	兰州	乌鲁木齐
室外平均温度	-1.6	-6.2	-5.7	-8.3	-10.0	0.9	-2.8	-8.5

在不同地区、不同朝向的围护结构,因受太阳辐射和天空辐射的影响,使得其在两侧空气温度同样为 1 K 的情况下,在单位时间内通过单位面积围护结构的传热量有改变,故需要修正围护结构传热系数。围护结构传热系数的修正系数是围护结构的有效传热系数与围护结构传热系数的比值,窗户、外墙和屋顶的修正系数值参见表 1.9。

表 1.9　围护结构传热系数的修正系数 ε_i 值

地区	窗户(包括阳台门上部)					外墙(包括阳台门下部)			屋顶
	类型	有无阳台	南	东、西	北	南	东、西	北	水平
西安	单层窗	有 无	0.69 0.52	0.80 0.69	0.86 0.78	0.79	0.88	0.91	0.94
	双玻璃及双层窗	有 无	0.60 0.28	0.76 0.60	0.84 0.73				
北京	单层窗	有 无	0.57 0.34	0.78 0.66	0.88 0.81	0.70	0.86	0.92	0.91
	双玻璃及双层窗	有 无	0.50 0.18	0.74 0.57	0.86 0.76				
兰州	双玻璃及双层窗	有 无	0.66 0.43	0.78 0.64	0.85 0.75	0.79	0.88	0.92	0.93
沈阳	双玻璃及双层窗	有 无	0.64 0.39	0.81 0.69	0.90 0.83	0.78	0.89	0.94	0.95
呼和浩特	双玻璃及双层窗	有 无	0.55 0.25	0.76 0.60	0.88 0.80	0.73	0.86	0.93	0.89
乌鲁木齐	双玻璃及双层窗	有 无	0.60 0.34	0.75 0.59	0.92 0.86	0.76	0.85	0.95	0.95
长春	双玻璃及双层窗	有 无	0.62 0.36	0.81 0.68	0.91 0.84	0.77	0.89	0.95	0.92
	三玻窗及单层窗+双玻窗	有 无	0.60 0.34	0.79 0.66	0.90 0.84				
哈尔滨	双玻璃及双层窗	有 无	0.67 0.45	0.83 0.71	0.91 0.85	0.80	0.90	0.95	0.96
	三玻窗及单层窗+双玻窗	有 无	0.65 0.43	0.82 0.70	0.90 0.84				

对于不采暖楼梯间到的隔墙和户门、不采暖阳台的隔墙和门窗、不采暖空间上部楼板、伸缩缝墙、沉降缝和抗震缝墙等的 ε_i 值,应以温差修正系数 n 代替,见表 1.10。

表 1.10 温差修正系数 n 值

围护结构及其所处情况	温差修正系数 n 值
外墙、平屋顶及与室外空气直接接触的楼板等	1.00
带通风间层的平屋项、坡屋顶顶棚及与室外空气相通的不采暖地下室上面的楼板等	0.90
与有外门窗的不采暖楼梯间相邻的隔墙： 1~6 层建筑 7~30 层建筑	 0.60 0.50
不采暖地下室上面的楼板： 地下室外墙上有窗户时 地下室外墙上无窗户且位于室外地坪以上时 地下室外墙上无窗户且位于室外地坪以下时	 0.75 0.60 0.40
与有外门窗的不采暖房间相邻的隔墙 与无外门窗的不采暖房间相邻的隔墙	0.70 0.40
伸缩缝、沉降缝墙 抗震缝墙	0.30 0.70

对于接触土地的地面，取 $\varepsilon_i = 1$。

(2)计算单位建筑面积的空气渗透耗热量q_{INF}

$$q_{INF} = (t_i - t_e)(C_p \cdot \rho \cdot N \cdot V)/A_0 \tag{1.59}$$

式中 C_p——空气比热容，取 0.28 W·h/(kg·K)；

ρ——空气密度，取 t_e 条件下的值，有：

$$\rho = \frac{1.293 \times 273}{t_e + 273} = \frac{353}{t_e + 273}\ \text{kg/m}^3 \tag{1.60}$$

N——换气次数，住宅建筑取 0.5(1/h)；

V——换气体积，m^3，应按《民用建筑节能设计标准(采暖居住建筑部分)》(JGJ 26—95)附录 D 的规定计算。

(3)建筑物耗热量指标计算

根据采暖居住建筑物耗热量的特点，由式(1.58)和式(1.59)可得建筑物耗热量指标计算式如下：

$$q_H = q_{H \cdot T} + q_{INF} - q_{I \cdot H} \tag{1.61}$$

式中 q_H——建筑物耗热量指标，W/m^2；

$q_{H \cdot T}$——单位建筑面积通过围护结构的传热耗热量，W/m^2；

q_{INF}——单位建筑面积的空气渗透耗热量，W/m^2；

$q_{I \cdot H}$——单位建筑面积的建筑物内部得热(包括炊事、照明、家电和人体散热)，住宅建筑，取 3.80 W/m^2。

当建筑物耗热量指标值小于《民用建筑节能设计标准(采暖居住建筑部分)》(JGJ 26—95)所规定的值时，判断建筑符合建筑围护结构热工性能要求。

1.1.4 建筑围护结构的传湿与防潮

在设计建筑围护结构时不仅应考虑到它的保温节能,同时还要考虑到它的防潮性能。自然界中,空气中以水蒸气形式存在的水分始终包围着我们。当水蒸气通过具备渗透性的墙体时,只要环境温度在该处水蒸气的露点之下,便会有水析出。

墙内出现水分的原因是多种多样的,水蒸气扩散所形成的水分是其中一个主要原因。只要墙体两侧存在温差与绝对含湿量差,就能发生水蒸气扩散现象,而且这一过程是连续的。另一个主要原因则是如果墙体表面发生凝结,就有可能通过毛细管作用把水分吸入墙内。墙体表面上形成的水滴很容易被发现,但墙体内部析出的水分却不易被察觉。墙体内的湿积累会引起建筑材料保温性能下降、强度降低、长霉。而季节性的冻融过程将直接制约着湿、热迁移的规律,给工程建设造成影响。特别是冻胀现象会出现破坏性的挤压应力,影响建筑物的工程耐久性。因此,阐述建筑围护结构的湿状况以及防止措施是建筑热工学的组成部分之一。

外围护结构的受潮主要取决于下列因素:

a.用于结构中材料的原始湿度。

b.施工过程(如浇筑混凝土、在砖砌体上洒水、粉刷等)中进入结构材料的水分。施工水分的多少,主要取决于围护结构的构造和施工方法,若采用装配式结构和干法施工,施工水分就可大大减少。

c.由于毛细管作用,从土地渗透到围护结构中的水分。为防止这种水分,可在围护结构中设置防潮层。

d.由于受雨、雪的作用而渗透到围护结构中的水分。

e.使用管理中的水分。例如:在漂白车间、制革车间、食品制造车间以及某些选矿车间等处,在生产过程中使用很多水,使地板和墙的下部受潮。

f.由于材料的吸湿作用,从空气中吸收的水分。

g.空气中的水分在围护结构表面和内部发生冷凝。

1)建筑围护结构的传湿

(1)材料的吸湿特性

把一块干的材料试件置于湿空气之中,材料试件会从空气中逐步吸收水蒸气而受潮,这种现象称为材料的吸湿。

材料的吸湿特性,可用材料的等温吸湿曲线表征,如图1.14所示。该曲线是根据不同的空气相对湿度(气温固定为某一值)下测得的平衡吸湿湿度绘制而成。当材料试件与某一状态(一定的气温和一定的相对湿度)的空气处于热湿平衡时,即材料的温度与周围空气温度一致(热平衡)时,试件的质量不再发生变化(湿平衡),这时的材料湿度称为平衡湿度。图中的ω_{100}、ω_{80}、ω_{60}、…,分别表示在相对湿度为100%、80%、60%、…条件下的平衡湿度,$\phi=100\%$

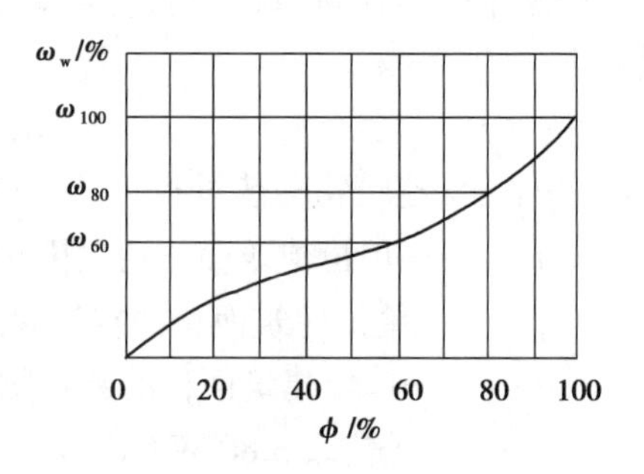

图1.14 材料的等温吸湿曲线

条件下的平衡湿度称为最大吸湿湿度。等温吸湿曲线的形状呈“S”形，显示材料的吸湿机理分 3 种状态：①在低湿度时为单分子吸湿；②在中等湿度时为多分子吸湿；③在高湿度时为毛细吸湿。可见，在材料中的水分主要以液态形式存在。表 1.11 列举了若干种材料在 0~20 ℃时不同相对湿度下的平衡湿度的平均值。材料的吸湿湿度在相对湿度相同的条件下，随温度的降低而增加。

表 1.11　0~20 ℃时不同相对湿度下的平衡湿度的平均值

材料名称	密度 (kg/m³)	在不同相对湿度下的平衡湿度的平均值(%)				
		60	70	80	90	100
普通卵石混凝土① 膨胀矿渣混凝土③ 陶粒混凝土③ 陶粒混凝土 陶粒混凝土 泡沫混凝土② 泡沫混凝土 加气混凝土① 水泥珍珠岩 1∶10①	2 250	1.13	1.36	1.75	2.62	2.75
	1 600	2.0	—	2.2	—	5.5
	1 400	3.0	—	3.8	—	8.8
	1 100	3.7	—	5.0	—	11.0
	900	4.0	—	5.5	—	12.0
	345	3.6	4.2	5.2	6.5	8.3
	660	2.85	3.6	4.75	6.2	10.0
	500	3.75	4.33	5.05	6.30	18.0
	400	2.76	3.25	4.50	6.25	13.37

注：表中①②③代表上文中吸湿机理 3 种状态，工程实践中的具体取值见相关规范。

(2)围护结构中的水分转移

当材料内部存在压力差（分压力或总压力）、湿度差和温度差时，均能引起材料内部所含水分的迁移。材料内所包含的水分，可以以 3 种形态存在：气态（水蒸气）、液态（液态水）和固态（冰），在材料内部可以迁移的只是两种相态，一种是以气态的扩散方式迁移（又称水蒸气渗透）；一种是以液态水分的毛细渗透方式迁移。

当室内外空气的水蒸气含量不等时，在外围护结构的两侧就存在着水蒸气分压力差，水蒸气分子将从压力较高的一侧通过围护结构向低的一侧渗透扩散。若设计不当，水蒸气通过围护结构时，会在材料的孔隙中凝结成水或冻结成冰，造成内部冷凝受潮。

目前在建筑设计中为考虑围护结构的受湿状况，通常还是采用粗略的分析方法，即按稳定条件下单纯的水蒸气渗透过程考虑。亦即在计算中，室内外空气的水蒸气分压力都取为定值，不随时间而变；不考虑围护结构内部液态水分的转移，也不考虑热湿交换过程之间的相互影响。

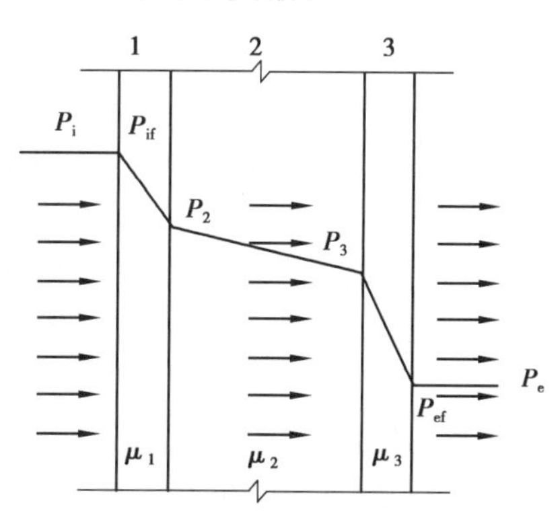

图 1.15　围护结构的水蒸气渗透过程

稳态下水蒸气渗透过程的计算与稳定传热的计算方法是完全相似的。如图 1.15 所示，在稳态条件下通过围护结构的水蒸气渗透量，与室内外的水蒸气分压力差成正比，与渗透过程中受到的阻力成反比，即：

$$\omega=\frac{1}{H_0}(P_i-P_e) \tag{1.62}$$

式中 ω——水蒸气渗透强度,g/(m^2 · h);

H_0——围护结构的总水蒸气渗透阻,(m^2 · h · Pa)/g;

P_i——室内空气的水蒸气分压力,Pa;

P_e——室外空气的水蒸气分压力,Pa。

围护结构的总水蒸气渗透阻按下式确定:

$$H_0=H_1+H_2+H_3+\cdots=\frac{d_1}{\mu_1}+\frac{d_2}{\mu_2}+\frac{d_3}{\mu_3}+\cdots+\frac{d_m}{\mu_m} \tag{1.63}$$

式中 d_m——任一分层的厚度,m;

μ_m——任一分层材料的水蒸气渗透系数,g/(m · h · Pa),$m=1,2,3,\cdots,n$。

水蒸气渗透系数是1 m厚的物体,两侧水蒸气分压力差为1 Pa,1 h内通过1 m^2面积渗透的水蒸气量,用μ表示,单位为g/(m · h · Pa)。它代表材料的透气能力,与材料的密实程度有关,材料的孔隙率越大,透气性就越强。

水蒸气渗透阻是围护结构或某一材料层,两侧水蒸气分压力差为1 Pa时,通过1 m^2面积渗透1 g水蒸气所需要的时间,用H表示,单位为(m^2 · h · Pa)/g。

由于围护结构内外表面的湿转移阻,与结构材料层的蒸汽渗透阻本身相比是很微小的,所以在计算总蒸汽渗透阻时可忽略不计。这样,围护结构内外表面的水蒸气分压力可近似地取为P_i和P_e。围护结构内任一层内界面上的水蒸气分压力,可按下式计算(与确定内部温度相似):

$$P_m=P_i-\frac{\sum_{j=1}^{m-1}H_j}{H_0}(P_i-P_e) \tag{1.64}$$

式中 $\sum_{j=1}^{m-1}H_j$——从室内一侧算起,由第1层至第$m-1$层的水蒸气渗透阻之和。

(3)内部冷凝的检验

围护结构的内部冷凝,其危害是很大的,而且是一种看不见的隐患。所以在设计之初,应分析所设计的构造方案是否会产生内部冷凝现象,以便采取措施加以消除,或控制其影响程度。

为判别围护结构内部是否会出现冷凝现象,可按以下步骤进行:

①根据室内外空气的温湿度(t和φ),确定水蒸气分压力P_i和P_e,然后按式(1.42)计算围护结构各层的水蒸气分压力,并作出"P"分布线。对于采暖房屋,设计中取当地采暖期的室外空气的平均温度和平均相对湿度作为室外计算参数。

②根据室内外空气温度t_i和t_e,确定各层的温度,并做出相应的饱和水蒸气分压力"P_s"的分布线。

③根据"P"线和"P_s"线相交与否来判定围护结构内部是否会出现冷凝现象。如图1.16(a)所示,"P_s"线与"P"线不相交,说明内部不会产生冷凝;若相交,则内部有冷凝[图1.16(b)]。

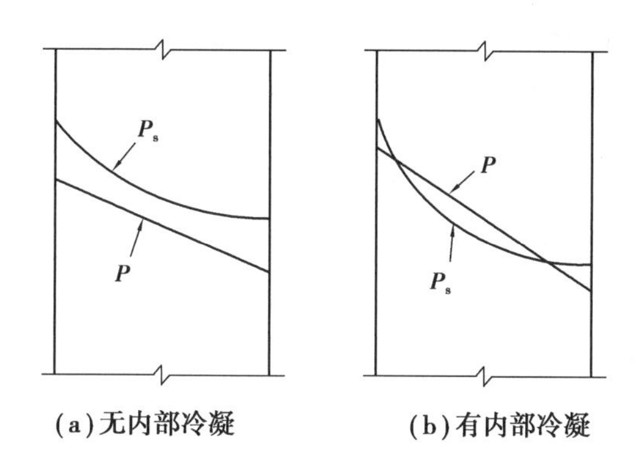

图 1.16 判别围护结构的内部冷凝情况

经判别,若出现内部冷凝,可按下述近似方法估算冷凝强度和采暖期保温层材料湿度的增量。

实践经验和理论分析都已表明,在水蒸气渗透的途径中,若材料的水蒸气渗透系数出现由大变小的界面,因水蒸气至此遇到较大的阻力,最易发生冷凝现象,习惯上把这个最易出现冷凝、而且凝结最严重的界面,称为围护结构内部的“冷凝界面”,如图 1.17 所示。

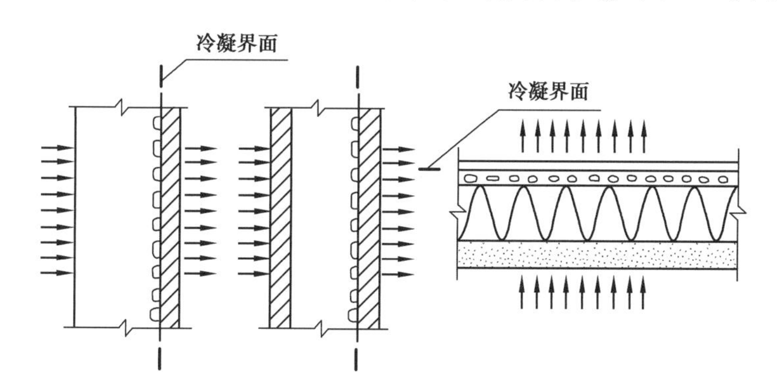

图 1.17 冷凝界面的位置

显然,当出现内部冷凝时,冷凝界面处的水蒸气分压力已达到该界面温度下的饱和水蒸气分压力$P_{s,c}$。设由水蒸气分压力较高一侧空气进到冷凝界面的水蒸气渗透强度为ω_1,从界面渗透到分压力较低一侧空气的水蒸气渗透强度为ω_2,两者之差即是界面处的冷凝强度ω_c,参见图 1.18,即:

$$\omega_c = \omega_1 - \omega_2 = \frac{P_A - P_{s,c}}{H_{0,i}} - \frac{P_{s,c} - P_B}{H_{0,e}} \tag{1.65}$$

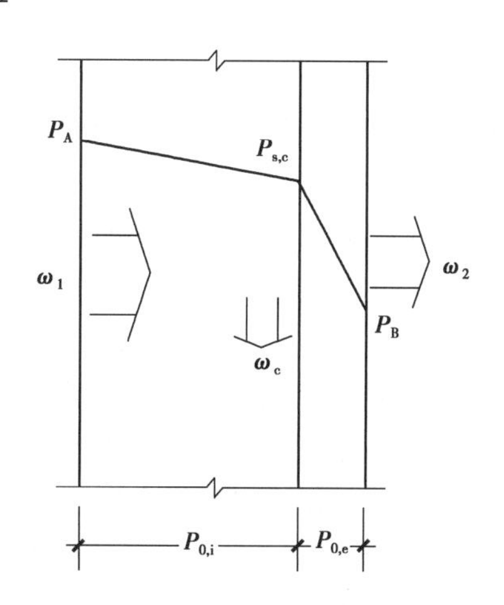

图 1.18 内部冷凝强度

式中 P_A——分压力较高一侧空气的水蒸气分压力,Pa;

P_B——分压力较低一侧空气的水蒸气分压力,Pa。

$P_{s,c}$——冷凝界面处的饱和水蒸气分压力,Pa;

$H_{0,i}$——在冷凝界面水蒸气流入一侧的水蒸气渗透阻,$(m^2 \cdot h \cdot Pa)/g$;

$H_{0,e}$——在冷凝界面水蒸气流出一侧的水蒸气渗透阻,$(m^2 \cdot h \cdot Pa)/g$。

采暖期内总的冷凝量的近似估计算值为:

$$\omega_{c,0} = 24\omega_c Z_h \tag{1.66}$$

式中 $\omega_{c,0}$——采暖期内总的冷凝量,g/m^2;

Z_h——当地采暖期天数,d。

采暖期内保温层材料湿度的增量为:

$$\Delta\omega = \frac{24\omega_c Z_h}{1\,000 d_i \rho_i} \times 100\% \tag{1.67}$$

式中 d_i——保温层厚度,m;

ρ_i——保温材料的密度,kg/m^3。

应指出,上述的估算是很粗略的,在出现内部冷凝后,必须考虑冷凝范围内的液相水分的迁移机理,方能得出较精确的结果。

2)围护结构的防潮

(1)防止和控制表面冷凝

产生表面冷凝的原因,不外乎是由于室内空气湿度过高或是壁面的温度过低。现就不同情况分述如下:

①正常湿度的房间。对于这类房间,若设计围护结构时已考虑了保温与节能处理,一般情况下是不会出现表面冷凝现象的。但使用中应注意尽可能使外围护结构内表面附近的气流畅通,所以家具、壁柜等不宜紧靠外墙布置。当供热设备放热不均匀时,会引起围护结构内表面温度的波动,为了减弱这种影响,围护结构内表面层宜采用蓄热特性系数较大的材料,利用它蓄存的热量所起的调节作用,以减少出现周期性冷凝的可能。

②高湿房间。高湿房间一般是指冬季室内相对湿度高于75%(相应的室温在18~20 ℃以上)的房间,对于此类房间,应尽量防止产生表面冷凝和滴水现象,预防湿气对结构材料的锈蚀和腐蚀。有些高湿房间,其室内气温已接近露点温度(如浴室、洗染间等),即使加大围护结构的热阻也不能防止表面冷凝,这时应力求避免在表面形成水滴进而掉落下来,影响房间的使用质量,并防止表面冷凝水渗入围护结构的深部,使结构受潮。处理时,应根据房间使用性质采取不同的措施。为避免围护结构内部受潮,高湿房间围护结构的内表面应设防水层。对于那种间歇性处于高湿条件的房间,为避免冷凝水形成水滴,围护结构内表面可增设吸湿能力强且本身又耐潮湿的饰面层或涂层。在凝结期,水分被饰面层所吸收,待房间比较干燥时,水分自行从饰面层中蒸发出去。对于那种连续地处于高湿条件下、又不允许屋顶内表面的凝水滴落到设备和产品上的房间,可设吊顶(吊顶空间应与室内空气相通),将滴水有组织地引走,或加强屋顶内表面附近的通风,防止水滴的形成。

(2)防止和控制内部冷凝

由于围护结构内部的湿转移和冷凝过程比较复杂,目前在理论研究方面虽有一定进展,但尚不能满足解决实际问题的需要,因此在设计中主要是根据实践中的经验和教训,采取一定的构造措施来改善围护结构内部的湿度状况。

①合理布置材料层的相对位置。

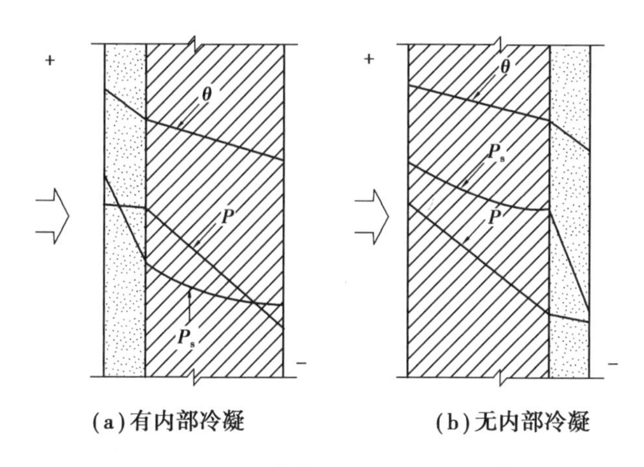

(a)有内部冷凝　(b)无内部冷凝

图 1.19　材料层次布置对内部湿状况的影响

在同一气象条件下,使用相同的材料,由于材料层次布置的不同,一种构造方案可能不会出现内部冷凝,另一种方案则可能出现。如图 1.19 所示,图中(a)方案是将导热系数小、蒸汽渗透系数大的材料层(保温层)布置在水蒸气流入的一侧,导热系数大而水蒸气渗透系数小的密实材料层布置在水蒸气流出的一侧。由于第一层材料热阻大,温度降落多,饱和水蒸气分压力"P_s"曲线相应的降落也快,但该层透汽性大,水蒸气分压力"P"降落平缓;在第二层中的情况正相反,这样"P_s"曲线与"P"线很易相交,也就是容易出现内部冷凝。(b)方案是把保温层布置在外侧,就不会出现上述情况。所以材料层次的布置应尽量在水蒸气渗透的通路上做到"进难出易"。

在设计中,也可根据"进难出易"的原则来分析和检测所设计的构造方案的内部冷凝情况。如图 1.20 所示的外墙结构,其内部可能出现冷凝的危险界面是隔汽层内表面和砖砌体内表面。首先检验界面"a",根据界面 a 的温度 θ_a,得出此温度下的饱和水蒸气分压力 $P_{s,a}$。若在分压力差($P_i - P_{s,a}$)下进入 a 界面的水蒸气量小于在分压力差($P_{s,a} - P_e$)下从该界面向外流出的水蒸气量,则在界面 a 处就不会出现冷凝水,反之则会产生冷凝。再检验界面 b,根据界面 b 的温度 θ_b,得出饱和水蒸气分压力 $P_{s,b}$,若在分压力差($P_i - P_{s,b}$)下进到该界面的水蒸气量,小于在分压力差($P_{s,b} - P_e$)下流出的水蒸气量,在界面 b 处就不会出现冷凝。经过检验,若在界面 a 处出现冷凝水,则可增加外侧的保温能力,提高该界面的温度以防止出现冷凝。若在界面 b 处出现冷凝,则可采取两种措施:一是提高隔汽层的隔汽能力,减少进入该界面的水蒸气量;二是在砖墙上设置泄汽口,使水蒸气很易排出,后一种措施比前者有效而可靠。

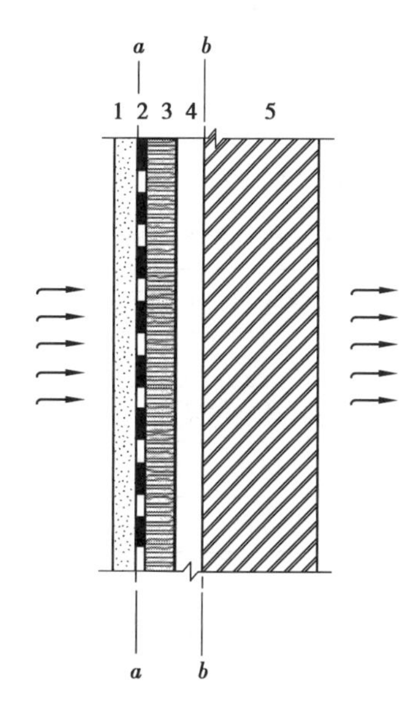

图 1.20　内部冷凝分析检测

1—石膏板条粉刷;2—隔汽层;
3—保温层;4—空气间层;5—砖墙

前述所谓 USD 屋面,就是根据"进难出易"原则提出的,目前国内外都在开展这种构造的测试研究。

②设置隔汽层。

在具体的构造方案中,材料层的布置往往不能完全符合上面所说的“进难出易”的要求。为了消除或减弱围护结构内部的冷凝现象,可在保温层蒸汽流入的一侧设置隔汽层(如沥青或隔汽涂料等)。这样可使水蒸气流抵达低温表面之前,水蒸气分压力已得到急剧的下降,从而避免内部冷凝的产生,如图 1.21 所示。采用隔汽层防止或控制内部冷凝是目前设计中应用最普遍的一种措施,为达到良好效果,设计中应注意如下几点:

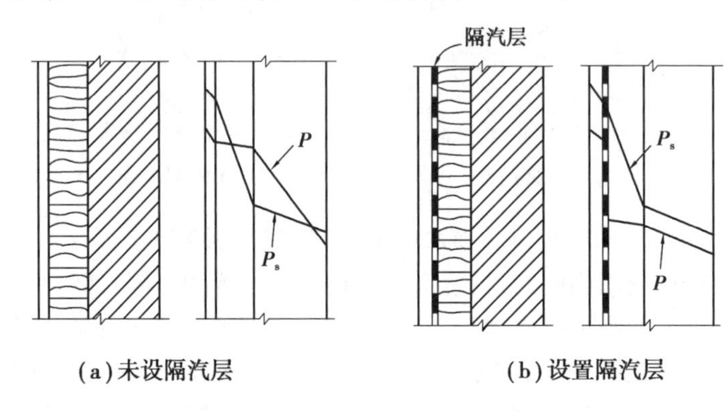

图 1.21　设置隔汽层防止内部冷凝

保证围护结构内部正常湿状况所必需的蒸汽渗透阻。一般的采暖房屋,在围护结构内部出现少量的冷凝水是允许的,这些冷凝水在暖季会从结构内部蒸发出去。但为保证结构的耐久性,采暖期间围护结构中的保温材料因内部冷凝受潮而增加的湿度,不应超过一定的标准,表 1.12 列出了部分保温材料的湿度允许增量$[\Delta\omega]$。

表 1.12　采暖期间保温材料重量湿度的允许增量　　单位:%

保温材料	$[\Delta\omega]$
多孔混凝土(泡沫混凝土、加气混凝土)$\rho_0=500\sim700\ \text{kg/m}^3$	4
水泥膨胀珍珠岩和水泥膨胀蛭石等,$\rho_0=300\sim500\ \text{kg/m}^3$	6
沥青膨胀珍珠岩和水泥膨胀蛭石等,$\rho_0=300\sim400\ \text{kg/m}^3$	7
水泥纤维板	5
矿棉、岩棉、玻璃棉及其制品(板或毡)	3
聚乙烯泡沫塑料	15
矿渣和炉渣填料	2

根据采暖期间保温层内湿度的允许增量,由式(1.68)可得出冷凝计算界面内侧所需的水蒸气渗透阻为:

$$H_{\text{i,min}}=\frac{P_{\text{i}}-P_{\text{s,c}}}{\dfrac{10\ \rho_{\text{i}}d_{\text{i}}[\Delta\omega]}{24Z_{\text{h}}}+\dfrac{P_{\text{s,c}}-P_{\text{c}}}{H_{0,\text{e}}}}\tag{1.68}$$

式中　$H_{\text{i,min}}$——冷凝计算界面内侧所需的水蒸气渗透阻,$(\text{m}^2\cdot\text{h}\cdot\text{Pa})/\text{g}$;

P_{i}——室内空气水蒸气分压力,Pa;根据室内计算温度和相对湿度确定;

P_e——室外空气水蒸气分压力，Pa；根据当地采暖期室外平均温度和平均相对湿度确定；

$P_{s,c}$——冷凝计算界面处的界面温度 θ_c 对应的饱和水蒸气分压力，Pa；

$H_{0,e}$——冷凝计算界面至围护结构外表面之间的水蒸气渗透阻，$(m^2 \cdot h \cdot Pa)/g$；

Z_h——采暖期天数，d；

$[\Delta\omega]$——采暖期间保温材料重量湿度的允许增量，%，按表 1.12 取值；

ρ_i——保温材料的干密度，kg/m^3；

d_i——保温材料层厚度，m；

10——单位折算系数，因为 $\Delta\omega$ 是以百分数表示，ρ_i 是以 kg/m^3 表示的。

若内侧部分实有的水蒸气渗透阻小于式(1.68)确定的最小值时，应设置隔汽层或提高已有隔汽层的隔汽能力。

某些常用隔汽材料的水蒸气渗透阻列于表 1.13。

表 1.13　常用隔汽材料的水蒸气渗透阻

隔汽材料	d(mm)	$H[(m^2 \cdot h \cdot Pa)/g]$
乳化沥青二道	—	520
偏氯乙烯二道	—	1 240
环氧煤焦油二道	—	3 733
油漆二道(先做油灰嵌缝、上底漆)	—	640
聚氯乙烯涂层二道	—	3 866
氯丁橡胶涂层二道	—	3 466
石油沥青油毡	1.5	1 107
石油沥青油毡	0.4	333
石油沥青油毡	0.16	733

冷库建筑外围护结构的隔汽层的水蒸气渗透阻 $H_{\gamma\beta}$ 应满足下式，但不得低于 4 000$(m^2 \cdot h \cdot Pa)/g$：

$$H_{\gamma\beta} = 1.6\Delta P \tag{1.69}$$

式中　ΔP——室内外水蒸气分压力差，Pa，按夏季最热月的气象条件确定。

对于不设通风口的坡屋顶，其顶棚部分的水蒸气渗透阻应符合下式要求

$$H_{0,i} > 1.2(P_i - P_e) \tag{1.70}$$

式中　$H_{0,i}$——顶棚部分的蒸汽渗透阻，$(m^2 \cdot h \cdot Pa)/g$；

P_i，P_e——分别为室内和室外空气水蒸气分压力，Pa。

隔汽层应布置在水蒸气流入的一侧，所以对采暖房屋应布置在保温房内侧，对于冷库建筑应布置在隔热层外侧。如图 1.22 所示，隔汽层设在常年高湿一侧。若在全年中存在着反向的水蒸气渗透现象，则应根据具体情况决定是否在内外侧都布置隔汽层。必须指出，对于采用双重隔汽层要慎重对待。在这种情况下，施工中保温层不能受潮，隔汽层的施工质量要严格保证。否则在使用中，万一在内部产生冷凝，冷凝水不易蒸发出去，所以一般情况下应尽量

不用双重隔汽层。对于虽存在反向蒸汽渗透,但其中一个方向的水蒸气渗透量大,而且持续时间长,另一个方向较小,持续时间又短,则可仅按前者考虑。此时,另一向渗透期间亦可能产生内部冷凝,但冷凝量较小,气候条件转变后即能排除出去,不致造成严重的不良后果。必要时可考虑在保温层的中间设置隔汽层来承受反向的水蒸气渗透。

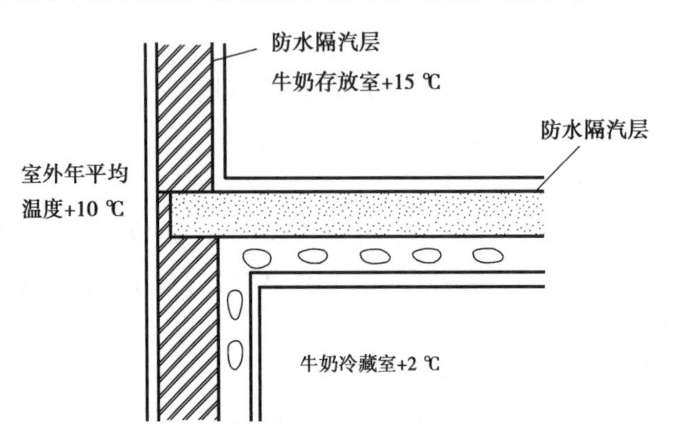

图 1.22　潮湿房间隔汽层的设置

③设置通风间层或泄气沟道。

设置隔汽层虽然能改善围护结构内部的湿状况,但并不是最妥善的办法,因为隔汽层的隔汽质量在施工和使用过程中不易保证。此外,采用隔汽层后,会影响房屋建成后结构的干燥速度。对高湿房间围护结构的防冷凝效果不佳。

为此,对于湿度高的房间(如纺织厂)的外围护结构以及卷材防水屋面的平屋顶结构,采用设置通风间层或泄汽沟道的办法最为理想。由于保温层外侧设有一层通风间层,从室内渗入的水蒸气,可借不断与室外空气交换的气流带走,对保温层起风干的作用,如图 1.23 所示。

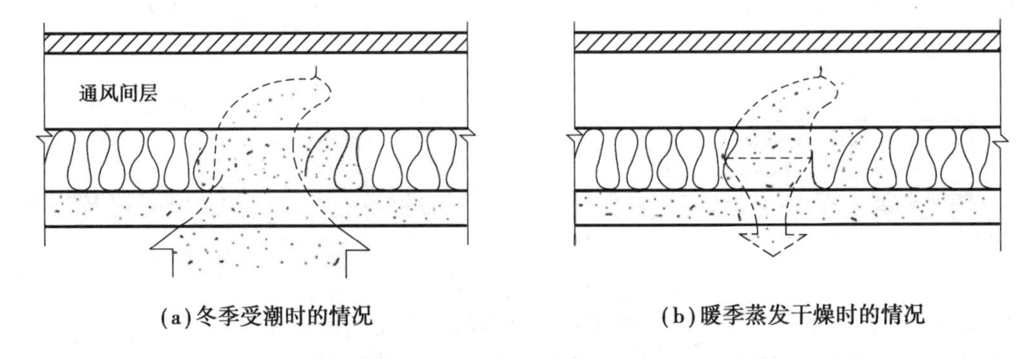

(a)冬季受潮时的情况　　(b)暖季蒸发干燥时的情况

图 1.23　有通风间层的围护结构

图 1.24 为瑞典一建筑实例,其墙体外表面为玻璃板,原来在玻璃板与其内部保温层之间有小间隙,墙体内部无冷凝;改建后玻璃板紧贴保温层,原起到泄汽沟道作用的小间隙消失,一年后保温材料内冷凝严重,体积含湿量高达 50%。

④冷侧设置密闭空气层。

在冷侧设一空气层,可使处于较高温度侧的保温层经常干燥,这个空气层称为引湿空气层,这个空气层的作用称为收汗效应。

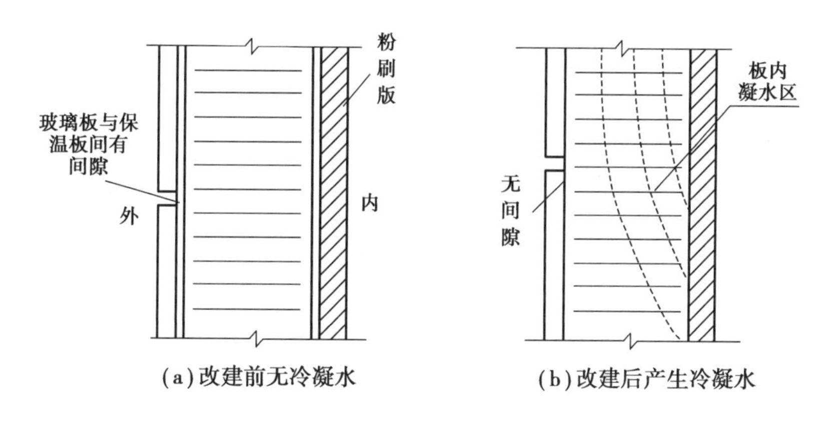

图 1.24　有无泄气沟道的冷凝情况

1.1.5　遮阳应用与计算

1)遮阳的目的与要求

随着空调的日益普及,建筑能耗中夏季空调的能耗占着重要部分。炎热的夏季,太阳辐射透过窗户直接进入室内的热量是造成室内过热或严重增加空调制冷负荷的主要原因。因此遮阳是夏季隔热最有效的措施,它反射和吸收了大部分的太阳热能,避免太阳辐射热直接进入室内空间,有利于防止室温升高和波动,对提高室内热舒适性、减少空调能耗起到重要作用。

设计窗口遮阳时,应满足下列要求:

a.夏天防止日照,冬天不影响必需的房向日照;

b.晴天遮挡直射阳光、阴天保证房间有足够的照度;

c.减少遮阳构造的挡风作用,最好还能起导风入室的作用;

d.能兼做防雨构件,并避免雨天影响通风;

e.不阻挡从窗口向外眺望的视野;

f.构造简单,经济耐久;

g.必须注意与建筑造型处理的协调统一。

2)遮阳的形式及其效果

(1)遮阳的形式

遮阳的基本形式可分为 4 种:水平式、垂直式、综合式和挡板式,如图 1.25 所示。

①水平式遮阳。这种形式的遮阳能够有效地遮挡高度角较大的、从窗口上方投射下来的阳光。故它适用于接近南向的窗口,或北回归线以南低纬度地区的北向附近的窗口。

②垂直式遮阳。垂直式遮阳能够有效地遮挡高度角较大的、从窗侧斜射过来的阳光,但对于高度角较大的、从窗口上方投射下来的阳光,或接近日出、日没时平射窗口的阳光,它不起遮挡作用。故垂直式遮阳主要适用于东北、北和西北向附近的窗口。

③综合式遮阳。综合式遮阳能够有效地遮挡高度角中等的,从窗前斜射下来的阳光,遮阳效果比较均匀。故它主要适用于东南或西南向附近的窗口。

④挡板式遮阳。这种形式的遮阳能够有效地遮挡高度角较小的、正射窗口的阳光,故主要适用于东、西向附近的窗口。

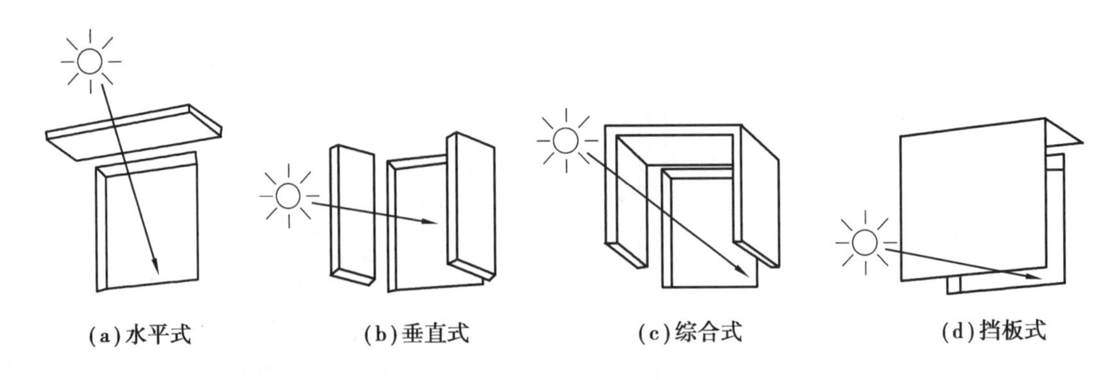

图 1.25 遮阳的基本形式

(2)遮阳的效果

窗口设置遮阳之后,对遮挡太阳辐射热量和在闭窗情况下降低室内气温,效果都较为显著。但是对房间的采光和通风却有不利的影响。

①遮阳对太阳辐射热量的阻挡。

遮阳对防止太阳辐射的效果是显著的,图 1.26 说明了广州地区的 4 个主要朝向,在夏季一天内透进的太阳辐射热量及其遮阳后的效果。

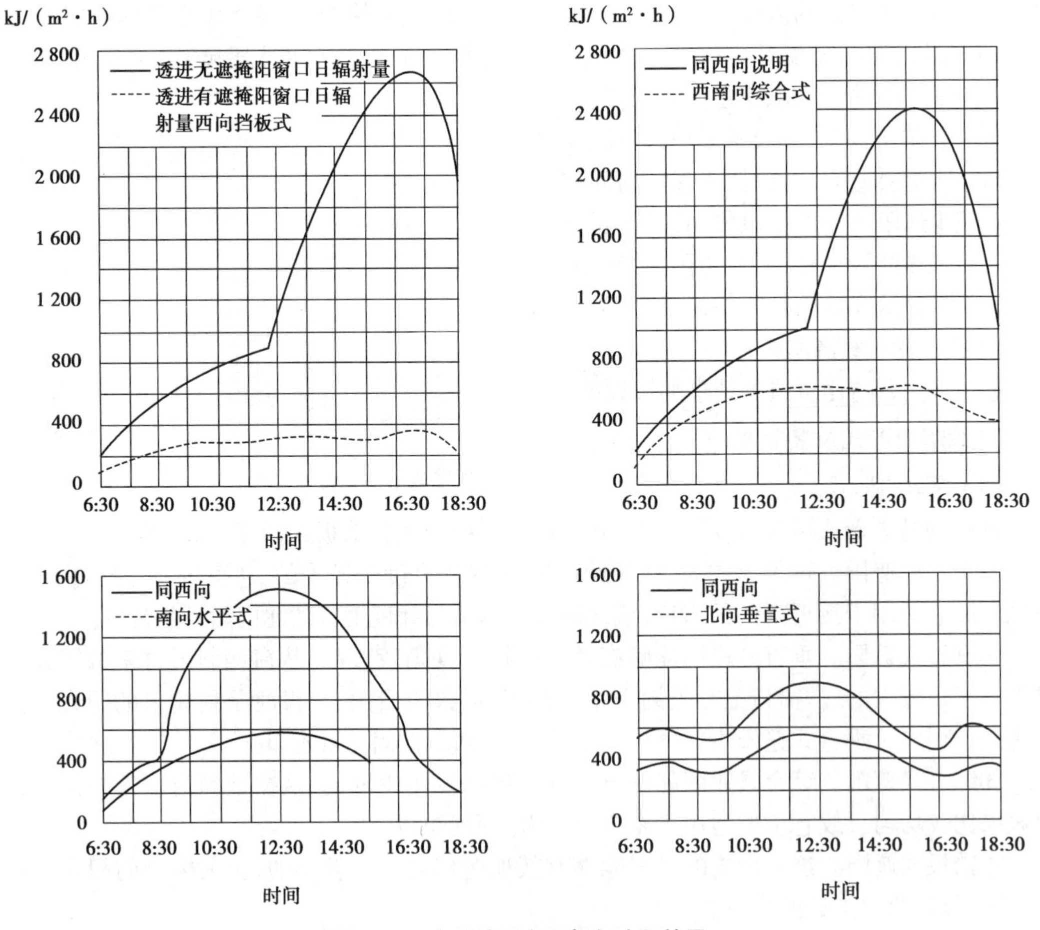

图 1.26 广州地区主要朝向遮阳效果

由图可见,各主要朝向的窗口经遮阳透进的太阳辐射热量,与无遮阳时透进的太阳辐射热量之比,分别为:西向 17%;西南向 41%;南向 45%;北向 60%。由此可见,西向太阳辐射虽强,但窗口遮阳后效果也较大。

遮阳设施遮挡太阳辐射热量的效果除取决于遮阳形式外,还与遮阳设施的构造处理、安装位置、材料与颜色等因素有关。各种遮阳设施的遮挡太阳辐射热量的效果,一般用遮阳系数来表示。遮阳系数是指在照射时间内,透进有遮阳窗口的太阳辐射量与透进无遮阳窗口的太阳辐射量的比值。遮阳系数越小,说明透过窗口的太阳辐射热量越小,防热效果越好。

②外遮阳系数 SD 及计算方法。

建筑外遮阳系数的定义为:透过有外遮阳构造的外窗的太阳辐射得热量与透过没有外遮阳构造的相同外窗的太阳辐射得热量的比值。式(1.71)为通过使用外遮阳系数可以方便地计算外遮阳构造对建筑能耗的影响程度,在我国建筑节能设计和评价中得到广泛应用。

$$SD = \frac{Q_S}{Q_N} \tag{1.71}$$

式中 SD——外遮阳系数;

Q_S——有外遮阳构造时,外窗得热量中的太阳辐射得热部分,W;

Q_N——没有外遮阳构造时,外窗得热量中的太阳辐射得热部分,W。

通过对不同尺寸遮阳构造外遮阳系数大量的模拟和分析后,研究人员发现外遮阳系数与遮阳构造尺寸比关系密切,对各种遮阳尺寸比及其对应的外遮阳系数进行回归分析后可以看出:用二元线性回归方程得到的相关系数都较高(相关度>0.988),因此,可以采用以遮阳构造尺寸比为参数的简化公式来计算外遮阳系数,如式(1.72):

$$SD = a \cdot x^2 + b \cdot x + 1 \tag{1.72}$$

式中 SD——外遮阳系数;

a,b——回归系数,按表 1.14 选取;

x——遮阳构造尺寸比,$x=A/B$,当 $x \geq 1$ 时取 $x=1$;

A,B——外遮阳的构造定性尺寸,按图 1.27—图 1.31 确定。

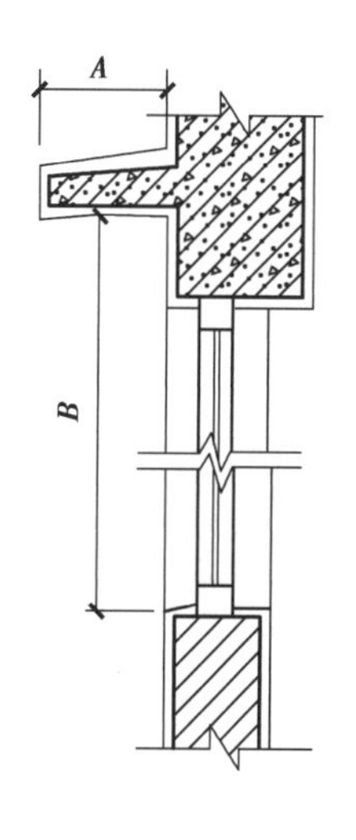

图 1.27 水平式外遮阳的构造定性尺寸

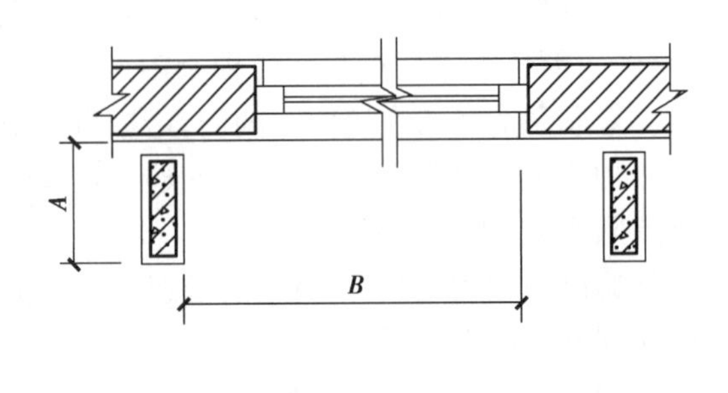

图 1.28　垂直式外遮阳的构造定性尺寸

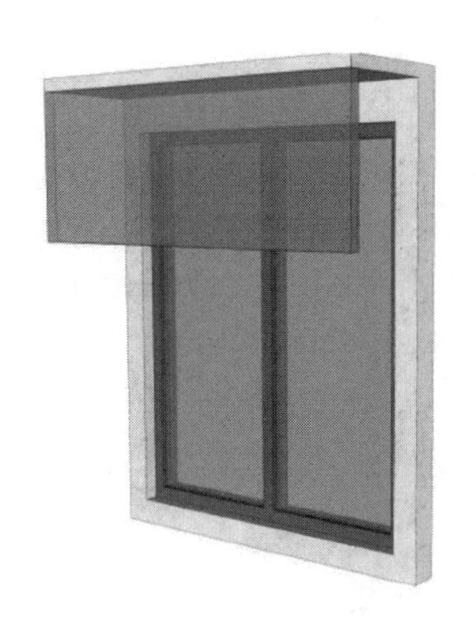

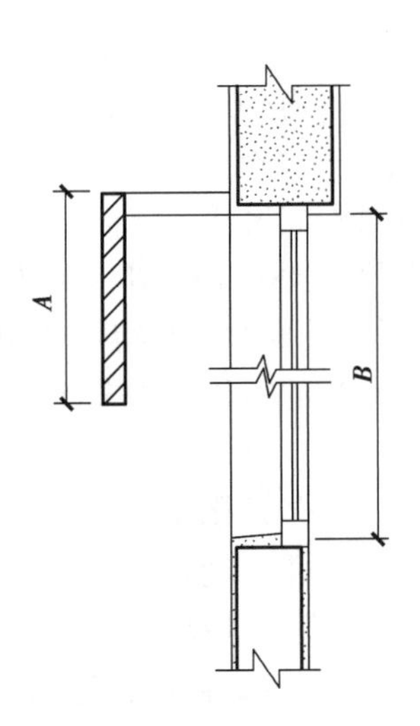

图 1.29　挡板式外遮阳的构造定性尺寸

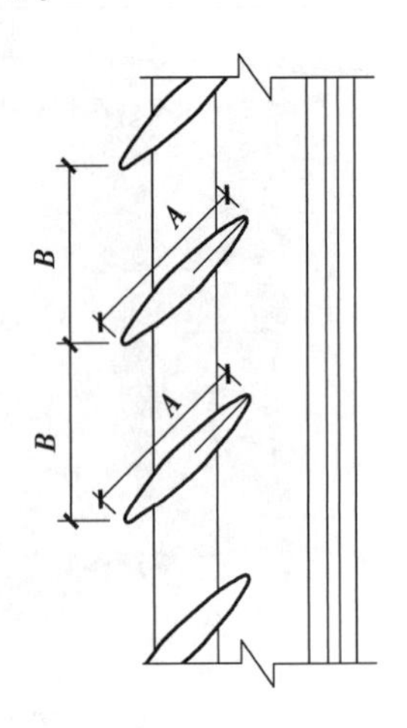

图 1.30　横百叶挡板式外遮阳的构造定性尺寸

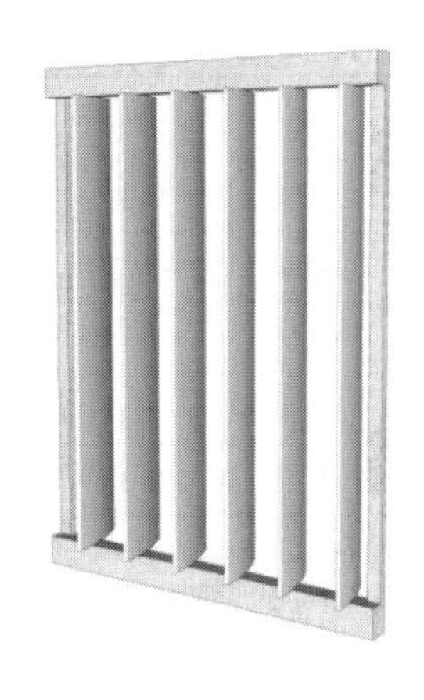

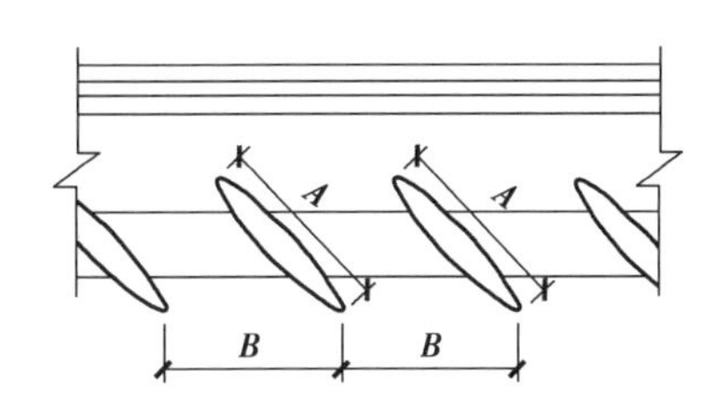

图 1.31　竖百叶挡板式外遮阳的构造定性尺寸

对于全国不同气候区、不同朝向和不同遮阳类型的遮阳构造,其回归系数各不相同。不同遮阳构造的回归系数如表 1.14 所示。

表 1.14　外遮阳系数计算用的拟合系数 a,b

气候区	外遮阳基本类型		拟合系数	东	南	西	北
严寒地区	活动横百叶挡板式	冬	a	0.14	0.05	0.14	0.20
			b	−0.52	−0.31	−0.54	−0.62
		夏	a	0.48	1.09	0.49	0.45
			b	−1.22	−1.79	−1.24	−1.10
	活动竖百叶挡板式	冬	a	0.31	0.06	0.39	0.19
			b	−0.48	−0.43	−0.93	−0.61
		夏	a	0.14	0.48	0.13	0.61
			b	−0.68	−1.10	−0.68	−1.20
寒冷地区	水平式		a	0.34	0.65	0.35	0.26
			b	−0.78	−1.00	−0.81	−0.54
	固定横百叶挡板式		a	0.49	0.90	0.53	0.48
			b	−1.22	−1.55	−1.28	−1.14
	固定竖百叶挡板式		a	0.06	0.36	0.09	0.52
			b	−0.38	−0.84	−0.41	−0.98
	活动横百叶挡板式	冬	a	0.21	0.04	0.19	0.20
			b	−0.65	−0.39	−0.61	−0.62
		夏	a	0.49	0.90	0.53	0.48
			b	−1.22	−1.55	−1.28	−1.14

续表

气候区	外遮阳基本类型		拟合系数	东	南	西	北
寒冷地区	活动竖百叶挡板式	冬	a	0.24	0.06	0.34	0.19
			b	-0.71	-0.49	-0.80	-0.61
		夏	a	0.16	0.46	0.14	0.66
			b	-0.70	-1.10	-0.69	-1.30
夏热冬冷地区	水平式		a	0.36	0.5	0.38	0.28
			b	-0.80	-0.80	-0.81	-0.54
	固定横百叶挡板式		a	0.54	0.66	0.56	0.56
			b	-1.28	-1.24	-1.32	-1.22
	固定竖百叶挡板式		a	0.09	0.33	0.06	0.58
			b	-0.35	-0.79	-0.31	-1.10
	活动横百叶挡板式	冬	a	0.23	0.03	0.23	0.20
			b	-0.66	-0.47	-0.69	-0.62
		夏	a	0.54	0.66	0.56	0.56
			b	-1.28	-1.24	-1.32	-1.22
	活动竖百叶挡板式	冬	a	0.17	0.11	0.29	0.19
			b	-0.61	-0.60	-0.73	-0.61
		夏	a	0.16	0.45	0.13	0.73
			b	-0.76	-1.00	-0.73	-1.30
夏热冬暖地区 温和地区	水平式		a	0.35	0.38	0.28	0.26
			b	-0.69	-0.69	-0.56	-0.50
	固定横百叶挡板式		a	0.56	0.38	0.55	0.61
			b	-1.31	-0.95	-1.29	-1.25
	固定竖百叶挡板式		a	0.07	0.18	0.08	0.60
			b	-0.32	-0.60	-0.35	-1.10
	活动横百叶挡板式	冬	a	0.26	0.05	0.28	0.20
			b	-0.73	-0.61	-0.74	-0.62
		夏	a	0.56	0.38	0.55	0.61
			b	-1.31	-0.95	-1.29	-1.25
	活动竖百叶挡板式	冬	a	0.16	0.19	0.20	0.19
			b	-0.59	-0.73	-0.62	-0.61
		夏	a	0.15	0.28	0.15	0.74
			b	-0.82	-0.87	-0.82	-1.40

组合形式的外遮阳系数为各种参加组合的外遮阳形式的外遮阳系数[按式(1.72)计算]的乘积。

例如:水平式+垂直式组合的外遮阳系数=水平式遮阳系数×垂直式遮阳系数

水平式+挡板式组合的外遮阳系数=水平式遮阳系数×挡板式遮阳系数

当外遮阳的遮阳板采用有透光能力的材料制作时,应按式(1.73)修正。

$$SD = 1 - (1 - SD^*)(1 - \eta^*) \tag{1.73}$$

式中　SD^*——外遮阳的遮阳板采用非透明材料制作时的外遮阳系数,按式(1.71)计算。

η^*——遮阳板的透射比,按表 1.15 选取。

表 1.15　遮阳板的透射比

遮阳板使用的材料	规格	η^*
织物面料、玻璃钢类板		0.4
玻璃、有机玻璃类板	深色:$0<Se\leqslant0.6$	0.6
	浅色:$0.6<Se\leqslant0.8$	0.8
金属穿孔板	穿孔率:$0<\varphi\leqslant0.2$	0.1
	穿孔率:$0.2<\varphi\leqslant0.4$	0.3
	穿孔率:$0.4<\varphi\leqslant0.6$	0.5
	穿孔率:$0.6<\varphi\leqslant0.8$	0.7
铝合金百叶板		0.2
木质百叶板		0.25
混凝土花格		0.5
木质花格		0.45

③遮阳对室内气温的影响。

根据在广州西向房间的试验观测资料,遮阳对室内气温的影响,如图 1.32 所示。由图可见,在闭窗情况下,遮阳对防止室温上升的作用较明显。有无遮阳,室温最大差值达 2 ℃,平均差值达 1.4 ℃。而且有遮阳时,房间温度波幅值较小,室温出现高温的时间较晚。因此,遮阳对空调房间减少冷负荷是很有利的,而且室内温度场分布均匀。在开窗情况下,室温最大差值为 1.2 ℃,平均差值为 1.0 ℃,虽然不如闭窗的明显,但在炎热的夏季,能使室温稍降低些,也具有一定的意义。

④遮阳对房间采光的影响。

从天然采光的观点来看,遮阳设施会阻挡直射阳光,防止眩光,有助于视觉的正常工作。但是,遮阳设施有挡光作用,从而会降低室内照度,在阴天更为不利。据观察,一般室内照度降低 53%~73%,但室内照度的分布则比较均匀。

⑤遮阳对房间通风的影响。

遮阳设施对房间的通风有一定的阻挡作用,使室内风速有所降低。实测资料表明,有遮阳的房间,室内的风速减弱 22%~47%,视遮阳设施的构造而异。

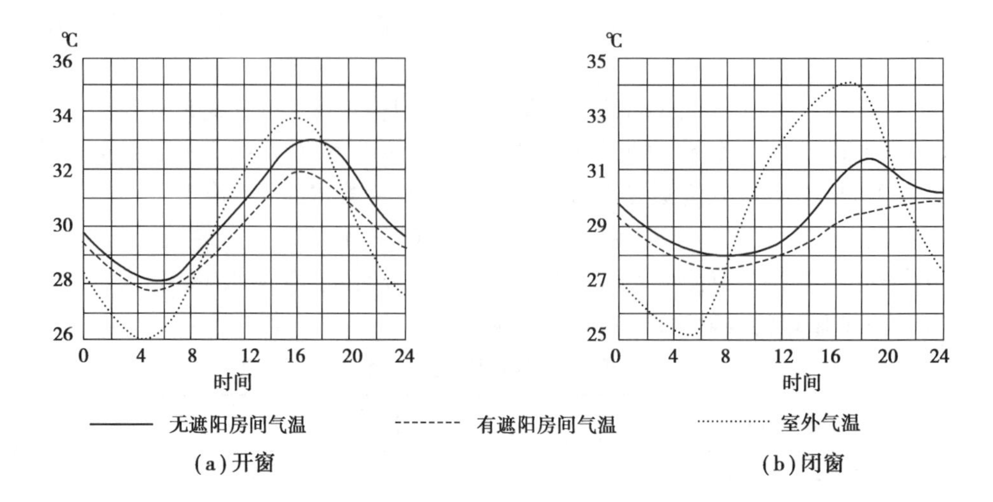

图 1.32 遮阳对室外气温的影响

3)遮阳形式的选择与构造设计

(1)遮阳形式的选择

遮阳形式的选择,应从地区气候特点和朝向来考虑。夏热冬冷和冬季较长的地区,宜采用竹帘、软百叶、布篷等临时性轻便遮阳。夏热冬冷和冬、夏时间长短相近的地区,宜采用可拆除的活动式遮阳。对夏热冬暖地区,一般以采用固定的遮阳设施为宜。

对需要遮阳的地区,一般都可以利用绿化和结合建筑构件的处理来解决遮阳问题。结合构件处理的手法,常见的有加宽挑檐、设置百叶挑檐、外廊、凹廊、阳台、旋窗等。另外,利用绿化遮阳是一种经济而有效的措施,特别适用于低层建筑,或在窗外种植蔓藤植物,或在窗外一定距离种树。根据不同朝向的窗口选择适宜的树形很重要,应按照树木的直径和高度,根据窗口需遮阳时的太阳方位角和高度角来正确选择树种和树形及确定树的种植位置。树的位置除满足遮阳的要求外,还要尽量减少对通风、采光和视线的影响。

对于多层民用建筑(特别是在夏热冬暖地区的),以及终年需要遮阳的特殊房间,就需要专门设置各种类型的遮阳设施。根据窗口不同朝向来选择适宜的遮阳形式,这是设计中值得注意的问题。图 1.33 为不同遮阳构造适用的朝向的图例。

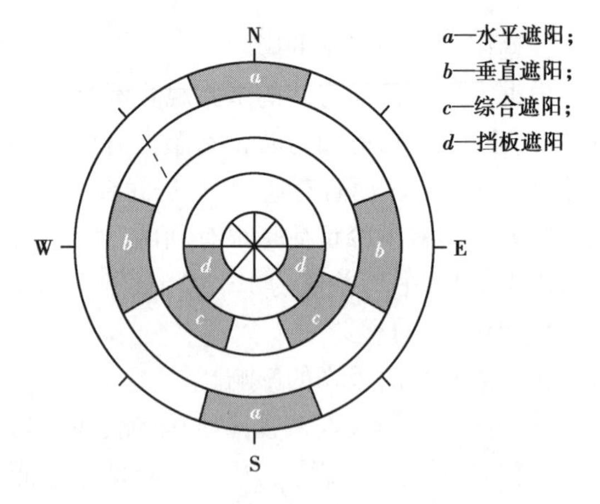

图 1.33 不同遮阳构造适用的朝向

(2)遮阳的构造设计

如前所述,遮阳的效果除与遮阳形式有关外,还与构造处理、安装位置、材料与颜色等因素有很大关系。现就这些问题简单介绍如下:

①遮阳的板面组合与构造。遮阳板在满足阻挡直射阳光的前提下,设计者可以考虑不同的板面组合,而选择对通风、采光、视野、构造和立面处理等要求更为有利的形式。图 1.34 表示水平式遮阳的不同板面组合形式。

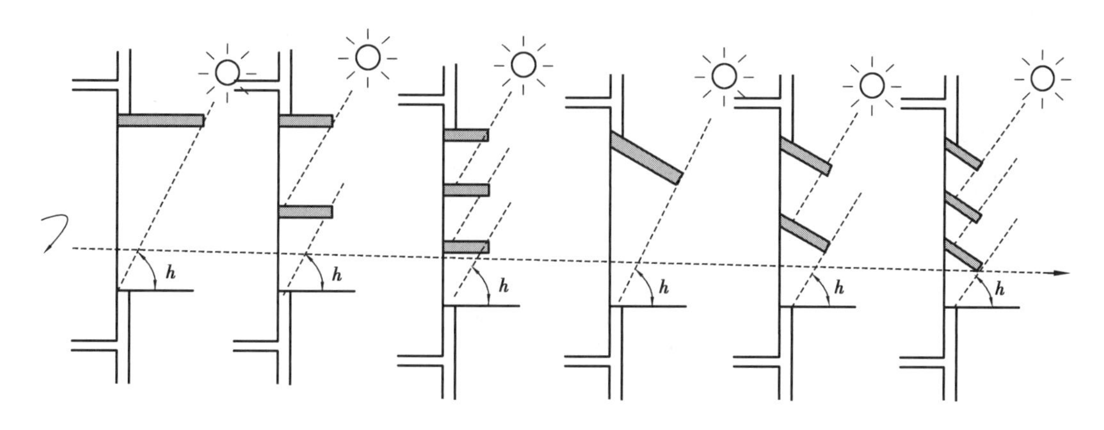

图 1.34 水平式遮阳的板面组合形式

为有利于热空气的逸散,并减少对通风、采光的影响,通常将板面做成百叶形式[图 1.35(a)];或部分做成百叶形式[图 1.35(b)];或中间层做成百叶形式,而顶层做成实体,并在前面加吸热玻璃挡板形式[图 1.35(c)];其中,最后一种做法对隔热、通风、采光、防雨都比较有利。

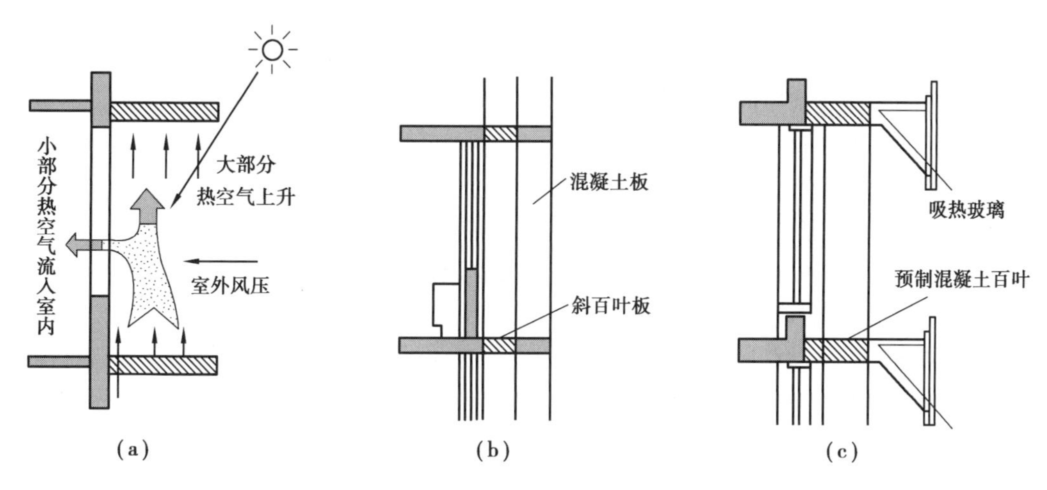

图 1.35 遮阳板面构造形式

蜂窝形挡板式遮阳也是一种常见的形式。蜂窝形板的间隔宜小,深度宜深,可用铝板、轻金属、玻璃钢、塑料或混凝土制成。

②遮阳板的安装位置。遮阳板的安装位置对防热和通风的影响都很大。例如将板面紧靠墙布置时,由受热表面上升的热空气将由室外空气导入室内。这种情况对综合式遮阳更为严重,如图 1.36(a)所示。为了克服这个缺点,板面应离开墙面一定距离安装,以使大部分热空气沿墙面排走,如图 1.36(b)所示,且应使遮阳板尽可能减少挡风,最好还能兼起导风入室的作用。装在窗口内侧的布帘、百叶等遮阳设施,其所吸收的太阳辐射热,大部分将散发给室内空气,如图 1.36(c)所示。如果装在外侧,则所吸收的辐射热大部分将散发给室外空气,从而减少对室内温度的影响,如图 1.36(d)所示。

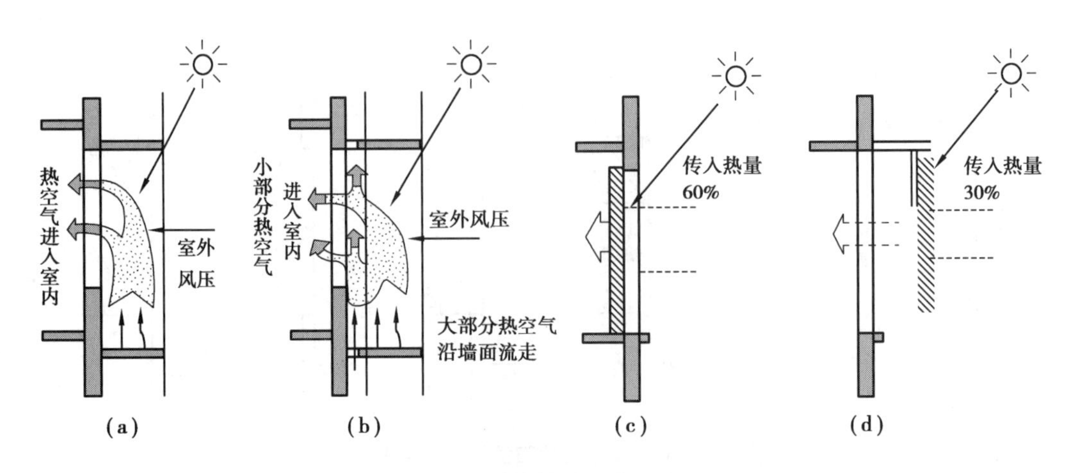

图 1.36 遮阳板的安装位置

③材料与颜色。为了减轻自重,遮阳构件以采用轻质材料为宜。遮阳构件又经常暴露在室外,受日晒雨淋,容易损坏,因此要求材料坚固耐久。如果遮阳是活动式的,则要求轻便灵活,以便调节或拆除。材料的外表面对太阳辐射热的吸收系数要小;内表面的辐射系数也要小。设计时可根据上述要求并结合实际情况来选择适宜遮阳材料。

遮阳构件的颜色对隔热效果也有影响。以安装在窗口内侧的百叶为例,暗色、中间色和白色的对太阳辐射热透过的百分比分别为 86%、74%、62%,白色的比暗色的要减少 24%。为了加强表面的反射,减少吸收,遮阳板朝向阳光的一面,应涂以浅色发亮的油漆,而在背阳光的一面,应涂以较暗的无光泽油漆,以避免产生眩光。

有时,不专门在窗口设置遮阳,也可在转动的窗扇上安装吸热玻璃、磨砂玻璃、有色玻璃、贴遮阳膜等。所有这些做法,在不同程度上会减少透过窗口的辐射热量,收到一定的防热效果;但也会减少窗口的透光量,对房间的采光有所影响。

④活动遮阳。活动遮阳的材料,过去多采用木百叶转动窗,现在多用铝合金、塑料制品、玻璃钢和吸热玻璃等,如图 1.37 所示。

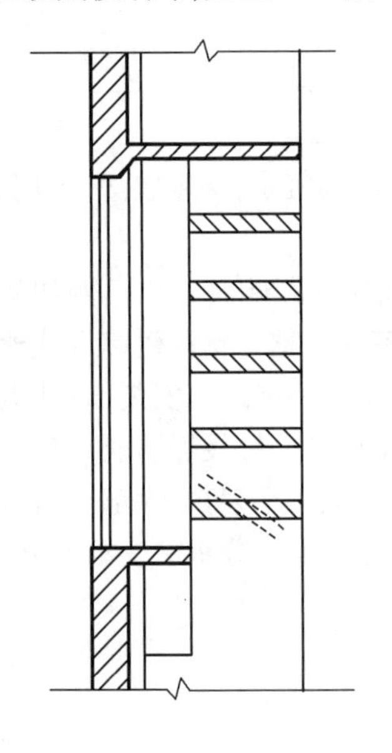

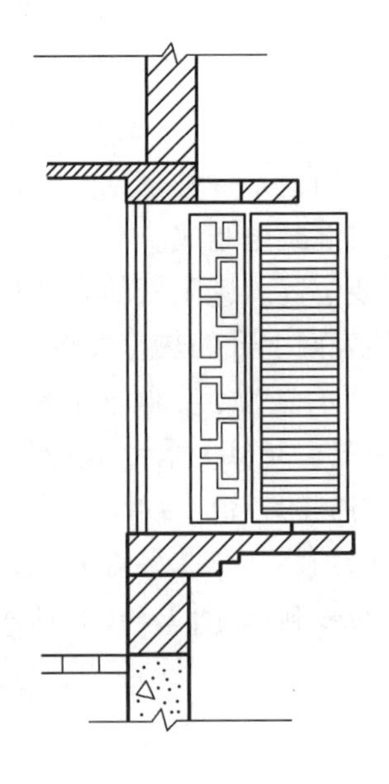

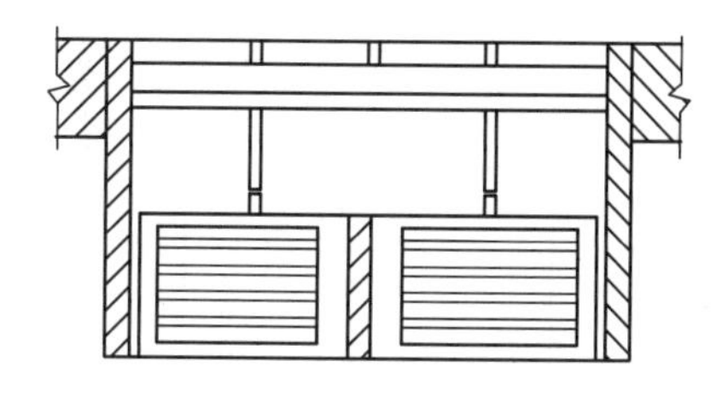

(a)水平转动木百叶

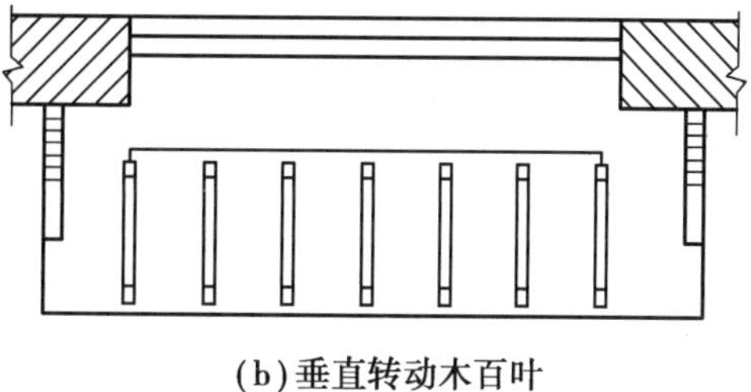

(b)垂直转动木百叶

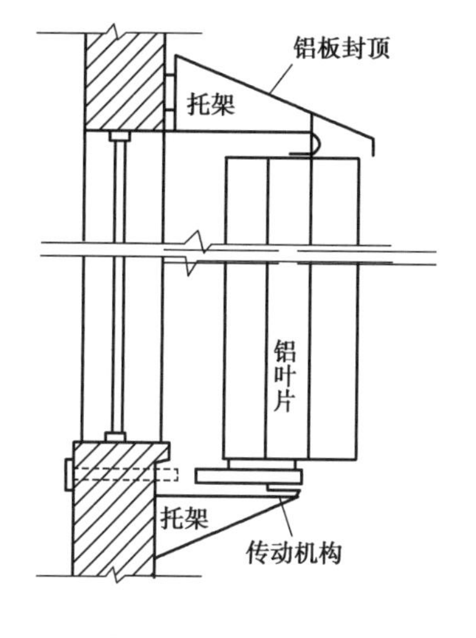

(c)垂直式活动铝板

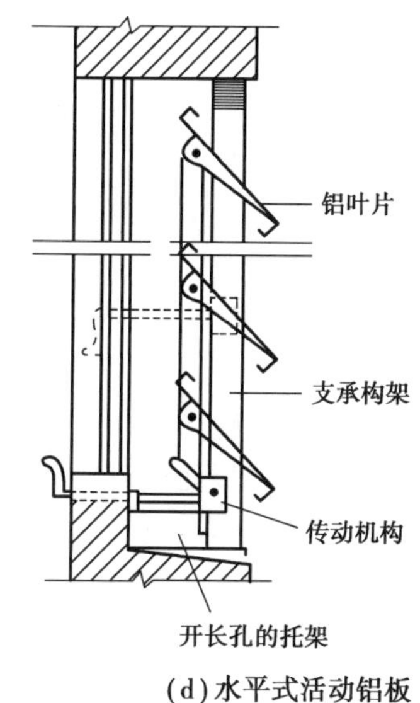

(d)水平式活动铝板

图 1.37　活动遮阳

4)遮阳构件尺寸的计算

(1)水平式遮阳

任意朝向窗口的水平遮阳板挑出长度,按下式计算(图 1.38):

$$L_{-} = H \cdot \cot h_s \cdot \cos \gamma_{s,w} \tag{1.74}$$

式中　L_{-}——水平板挑出长度,m;

H——水平板下沿至窗台高度,m;

h_s——太阳高度角,deg;

$\gamma_{s,w}$——太阳方位角与墙方位角之差,deg,即:

$$\gamma_{s,w} = A_s - A_w \tag{1.75}$$

A_s——太阳高度角;

A_w——墙方位角;

水平板两翼挑出长度按下式计算:

$$D = H \cdot \cot h_s \cdot \sin \gamma_{s,w} \tag{1.76}$$

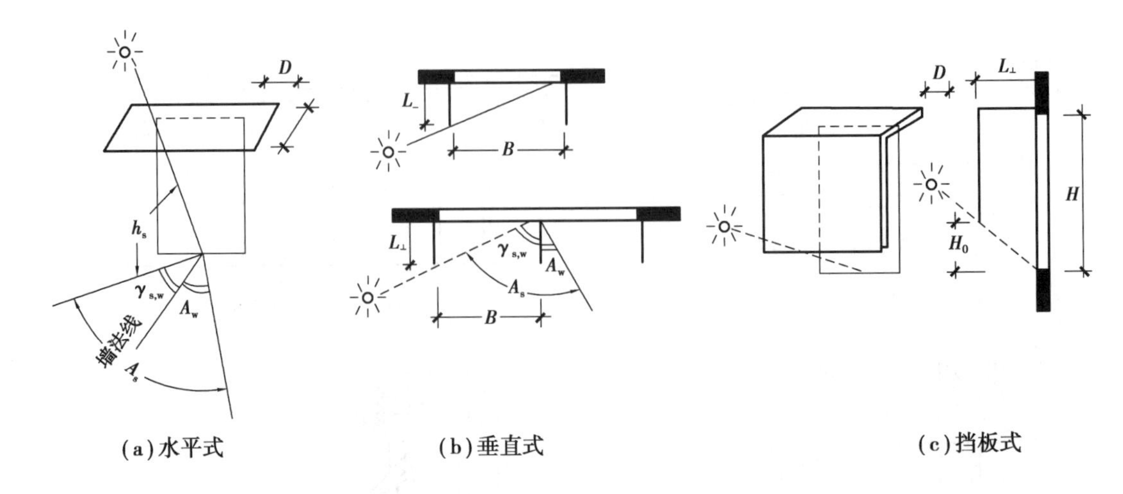

图 1.38 遮阳尺寸计算

(2)垂直式遮阳

任意朝向窗口的垂直遮阳板挑出长度,按下式计算:

$$L_{\perp} = B \cdot \cot \gamma_{s,w} \tag{1.77}$$

式中 $L_{\perp}$——垂直板挑出长度,m;

B——板面间净距(或板面至窗口另一边的距离),m;

$\gamma_{s,w}$——太阳方位角与墙方位角之差,deg。

(3)综合式遮阳

任意朝向窗口的垂直遮阳板挑出长度,可先计算出垂直板和水平板两者的挑出长度,然后根据两者的计算数值按构造的要求来确定综合式遮阳板的挑出长度。

(4)挡板式遮阳

任意朝向窗口的挡板式遮阳尺寸,可先按构造需要确定板面至墙外表面的距离 L_-,计算按式(1.74),然后按式(1.78)求出挡板下端窗台的高度 H_0:

$$H_0 = L_- /(\cot h_s \cdot \cos \gamma_{s,w}) \tag{1.78}$$

再据式(1.75)求出挡板两翼至窗口边线的距离 D,最后可确定挡板尺寸即为水平板下缘至窗台高度 H 减去 H_0。以上遮阳尺寸计算的图例如图 1.38 所示。

1.2 建筑热环境

1.2.1 人的热舒适

建筑为人的生存提供基本保障,也为追求更高的热舒适创造条件。

1)生存

人是一种高度复杂的恒温动物,为维持各种器官正常新陈代谢,人体必须保持稳定的体温(37 ℃左右)。维持人体体温的热量来自食物,通过新陈代谢维持各器官的正常机能,新陈代谢的过程产生热量。人体对环境有适应性生理反应,在漫长的进化过程中形成了多种与气候相适应的机能,如在寒冷环境中加速血液循环、肌肉产热来补充热量损失,在炎热环境中通过汗液蒸发来降温。人体各部位存在明显的温度梯度,以重点保护内脏等重要器官。人体体温通过大脑控制调节,散热调节方式有血管扩张增加血流、提高表皮温度和汗液蒸发等。御寒调节方式有血管收缩、减少血流、降低表皮温度和通过冷颤提高新陈代谢率等,但人对环境的适应性限于一定范围,超出这个范围就会感到不舒适,甚至危及生存。人类祖先生活在热带地区,高温高湿可能会使其感到不适,但一般不会危及生命,而在冰原气候区,长时间处于-5 ℃的环境中,则会面临死亡。

人无法单纯依靠新陈代谢产热来维持体温,还需要借助其他方式如采暖、服装和建筑来补充和保持体温,以此来应对各种生存环境。人类祖先既不能通过生长皮毛来适应环境,也不能通过迁徙来选择环境,但可以通过建造原始遮蔽物来抵御不利气候条件。建筑的本质属性之一就是遮风避雨、防寒避暑,为保持体温和生存提供基本保障。

2)热感觉与热舒适

热感觉(thermal perception)是对周围环境"冷""热"的主观描述。人不能直接感受环境温度,只能感受到皮下神经末梢的温度。冷热刺激的存在、持续时间和原有状态影响人的热感觉(图 1.39)。热舒适(thermal comfort)是人体对热环境的主观热反应,是对热环境表示满意的状态。舒适并不引发必然反应,而不舒适则常常会引起人的反应。热舒适研究始于 20 世纪初。基于人体生理学研究热交换和热舒适的条件,20 世纪 50 年代,空气温度被确定为热舒适研究的环境参数;到了 60 年代,建立了人体热感觉专用实验室,确定了热感觉的 6 个影响因素,提出了热舒适方程。对热舒适存在两种观点,一种观点认为热舒适和热感觉相同,热感觉处于不冷不热的中性状态就是热舒适,此时,空气湿度不过高或过低,空气流动速度不大;另一种观点认为热舒适是使人高兴、愉快、满意的感觉,是忍受不舒适的解脱过程,不能持久存在,只能转化为另一个不舒适过程。因此,热舒适在稳态条件下并不存在,愉快是暂时的,愉快是一种有用的刺激信号,愉快是动态的,愉快实际上只能在动态条件下才能被观察到。

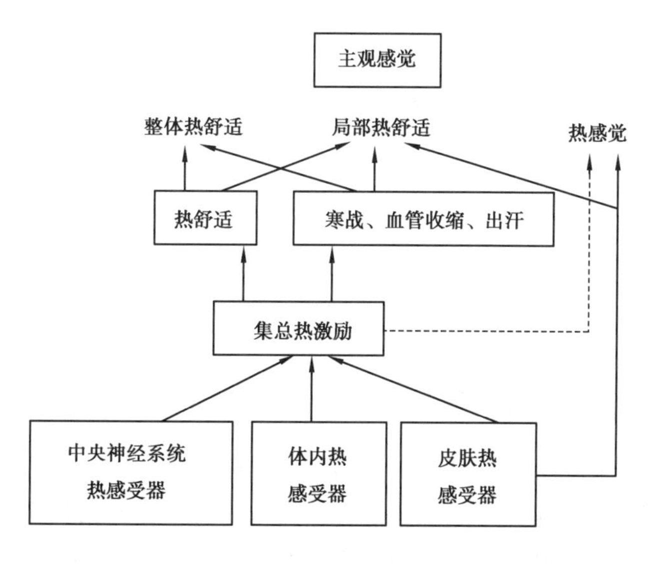

图 1.39　热感觉和热舒适的差别示意图

图 1.40 为动态条件下人体处于不同热状态时,冷刺激和热刺激将引发不同的反应(虚线),有舒适与不舒适两种可能性,两者可交替出现。不舒适是产生舒适的前提,包含着对舒适的期望;舒适是忍受不舒适的解脱过程,不能持久存在,只能转化为另一不舒适过程,或趋于中性状态。因此,在稳态热中性环境中无法获得热舒适。创建动态热环境的目的是研究何种条件下,人体既能实现热舒适,又能使不可避免的不舒适过程成为可接受的过程,并发展相应的调节策略和操作模式,充分发挥自然通风、动态气流和降温的共同作用,使室内热环境既基本满足人体热感觉要求,又提供一定程度的热舒适,并降低能源的使用。

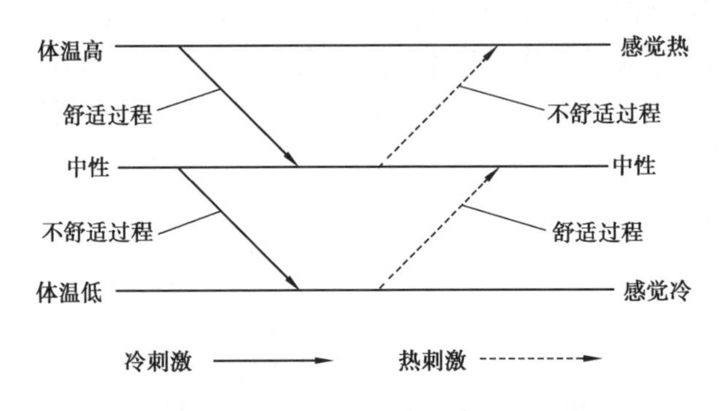

图 1.40　动态条件下冷热刺激的不同反应

1936 年,T.Bedford 认为热舒适和热感觉是相同的,将热舒适分为 7 种状态(表 1.16)。1949 年,C.EA.Winslow 和 L.P.Herrington 将热感觉和热舒适指标分开,将热舒适指标分为舒适、轻微不舒适、不舒适和很不舒适四种状态。1966 年,ASHRAE 开始使用 7 级热舒适指标,不涉及舒适或愉快与否的评价,1992 年美国 ASHRAE Standard 将热舒适定义为对热环境表示满意的意识状态。

表 1.16　热感觉与热舒适

Bedford	ASHRAE(1966)	热舒适指标
1.冷	1.冷	1.舒适
2.凉	2.凉	2.轻微不舒适
3.舒适地凉爽	3.微凉	3.不舒适
4.舒适并不冷不热	4.中性	4.很不舒适
5.舒适地温暖	5.微暖	
6.暖	6.暖	
7.热	7.热	

1.2.2　室内热环境的构成要素及其影响

室内热环境的舒适要求是人对建筑环境最基本的要求之一。而热环境对人体热舒适的影响主要表现在冷热感。它取决于人体新陈代谢产生的热量和人体向周围环境散热量之间的关系。在人体与其周围环境之间保持热平衡,对人体的健康和舒适来说是首要的要求,这种热平衡即使在外界环境有较大变化的情况下,也能使体内核心组织的温度波动很小。热平衡的条件以及人体对环境的冷热感取决于多种因素的综合作用。影响室内热环境的物理环境因素主要包括空气温度、平均辐射温度、空气流速和空气湿度四个方面。

1)空气温度

在人的热舒适感觉指标中空气温度给人冷热的感觉,对人体的舒适感最为重要,室内最适宜的温度是 20~24 ℃。在人工空调环境下,冬季温度控制在 16~22 ℃,夏季控制在 24~28 ℃时,这样能耗比较经济,同时又较为舒适。如果室内温度低于 16 ℃,则人的手指温度将低于25 ℃,无法正常工作和写字;同时对人体的肌肉和骨关节有害。如果温度高于 30 ℃,人体的活动也将受到不良影响。在讨论热环境时,如果只用到空气温度,一般认为其他三要素(湿度、风速和平均辐射温度)大致都是恒定的。此外,温度场的水平和垂直分布对人体的舒适性也会产生影响。

空气温度对人体的热调节起着主要的作用。房间内的空气温度是由房间内的得热和失热、围护结构内表面的温度及通风等因素构成的热平衡所决定的,它也直接决定人体与周围环境的热平衡。周围温度的变化改变着主观的温热感(热感觉)。在水蒸气压力及气流速度为恒定不变的条件下,人体对环境温度升高的反应主要表现为皮肤温度的升高与排汗率的增加,从而增加辐射、对流和蒸发散热。在室内一般的情况下,气流不大,如果湿度很低,气温与周围壁面温度相差又不多,则身体热感觉可完全由气温决定。对于工程设计者来说,主要任务在于使实际温度达到室内计算温度。因此,室内空气温度是关系舒适与节能的重要指标。根据我国国情,在实践中推荐室内空气温度为:夏季 26~28 ℃,高级建筑及人员停留时间较长的建筑可取低值,一般建筑及人员停留时间短的可取高值;冬季 18~22 ℃,高级建筑及人员停留时间较长的建筑可取高值,一般建筑及人员停留时间短的建筑可取低值。

2)空气湿度

空气湿度是指空气中含有的水蒸气的量。在舒适性方面,湿度直接影响人的呼吸器官和皮肤出汗,影响人体的蒸发散热。在舒适区内(即干球温度在 16~25 ℃时),相对湿度在30%~70%范围内变化对人体的热感觉影响不大;但是,当人体温度升高到人体需要通过出汗来散热降温时,空气湿度将对热舒适造成较大的影响。一般认为最适宜的相对湿度应为 50%~60%。相对湿度低于 20%时,人会感到喉咙疼痛,皮肤干燥发痒,呼吸系统的正常工作受到影响。在夏季高温时,如果湿度过高则汗液不易蒸发,形成闷热感,令人不舒适;在冬季如果湿度过大则产生湿冷感,同样令人不舒适。此外,湿度过高且通风不好时微生物很容易滋生。

空气的湿度对施加于人体的热负荷并无直接影响,但它决定着空气的蒸发力,因而也决定着排汗的散热效率,从而直接或间接地影响人体舒适度。相对湿度过高或过低都会引起人体的不良反应。对于人体冷热感来说,相对湿度的升高就意味着增加了人体的热感觉。高温、高湿对机体的热平衡有不利的影响。因为,在高温时机体主要依靠蒸发散热来维持热平衡,此时相对湿度的增高将会妨碍人体汗液的蒸发。就人的感觉而言,当温度高、湿度大,尤其风小时,人会感到“闷热”;而当温度高、湿度小时,人将会感到“干热”。一般情况下,室内相对湿度为 60%~70%是人体感觉舒适的相对湿度。我国民用及公共建筑室内相对湿度的推荐值为:夏季 40%~60%,一般的或人员短时间停留的建筑可取偏高值;冬季对一般建筑相对湿度不作规定。

3)风速

空气流动形成风,改变风速是改善热舒适的有效方法。舒适的风速随温度变化而变化,在一般情况下,令人体舒适的气流速度应小于0.3 m/s;在夏季利用自然通风的房间,由于室温较高,舒适的气流速度也应较大。如广州、上海等地对一般居室在夏季使用情况的调查测试结果为:室内风速在0.3~1 m/s之内多数人感到愉快;只有当室内风速大于1.5 m/s时,多数人才认为风速太大不舒适。室内的空气流速,对改善热环境也有重要的作用,气流速度从两个不同的方面对人体产生影响。首先,它决定着人体的对流换热。气流可以促进人体散热,增进人体的舒适感;其次,它影响着空气的蒸发力,从而影响着排汗的散热效率。当空气温度高于皮肤温度时,增加气流速度会因对流传热系数的增大而增加人从环境的得热量,从而可能对人体产生不利影响。因此,在高气温时,气流速度有一个最佳流速值,低于此值,会因排汗率的降低而产生不舒适及造成增热;高于此值,对流得热量又会抵消蒸发散热量并有余,从而增热。在寒冷环境中,增加气流速度会增加人体向环境的散热量。我国对室内空气平均流速的计算值为:夏季0.2~0.5 m/s,对于自然通风房间可以允许高一些,但不可高于2 m/s;冬季0.15~0.3 m/s。

4)平均辐射温度

周围环境中的各种物体与人体之间都存在辐射热交换,可以用平均辐射温度来评价。人通过辐射从周围环境得热或失热。当人体皮肤温度低时,人就可以从高温物体(炉火或散热器)辐射得热,而低温物体将对人产生"冷辐射"。热辐射具有方向性,因此在单向辐射下,只有朝向辐射的一侧才能感到热。

室内平均辐射温度近似等于室内各表面温度的平均值。热辐射不受空气温度的影响,且与风无关。它决定了人体辐射散热的强度,进而影响人体的冷热感。在同样的室内空气热湿条件下,如果室内表面温度高,人体会增加热感;如果室内表面温度低,则会增加冷感。根据实验,当气温10 ℃,四周壁面表面温度50 ℃时,人体在其中会感到过热;当室内温度10 ℃,而壁面表面温度为0 ℃时,则会使人在室内感到过冷。我国《民用建筑热工设计规范》(GB 50176—2016)对房间围护结构内表面温度的要求是:冬季,保证内表面最低温度不低于室内空气的露点温度,即保证内表面不结露;夏季,保证内表面最高温度不高于室外空气计算温度的最高值。

1.2.3 人体热舒适影响因素

人的热舒适受环境因素影响,有环境物理状况、人的服装与活动状态,以及社会心理因素,并且存在个体差异。

1)环境物理状况

影响人体热舒适的环境物理因素包括空气温度、空气湿度、空气流动(风速)和平均辐射温度(图1.41)。

关于环境物理状况详细的解释请参照第1.2.2节室内热环境的构成要素及其影响。

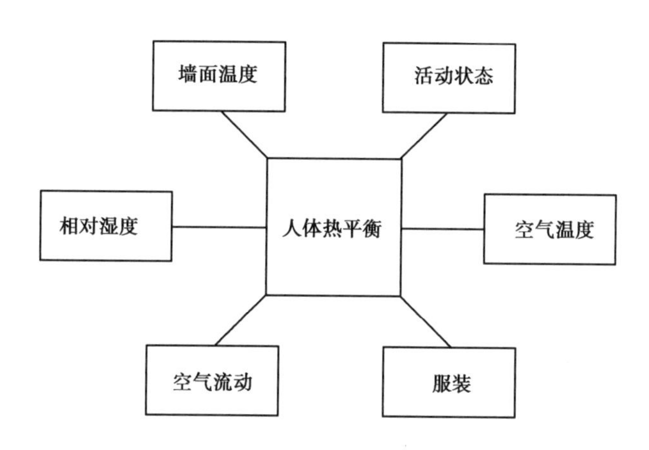

图 1.41 人体热舒适的影响因素

2)人体活动因素

表征人体活动的人体新陈代谢率取决于活动状况和健康状况。影响人体新陈代谢的因素有肌肉活动、精神活动、食物、年龄、性别、环境温度等因素。人的不同活动状况要求的舒适温度不同。在周围没有辐射或导热的状况下,新陈代谢产热量有不同的空气平衡温度,在睡觉(70~80 W)时是 28 ℃,静坐时(100~150 W)时是 20~25 ℃,在更高的新陈代谢产热量下要定出空气平衡温度就越来越困难,如马拉松运动员产热量可达 1 000 W,体温达 40~41 ℃,此时,无论环境温度如何,都极不舒适。

3)服装因素

人体表面热量通过服装散发,服装影响人与环境之间的热交换。服装的作用不仅是御寒,还可以控制辐射和对流热交换、遮阳、防风和通风,调节热舒适。由于生活习惯的差异,服装调节作用也有所不同。

4)个体因素

除上述因素之外,人的热舒适还受社会、心理和生理因素影响,并且存在个体差异,包括性别、年龄、民族和适应性等。

1.2.4 室内热感觉的量化评价

热舒适是一种主观感受,有时难以用语言来精确表达和量化,如下面所描述的热舒适状况:

闷热(stuffy):空气温度高、湿度大,不流动。

酷热(sultry):空气温度高,热辐射强。

炎热(sweltering):极端酷热。

阴冷(dank):空气温度低,湿度大。

上述状况都与通风不良有关。室内空气不流动(空气流动速度<0.15 m/s),在皮肤散热及呼吸方面会引起不舒适。

微风(ventilation):风很小,对减轻热压迫有效。

清新(freshness):空气干燥凉爽,且流速适宜。

潮湿(clammy):空气温度低、湿度大、滑腻腻和黏糊糊。

干灼(parched):空气温度高,湿度很低,有烘烤感。

对室内热环境进行研究,需要对热舒适的各种物理指标进行量化表示。

1)量化指标与测量

人体热舒适受物理因素、人的服装和活动状况的综合影响,分别有各自的量化评价指标和标准。

(1)室内空气温度

温度是6个国际基本单位制之一,反映人对冷热刺激的感受。物质的性质随温度改变,如固体、液体和气体存在热胀冷缩现象。温度用华氏温标(Fahrenheit)、摄氏温标(Celsius)或开尔文温标(Kelvin)3种方式度量。标准大气压下,冰的熔点为32 ℉,水的沸点为212 ℉,中间划分为180等份,每等份为1 ℉(华氏度)。在标准大气压,纯水的熔点为0 ℃,水的沸点为100 ℃,中间划分为100等份,每等份为1 ℃(摄氏度)。开尔文温标对应的物理量是热力学温度(又称绝对温度),是一个纯理论的温标,单位为K(开尔文)。

摄氏和华氏温标的关系:

$$t_C = \frac{5}{9}(t_F - 32) \tag{1.79}$$

摄氏和开尔文温标比较如下:

温度	℃	K
绝对零度	-273	0
水的冰点	0	273
水的沸点	100	373

室内空气温度(indoor temperature)一般采用干球温度计来测量,简便实用。目前,实验中多数采用自动电子温度计(图1.42),连续测量和记录温度变化情况,实现室内空气温度的动态监测。

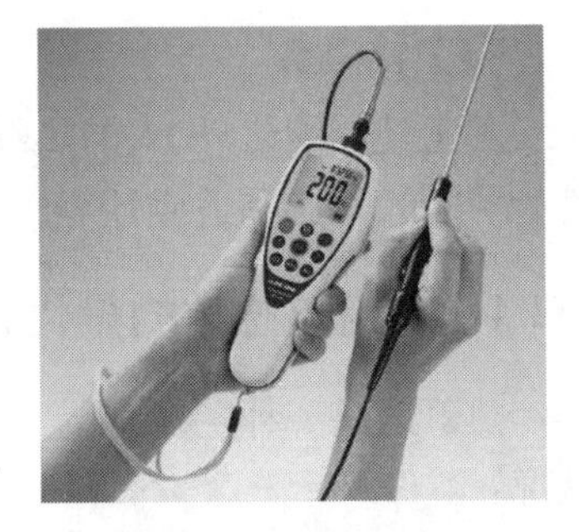

图1.42　自动电子温度计

(2)室内空气湿度

空气中可容纳的水蒸气量是有限的,在一定气压下,空气温度越高,可容纳的水蒸气量也越多。空气湿度(indoor humidity)用绝对湿度、相对湿度或实际水蒸气分压力来量化表示。

绝对湿度即每立方米空气中的水蒸气含量,单位为g/m³。空气含湿量即在单位质量干空气中的水蒸气含量,单位为g/kg。实际水蒸气分压力(e)即大气压中的水蒸气分压力,单位为Pa(帕斯卡)。在一定的气压和温度条件下,空气中水蒸气含量有一个饱和值,与饱和含湿量对应的水蒸气分压力称为饱和水蒸气分压力,饱和水蒸气分压力随空气温度的改变而改变(图1.43)。

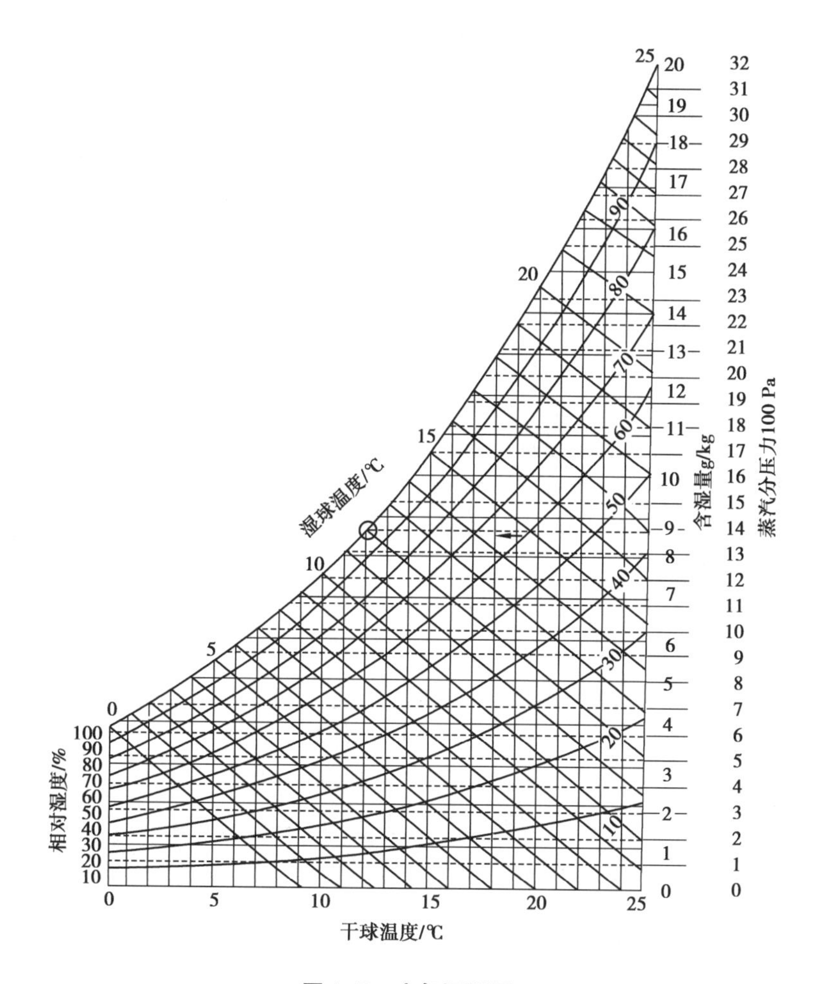

图 1.43 空气温湿图

三种空气湿度表示方法的数值换算关系如下：

$$d = 0.622 \frac{e}{P - e} \tag{1.80}$$

式中 d——空气含湿量(g/kg 干空气)；

P——大气压,Pa,一般标准大气压为 101 325 Pa;

e——实际水蒸气分压力,Pa。

$$e = 0.461T \cdot f \tag{1.81}$$

式中 T——空气的绝对温度,K;

f——空气的绝对湿度,g/m^3。

相对湿度即指在一定温度和气压下,空气中实际水蒸气的含量与饱和水蒸气含量之比。在建筑工程中常用实际水蒸气分压力(e)与饱和水蒸气分压力(E)的百分比来表示相对湿度,饱和空气的相对湿度为 100%。相对湿度的表达式为

$$\varphi = \frac{e}{E} \times 100\% \tag{1.82}$$

空气温湿图是根据含湿空气物理性质绘制的工具图,反映在标准大气压下,空气温度(干球温度)、湿球温度、水蒸气分压力、相对湿度之间的关系。当空气含湿量不变,即实际水蒸气分压力 e 值不变,而空气温度降低时,相对湿度将逐渐增高,当相对湿度达到 100%后,如温度继续下降,则空气中的水蒸气将凝结析出。相对湿度达到 100%,即空气达到饱和状态时所对应的温度称为露点温度(dew point temperature),通常以符号 t_d 表示。通过查表可得到不同大气压下和温度下的饱和水蒸气分压力值相对应的室内空气的相对湿度。

1.1干湿球温度计工作原理

室内空气的相对湿度可用干湿球湿度计(图 1.44)测量,干球和湿球温度计的温度数值差反映空气相对湿度状况。数值差越大,相对湿度越低;数值差越小,相对湿度越高,越接近饱和。目前,实验多数采用自动电子湿度计,通过传感器连续测量和记录室内空气湿度,满足动态监测室内湿度变化的需要。

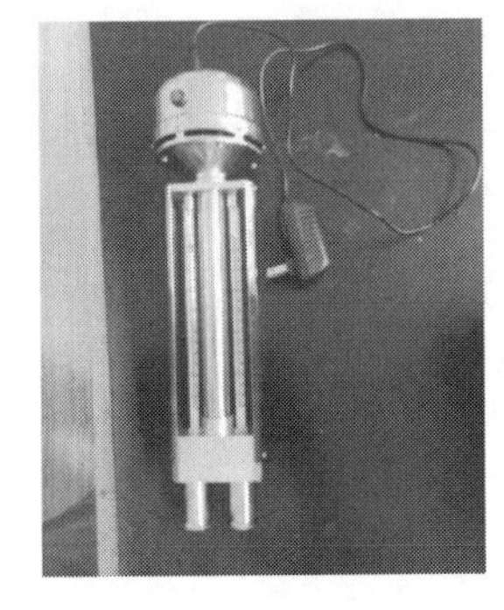
图 1.44　干湿球温度计

根据测得的干、湿球温度从空气温湿图中可得到空气相对湿度和水蒸气分压力,准确计算时可用查表得出。

[例 1.1]　求室内温度 18.5 ℃、相对湿度 70%时的空气露点温度 t_d。

[解]　查表得 18.5 ℃时的饱和水蒸气分压力为 2 129.2 Pa,现相对湿度为 70%,按公式$\varphi=e/E\times100\%$,得实际水蒸气分压力为:

$$e = 2\ 129.2 \times 0.7 = 1\ 490.4(\text{Pa})$$

再查表得出当 1 409.4 Pa 成为饱和水蒸气分压力时所对应的温度为 12.1 ℃,即该环境下的空气露点温度为 12.1 ℃。此时,表面温度低于 12.1 ℃的物体(如外窗的玻璃)表面就会结露。

[例 1.2]　设一居室测得干球温度为 20 ℃,湿球温度 15 ℃,求室内相对湿度露点温度、实际水蒸气分压力。

[解]　应用温湿图查得干球温度为 20 ℃与湿球温度为 15 ℃的交点在相对湿度曲线为 50%和 60%之间,估计为 59%,再由此点平行向左找到其与相对湿度 100%曲线的交点,得在湿球温度为 11 ℃与 12 ℃之间,即其露点温度约为 11.8 ℃;再从交点向右找到其水蒸气分压力在 1 300~1 400 Pa,估计为 1 360 Pa,即实际水蒸气分压力约为 1 360 Pa。

(3)室内空气流动

空气流动形成风,风速是单位时间内空气流动的行程,单位为 m/s,风向指气流吹来的方向。开窗状态下,室内气流状况受室外气流状况和空调设备送风状况影响。室内空气流动(indoor air movement)有利于人体对流换热和蒸发换热。如果空气温度低于皮肤温度,加大风速可增加皮肤对流失热率,加速汗液蒸发散热,继续加大风速,汗液蒸发散热将达到极值并不再增加。相反,如果空气温度高于皮肤温度,人体将通过对流得热。气流动态变化对人体热感觉影响较大,环境较热时,脉动气流对人体的致冷效果强于稳定气流。在空调设计中,送风频率和风速接近自然风会更加舒适。

室内风向和风速用风速计测量。自动电子风速计可以实现多方向风速测量和记录,动态监测室内气流状况。

(4)室内热辐射

室内热辐射(indoor radiation)是指房间内各表面和设备与人体之间的热辐射作用,用平均辐射温度(T_m)评价,是室内与人体辐射热交换的各表面温度的平均值,在某种状况下,假定所有表面温度都是平均辐射温度,该状况下净辐射热交换与原各表面温度状况下的辐射热交换相同(图1.45)。由于人在房间中的位置不固定,房间中各表面的温度也不相同,精确计算室内平均辐射温度较为复杂,目前工程中一般常用粗略计算,用各表面的温度乘以面积加权的平均值表示。其计算式如下:

$$T_{mrt} = \frac{A_1 T_1 + A_2 T_2 + \cdots + A_n T_n}{A_1 + A_2 + \cdots + A_n} \tag{1.83}$$

式中　T_1, T_2——各表面温度,K;

A_1, A_2——空气的绝对湿度,m^2;

T_{mrt}——房间的平均辐射温度,K。

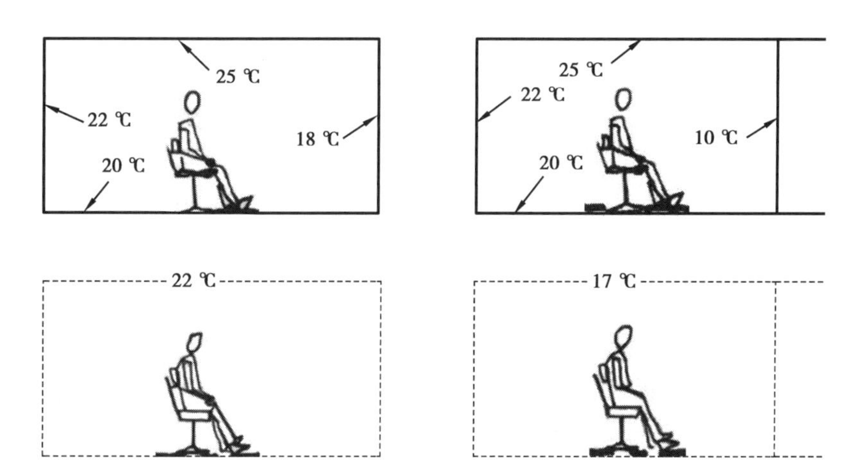

图1.45　平均辐射温度示意图

平均辐射温度无法直接测量,但是可以通过黑球温度换算得出(图1.46)。平均辐射温度与黑球温度间的换算关系可用贝尔丁经验公式(Belding's fomula)计算:

$$T_{mrt} = t_g + 2.44 v^{0.5}(t_g - t_a) \tag{1.84}$$

式中　T_{mrt}——平均辐射温度,℃;

t_g——室内黑球温度,℃;

t_a——室内空气温度,℃;

v——室内风速,m/s。

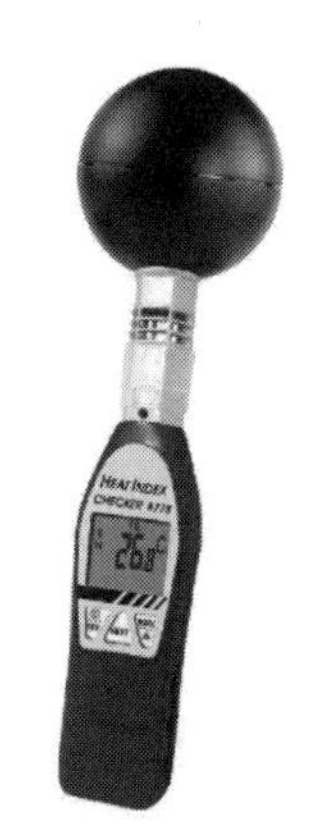

图1.46　黑球温度计

平均辐射温度对人体热舒适有直接影响。夏季室内过热的原因,除了空气温度高之外,主要是由于围护结构内表面热辐射和进入室内的太阳辐射造成的。建筑围护结构内表面温度过低将产生冷辐射,影响热舒适性。

(5)服装状况

服装状况(clothing level)影响人与环境的热传递,人体表面的热量穿过衣物散发。服装状况用服装热阻clo值表示,1 clo值定义为一个静坐者在空气温度21 ℃、气流速度小于

0.05 m/s,相对湿度小于 50% 的环境中感到舒适所需服装热阻。clo 值的物理单位为 0.043 ℃·m^2·h/kJ,即在织物两侧温度差 1 ℃,1 m^2 织物面积通过 1 kJ 热量需要 3 min。

服装 clo 值采用暖体铜人模型或测试服(testing garments)精确测量。

服装类型(types of clothing)对应的 clo 值如表 1.17 所示。

表 1.17 各种典型衣着的热阻(ISO 7730)

服装形式	组合服装热阻	
	m^2·K/W	clo
裸身	0	0
短裤	0.015	0.1
典型的炎热季节服装:短裤,短袖开领衫,薄短袜和凉鞋	0.045	0.3
一般的夏季服装:短裤,长薄裤,短袖开领衫,薄短袜和鞋子	0.08	0.5
薄工作服装:薄内衣,长袖棉工作衬衫,工作裤,羊毛袜和鞋子	0.11	0.7
典型的室内冬季服装:内衣,长袖衬衫,裤子,夹克或长袖毛衣,厚袜和鞋子	0.16	1.0
厚的传统欧洲服装,长袖棉内衣,衬衫,裤子,夹克的套装,羊毛袜和厚鞋子	0.23	1.5

(6)人体活动状况

人的活动状况(human activity level)以新陈代谢率(metabolic rate)为单位,不同活动状态的新陈代谢率为该活动强度下新陈代谢产热量与基础代谢产热量的比值。基础代谢指人体在基础状态下的能量代谢,医学上的基础状态指清晨、清醒、静卧半小时,禁食 12 h 以上,室温 18~25 ℃,精神安宁、平静状态下,人体只维持最基础(血液循环、呼吸)的代谢状态。人体的基础代谢率(basal metabolic rate,BMR)是指单位时间内的基础代谢。通常将基础代谢率定义为 1 met,相当于人体表面产热 58 W/m^2,成年人平均产热量一般为 90~120 W,从事重体力劳动时,产热量可达 580~700 W(图 1.47)。

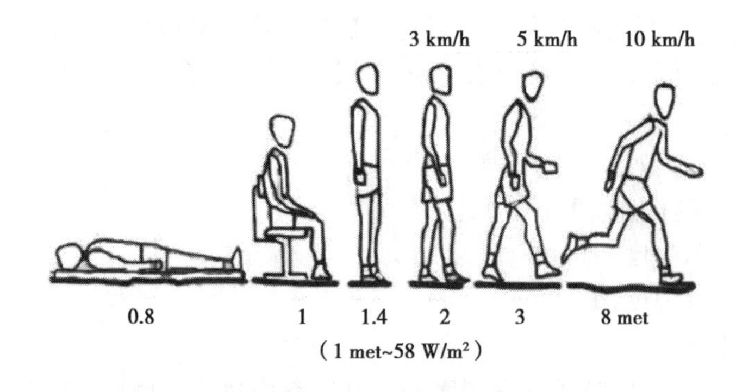

图 1.47 人的活动状态与新陈代谢率

根据国际标准(ISO 7730),几种活动强度时人体皮肤表面每平方米表面积(A_{Du})的新陈代谢产热量,取值见表 1.18。(A_{Du}即人体表面积,A_{Du}与人的身高体重有直接关系,我国一般成年人的表面积为 1.5~1.8 m^2)

表 1.18 人体单位皮肤表面积上的新陈代谢产热量

活动强度	新陈代谢产热率$\frac{H}{A_{Du}}$	
	W/m^2	met
躺着	46	0.8
坐着休息	58	1.0
站着休息	70	1.2
坐着活动(在办公室、居室、学校、实验室)	70	1.2
站着活动(买东西、实验室内轻劳动)	93	1.6
站着活动(商店营业员、家务劳动、轻机械加工)	116	2.0
中等活动(重机械加工、修理汽车)	185	3.2

2)热平衡方程

热舒适建立在人与周围环境正常热交换的基础上,新陈代谢产热从人体散发出去,维持热平衡和正常体温(图 1.48)。

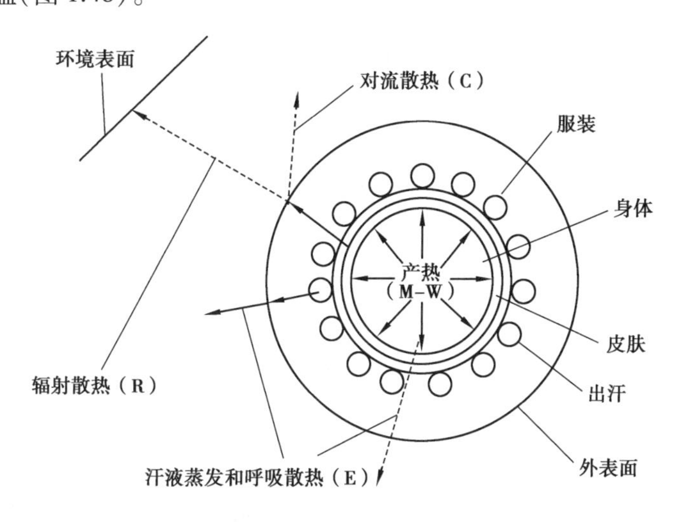

图 1.48 人体和环境的热交换

人的新陈代谢产热量和向周围环境散热量之间的平衡关系,用人体热平衡方程式表示:

$$M - W - C - R - E = TL \tag{1.85}$$

式中 M——人体新陈代谢率,W/m^2;

W——人体所做的机械功,W/m^2;

C——人体外表面向周围环境通过对流形式散发的热量,W/m^2;

R——人体外表面向周围环境通过辐射形式散发的热量,W/m^2;

E——汗液蒸发和呼出的水蒸气所带走的热量,W/m^2;

TL——人体产热量与散热量之差,即人体热负荷,W/m^2。

人体新陈代谢产热量(M)主要取决于人的活动状况。

对流换热量(C)是当人体表面与周围空气之间存在温度差时,通过空气对流交换的热量。当体表温度高于气温时,人体失热,C 为负值;反之,则人体得热,C 为正值。

辐射换热量(R)指人体表面与周围环境之间进行的辐射热交换。当体表温度高于周围表面的平均辐射温度时,人体失热,R 为负值;反之,则人体得热,R 为正值。

蒸发散热量(E)指在正常情况下,人通过呼吸和无感觉排汗向外界散发一定热量。在活动强度变大、环境变热及室内相对湿度低时,E 随着有感觉汗液蒸发而显著增加。

当 TL=0 时,人体处于热平衡状态,体温可维持正常,这是人生存的基本条件。但是,TL=0 并不一定表示人体处于舒适状态,因为有许多不同的组合都可使 TL=0;也就是说,人会遇到各种不同的热平衡,但并非所有热平衡都是舒适的。例如,人在大汗淋漓状态下,虽然取得了热平衡,但并不舒适。只有人体按正常比例散热的热平衡才是舒适的,正常比例的散热因人的活动状况和环境状况的差异而有不同数值。一般地,总散热量中,对流占 25%~30%,辐射占 45%~50%,呼吸和无感觉出汗占 25%~30%,此时热平衡才是舒适的。由于人体的体温调节机制,当环境过冷时,皮肤毛细血管收缩,血流减少,皮肤温度下降以减少散热量;当环境过热时,皮肤血管扩张,血流增多,皮肤温度升高以增加散热量,甚至大量排汗使蒸发散热 E 加大,达到热平衡,这种热平衡称为负荷热平衡。在负荷热平衡状态下,虽然 TL 仍然等于 0,但人体已不处于舒适状态,只要出汗和皮肤表面平均温度仍在生理允许范围之内,则负荷热平衡仍是可忍受的。

人体体温调节能力具有一定限度,不能无限制通过减少体表血流方式来应对过冷环境,也不能无限制地靠出汗来应对过热环境,因此,一定程度下终将出现 TL≠0 的情况,导致人体体温升高或者降低,从生理健康角度,这是不允许的。人体体温最大的生理性变动范围为 35~40 ℃;TL=0,表明人体正常,体温保持不变;TL>0,表明体温上升,人体不舒适;当体温≥45 ℃,人死亡。TL<0,表明在冷环境中,人体散热量增多。当体温<36 ℃,称体温过低;体温<28 ℃,有生命危险;体温<20 ℃,一般不能复苏(图 1.49)。

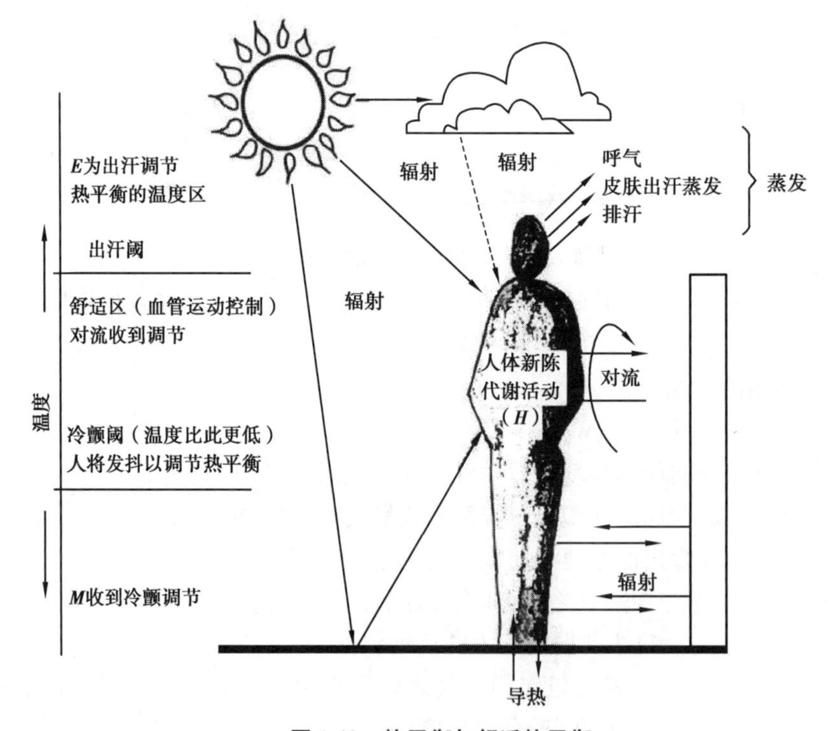

图 1.49　热平衡与舒适热平衡

因此,通常的热舒适是人体低新陈代谢率、不出汗、不冷颤,室内热环境的舒适度分为舒适、可忍受和不可忍受三种情况,为了保证人体健康,至少处于可忍受的负荷热平衡状态,作为室内热环境评价的标准和规定。

3)热舒适指数

人体热平衡公式表明,任何一项单项因素都不足以说明人体对热环境的反应,如果用单一指数来描述人对热舒适的反应,对热环境全部影响因素的综合效果进行评价,称为热舒适指数。热舒适的各种影响因素是不同物理量,密切关联,改变个别因素可以补偿其他因素,例如,室内空气温度低、平均辐射温度高与室内空气温度高、平均辐射温度低可能具有相同的热感觉,并且热舒适还与人的活动和服装状况有关。

对热舒适指数的研究,先后提出了作用温度、有效温度、热应力指标和预测平均热感觉指标等,从不同角度将各种影响因素综合,为建筑热工设计和室内热环境评价提供依据和方法。

(1)作用温度

作用温度(operative temperature,OT)综合了室内气温和平均辐射温度对人体的影响,忽略其他因素,用公式表示为

$$t_o = \frac{t_a a_c + t_{mrt} a_r}{a_c + a_r} \tag{1.86}$$

式中　t_o——作用温度,℃;

t_a——室内空气温度,℃;

t_{mrt}——室内平均辐射温度,℃;

a_c——人体与室内环境的对流换热系数,W/(m^2 · ℃);

a_r——人体与室内环境的辐射换热系数,W/(m^2 · ℃)。

当室内空气温度(t_a)与平均辐射温度相等时,作用温度与室内空气温度相等。

(2)有效温度

有效温度(effective temperature,ET)将一定条件下的室内空气温度、空气湿度和风速对人的热感觉综合成单一数值,数值上等于产生相同热感觉的静止饱和空气的温度。基本假设是在同一有效温度作用下,室内温度、湿度、风速各项因素的不同组合在人体产生的热感觉可能相同。它以实验为依据,受试者在热环境参数组合不同的两个房间走动,设定其中一个房间无辐射、平均风速为“静止”状态($V \approx 0.12$ m/s)、相对湿度为“饱和”(100%),另一房间各项参数(温度、湿度、风速均可调节,如多数受试者在两个房间均能产生同样的热感觉,则两个房间有效温度相同(图 1.50)。如果进一步考虑室内热辐射的影响,将黑球温度代替空气温度得到修正有效温度(corrected effective temperature,CET)。标准有效温度(standard effective temperature,SET)是综合考虑人的活动状况、服装热阻形成一个通用指标,是一个等效的干球温度值,把室内热环境实际状况下的空气温度、相对湿度和平均辐射温度综合为一个温度参数,使具有不同空气温度、相对湿度和平均辐射温度的热环境状况能用一个指数表达并进行

相互比较，同一标准有效温度下，室内温度、湿度、风速等各项因素的组合不同，但人体会产生相同的热感觉。

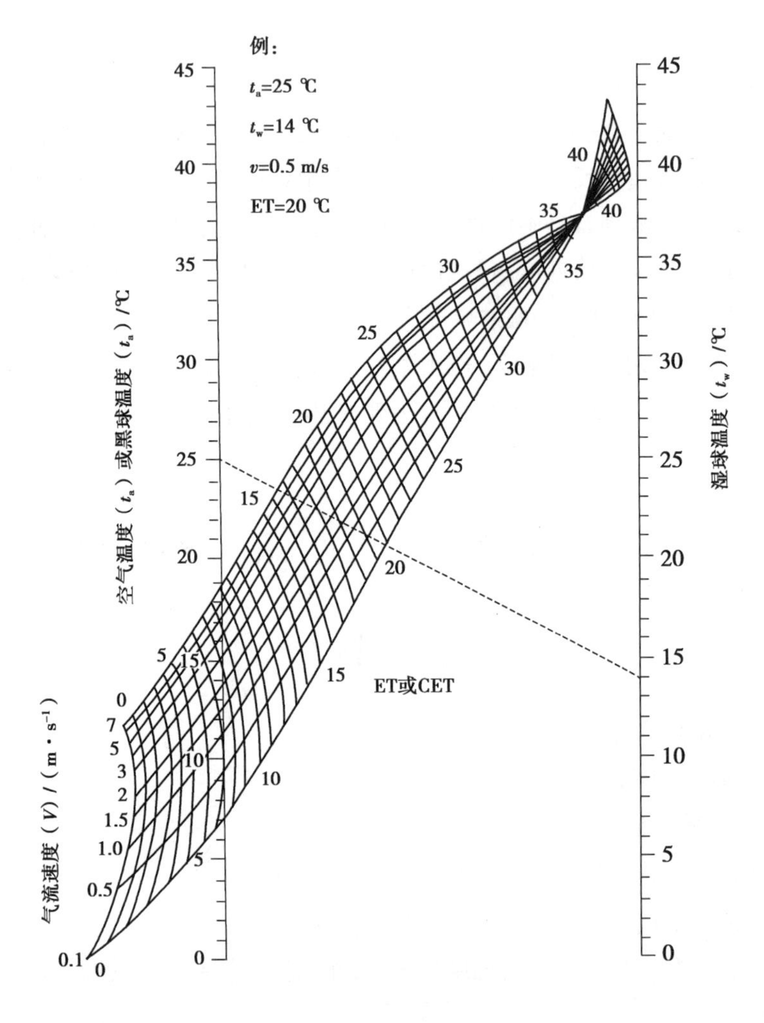

图 1.50　有效温度图

(3)热应力指标

热应力指标(heat stress index,HSI)用于定量表示热环境对人体的作用应力，综合考虑室内空气温度、空气湿度、室内风速和平均辐射温度的影响，是按照人体活动产热、服装及周围热环境对人的生理机能综合影响的分析方法，以汗液蒸发为依据，将室内热环境下的人体生理反应以排汗率来表示。热应力指标认为，所需排汗量(E_{req})等于新陈代谢量减去对流和辐射散热量，即使 $HSI=E_{req}/E_{max}\times100$，根据人体热平衡条件，计算一定热环境中人体所需的蒸发散热量和该环境中最大可能的蒸发散热量，以二者的百分比作为热应力指标。HSI 与生理健康状况如表 1.19 所示。

表 1.19 HSI 与生理健康状况

HSI	暴露 8 h 的生理和健康状况的描述
-20	轻度冷过劳
0	没有热过劳
10~30	轻度至中度热过劳。对体力工作几乎没有影响,但可能降低技术性工作的效率
40~60	严重的热过劳,除非身体健壮,否则就免不了危及健康。需要适应环境的能力
70~90	非常严重的热过劳。必须经体格检查以挑选工作人员。应保证摄入充分的水和盐分
100	适应环境的健康年轻人所能容忍的最大过劳
>100	暴露时间受体内温度升高的限制

(4)预测平均热感觉指标

预测平均热感觉指标(predicted mean vote,PMW)是范格尔(Per olaf Fanger)提出的人体热感觉的评价指标,在实验研究基础上得到人体 PMV 热舒适模型,它综合了影响人体热舒适的环境物理因素和人体活动状态和服装状况,代表了同一环境中大多数人的冷热感觉的平均,是考虑人体热舒适感诸多相关因素最全面的评价指标,得到了美国采暖空调学会(ASHRAE 标准 55)和国际标准化组织标准(ISO 7730)的认可,是目前通用的室内热环境评价指标。

PMV 热舒适方程以长期室内受控环境实验为基础,基于人体体温调节和热平衡理论建立热舒适模型,计算人在多种服装和活动状态下对热环境的舒适感。人体通过出汗、打冷战和调节皮肤血流量等生理过程来保持新陈代谢产热量和散热量的平衡,保持体温稳定,这是热舒适的前提条件。由于体温调节机制非常高效,人体也能在环境物理参数变化较大的范围内维持热平衡。为了预测热中性感觉,范格尔研究了人体接近热中性时的生理过程,认为此时影响热平衡生理过程的只有出汗率和平均皮肤温度,均取决于人体活动状况。同时,根据研究数据推导活动状况和出汗率之间的线性关系,对 20 位受试者在 4 种活动状况(静坐、低活动强度、中等活动和高强度活动)下的皮肤温度进行了测试,得到皮肤温度和活动状况的线性关系,根据 183 位受试者在给定活动状况下热中性感觉时的投票获得,将上述两个线性关系式代入热平衡方程得到热舒适方程,描述 6 个热感觉影响因素在人体处于热中性时的关系,用于预测人体热中性感觉时的状况。根据 1 396 位受试者实验获得的数据,得出 4 种活动状况、相同服装(均为 0.6 clo)、风速有变化条件下,人体反应的热感觉数据,进行曲线回归分析,得到 PMV 热舒适方程如下:

$$PMV = [0.303 \times \exp(-0.036M) + 0.027\ 5]TL \tag{1.87}$$

式中 M——人体新陈代谢率。

TL 由人体热平衡方程得出:$TL=M-W-C-R-E$。它是人体产热量与人体保持舒适条件下的平均皮肤温度和出汗造成的潜热散热时向外界散出的热量之间的差值。在某种热环境下,人体产热和散热不能满足热平衡方程,人体会产生一个“负荷”,即 TL。TL 为正,人体产生热感觉;TL 为负,则产生冷感觉。

PMV 热舒适方程表明人的热感觉是热负荷(TL 产热率与散热率之差)的函数,在舒适状态下,皮肤温度和排汗散热率分别与产热率之间存在相对应关系。在某种活动状态下,只有一种皮肤温度和排汗散热率使人感到最舒适,可以通过人的活动状态和排汗率计算人处于舒适状态的平均皮肤温度。

PMV 指数综合了人体活动状况、服装热阻、空气温度、平均辐射温度、空气流动速度和空气湿度等因素的影响，PMV 热舒适方程是反映 6 个影响因素关系的等式，可计算大多数人对热环境的热感觉指标，并与 ASHRAE 的 7 级热感觉联系起来，分为冷(−3)、凉(−2)、稍凉(−1)、中性(0)、稍暖(1)、暖(2)、热(3)。PMV 为 0 则代表最舒适状态，推荐值为−0.5～+0.5(ISO 7730)，我国推荐值在−1～+1(表 1.20)。

表 1.20 预测平均热感觉指标(PMV)与热感觉的对应关系

PMV 值	+3	+2	+1	0	−1	−2	−3
预测热感觉	热	暖	稍暖	舒适	稍凉	凉	冷

PMV 热舒适方程中，空气温度、湿度、风速可精确测量，但服装和人体新陈代谢率精确测量存在难度，加上民族、经济、文化与习俗不同，对热舒适的要求和接受程度存在差异。以实验和统计为基础预测平均热感觉，并不能让所有个体满意，PMV 预测的舒适温度下，仍有人感觉不满意，称为预测不满意百分率指标(PPD)，如图 1.51 所示。

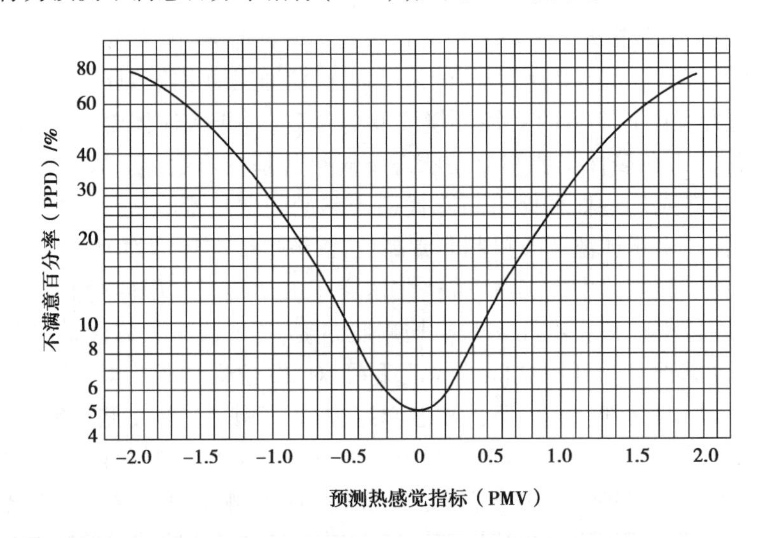

图 1.51 预测热感觉指标(PMV)与不满意百分率指标(PPD)

热感觉和热舒适都通过问卷了解主观反应，需要受试者按某种等级标准来描述。PMV 热舒适模型是建立在人的热感觉测试基础上，但热舒适比热感觉影响因素更多。该模型经过大量实验研究和现场研究验证，测试结果和预测值有时吻合，有时存在偏差，但作为一个全面评价指标，PMV 已广泛应用于建筑热舒适评价。

总之，建筑热舒适研究逐步建立在科学的、定量化的基础上。应当看到，每一种指标都以人体对热舒适的主观感觉为基础，而研究工作又只能以参与实验的受试者热感觉为准，存在局限性，有待进一步完善。

4)生物气候图

另有一些研究人员并不认为热舒适可以用单一指标来综合评价，而是试图将舒适区在空气温湿图上表示出来，如图 1.52 所示。(虽然由于个体因素、气候因素和生活习惯的差异，舒适区范围并不相同)

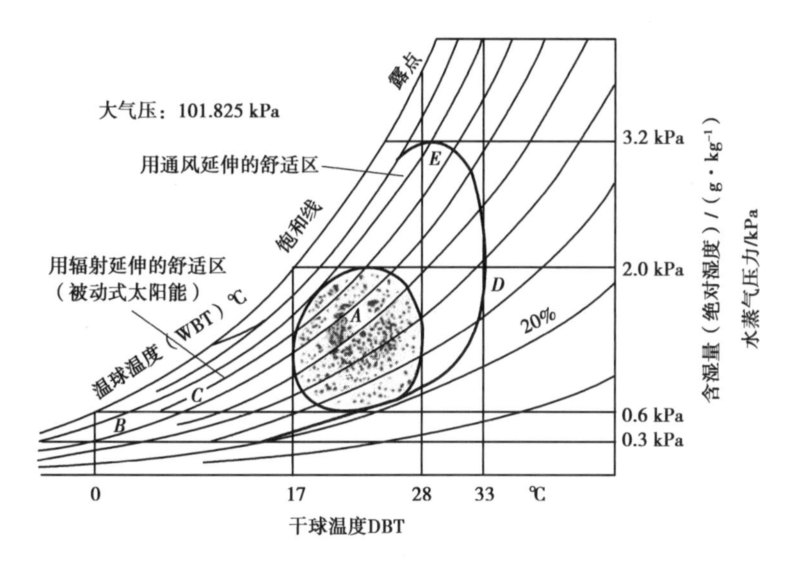

图 1.52　空气温湿图上显示的舒适区

图中显示的舒适区范围是干球温度 17~28 ℃,水蒸气分压力(VP)0.6~2.0 kPa,相对湿度 20%~80%。干球温度在 17~28 ℃之间,此时,人在不出汗或打冷战的情况下,穿着一般服装并通过血管舒缩控制即可达到热平衡。稀密点表示的区域即舒适区,它表明越靠近中心区,舒适越有保证,超出这个范围就会有越来越多的人感到不舒适。上述舒适区适用的对象是坐着活动的人,此时新陈代谢产热率为 70~150 W。对于活动状况高于这个标准的,其舒适区将逐渐偏离图中的范围。图中的舒适区可以因为通风和蒸发散热而向上延伸到新的范围,也可以通过增加辐射在一定程度上将舒适区向下延伸至图中所示的新范围。由于辐射延伸的舒适区仅仅适用于风速极小的情况,而由于风速变化而延伸的舒适区则假定辐射可忽略不计。

图中标注各点的意义如下:

A 表示通常所说的最舒适条件点。温度围绕 *A* 点可上下变动各 2 ℃,夏季向上变动,冬季向下变动,在此范围内变化不会影响热舒适,相对湿度变化在 10%~15%时,人也很容易就能够忍受。

B 表示人在雪地里的情况,在接近 0 ℃的空气里,人可以穿着很少的衣服沐浴在各向同性的太阳辐射里,四面八方均有足够的辐射,使人体达到热平衡。此时如果风速极微,则人也能够感到热舒适。

C 表示人在冬季日出不久之后进入阳光暖照的房间,此时由于瞬感现象的作用使人感到热舒适。

D 表示人在风速较大的环境中,此时汗的蒸发和汗的形成一样快,因而也容易获得热舒适。

E 表示人处在很"难受的"环境,空气温度 30 ℃,相对湿度 70%。此时可以通过加大风速达到热舒适,风速通常保持在 1.5 m/s 甚至更高。

1963 年,奥戈雅(Victor olgyay)在《设计结合气候:建筑地方主义的生物气候研究》中,系统地将设计与气候、人的热舒适结合起来绘制“生物气候图”,提出生物气候设计原则和方法。20世纪80年代,吉沃尼(Baruch givoni)对奥戈雅“生物气候图”和设计方法的内容做了改进,他们提出的方法没有本质的差别,都是从人体的生物气候舒适性出发分析气候条件,进而确定可能的设计策略,只是采用的生物气候舒适标准有一定的差异,正如吉沃尼自己所承认的那样:“建筑生物气候图”本身是不精确的,当实际的气候条件与拟制该图表所假设的气候条件有出入的时候,其中的温度变化幅度就可能会超出图表中所标示的范围,因此,图表上各个区域的界限只是提供各种可能和适用的热控制方法,实际的生物舒适感受应该与特定气候和地域条件结合起来考虑,同时应该充分兼顾建筑师可能采用的各种被动式制冷或供暖设计策略(图1.53)。

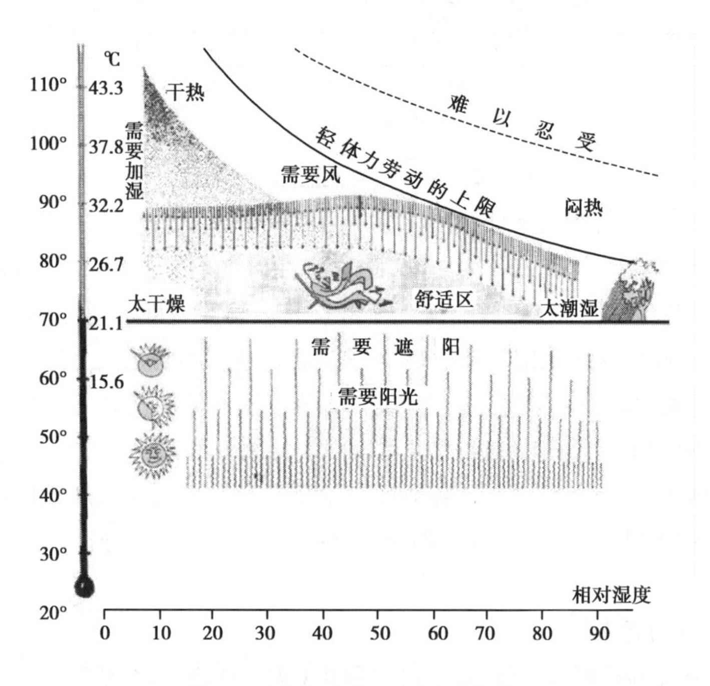

图1.53　奥戈雅的“生物气候图”

图1.53中标示了与周围的空气温度、湿度、平均辐射温度、风速、太阳辐射强度及蒸发散热等因素有关的人体舒适区。纵坐标是干球温度,横坐标是相对湿度,图表的中部分别标有冬季和夏季的舒适区范围(人对季节的适应性已经考虑在内)。应依照具体的气候条件与舒适区的相对位置关系,确定需要采取的设计策略。

1.2.5　室内热环境设计标准

室内热环境影响人的生活和健康,热舒适标准以满足人对环境的客观生理要求为基本依据,同时考虑建筑节能问题,保证室内热环境相关各项指标达到标准,围护结构性能符合建筑节能要求,体现在采暖和空调季节的室内温度、换气次数、围护结构的传热系数等指标。

《民用建筑热工设计规范》(GB 50176—2016)是围护结构设计的依据。它根据气候条件和房间使用要求,按照经济和节能的原则,规定室内空气计算温度、围护结构的传热阻,屋顶及外墙的内表面最高温度等,保证相关物理因素满足人的热舒适性标准。

《公共建筑节能设计标准》(GB 50189—2015)对办公楼、餐饮、影剧院、交通、银行、体育、商业、旅馆、图书馆九大类公共建筑的各个不同功能空间的集中采暖室内计算参数进行了详细规定,对空气调节系统室内计算参数进行了规定,并对主要空间的设计新风量进行了分项详细规定。

对北方冬季采暖地区居住建筑,《严寒和寒冷地区居住建筑节能设计标准》(JGJ 26—2018)规定了严寒和寒冷地区的气候子区与室内人环境计算参数,冬季采暖室内计算温度应取18℃,采暖计算换气次数应取0.5次/h、18℃作为采暖度日数*计算基础。规范考虑经济和节能的需要,按照各地区的采暖期室外平均温度规定了该地区的建筑物耗热量指标和与其相适应的外围护结构各部分(如屋顶、外墙、窗、地面等)应有的传热系数限值。

对中南部地区居住建筑,《夏热冬冷地区居住建筑节能设计标准》(JGJ 134—2010)规定,冬季采暖室内热环境设计计算指标为卧室、起居室设计温度应取18℃,换气次数取1.0次/h;夏季空调室内热环境设计计算指标为卧室、起居室设计温度应取26℃**,换气次数取1.0次/h。《夏热冬暖地区居住建筑节能设计标准》(JGJ 75—2012)规范规定了夏季空调室内设计计算指标取值:居住空间计算温度26℃,计算换气次数1.0次/h;北区冬季采暖室内设计计算指标为:居住空间设计计算温度16℃,计算换气次数1.0次/h。

1.3 自然通风

1.3.1 风的基本概念

1)风的形成机理

大气层的重力作用在地球表面形成的大气压力,随海拔高度而变。海平面大气压力称作标准大气压,为101.325 kPa或760 mmHg。气压压差驱动空气流动形成风。风的分布受全球性因素和地区性因素影响,如太阳辐射引起的全球气压季节性分布、地球自转、海陆地表温度的日变化以及地形与地貌的差异等。

(1)全球性风系

赤道和两极之间由于空气温度差形成的大气运动称为大气环流。在地表太阳辐射差异和海陆分布影响下,南北半球大气存在不同的压力带和气压中心,有永久性的,也有季节性的。在赤道地区形成低气压带,周围高气压区的空气流向该低压区。由于地球自转作用,气流并非沿着最大压力梯度方向即垂直于等压线的方向移动,而是受到复合向心力的作用产生

---

* 采暖度日数:一年中,当某天室外日平均气温低于18℃时,将该日平均温度与18℃的差值乘以1 d并将此乘积累加,得到一年的采暖度日数。

** 空调度日数:一年中,当某天室外日平均气温高于26℃时,将该日平均温度与26℃的差值乘以1 d,并将此乘积累加,得到一年的空调度日数。

偏斜，由此在南、北半球形成3个全球性的风带，还有海陆分布形成的季风系(图1.54)，包括信风、西风、极风和季风。

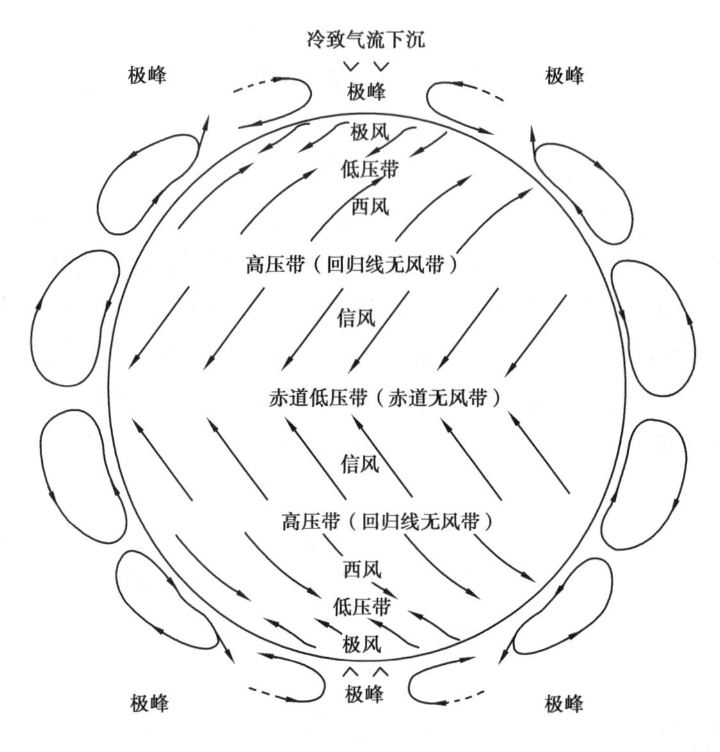

图1.54　全球性风系

(2)地方风

地方风(local winds)在小范围局部地区，由于太阳辐射不均匀和地形、地势、地表覆面、水陆分布等因素影响产生的地方性风系。既有地表局部地方受热或受冷不均匀而产生的海陆风或山谷风，也有风在遇到障碍物绕行时产生风向和风速的改变，如海陆风、山谷风、街巷风、高楼风等(图1.55、图1.56)。

(a)陆地比海洋温度高

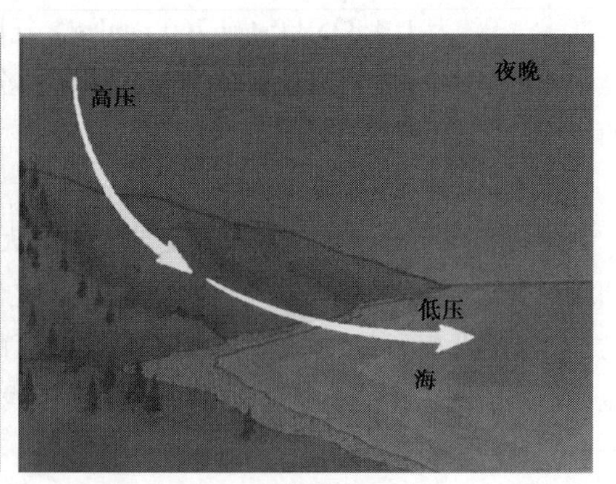

(b)海洋比陆地温度高

图1.55　海陆风示意图

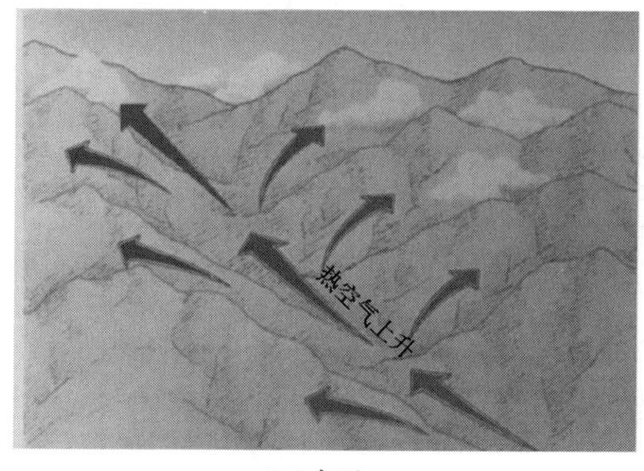

(a)白天

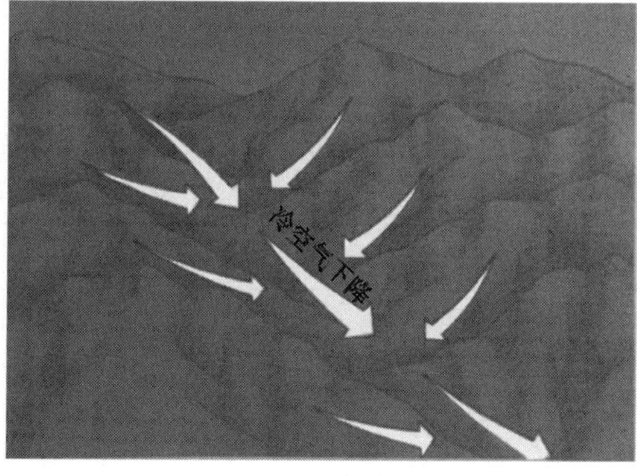

(b)夜晚

图 1.56 山谷风示意图

2)风的描述

某个地区的风的变化呈现一定规律性,风向、风速和风频是重要参数。风向是指气流吹来的方向,如果风从北方吹来就称为北风。风速是表示气流移动的速度,即单位时间内空气流动所经过的距离,风向和风速这两个参数都是在变化的。一般以所测开阔地距地面 10 m 高处的风向和风速作为当地的观测数据。

(1)风向类型与分区

①基本概念。

a.盛行风向:根据资料统计,某地一年中风向频率较大的风向,一个地区盛行风向可以有一个,也可以有两个。是否可以有更多,就要作具体分析了。因为数目多了,频率必然不会太大。

b.主导风向:也称为单一盛行风向,即该地区只有一个风向频率较大的风向。

c.风向频率:某地某个方向的风向频率是指该方向一年中有风次数和该地区全年各方向的有风总次数的比率。

d.最小风频风向:指某地风向频率最小的风向。

②风向类型和分区。

我国气象工作者经研究,指出我国城市规划设计时应考虑不同地区的风向特点,并提出我国的风向应分为下面 4 个区。

1.2城市规划风向分区图

a.季风区。季风区的风向比较稳定,冬偏北,夏偏南,冬、夏季盛行风向的频率一般都在 20%~40%,冬季盛行风向的频率稍大于夏季。我国从东北到东南大部分地区都属于季风区。

b.主导风向区(单一盛行风向区)。主导风向区一年中基本上是吹一个方向的风,其风向频率一般都在 50%以上。我国的主导风向区大致分为 3 个地区。Ⅱ a 区常年风向偏西,我国新疆的大半部和内蒙古及黑龙江的西北部基本上属于这个区。Ⅱ b 区常年吹西南风,我国广西及云南南部属于这个区。Ⅱ c 区介于主导风向与季风两区之间,冬季偏西风,频率较大,约为 50%,夏季偏东风,频率较小,约为 15%,青藏高原基本上在这个区。

c.无主导风向区(无盛行风向区)。这个区的特点是全年风向多变,各向频率相差不大且都较小,一般都在 10%以下。我国的陕西北部、宁夏等地在这个区。

d.准静风区。指风速小于 1.5 m/s 的频率大于 50%的区域。我国的四川盆地等属于这个区。

(2)风速计算

在气象学中将风速分成 12 级,风速分级见表 1.21。

表 1.21 风速分级表

风级	风名	风速(m/s)	目测标准
0	无风	0~0.5	轻烟直上
1	软风	0.5~1.7	有吹风感
2	轻风	1.8~3.3	吹风感明显
3	微风	3.4~5.2	树枝微动
4	和风	5.3~7.4	树枝摇动
5	清风	7.5~9.8	大枝摇动
6	强风	9.9~12.4	主枝摇动
7	疾风	12.5~15.2	树干摇动
8	大风	15.3~18.2	细枝折断
9	烈风	18.3~21.5	大枝折断
10	狂风	21.6~25.1	拔树
11	暴风	25.2~29.0	重大损毁
12	飓风	>29.0	严重破坏

风速的垂直分布。随着高度增加,风速分布呈现梯度变化,高度与风速的关系可认为是按幂函数规律分布,该算法适合于某一种下垫面情况(如旷野处):

$$V_{\mathrm{h}} = V_0 \left(\frac{h}{h_0}\right)^n \tag{1.88}$$

式中 V_{h}——高度为 h 处的风速,m/s;

V_0——基准高度处的风速,m/s;

n——指数,与建筑物所在地点的周围环境有关,取决于大气稳定度和地面粗糙度,对市区,周围有其他建筑时 n 取 0.2~0.5,对空旷或临海地区,n 可取 0.14 左右。

(3)风玫瑰图

某一地区的风向频率图(又称风玫瑰图)是该地点一段时间内的风向分布图,表示当地的风向规律和主导风向,它按照逐时实测的各个方位风向出现的次数,分别计算出每个方向风的出现次数占总次数的百分比,并按一定比例在各方位线上标出,最后连接各点而成。常见的风向频率图是一个圆,圆上引出 16 条放射线,代表 16 个不同方向,每条直线的长度与这个方向的风的频率成正比,静风频率放在中间。一些风向频率图还标示出各风向的风速范围。风向频率图可按年或按月统计,分为年风向频率图或某月的风向频率(图 1.57)。

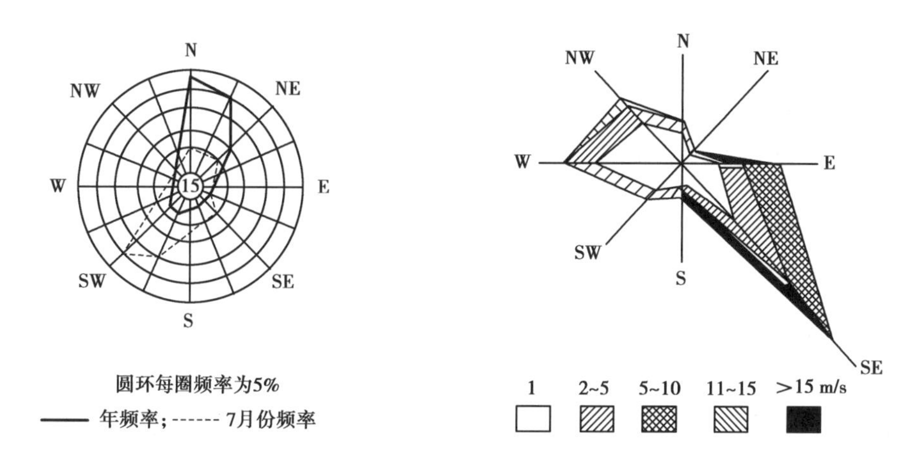

图 1.57 风向频率图和风速频率图

图 1.57 中，左图为某地区全年及 7 月份风向频率图，其中，除圆心外每个圆环间隔代表频率为 5%。从图中可以看出该地区全年以北风居多，频率为 23%；而 7 月份以西南风居多，频率为 19%。除风向频率图外，还可用风速频率图（右图）区分出各方位的不同风速的出现频率。

3）自然通风机制

气流穿过建筑的驱动力是两边存在的压力差，压力差源于室内外空气的温度、梯度引起的热压和外部风的作用引起的风压。

（1）热压通风

热压通风即通常所说的烟囱效应，其原理为密度小的热空气上升，从建筑上部风口排出，室外密度大的冷空气从建筑底部被吸入。当室内气温低于室外时，位置互换，气流方向也互换。室内外空气温度差越大，则热压作用越强，在室内外温差相同和进气、排气口面积相同的情况下，如果上下开口之间的高差越大，在单位时间内交换的空气量也越多（图 1.58）。

（2）风压通风

当风吹向建筑时，空气的直线运动受到阻碍而围绕着建筑向上方及两侧偏转，迎风侧的气压就高于大气压力，形成正压区，而背风侧的气压则降低，形成负压区，使整个建筑产生了压力差（图 1.59）。如果建筑围护结构上任意两点上存在压力差，那么在两点开口间就存在空气流动的驱动力。风压的压力差与建筑形式、建筑与风的夹角以及周围建筑布局等因素相关，当建筑垂直于主导风向时，其风压通风效果最为显著，通常“穿堂风”就是风压通风的典型实例。

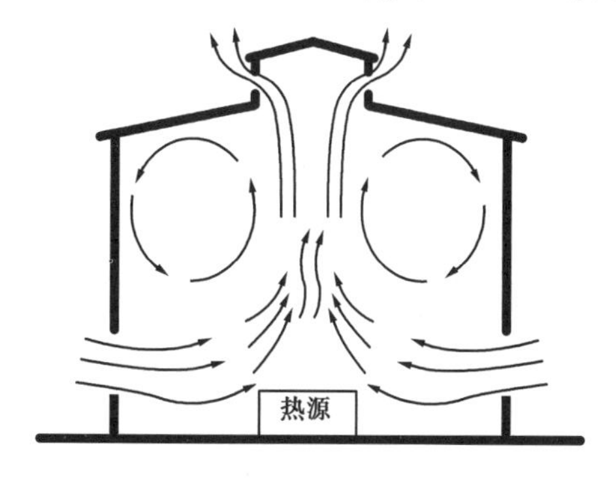

图 1.58 热压通风示意图

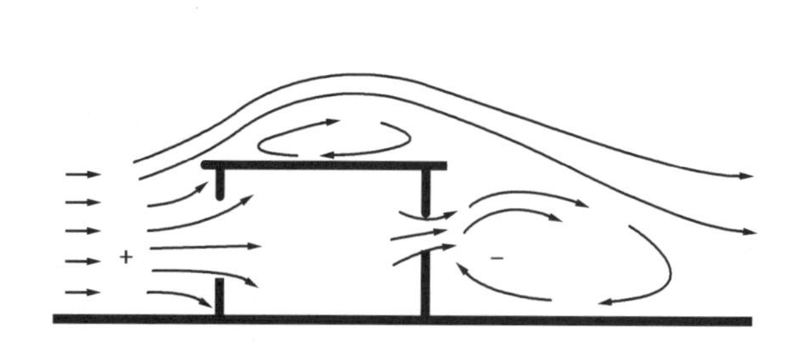

图 1.59 风压通风示意图

(3)热压和风压的综合作用

建筑内的实际气流是在热压与风压综合作用下形成的,开口两边的压力梯度是上述两种压力各自形成的压力差的代数和,这两种力可以在同一方向起作用,也可在相反方向起作用,取决于风向及室内外的温度状况。

1.3.2 建筑通风设计

1)建筑通风的功能

通风具有3种不同的功能,即健康通风、热舒适通风和降温通风。健康通风是用室外的新鲜空气更新室内空气,保持室内空气质量并符合人体卫生要求,这是在任何气候条件下都应该予以保证的;热舒适通风是利用通风增加人体散热和防止皮肤出汗引起的不舒适,改善热舒适条件;降温通风是当室外气温低于室内气温时,把室外较低温度的空气引入室内,给室内空气和表面降温。3种功能的相对重要性取决于不同季节与不同地区的气候条件。

建筑通风要求不仅与气候有关,而且还与季节有关。在干冷地区,不加控制的通风会带走室内热量,降低室内空气温度,同时,由于室外空气绝对湿度低,进入室内温度升高后将导致相对湿度降低,给人造成不舒适感。在湿冷地区,需要控制通风以避免室温过低,同时避免围护结构有凝结水。在湿热地区,建筑通风的气流速度需要保证散热和汗液蒸发,保证人的热舒适;而在干热地区,需要控制白天通风,保证室内空气质量,在夜间室外气温下降以后,充分利用夜间通风给围护结构的内表面降温和蓄冷。

2)建筑物附近的气流分布

当盛行气流遇到建筑物阻挡时,主要应考虑其动力效应。对单一建筑物而言,在迎风面上一部分气流上升越过屋顶,一部分气流下沉降至地面,另一部分则绕过建筑物两侧向屋后流去。考虑到城市建筑物分布的复杂性,这里可以列举一种由几幢建筑物组合分布的型式。即在上风方向有几排较低矮形式相似的房屋,而在下风方向又有一高耸的楼房矗立,如图1.60所示。在盛行风向和街道走向垂直的情况下,两排房之间的街道上会出现涡旋和升降气流。街道上的风速受建筑物的阻碍会减小,产生“风影区”。但当盛行风向与街道走向一致,则因狭管效应,街道风速会远比开旷地区大。如果盛行风向与街道两旁建筑物成一定交角,则气流呈螺旋形涡动,有一定水平分量沿街道运行。

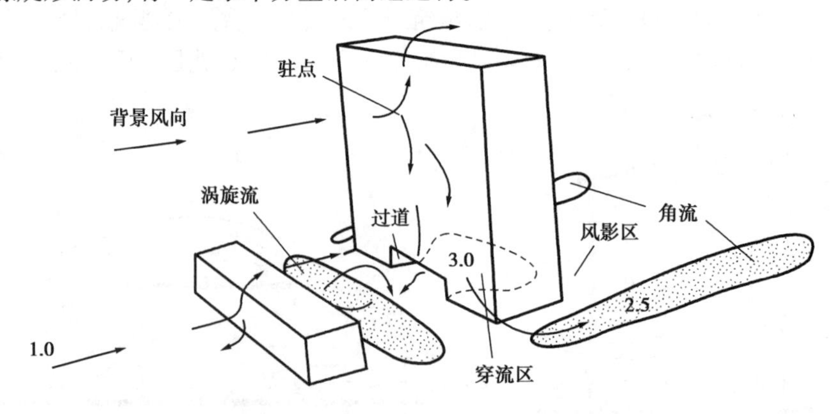

图1.60　气流受到建筑物阻挡后的分布情况

3)建筑自然通风设计

(1)建筑体形与穿堂风

穿堂风是指利用开口把空间与室外的正压区及负压区联系起来,当房间无穿堂风时,室内的平均气流速度相当低,有穿堂风时,尽管开口的总面积并未增大,平均气流速度及最大气流速度都会大大增加。一般来说,房间进风口的位置(高低、正中偏旁等)及进风口的形式(敞开式、中旋式、百叶式等)决定气流方向,而排风口与进风口面积的比值决定气流速度的大小。

建筑形体的不同组合,如一字形、山形及口形、锯齿形、台阶形、品字形,在组织自然通风方面都有各自不同的特点(图 1.61)。

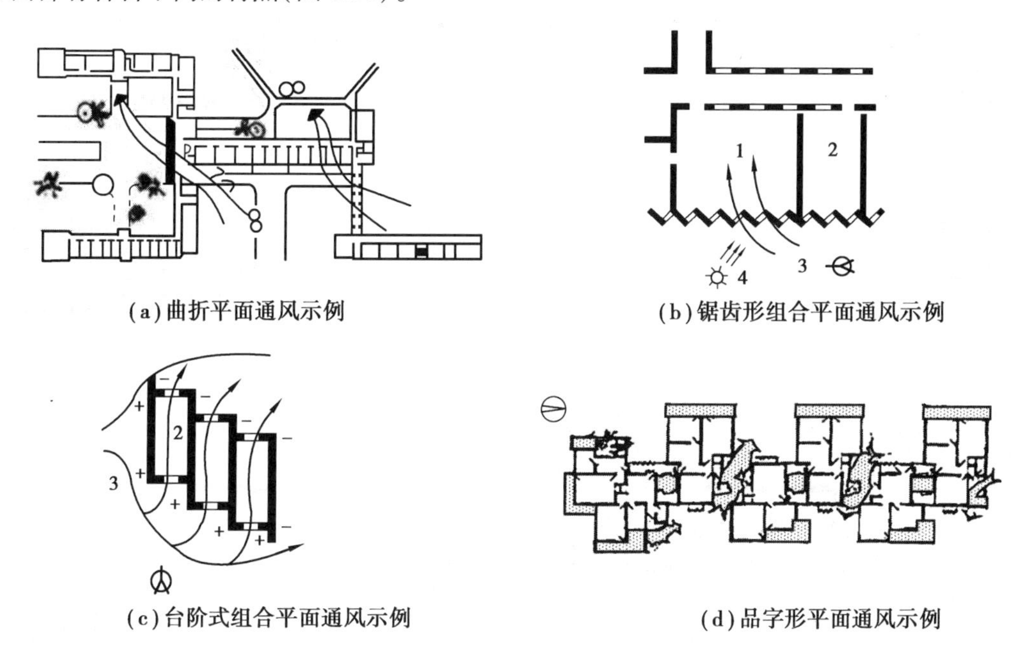

(a)曲折平面通风示例　(b)锯齿形组合平面通风示例

(c)台阶式组合平面通风示例　(d)品字形平面通风示例

图 1.61　各种建筑平面通风示例

①一字形及一字形组合。

一字形建筑有利于自然通风,主要使用房间一般布置在夏季迎风面(南向),背风面则布置辅助用房。外廊式建筑的房间沿走廊中间布置,有利于形成穿堂风,各房间的朝向、通风都较好,结构简单,但建筑进深浅,不利于节约用地。内廊式建筑进深较大,节约用地,但只有一侧房间朝向好,不易组织室内穿堂风和散热。门窗相对设置可使通风路线短而直,减少气流迂回路程和阻力,保证风速。内廊式建筑的走廊如果较长,可在中间适当位置开设通风口,或利用楼梯间做出风口,这样可以形成穿堂风,改善通风效果。一字形组合朝向好,南向房间多,东、西向房间较少,使用普遍,但连接转折处通风不好,最好设置为敞廊或增加开窗。

②"山"形和"口"形。

"山"形建筑敞口应朝向夏季主导风向,夹角在 45°以内,若反向布置,迎风面的墙面宜尽量开敞。伸出翼不宜长,以减少东、西向房间的数量。"口"形建筑沿基地周边布置,形成内院或天井,用地紧凑,基地内能形成较完整的空间,但这种布局不利于风的导入,东、西向房间较多。特别是封闭内院不利于通风。一般天井式住宅天井面积不大,白天日照少,外墙受太阳辐射热少,四周阴凉,天井的温度较室外为低,在无风或风压甚小的情况下,通过天井与室内的热压差,天井中冷空气向室内流动,产生热压通风,有利于改善室内热环境。当室外风压较大时,天井因处于负压区,又可作为出风口抽风,起水平和垂直通风的作用,对散热也有一定效果。另外,如果在迎风面底层部分架空,让风进入天井,对于后面房间的通风有利。如果以天井为中心构成通透的平面格局,则通风效果更好。

③锯齿形、台阶形和品字形。

当建筑东、西朝向而主导风基本上是南向时,建筑平面组合或房间开窗往往采取锯齿形布置,东、西向外墙不开窗,起遮阳作用,凸出部分外墙开窗朝南,朝向主导风向。当建筑南、北朝向而主导风接近东、西向时,把房子分段错开,采用台阶式平面组合,使原来朝向不好的房间变成朝东南及南向。

(2)建筑构件与房间通风

一些建筑构件(如导风板、遮阳板及窗户)的设置方式、朝向、尺寸、位置和开启方式等,都会对建筑室内气流分布产生影响。

①窗户朝向。

窗户朝向及开窗位置直接影响室内气流流场(图 1.62)。气流流场取决于建筑表面的压力分布及空气流动时的惯性作用。当建筑迎风墙和背风墙上均设有窗户时,就会形成一股气流从高压区穿过建筑而流向低压区。气流通过房间的路径主要取决于气流从进风口进入室内时的初始方向。一般地,当整个房间范围内均要求良好的通风条件时,风向偏斜于进风窗口可取得较好的效果。若在房间相邻墙面开窗,通风效果取决于窗户的相对位置(图 1.63、图 1.64)。

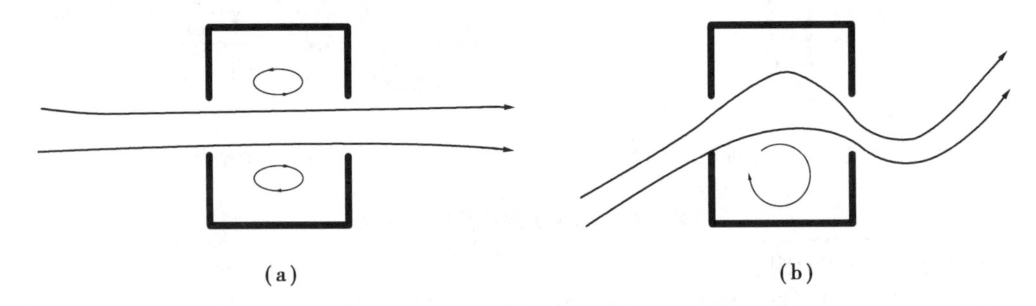

图 1.62　窗户朝向与室内气流流场

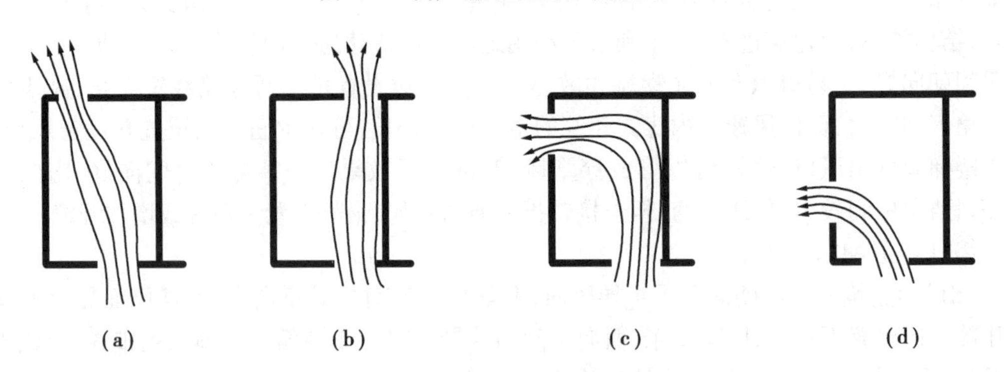

图 1.63　房间开窗位置对室内气流流场的影响

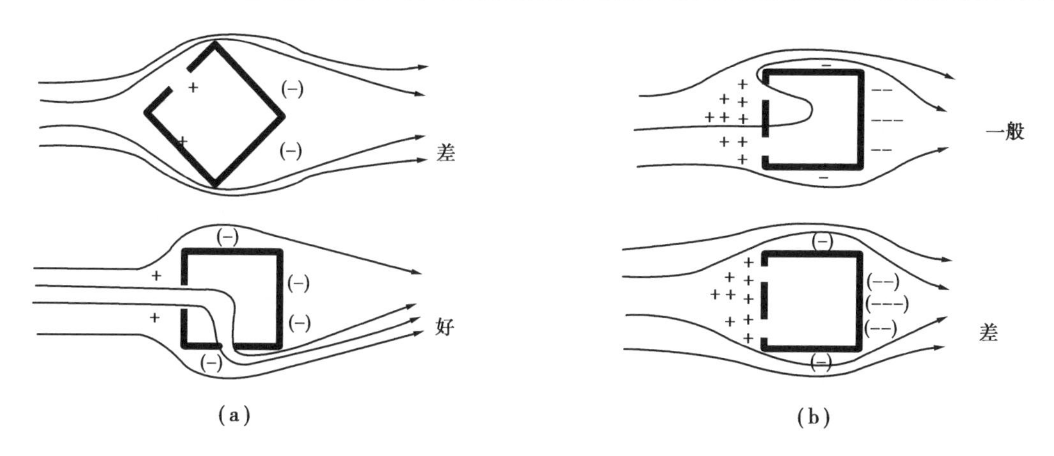

图 1.64　房间开窗位置对室内气流流场的影响

②窗户尺寸。

窗户尺寸可影响气流速度和气流流场,选择进风口和出风口尺寸可控制室内气流速度和气流流场。窗户尺寸对气流的影响主要取决于房间是否有穿堂风(图 1.65)。如果房间只有一面墙上有窗户,则无法形成穿堂风,此时窗户尺寸对室内气流速度的影响甚微。如果房间有穿堂风,扩大窗户尺寸对室内气流速度的影响则会很大,但进风口与出风口的尺寸必须同时扩大。进风口和出风口面积不等时,室内平均气流速度主要取决于较小开口的尺寸。另一方面,两者的相对大小对室内最大气流速度有显著影响,在多数情况下,最大气流速度是随着出风口与进风口尺寸比值的增加而增加的,室内最大气流速度通常接近进风口。

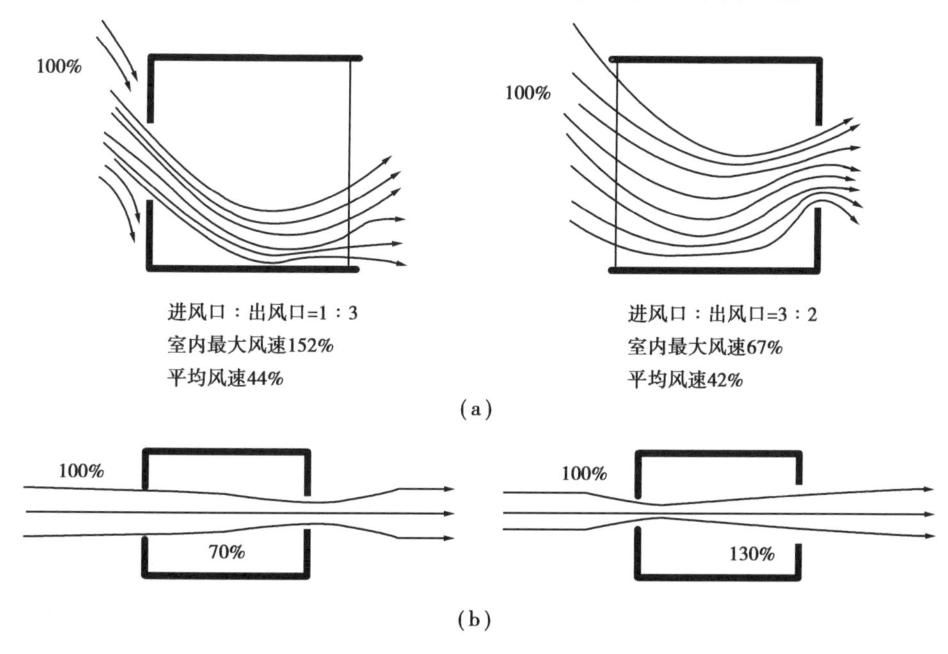

图 1.65　进出风口面积比与室内气流流场

③窗户位置。

室外风向在水平面内的变化很大,而在垂直面的变化则较小。对于各种不同的开口布置,室内气流速度的竖向分布情况比水平分布变化小得多。所以,通过调整开口设计及高度就能对气流的竖向分布进行适当的控制(图 1.66)。

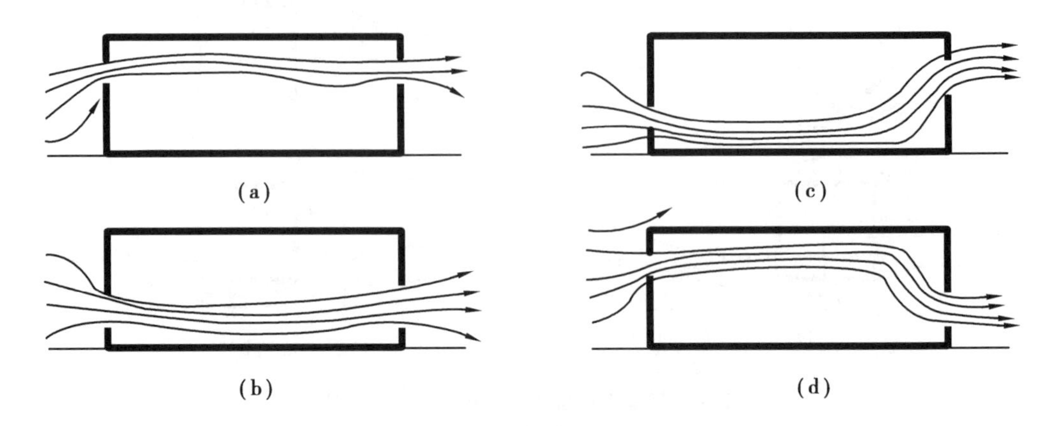

图 1.66　窗户的竖向位置与室内气流流场

调整窗户竖向位置的主要目的是给人的活动区域带来舒适的气流,并且有利于排出室内的热量。气流通过室内空间的流线主要取决于气流进入的方向,所以,进风口的垂直位置及设计要求比出风口严格,出风窗的高度对于室内气流流场及气流速度的影响很小。

④窗户开启。

窗户的位置及其开启方法对于室内的通风有很大影响。

对于水平推拉窗,气流顺着风向进入室内后,将继续沿着其初始的方向水平前进。这种窗户的最大通气面积为整个玻璃面积的 1/2。

对于上悬窗,只要窗扇没有开到完全水平的位置,则不论开口与窗扇的角度如何,气流总是被引导向上的,所以这种窗户宜设于需通风的高度位置以下。

改变窗扇的开启角度主要对整个房间的气流流场及气流速度的分布有影响,而对于平均速度的影响很有限。

⑤导风构件。

办公楼、教室等只有单侧外墙的建筑,单侧开窗无法形成穿堂风。需通过调整开口的细部设计,沿外墙创造人工的正压区和负压区,以改善通风条件。有主导风向且朝向选择可使风向偏斜于墙面的话,室内通风可大幅改善,风和墙的夹角可在 20°~70°的范围内选定。与夏季主导风向成一定角度设置导风板,组织正、负压区,改变气流方向,引风入室,是解决房间既需要防晒又需要朝向主导风向之间矛盾的方法之一(图 1.67—图 1.69)。除了专门的导风板之外,窗扇也可以用于导风。建筑平面凹凸、矮墙绿篱等也可作为导风构件。

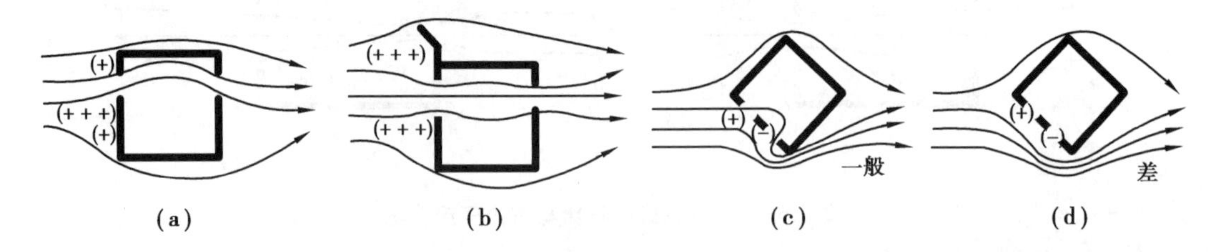

图 1.67　垂直导风板对气流流场的影响

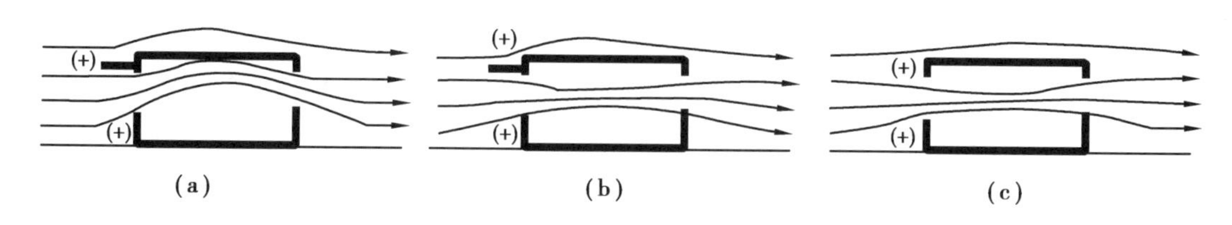

图 1.68 水平导风板对气流流场的影响

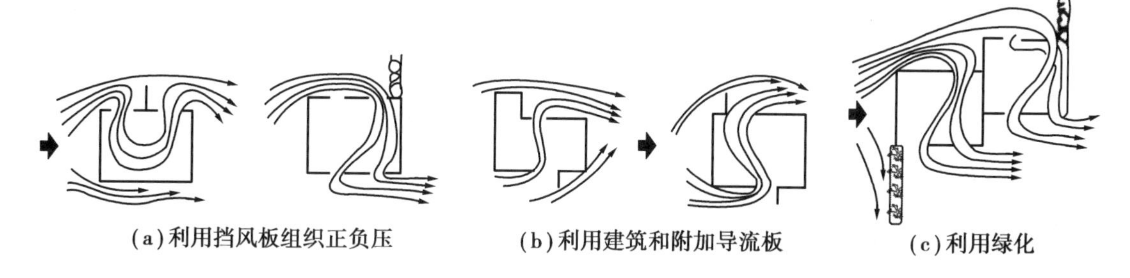

图 1.69 利用矮墙和绿篱以及建筑形体组合组织通风

(3)建筑防风与冷风渗透

选择避风环境,尽量减少散热面积,最大限度地提高围护结构的气密性,增加围护结构的热阻,这是建筑防风的四项基本措施。

①创造避风环境。在无法改变外部风环境的情况下,可通过人工手段来营造较为理想的局部风环境。例如,在建筑周围种植防风林以有效防风。

②城市风环境优化设计。在城市中,单体建筑的长度、高度、屋顶形状都会影响风的分布,并可能出现狭管效应,使局部风速增至 2 倍以上,产生强烈涡流。可利用计算机进行模拟及优化设计方案。

③提高围护结构气密性。改善门、窗密闭性是关键。

④高层建筑防风。风的垂直分布特性使高层建筑易于实现自然通风,无论风压还是热压都比中、低层建筑大得多。但对于高层建筑来说,建筑与风之间的主要问题是高层建筑内部(如中庭、内天井)及周围的风速是否过大或造成紊流,新建高层建筑是否对周围特别是步行区的风环境存在影响等,因此,建筑防风便成为高层建筑的核心问题。

(4)高层建筑防风措施

为了防止强风风害,在充分考虑采光、眺望、美观不受妨碍,也不致引起其他性质的环境恶化的前提下,结合经济性和方便性等条件,可采取如下措施:

①使高大建筑的小表面朝向盛行风向,或频数虽不够盛行风向但风速很大的风向;

②建筑物之间的相互位置要合适。例如两栋之间的距离不宜太窄;

③改变平面形状,例如切除尖角变为多角形,就能减弱风速;

④设置防风围墙(墙、栅栏)可有效地防止并减弱风害;

⑤种植树木于高层建筑周围,将和前述围墙一样,起到减弱强风区的作用;

⑥在高楼的底部周围设低层部分,这种低层部分可以将来自高层的强风挡住,使之不会下流到街面或院内地面上去[图 1.70(a)]。

⑦在近地面的下层处设置挑棚等,使来自上边的强风不至于吹着街上的行人[图1.70(b)]。

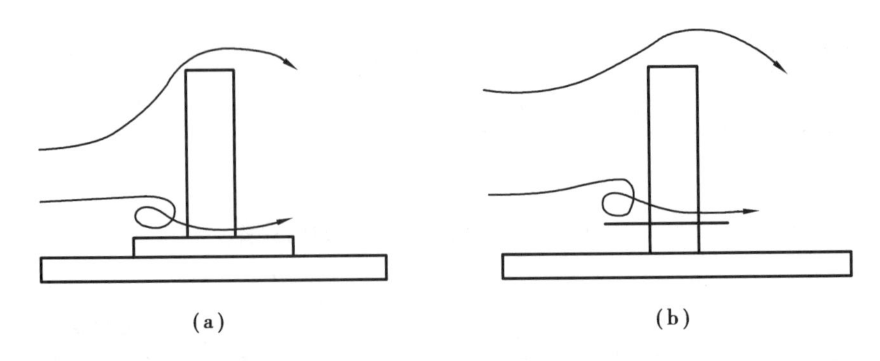

图 1.70　两种防止高楼强风的措施

1.3.3　自然通风研究方法

1)计算机流体力学(CFD)

一般的研究方法中都是假定室内空气为匀质分布,每一点的温度与气流速度都被假定成是一样的,这与现实情况并不相符。这种简单假设的计算结果使室内人员活动区的实际空气质量与计算或者预测结果存在较大差距。CFD 方法是将房间用空间网格划分成无数很小的立体单元,然后对每个单元进行计算,只要单元体划分得足够小,就可以认为计算值代表整个房间内的空气分布情况。从理论上来讲,CFD 模拟能确定流场中任意时刻任意点的气压、风速、温度以及气密度等指标,并跟踪其变化。前人的研究证明,CFD 研究方法的误差较小,是目前较为精准的一种通风研究方法。基于其相对准确的模拟,可以在设计阶段预测建筑内部的通风以及温度分布情况,从而知晓自然通风系统能否适用以及什么情况下适用。另外,还可以有效地进行多方案比较,优化设计方案的通风效率或节能性。基于 CFD 的气流分析软件有 FLUENT 系列、FLOEVENT、STAR-CD、PHOENICS、CFX 等。

2)多区域模型法

假定各个房间内空气的特征参数是均匀分布的,就可以将房间看成一个节点,将窗户、门、洞口等看成连接。这样的模型比较简单,它可以宏观地预测整个建筑的通风量,但是不能提供房间内的详细温度与气流分布信息。该方法是利用伯努利方程求解开口两侧的压差,根据压差与流量的关系求出流量。由于误差较大,它适用于预测每个房间参数分布较均匀的多区建筑的通风量,不适合预测建筑内部详细的气流信息。

3)区域模型法

区域模型法与多区域模型法有类似的地方,但是比多区域模型法更复杂一些。多区域模型法由于过分简化系统而产生很大误差,尤其是当房间内部空气分布呈明显分层的时候。区域模型法就针对这一情况,在定性分析的基础上把房间划分成一些子区域,每个子区域内的空气分布特征是匀质的,子区域之间存在热质交换,建立质量和能量守恒方程。该方法比多区模型法更精确,但比 CFD 简单。有一些专门气流分析软件都是以这种模型为基础,如 SPARK、COMIS 和 CONTAMW。

4)实验法

比较传统的自然风场模拟实验法是风洞模型实验法,它通过相似的模拟能大致得出建筑表面及建筑周围的风压力和速度场,从而预测通风情况。第二种实验法是示踪气体测量法,先在房间注入一定量的示踪气体(如甲烷、二氧化碳或者5%氢气混合95%氮气),随着示踪气体在房间的扩散与渗出,示踪气体浓度呈衰减趋势,通过该方法可以用来测定自然通风量。这种方法能较准确地测定某一时间段内的通风量,但是会受风速不确定因素的影响。第三种实验方法是热浮力实验模型方法,通过加热产生介质流动或者预设浓度差导致介质流动来模拟空气流动,一般采用的介质有空气、水、盐水或气泡等。这种方法的缺点是不能模拟建筑热特性对自然通风的影响。

这三种实验方法都只能得到通风量与气流分布特点等有限的信息,对实验对象通风的定性认识有一定帮助,而对于准确研究通风状况则有不足。

1.4 建筑能耗

建筑能耗有广义和狭义之分。广义建筑能耗是指建筑在其全生命期(包括原材料和产品生产、运输规划设计、施工安装、运行维护、拆除的全过程)所消耗的能量。其中,建筑运行过程能耗占整个生命期能耗的75%~85%。狭义建筑能耗专指建筑在运行过程中所消耗的能量,包括采暖、空调、通风、热水供应、照明、炊事、电梯、家用或办公电器等方面的能耗,其中暖通空调的能耗约占建筑运行能耗的65%。因此,在建筑规划设计、施工建造和使用过程中降低暖通空调能耗是实现建筑节能的关键环节。

1.4.1 建筑能耗的形成机理

1)建筑采暖

在冬季,由于室外温度很低,欲保持室内舒适的温度就要不断地向房间内提供热量,以弥补通过围护结构从室内传到室外的热量。在采暖地区需设置采暖设备,室内需有适当的通风换气。居住建筑冬季室内温度一般要求达到16~18 ℃,较高要求达到20~22 ℃。

建筑物的总得热包括采暖设备的供热(占70%~75%),太阳辐射得热(通过窗户和其他围护结构进入室内,占15%~20%)和建筑物内部得热(包括炊事、照明、家电和人体散热,占8%~12%)。这些热量再通过围护结构(包括外墙、屋顶和门窗等)的传热和空气渗透向外散失。建筑物的总失热包括围护结构的传热耗热量(占70%~80%)和通过门窗缝隙的空气渗透耗热量(占20%~30%)。对于一般民用建筑和产生热量很少的工业建筑,热负荷常常只考虑围护结构的传热耗热量以及由门、窗缝隙或孔洞进入室内的冷空气的耗热量。

因此,对于采暖建筑物来说,节能的主要途径是:减小建筑物外表面积和加强围护结构的保温,以减少传热耗热量;提高门窗的气密性,以减少空气渗透耗热量。在减少建筑物总失热量的前提下,尽量利用太阳辐射得热和建筑物内部得热,最终达到节约采暖设备供热量的目的。

2)建筑空调

夏季空调降低建筑室温的允许波动范围为±2 ℃。而在夏季,太阳辐射通过窗户进入室内,构成太阳辐射得热;同时被外墙和屋面吸收,然后传入室内;再加上通过围护结构的室内外温差传热,构成传热得热;以及通过门窗的空气渗透换热,构成空气渗透得热;此外,还有建筑物内部的炊事、家电、照明、人体等散热,构成内部得热。太阳辐射得热、传热得热、空气渗透得热和内部得热四部分构成空调建筑得热。这些得热是随时间而变的,且部分得热被内部围护结构所吸收和暂时储存,其余部分构成空调负荷。

建筑空调节能的基本途径为:①抑制在室内产生热;②促进室内的热吸收;③抑制热进入室内;④促进热向室外散失。其隔热方法可从以下几个方面考虑:

(1)抑制辐射热进入室内

抑制辐射热进入室内需要考虑透射传入、反射传入和受热面的条件等。对于透射传入,最好设置障碍物,而对各种不同的情况,可以采取不同的方法。

①障碍物的存在

在原理上可以利用地形条件或其他建筑物的阴影,但对于建筑来讲,需要考虑日照、采光、通风等其他条件,这样就不能选择日照条件不佳的地方建造建筑物。因此,可以利用地物,如西侧的建筑物或树木、围墙等遮挡阳光。

在屋顶或外墙面上设置遮挡太阳照射物的方法,不仅能遮挡辐射热,而且还有通风降温的效果。屋檐不仅对开口部位有遮阳挡雨的作用,对外墙面也有同样的效果。

②太阳照射的方向性

除了利用消除西向日照的天窗和竖向遮阳之外,还可采取变换开口的方位、高度和朝向的方法,也可在整个建筑物的形状设计上来避免太阳辐射。例如将建筑物做成上大下小的形状,或者把建筑物的外墙做成平行于太阳辐射的形状。

对于照在玻璃上的辐射线,可用反射或吸收的方法减少进入室内的热量。

③反射和再辐射

太阳照射到的建筑部位,不仅对阳光有反射作用,而且受辐射后温度升高,还会形成新的辐射,尤其是台板和室外地面的反射和再辐射问题。为防止这些部位的反射和再辐射,可以采用防止入射、降低反射系数、控制反射方向等方法,例如可在适当的位置种植树木或草坪等。

(2)抑制导热将热量传入室内

在气温很高的热带地方,特别是在干燥性气候的地方,一般在夜间都很凉快。另外,由于大地的温度往往要比室内的气温低,所以也可以利用由地板或地下室外墙的导热产生散热效果。

只有温度差才能决定导热的方向。所以抑制导热进入室内和抑制导热从室内散失的方法完全相同。即可以使用厚的、导热系数小的材料,或设空气层,或进一步减小表面积。热带地方的屋顶,由于受到强烈的日照,所以一般都采用有隔热措施的构造方法。在传统民居中,除一部分之外,大都采用了茅草屋顶、草泥屋顶等形式。在低纬度地区,太阳辐射角接近于垂直,用屋檐就完全能够防止对墙面的太阳辐射。

(3)抑制对流热进入室内

只有在室外气温比室内气温高的时候,才容易向室内产生对流传热。北方夏季的白天,有时室外气温也会超过舒适的温度;而在南方,白天的气温常常要超过人的体温。在此情况下,就需要抑制对流热进入室内。

在制冷设备运转过程中,若不关闭窗户及与非制冷部分交界的出入口,制冷效果将会降低。但有时在日落之后,也利用出入口与室外降低了的气温进行通风降温。

为了不使通风增加空调负荷,有一种装置可以使进入空气和排出空气之间进行热和湿的交换。但在春秋季节或是夜间使用这种装置,则得不到通风制冷的效果,反而会使室内热起来,使人感到不舒适。

空调建筑的节能除了采取建筑措施(如窗户遮阳以减少太阳辐射得热,围护结构隔热以减少传热得热,加强门窗的气密性以减少空气渗透得热,以及采用重质内围护结构以降低空调负荷的峰值等),以便降低空调运行能耗之外,还应采取设备措施(如采用高效节能的空调设备或系统,以及合理的运行方式等),以便提高空调设备的运行效率。

(4)促进辐射热从室内散失

为了使建筑表面的辐射热散失掉,促进建筑物冷却,白天可促进没有太阳照射的北面等建筑部位或开口处散失辐射热,而在夜间可促进整个建筑物散失辐射热。从构造原理来讲,可将采暖时抑制辐射热倒过来使用。即与表面积、表面的材质或颜色、建筑部位的方向、开口面积、辐射热的透射系数、开口的方向等都有关系。另外,建筑部位的隔热性弱,也可提高建筑外表面温度,增强辐射效果,同时也增加了建筑部位表面由于对流而产生的散热效果。

对于能受到太阳辐射的面和开口部位,利用材料具有能够根据波长选择辐射、透射和反射的特性,也可以通过辐射传热使室内致冷。

(5)促进导热散热

当室外温度低于室内温度时,室内的热就会通过建筑构件由室内向室外传导。为了冷却建筑物,就要促进这种热传导。

受太阳辐射的建筑部位外侧,温度一般都很高。但这些热在凉爽的春秋季节,可以通过受不到阳光照射的外围护结构的阴影部位,向室外导热。另外,当夜间室外气温降低时,所有的建筑部位都能向室外散热。

(6)促进对流散热

为使室外的低温空气进入室内,排出室内的高温空气,可利用开口部位或缝隙以及室内外的空气压力差,即风势或温度差。另外,为使热从建筑物的外表面向空气中散失,除与风势或表面积有关之外,还可利用表面水的汽化吸热进行散热。

3)建筑通风

(1)自然通风的原理

自然通风是当今建筑普遍采取的一项改善建筑热环境、节约空调能耗的技术。采用自然通风的根本目的就是取代(或部分取代)空调制冷系统。这一取代过程有两点重要意义:一是实现有效被动制冷。当室外空气温度湿度较低时自然通风可以在不消耗不可再生能源的情况下降低室内温度,带走潮湿气体,达到人体热舒适,省去了风机能耗。这有利于减少能耗,降低污染,符合可持续发展的思想。二是可以提供新鲜、清洁的自然空气,有利于人的生理和心理健康。

自然通风最基本的动力是风压和热压。人们常说的“穿堂风”就是利用风压在建筑内部产生空气流动。当风吹向建筑物正面时,因受到建筑物的阻挡而在迎风面上产生正压区,气流再绕过建筑物各侧面及背面，在这些面上产生负压区，自然通风的动力就是建筑迎风面和背风面的压力差。而这个压力差与建筑形式、建筑与风的夹角及周围建筑布局等因素有关。

如果利用风压来实现建筑自然通风，首先要求建筑有较理想的外部风环境（平均风速一般不小于 3~4 m/s）。其次，建筑应面向夏季夜间风向，房间进深较浅（一般以小于 14 m 为宜），以便于形成穿堂风。此外，由于自然风变化幅度较大，在不同季节，不同风速、风向的情况下，建筑应采取相应措施（如适宜的构造形式，可开合的气窗、百叶窗等）来调节室内气流状况。例如冬季采暖时在满足基本换气次数的前提下，应尽量降低通风量，以减小冷热损失。

建筑间距减小，风压下降很快。当建筑间距为 3 倍建筑高度时，后排建筑的风压开始下降；间距为 2 倍建筑高度时，后排建筑风压显著下降；间距为 1 倍建筑高度时，后排建筑的风压接近零。

自然通风的另一种机理是利用建筑内部的热压，即平常所说的"烟囱效应"。热空气上升，从建筑上部风口排出，室外新鲜的冷空气从建筑底部吸入。室内外空气温度差越大，进排风口高度差越大，则热压作用越强（详见第 3 章绿色建筑单体设计策略）。

由于自然风的不稳定性，或由于周围高大建筑植被的影响，在许多情况下建筑周围形不能形成足够的风压，这时就需要利用热压原理来加强自然通风。

（2）与建筑通风相关的措施

①蓄热

使用蓄热材料作为建筑围护结构，可以延缓日照等因素对室内温度的影响，使室温更稳定、更均匀。但蓄热材料也有其不利的一面：夏季，白天吸收大量的热，使得室温不至于过高，但夜间室外温度降低时，蓄热材料会逐渐释放热量，使夜间室温过高。此外，由于蓄热材料在夜间得不到充分的降温，使得第二天的蓄热能力显著下降。因此在夏季夜间利用室外温度较低的冷空气对蓄热材料进行充分的通风降温，是改善夜间室内温度发挥蓄热材料潜力的有效手段。

②双层（或三层）围护结构

双层（或三层）围护结构是当今生态建筑中普遍采用的一项先进技术，被誉为"可呼吸的皮肤"。它主要利用双层（或三层）玻璃作为围护结构，玻璃之间留有一定宽度的通风道并配有可调节的百叶。在冬季，双层玻璃之间形成一个阳光温室，增加了建筑内表面的温度，有利于节约采暖能耗。在夏季，利用烟囱效应对通风道进行通风，使玻璃之间的热空气不断被排走，达到降温的目的。对于高层建筑来说，直接开窗通风容易造成紊流，不易控制，而双层围护结构则能够很好地解决这一问题。

③建筑通风与太阳能利用

被动式太阳能技术与建筑通风是密不可分的。其原理类似于机械辅助式自然通风。在冬季，利用机械装置将位于屋顶太阳能集热器中的热空气吸到房间的地板处，并通过地板上的气孔进入室内，实现太阳能采暖的目的。此后，利用热压原理实现气体在房间内的循环。而在夏季的夜晚，则利用天空辐射使太阳能集热器迅速冷却，并将集热器中的冷空气吸入室内，达到夜间通风降温的目的。

1.4.2　我国建筑能耗的构成及其分类

建筑能耗是通过建筑设备的耗能来体现的。一般来说,建筑设备包括为保证室内空气品质、热、光等系统(如采暖、空调、通风、照明等系统)的设备和建筑的公用设施(如供电、通信、消防、给排水、电梯等系统)的设备,对住宅和某些公共建筑,还有炊事烹调、供应生活热水及洗衣等设备。由于居住建筑和公共建筑、各类公共建筑之间的功能和所处气候区的不同,因此为实现其功能各系统所消耗的能量及其在总能耗中所占的比例是不一样的。但通常情况下,在我国各类建筑物中,所占能耗比例最大的是采暖、空调、通风、照明系统,有时还要加上热水供应系统。

据相关资料统计,在住宅建筑能耗方面,我国北方城镇采暖能耗占全国建筑总能耗的36%,为建筑能源消耗的最大组成部分,单位面积采暖平均能耗折合标准煤为20 kg/(m^2·年),为北欧同等纬度条件下建筑采暖能耗的2~4倍。在我国北方采暖区住宅生活用能中,各部分大体的能耗比例见表1.22。

表1.22　北方采暖区住宅建筑能耗的大体比例

能耗构成	采暖空调	热水供应	电气照明	炊事烹调
各部分所占比例	65%	15%	14%	6%

对于南方地区,采暖空调能耗略有下降,所占比例为40%~55%。我国城镇的住宅总面积约为100亿平方米,除采暖外的住宅能耗包括空调、照明、炊事、生活热水、家电等,折合用电量为10~30 kW·h/(m^2·年),用电量约占我国全年供电量的10%。随着人们生活水平的提高,目前仍呈上升态势,大城市的生活热水能耗也在逐年增加。

由表1.22可知,建筑能耗以采暖和空调能耗为主,影响建筑冷热能耗量的主要因素包括:

1)室内外温差和辐射

由建筑周围的气候条件和室内环境质量的要求决定。

2)建筑围护结构的面积

在采暖和空调条件下,建筑围护结构面积越大,冷热耗量越大。但在尽可能减少建筑围护结构面积的同时,应充分考虑建筑的自然采光和自然通风。

3)建筑围护结构的热工性能

该因素对于节能有至关重要的影响,在选择围护结构时应特别注意其热工性能的差异。

4)室内热源状况

室内热源包括人体、灯具、家电、厨房设备等。

公共建筑用电能耗方面,目前我国有5亿平方米左右的大型公共建筑,耗电量为70~300 kW·h/(m^2·年),是普通公共建筑的4~6倍,是住宅建筑的10~20倍。大型公共建筑是建筑能源消耗的高密度领域。在公共建筑(特别是大型商场、高档旅馆酒店、高档写字楼等)的全年能耗中,50%~60%的能耗用于采暖空调系统,20%~30%的能耗用于照明。而在采暖空调系统能耗中,有20%~50%是由外围护结构的冷热耗量所消耗(夏热冬暖地区约为20%,夏热冬冷地区约为35%,寒冷地区约为40%,严寒地区约为50%),其余30%~40%为处理新风的耗能。公共建筑的能耗情况比较复杂,其能耗一般较居住建筑高出很多,且不同公共建筑间能耗相差甚远,能源浪费现象较为严重,具有很大的节能潜力。

综合考虑建筑功能,城乡建筑形式、能源类型和生活方式的差别,北方地区城镇供暖运行的特点,中国建筑用能可以分为:城镇住宅用能(不含北方城镇供暖),公共建筑用能(不含北方城镇供暖),北方城镇供暖用能和农村住宅用能四大类。

1.3各类建筑能耗的详细定义及内容

不论是居住建筑还是公共建筑,采暖空调系统能耗和电气照明能耗在总能耗中所占比例均较大,因此,建筑节能设计目前主要是减少这两方面的能耗。

1.4.3 建筑节能的时代意义及基本途径

1)建筑节能的时代意义

建筑节能是对资源、经济与环境做出的适应性调整,建筑节能的开展对改善大气环境,提高建筑室内舒适度,促进经济发展,提高经济效益具有重要的意义。

表1.23 中国2014年建筑能耗形式

用能类型	宏观参数（面积/户数）	电（亿千瓦时）	总商品能耗（亿 tce）	能耗强度
北方城镇供暖	126 亿平方米	97	1.84	14.6 kgce/m^2
城镇住宅（不含北方地区供暖）	2.63 亿户	4 080	1.92	729 kgce/户
公共建筑（不含北方地区供暖）	107 亿平方米	5 889	2.35	22.0 kgce/m^2
农村住宅	1.60 亿户	1 927	2.08	1 303 kgce/户
总计	13.7 亿户 560 亿平方米	11 993	8.19	598 kgce/人

资料来源:中国建筑节能年度发展报告2016。

表1.24 2013年世界主要国家的能耗量(万吨标准油)

国家	石油	天然气	煤炭	核能	水能	可再生能源	总量
中国	507.4	145.5	1 925.3	25	206.3	42.9	2 852.4
美国	831.0	671	455.7	187.9	61.5	58.6	2 265.8
俄罗斯	153.1	372.1	93.5	39.1	41	0.1	699
印度	175.2	46.3	324.3	7.5	29.8	11.7	595
日本	208.9	105.2	128.6	3.3	18.6	9.4	474

续表

国家	石油	天然气	煤炭	核能	水能	可再生能源	总量
加拿大	103.5	93.1	20.3	23.1	88.6	4.3	332.9
德国	112.1	75.3	81.3	22	4.6	29.7	325
巴西	132.7	33.9	13.7	3.3	87.2	13.2	284
韩国	108.4	47.3	81.9	31.4	1.3	1	271.3
法国	80.3	38.6	12.2	95.9	15.5	5.9	248.4
伊朗	92.9	146	0.7	0.9	3.4	0.1	243.9
沙特阿拉伯	135.0	92.7	—	—	—	—	227.7
英国	69.8	65.8	36.5	16	1.1	10.9	200
世界总量	4 185.1	3 020.4	3 826.7	563.2	855.8	279.3	12 730.4

开展建筑节能是改善空间环境的重要途径。从表 1.23 和表 1.24 可以看出,我国每年的采暖耗能量巨大,并以煤炭为主。但是,在煤炭燃烧过程中,会释放出大量的有害气体。每燃烧 1 t 煤,温室气体和酸雨气体的释放量为 24 kg 和 19.8 kg,此外还会产生 CO、NO 和粉尘。通过建筑节能设计,室内的热湿舒适度水平会得到大幅度提升。良好的室内环境,有助于人体保持各项生理、心理与身体机能的平衡,从而会使居住者产生舒适感。在我国大部分地区的建筑内,普遍存在着冬季寒冷或者夏季湿热的现象,但是通过实施有效的建筑节能策略,可以改善室内环境,做到建筑冬暖夏凉,并获得良好的室内空气质量。

研究表明,北方采暖居住建筑,如果能够符合建筑节能标准的要求,屋顶保温能力能够达到普通建筑的 1.5~1.6 倍;外墙保温能力达到 2~3 倍。最为重要的是,在保持室内温度舒适的前提下,符合节能标准的建筑冬季采暖用能可以降低到普通建筑的一半。此外,建筑围护结构能够保持温度恒定,也能够避免建筑表面结露或者霉变等现象,从而能够改善居民的居住环境。夏季建筑室外的温度普遍较高,而使用机械设备降低室内温度,如果建筑围护结构的保温性能良好,便能够有效地阻断热量和冷量的传递,提高室内舒适度,降低建筑能耗。

建筑节能能够促进能源结构转型,促进国家经济增长。虽然我国能源资源比较丰富,但是我国人口众多,人均能源产量位于世界下游水平。能源,作为国家经济发展的基础,如果在未来几十年内枯竭,那么我国的国民经济发展将会停滞,国民生活质量与水平将会降低。可再生能源作为建筑节能设计的一个重要方面,如果其他能源能够得以利用,将会促进我国能源结构与产业结构的调整。我国具有丰富的煤炭、太阳能、风能和水能资源,但是居民耗能主要以煤炭为主,采暖用煤占到全社会用煤量的 75%。由表 1.23 可以看出,其他能源,如水能、核能以及其他类型的可再生能源的消费量却很低,仅占到 10%左右,这与发达国家的能源消费模式还有很大的差距。例如,在建筑采暖中,法国和荷兰以天然气为主,使用量均在 50%左右,而这两个国家的煤炭使用量均不足 10%。

《中国建筑能耗研究报告(2020)》显示,2018 年我国建筑全过程能耗总量为 21.47 亿 tce,占全国能源消费总量的比重为 46.5%。巨大的建筑能耗量增大了国家能源生产的压力,遏制了其他产业(如工业和交通运输业)的能耗。目前,我国建筑能耗浪费较为严重,因此开展节能工作是保证国家可持续发展的重要工作。此外,建筑节能也能够提高国民的经济效益。虽然建筑节能材料设计的价格偏高,导致很少人问津绿色建筑,但是需要指出的是建筑节能具有"投入少、产出多"的特点。研究成果显示,如果采用合理的建筑节能技术,建造成本会提高4%~7%,但是可以达到30%的节能指标。而建筑节能的回收期为3~10年。在建筑的全生命周期内,其经济效益非常突出。

2)建筑节能的基本途径

(1)降低采暖建筑能耗的途径

当采暖建筑的总得热量和总失热量达到平衡时,室温才得以保持。为此需要对前述引起采暖建筑失热量的因素采取应对措施,以降低采暖供热系统的耗能量,可供采取的节能途径主要有以下几点:

①充分利用太阳辐射得热。

建筑中通过窗玻璃的太阳辐射得热量与投射在玻璃表面的太阳辐射照度、室内外的温差、窗的传热系数以及太阳光线透过玻璃本体时的路径长度、玻璃的消光系数等因素有关,其中后两种因素主要取决于阳光对玻璃的入射角(与朝向、季节有关)、不同玻璃种类的光学特性(主要是消光系数和折射率)及玻璃的总厚度等因素。为充分利用太阳辐射得热,在节能建筑设计上必须从建筑的总体规划、建筑单体设计入手,处理好建筑的朝向、间距、体型,以保证建筑物在冬季获得的太阳辐射热最多、在夏季得到的太阳辐射热最少(如在北半球采用使建筑朝向处于南北向或接近南北向及合理设置遮阳、合理的体型设计等措施)。在朝向选择上还应注意避开冬季主导风向并利用夏季自然通风。在设计中还应对主要得热构件(如窗户、集热墙)的位置、尺寸、表面颜色及构造等结合地区冬夏气候特点统筹考虑,同时还要提高墙、地面的蓄热性能及夜间窗户的保温性能,以使节能建筑昼夜得热。

②选择合理的体形系数与平面形式。

体形系数的大小对建筑能耗的影响非常显著。体形系数越小,单位建筑面积对应的外表面积越小,外围护结构的传热损失(或夏季得热)也越小,因此从降低采暖空调能耗的角度出发,希望将体形系数控制在一个较低的水平上(详见第3章建筑单体设计策略)。但是,体形系数的选择还要受其他多种因素的制约,如当地气候条件,冬季、夏季的太阳辐射照度,建筑造型,平面布局,建筑朝向,采光通风,外围护结构的构造形式和局部的风环境状态等。体形系数限制过小,将严重制约建筑师的创造性,造成建筑造型呆板,平面布局困难,甚至有损建筑功能。因此在确定体形系数的限值时必须通盘考虑,既要权衡冬季得热、失热与夏季昼间减少得热、夜间增大散热的矛盾,以及采暖节能与照明耗能的矛盾,又要处理好与建筑功能和建筑造型设计的矛盾,优化组合,综合考虑以上各种影响因素才能最终确定建筑的体形系数。

③提高围护结构的保温性能。

提高围护结构的保温性能主要应控制围护结构包括屋顶、外墙(包括非透明幕墙、透明幕墙、天窗)、外门,底面接触室外空气的架空或外挑楼板,分隔采暖与非采暖空间的隔墙、楼板,地面(含周边地面和非周边地面)等部位的传热系数在标准规定的限值以内,还应使窗按朝向符合相关节能标准要求的窗墙面积比限值。对围护结构特殊部位也应加强保温,以防室内热量直接从这些部位散失,并防止表面冷凝。

④提高门窗的气密性,减少冷风渗透。

冷风渗透主要指冷空气通过围护结构的缝隙,如门、窗缝等处向室内无组织渗透。门窗缝隙的空气渗透耗热量和门窗扇与门窗框之间、门窗框与墙之间以及玻璃与窗框之间接缝的长短与宽窄有直接关系,特别是和门窗开启缝的长短及闭合时的密封程度有关,因此应采取措施提高外门窗的气密性,使之达到标准规定的限值要求。在严寒和寒冷地区的冬季,居住建筑和公共建筑的外门由于使用需要,需频繁开启,这将会导致室外冷空气大量涌入室内,因此应设置门斗或采取其他减少冷风渗透的措施;夏热冬冷地区的外门也应综合考虑采取保温隔热节能措施。另外,在注意加强门窗气密性的同时也应采取措施来保证室内卫生所需的换气次数。

⑤使房间具有与使用性质相适应的热特性。

房间的热特性应适合其使用性质。对全天使用的房间应具有较大的热稳定性,如住宅、医院病房、旅馆等,其房间围护结构的内表面材料应选用蓄热系数较大的材料。而对于只有白天(或白天和傍晚)使用的建筑物(如办公楼、商场等),或只有一段时间使用的房间(如影剧院观众厅、体育馆比赛大厅等),其内表面材料应选用蓄热系数较小的材料,以使围护结构具有较好的热响应速率。当采暖设备启动后,在供热量一定的情况下,可在较短时间内达到室温设定值,而不是消耗过多的热量来加热围护结构的内侧材料。

⑥改善采暖系统的设计和运行管理可以有以下措施:因地制宜地选用适合本地区的、能效比高的采暖系统和合理的运行制式;加强供热管路的保温,加强热网供热的调控能力;合理利用可再生能源(如利用太阳能集热供暖、供热水;结合地区气候特点,冬夏合理利用地源热泵技术进行空调采暖)。

⑦对采暖排风系统能量进行回收(如采用各种类型的热能回收装置)。

(2)降低空调建筑能耗的途径

减少空调建筑耗冷量的方式按照机理主要可分为以下两类:其一是减少得热,例如通过对夏季室外“热岛”效应的有效控制,改善建筑物周边的微气候环境;或对太阳辐射(直接或间接)得热采取控制措施。其二是可通过蓄能技术调节得热模式,如可结合地区气候特点采用热惰性指标 D 值较大的重型(或外保温)围护结构,白天蓄热(或减少得热),延迟围护结构内表面最高温度出现的时间至深夜间,并削减其谐波波幅值,此时,室外空气温度已降低,可直接通过自然通风或强制通风等手段将室内热量排至室外并蓄存室外冷量,从而达到降低建筑耗冷量的目的,这其中还可包括采取间歇自然通风、通风墙(屋顶)、蒸发冷却、辐射制冷等手段。可供采取的节能途径主要有以下几种:

①减弱室外热作用。首先应合理地选择建筑物的朝向、间距、体形及进行建筑群的布局,减少日晒面积。其次应将建筑物的朝向选择为当地的最佳朝向或接近最佳朝向,力求避免使建筑物主要房间、透明材料围蔽的空间(如中庭、玻璃幕墙)受到水平、东及西向的日晒。最后,绿化周围环境(含地面、屋顶水平绿化及墙面垂直绿化等),适当布置水景,以改善室外微气候环境并减弱长波辐射。

②对围护结构外表面应采用浅色装饰以减少对太阳辐射热的吸收系数(但应注意,不要引起反射眩光),以降低室外的综合温度。

③对外围护结构要进行隔热和散热处理,特别是对屋顶和外墙要进行隔热和散热处理,使之达到节能标准规定的限值要求。应尽量使围护结构具有白天隔热好、夜间散热快的特点,以配合夜间(特别是深夜间)自然通风状况下的使用。通风屋面和通风墙是被广泛采用并

被实践证明是行之有效的隔热方式，应结合地区气候特点灵活采用。

④合理组织房间的自然通风。对于高于室外空气温湿度的室内热、湿源，自然通风是排除其余热、余湿，改善室内热环境的有效措施之一。另外，应紧闭门窗，使用空调（设置可控流量的通风器）来通风换气，待夜间（或深夜间）室外气温降低后打开门窗，间歇通风的方式有利于降低室温和节能。合理组织自然通风包括：使房间进风口尽量接近当地夏季主导风向，建筑群的总体规划、建筑的单体设计方案和门窗的设置应有利于自然通风；同时还应设计好通风口、墙及屋面等的构造，并利用园林、绿化、水面及地理环境组织自然通风。

⑤选择合适的窗墙面积比，设置窗口（屋顶和西、东墙面）遮阳。按地区气候特点及窗口朝向选择符合相关节能标准要求的窗墙面积比，并决定是否需设置不同形式的窗口遮阳或选用合适的热反射、Low-E（低辐射率）玻璃、Sun-E（太阳能控制）低辐射玻璃及反射阳光镀膜，以遮挡直射阳光进入室内，减少室内墙面、地面、家具和人体对太阳辐射热的吸收。宜根据地区气候特点决定选用活动式或固定式外遮阳系统。在屋顶或西（东）墙的外侧设置遮阳设施，可以降低其室外综合温度。在建筑设计中宜结合外廊、阳台、挑檐等构件的设计来达到遮阳的目的。当然屋顶、墙面、阳台及露台等部位的绿化也可起到遮阳并改善室外微气候的作用，同时应采用适应地区气候特点的节能型的透明幕墙和非透明幕墙构造。

⑥夏热冬冷和夏热冬暖地区的外门，也应采取保温隔热节能措施（如设置双层门、低辐射中空玻璃门、门内侧或外侧设置活动门帘及设置风幕等）。

⑦在夏热冬冷及夏热冬暖地区，当空调系统间歇运行时，或者是利用夜间自然通风降温并蓄存室外冷量时，应作具体的技术、经济分析，并与冬季统筹考虑，以使房间和围护结构具有与使用性质相适应的热工特性。

⑧合理利用自然能源和可再生能源：如可选择利用建筑外表面的长波辐射，被动式蒸发冷却、太阳能空调、地源（空气源）热泵空调、被动式太阳能降温等技术措施。

⑨尽量减少室内余热。如在公共和居住建筑中，室内余热主要是建筑设备、室内照明及家用电器的散热，应选用节能型设备、照明灯具和家用电器，不但消耗的电能少，向室内的散热量也较少。在白天，应尽量利用侧窗、天窗及中庭进行天然采光（应采取遮阳和隔热措施），减少人工照明的时间，这不但节约了照明用电，也直接降低了空调负荷，可谓一举两得。

⑩选用能效比高的空调制冷系统，并使其高效运行。

1.4.4 建筑物耗热量的计算

1）计算单位建筑面积通过围护结构的传热耗热量$q_{\mathrm{H.T}}$

$$q_{\mathrm{H.T}}=\frac{(t_{\mathrm{i}}-t_{\mathrm{e}})\left(\sum_{i=1}^{m}\varepsilon_i\cdot K_i\cdot F_i\right)}{A_0} \tag{1.89}$$

式中 t_{i}——全部房间平均室内计算温度，一般住宅建筑，取16 ℃；

t_{e}——采暖期室外平均温度，℃，按表1.8采用；

ε_i——围护结构传热系数的修正系数，按表1.9采用；

K_i——围护结构的传热系数，W/（$\mathrm{m}^2\cdot$K）；

F_i——围护结构的面积，m^2，具体计算见《民用建筑节能设计标准（采暖居住建筑部分）》JGJ 26—95附录D的规定；

A_0——建筑面积，按各层外墙外包线围成面积的总和计算，m^2。

在不同地区、不同朝向的围护结构，因受太阳辐射和天空辐射的影响，使得其在两侧空气温度同样为 1 K 的情况下，在单位时间内通过单位面积围护结构的传热量有改变，故需要修正围护结构的传热系数。围护结构传热系数的修正系数是围护结构的有效传热系数与围护结构传热系数的比值，窗户、外墙和屋顶的修正系数值参见表 1.9。

对于不采暖楼梯间的隔墙和户门、不采暖阳台的隔墙与门窗、不采暖空间的上部楼板、伸缩缝墙、沉降缝和抗震缝墙等的ε_i值，应以温差修正系数 n 代替，见表 1.10。

2）计算单位建筑面积的空气渗透耗热量q_{INF}

$$q_{INF}=\frac{(t_i-t_e)(C_p\cdot\rho\cdot N\cdot V)}{A_0} \tag{1.90}$$

式中 C_p——空气比热容，取 0.28 W·h/(kg·K)；

ρ——空气密度，取t_e条件下的值，kg/m^3：

$$\rho=\frac{1.293\times 273}{t_e+273}=\frac{353}{t_e+273} \tag{1.91}$$

N——换气次数，住宅建筑取 0.5(1/h)；

V——换气体积，m^3，应按《民用建筑节能设计标准(采暖居住建筑部分)》(JGJ 26—95)附录 D 的规定计算。

3）建筑物耗热量指标计算

根据采暖居住建筑物耗热量特点，由式(1.90)和式(1.91)计算可得建筑物耗热量指标计算式：

$$q_H=q_{H\cdot T}+q_{INF}-q_{I\cdot H} \tag{1.92}$$

式中 q_H——建筑物耗热量指标，W/m^2；

$q_{H\cdot T}$——单位建筑面积通过围护结构的传热耗热量，W/m^2；

q_{INF}——单位建筑面积的空气渗透耗热量，W/m^2；

$q_{I\cdot H}$——单位建筑面积的建筑物内部得热(包括炊事、照明、家电和人体散热)，住宅建筑，取 3.80(W/m^2)。

当建筑物耗热量指标值小于《民用建筑节能设计标准(采暖居住建筑部分)》(JGJ 26—95)所规定的值时，判断建筑符合建筑围护结构热工性能的要求。

习　题

1.围护结构的保温性能不包括(　　)。

A.导热　　B.对流　　C.辐射　　D.吸热

2.在稳定条件下，当材料厚度为 1 m 两侧表面温差为 1 ℃时，在 1 h 内通过 1 m^2面积所传导的热量，称为(　　)。

A.热流密度　　B.热流强度　　C.传热量　　D.导热系数

3.冬季室内外墙面结露的原因是(　　)。

A.室内温度低　　B.室内相对湿度大

C.外墙的热阻小　　D.墙体内表面温度低于露点温度

4.在我国的风向分区中,(　　)的风向比较稳定,冬偏北,夏偏南,冬、夏季盛行风向的频率一般都在20%~40%,冬季盛行风向的频率稍大于夏季。

A.季风区　　B.主导风向区　　C.无主导风向区　　D.准静风区

5.在影响建筑冷热能耗量的主要因素中,(　　)由建筑周围的气候条件和室内环境质量要求决定。

A.建筑围护结构面积　　B.室内外温差和辐射

C.建筑围护结构热工性能　　D.室内热源状况

6.实现建筑节能的时代意义与方式有哪些?请结合案例,分析节能方法在具体案例中的应用。

7.建筑围护结构的传热过程包括哪几个基本过程?有哪几种传热方式?分别简述其要点。

8.遮阳方式有哪几种?其各自适宜的朝向是什么?

9.简述影响人体热舒适的因素。

10.构成室内热环境的四项基本要素是什么?简述在冬(夏)季,各个要素在居室内是如何影响人体热舒适感的。

11.建筑自然通风设计包括哪些?它们的特点分别是什么?

12.请结合实际案例,谈谈高层建筑防风措施的具体应用。

13.建筑节能的时代意义是什么?建筑节能包含哪些途径?

14.请结合目前建筑节能在建筑行业的发展现状,谈谈你的看法。

绿色建筑微观外环境——场地设计

绿色建筑的规划布局设计与节地技术应用,需要密切结合地域气候条件和建筑场地环境,包括声环境、光环境、热环境、空气环境、生物环境(动、植物等)、人工环境等。具体对策体现在建筑选址与场地安全、原生态保护与生态恢复、污染处理、总体规划布局、交通组织、绿化配置等方面。

建筑场地设计得当与否,会直接影响建筑节能的效果,同时对使用者的舒适感及建筑的性能也有着重要影响。可以通过合理的场地设计,结合构筑物、绿化等元素的配置来改善其微气候环境,充分发挥有益于提高节能效益的基地条件。在进行场地设计之前,通常需要收集相关基础资料,并对基地的现有特征和限制条件进行评估和分析。一般建筑场地设计要综合考虑多方因素,其中与节能相关的包括地形、植被、太阳辐射、风和现有建筑等,这些因素共同创造了微气候。如果建筑师在场地设计中充分考虑了场地的自然条件及微气候,空间就可能会更加舒适、高效并且充满趣味。

2.1 气　候

气候是指某一地区经年相对稳定的天气和大气活动的综合状况,是某个时段(月份、季节或全年)天气的平均统计特征,受太阳辐射、大气环流、地面特征等相互作用的影响。

区域气候主要受大气候的影响,但也受地形、地貌、地表覆盖、土壤特性等因素的影响,处于同一区域的部分地区会表现出与区域气候不同的气候特征。为了研究气候对人的活动的影响,气候学家提出了"微气候"的概念。所谓微气候,即"由细小下垫面构造特性决定的、发生在地表(一般指土壤表面)1.5~2 m 范围的气候特点和气候变化"。城市气候、建筑环境微气候直接影响着人类活动区域的热环境,因此是建筑节能设计中需要重点考虑的方面。

2.1.1 气候分类

受太阳辐射、地球大气运动的作用,以及全球地理特征差异的影响,形成了多种多样的气候类型,将不同地域的气候特征加以归纳的方法称为气候分类。

下面主要介绍两种气候分类方式:柯本气候分类和斯欧克莱建筑气候分区。

1)柯本气候分类

柯本气候分类考虑了气温、降水这两个气候要素,参照自然植被的分布,将地球气候划分为6个气候区,见表2.1。

表2.1 柯本气候分类表

气候区	气候特征	气候类型	气候指标
A赤道潮湿性气候区	全年炎热,最冷月平均气温≥18℃	热带雨林气候(Af)	全年多雨,最干月降水量≥60 mm
		热带季风气候(Am)	雨季特别多雨, 最干月降水量<60 mm
		热带草原气候(Aw)	有干湿季之分, 最干月降水量<60 mm
B干燥性气候区	全年降水稀少。根据降水的季节分配,分为冬雨区、夏雨区、年雨区	沙漠气候(Bwh,Bwk)	干旱,全年降水量<250 mm
		稀树草原气候(Bsh,Bsk)	半干旱,250 mm<全年降水量<750 mm
C湿润性温和型气候区	最热月平均气温>10 ℃,0℃<最冷月平均气温<18 ℃	地中海气候(Csa,Csb)	夏季干旱,最干月降水量<40 mm
		亚热带湿润性气候(Cfa,Cwa)	
		海洋性西海岸气候(Cfb,Cfc)	
D湿润性冷温型气候区	最热月平均气温>10 ℃,最冷月平均气温<0 ℃	湿润性大陆性气候(Dfa,Dfb,Dwa,Dwb)	
		针叶林气候(Dfc,Dfd,Dwc,Dwd)	
E极地气候区	全年寒冷,最热月平均气温<10 ℃	苔原气候(Et)	0℃<最热月平均气温<10 ℃, 生长有苔藓、地衣类植物
		冰原气候(Ef)	最热月平均气温<0 ℃, 终年覆盖冰雪
F山地气候区		山地气候(H)	海拔在2 500 m以上

2)斯欧克莱建筑气候分区

英国的斯欧克莱(Szokolay)在《建筑环境科学手册》中,根据空气温度、湿度、太阳辐射等因素,将全球气候划分为4种类型,见表2.2。

表2.2 斯欧克莱建筑气候分区表

气候类型	气候特征及气候因素	建筑适应性表现
湿热气候区	温度高(15~35 ℃),年均气温在18 ℃左右或更高,年较差小,年降水量≥750 mm,潮湿闷热,相对湿度>80%,太阳辐射强烈,有眩光	遮阳;自然通风降温;低蓄热围护结构
干热气候区	太阳辐射强烈,有眩光,温度高(20~40 ℃),年较差、日较差大;降水稀少,空气干燥,湿度低,多风沙	最大限度地相互遮阳;开较小的通风口;采用厚重的蓄热墙体增强热稳定性;利用水体调节微气候;内向性院落格局
温和气候区	有明显的季节性温度变化(冬季寒冷、夏季炎热);月平均气温波动范围大,最冷月低至-15 ℃,最热月可达25 ℃,气温年变幅可达30~37 ℃	夏季:遮阳,通风 冬季:日照,保温
寒冷气候区	大部分时间月平均气温低于15 ℃,日夜温差变化较大;风大,严寒,雪荷载大	减小建筑体形系数;最大限度地保温,尽量争取日照;紧凑式布置或围合以避风;采用坡屋面以减小雪荷载

2.1.2 城市气候与热岛效应

城市化的快速发展使得城市人口高度集中,越来越多的经济活动影响了城市下垫面的性质,改变了该地区原有的区域气候状况,形成了一种与城市周围不同的局部气候,称为城市气候。城市气候参数主要有日照时数、温度、湿度、风速等。城市气候效应包括:热岛效应、干岛和湿岛效应、热导环流效应、多云效应、多雾效应等。

城市热岛效应是城市气候的突出特征,且市内各区也不同,若绘制出等温线图,则与岛屿的等高线极为相似,这种气温分布的特殊现象被形象地称为"热岛效应"。城市热岛效应的强度与城市规模和城市人口有关,还受到天气状况和季节的影响。随着城市的发展和人口的增加,热岛强度在增加,气温也在逐渐升高(它随地理及风力条件而变化)。通常情况下,无云微风日热岛强度大,阴雨大风日热岛强度小,冬秋季大,夏季小。由于热岛效应提高了城市的局部气温,因此对寒冷地区(特别是在高纬度城市的冬季)来说,可以减少清除积雪的费用,减少建筑的采暖需求,缩短采暖期,有利于节约能源,但热岛效应会使夏季炎热地区温度更高,同时不利于城市污染物的扩散,使城市多雾、多云、多雨,总的来说对城市生活弊大于利。在城市规划中,要根据城市所在地的气候特征,因地制宜,尽量利用热岛的好处并控制其坏处,运用城市规划手段和自然条件创造良好的城市热环境。

2.1.3 建筑设计相关的气候要素

与建筑设计相关的气候要素主要有太阳辐射、空气温湿度、风、降水等。

1)太阳辐射

太阳辐射来自太阳的电磁波辐射，它对地球的气候现象起主导作用。太阳辐射的光谱波长范围为 0.28～3 μm，可以划分为 3 个波段，即紫外线、可见光和红外线。波长在 0.4～0.76 μm的波段为可见光；波长小于 0.4 μm 的波段为紫外线；波长大于 0.76 μm 的波段为红外线。其中，太阳辐射最大强度位于可见光范围，但一半以上的能量由红外辐射发射出来。

根据波长，辐射分为短波辐射和长波辐射。短波辐射直接源于太阳辐射，长波辐射间接来源于太阳辐射，主要来源于地面辐射和大气辐射，其中能量最大的波段约为 10 μm。

太阳辐射是提高冬季室内温度的天然资源，也是造成夏季室内过热的主要原因。太阳辐射照射建筑的实体墙面和屋面时，部分能量被吸收，部分能量被反射；太阳辐射照射建筑的透明墙体和外窗时，部分能量被吸收，部分能量被反射，还有部分能量透过围护结构进入室内。

太阳辐射具有一定的方向性，同一地区不同朝向的建筑表面接收的太阳辐射照度随季节变化表现出一定的规律性。以北纬 40°为例，平屋顶（水平面）夏季接收的太阳辐射照度最大（得热最多），远超过垂直面的太阳辐射照度。南向的垂直墙面冬季得热最多，而夏季得热小于东、西向垂直墙面。太阳辐射的方向性是确定建筑朝向及进行遮阳设计时所需要考虑的关键因素。

2)空气温度与空气湿度

(1)空气温度

空气温度表征空气的冷暖程度，是指距地面 1.5 m 高、背阴处空气的温度。空气温度受太阳辐射、风、云量、地形、地貌、植被覆盖等因素的影响，而空气与地表的热交换是影响空气温度的决定性因素。

空气温度在时空维度的变化上具有一定的规律性。在时间维度上，空气温度表现为年变化与日变化，采用空气温度年较差和日较差来表示。其中，空气温度的年变化决定了建筑室内热环境的调控需求和建筑节能的设计对策，而空气温度的日变化则决定了建筑围护结构蓄热性能的要求。在空间维度上，水平方向上不同气候带、气候区的空气温度存在显著差异，气温一般随着纬度的升高而降低。在垂直高度上，最高空气温度通常位于地表与空气的交接面处，气温随着高度增加而降低，但在某些特殊情况下也存在逆温现象。

(2)空气湿度

空气湿度是指空气中水蒸气的含量，其受地区空气温度、海拔高度、季节变化、地表水体分布等因素的影响。在表达和计量上，空气湿度可以用绝对湿度、相对湿度、空气含湿量、水蒸气分压力等来表示。

受气温变化的影响，空气湿度也存在时空维度上的变化。在时间维度上，空气湿度具有年变化与日变化。年变化表现为：空气绝对湿度夏季高于冬季；绝对湿度年变化最大的区域通常是受季风影响的区域，季风从海洋带来湿润热空气，从内陆带来干燥冷空气，造成该区域的绝对湿度年变化较大。日变化表现为：在一天中，即使绝对湿度接近于定值，相对湿度也存在较大变化，中午气温最高时相对湿度最低，随气温降低，相对湿度提高，到夜间相对湿度有可能接近饱和状态。

在空间维度上，沙漠和寒冷地区空气湿度小，湿热地区空气湿度大；在垂直方向上空气湿度随海拔高度增加而降低;受热岛效应的影响,城市市区的气温高于郊区,其相对湿度低于郊区。

3)气压与风

地球周围大气层的重力作用在地球表面形成大气压力。大气压随海拔高度的变化而变化,气压压力差的作用驱动空气流动形成风。影响风的分布和特征的主要因素有:由太阳辐射不均造成的全球气压季节性分布、地球自转、海陆表面温度变化、地形地貌环境差异等。

4)凝结与降水

含有水蒸气的空气受冷降温,低于露点温度时,过剩的水蒸气将发生凝结。当空气与冷表面接触发生冷却时,在冷表面形成露。空气未与冷表面接触而是与冷空气混合发生冷却,温度低于露点温度时形成雾。峡谷和凹地的冷空气集中易形成雾气;在海岸地区,海风裹挟着潮湿的空气与陆地冷空气接触也常产生雾。当空气蒸发伴随着气流上升而扩散(绝热冷却)时,水分凝结成液态或固态水降落回大地时形成降水,包括雨、雪、冰雹等。

表征降水的参数有降水强度(降水量)和降水时间。降水强度的空间分布受纬度、大气环流、海陆分布、地形等因素的影响。全球各地平均降水量存在较大差异,但仍具有一定的纬度地带性特征,分为赤道多雨带、副热带少雨带、中纬多雨带和高纬少雨带。降水时间在不同气候区表现出一定的规律性。

降水影响空气湿度,并通过蒸发调节空气温度。城市中的降水可以调节微气候,缓解城市热岛效应。建筑及其环境的设计需要通过材料选择和构造做法排除降水,并加以有效地组织利用;建筑室内热湿环境调控需要考虑相对湿度,而该要素直接受降水量、蒸发量的影响。

2.1.4 我国的气候特征

我国气候具有3个主要特征:显著的季风特色,明显的大陆性气候和多样的气候类型。

1)季风气候

我国大多数地区的风向和干湿环境随季节演替发生规律性变化。风向变化表现为:冬季空气气流由内陆的冷高气压区流向东南沿海的热低气压区,盛行偏北风和西北风;夏季空气气流由沿海凉爽的低气压区流向大陆的高温低气压区,盛行东南风和西南风,干湿变化表现为冬干夏雨。

2)大陆性气候

由于大陆的热容量比海洋小,因此大陆随太阳辐射变化的升温和降温比海洋明显,温差相对较大,这种特性称为大陆性气候。我国大陆性气候特征显著,表现为冬冷夏热。在冬季,我国平均气温比世界上其他同纬度地区更低;在夏季,我国比世界上除沙漠以外的其他同纬度地区的平均气温更高。

3)气候类型多样化

我国地域辽阔,跨越多个气候带,从最北部的寒温带到最南部的赤道。有山地、丘陵、平原、盆地等多种地形,变化复杂。在气候类型上,既有海拔4 500 m以上青藏高原地区的终年冬季,也有南海诸岛的全年夏季,还有云南中部的四季如春,其他大部分地区则四季分明。

2.1.5 我国的建筑热工分区和建筑气候区划

1)建筑热工分区

建筑热工分区制定的目的在于,使建筑热工设计与地区气候相适应,在保证室内热舒适需求的前提下,实现建筑节能目标。我国制定的《民用建筑热工设计规范》(GB 50176—2016)以累年最冷月(1月)和最热月(7月)的平均温度作为分区“主要指标”,以累年日平均温度≤5 ℃和≥25 ℃的天数为“辅助指标”,将全国划分为5个区:严寒地区、寒冷地区、夏热冬冷地区、夏热冬暖地区、温和地区,5个区的气候指标和建筑设计要求见表2.3。

表2.3 建筑热工设计分区及设计要求

分区名称	分区指标		设计要求
	主要指标	辅助指标	
严寒地区	$t_{min \cdot m} \leqslant -10$ ℃	$145 \leqslant d_{\leqslant 5}$	必须充分满足冬季保温要求,一般可不考虑夏季防热
寒冷地区	-10 ℃ $< t_{min \cdot m} \leqslant 0$ ℃	$90 \leqslant d_{\leqslant 5} < 145$	应满足冬季保温要求,部分地区兼顾夏季防热
夏热冬冷地区	0 ℃ $< t_{min \cdot m} \leqslant 10$ ℃ 25 ℃ $< t_{max \cdot m} \leqslant 30$ ℃	$0 \leqslant d_{\leqslant 5} < 90$ $40 \leqslant d_{\geqslant 25} < 110$	必须满足夏季防热要求,适当兼顾冬季保温
夏热冬暖地区	10 ℃ $< t_{min \cdot m}$ 25 ℃ $< t_{max \cdot m} \leqslant 29$ ℃	$100 \leqslant d_{\geqslant 25} < 200$	必须充分满足夏季防热要求,一般可不考虑冬季保温
温和地区	0 ℃ $< t_{min \cdot m} \leqslant 13$ ℃ 18 ℃ $< t_{max \cdot m} \leqslant 25$ ℃	$0 \leqslant d_{\leqslant 5} < 90$	部分地区应考虑冬季保温,一般可不考虑夏季防热

2)建筑气候区划分

2.1我国建筑热工设计分区图
我国建筑气候区划示意图

我国制定的《建筑气候区划标准》(GB 50178—93)以累年1月和7月的平均气温、7月的平均相对湿度作为“主要指标”,以年降水量、年日平均温度≤5 ℃和≥25 ℃的日数为“辅助指标”,将全国划分为7个一级区:Ⅰ、Ⅱ、Ⅲ、Ⅳ、Ⅴ、Ⅵ、Ⅶ区。在一级区内,依据1月及7月的平均气温、冻土性质、最大风速、年降水量等指标划分为20个二级区。由于建筑热工分区与建筑气候区划所采用的主要指标是一致的,因此两者的区划也是互相兼容、基本一致的。

2.2 选 址

建筑所处位置的地形地貌将直接影响建筑室内外的热环境和采暖制冷能耗的大小。规划设计中不能单纯强调美观、人的舒适性和方便性的主观需求,更要注重建筑的形式、布局以及技术是否充分尊重基地的土地特征,使之对基地的影响降至最小。

2.2.1　建筑选址相关要求

建筑选址是实现绿色建筑的第一步。选址之前,需要全面调查和收集与建筑场地综合环境相关的自然及人文要素的信息数据,并进行整理和分析。

这些要素包括:

①建筑所在区域的气候条件:太阳辐射照度,冬季日照率,冬夏两季最冷月和最热月平均气温,空气湿度,冬夏季主导风向,建筑物室外微气候环境。

②建筑区位条件。

③交通条件,尤其是公共交通条件。

④城市文脉状况。

⑤场地地质和水文条件。

⑥场地地形、地貌、地物条件。

⑦场地安全条件。

⑧场地生态系统条件。

2.2.2　建筑选址的原则

①符合生态城市和生态社区(园区)规划提出的要求;符合控制性详细规划的规定;保证建设项目与城市交通、通信、能源、市政、防灾规划的衔接与协调。

②避免侵占野生动植物栖息地、自然水系、湿地、森林和其他保护区;避免侵占原生土壤、独特土壤和基本农田;避免侵占公共公园;尽力维护其完整性及原始性。

③避免破坏当地文物。

④充分利用周边环境中的城市公共交通系统,减少城市交通压力。

⑤应力求实现建筑用地和空间的高效集约利用,优先考虑不包含敏感场地因素和限制土地类型的地点;优先开发已开发的场地;合理选用废弃场地进行建设。将受污染区域、废弃地等低生态效应的地区作为首选项,以利于节约土地资源,场地上已有的旧建筑应尽量加以利用。

⑥应确保场地安全范围内无电磁辐射危害;无火灾、爆炸等灾害发生的可能性;确保安全范围内无海潮、滑坡、山洪、泥石流及其他地质灾害发生的可能性;确保场地土壤中的有毒污染物及放射性物质符合要求;保证场地内部无排放超标的废气、废水、噪声及废物等污染源;保证用户的身体健康。

2.2.3　场地的控制措施

对于已确定的场地,应遵循一个重要的原则——尽可能尊重和保留有价值的生态要素,维持其完整性,使居住区像共生的生物那样,实现人工环境与自然环境的过渡和融合。在实施过程中,要努力做到以下几点:

1)尊重地形、地貌

在场地生态环境的规划设计和建造中,获得平坦方整地块的机会并不多见,常会遇到需要对复杂地形、地貌进行处理的情况。但对场地建设来说,地形的起伏不仅不会带来难以解决的问题,充分利用地形还可以节省土方工程量,保护土壤,避免植被遭到破坏,减少因为大面积土方开挖带来的资源和能源的消耗，大大降低建筑的建造能耗。而且经过精心处理的起伏地形反而更有利于创造优美的景观(图 2.1)。

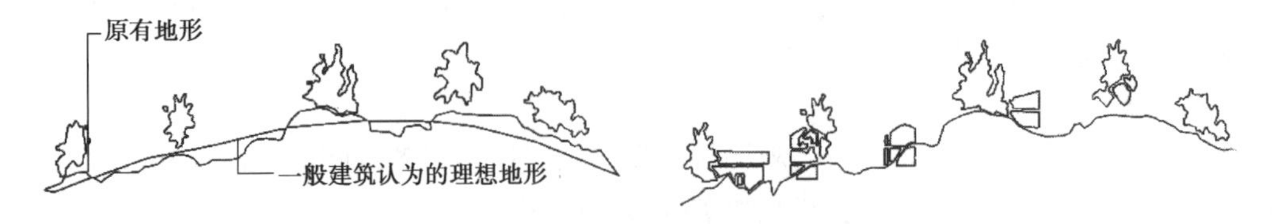

图 2.1　复杂的地形与景观的营造

2)保留现状植被

长久以来，在城市或住区建设中，绿化植物都被当作点缀物，甚至出现了先砍树、后建房、再配置绿化这种事倍功半的做法。原生或次生地方植被破坏后很难恢复，需要消耗更多资源和人工维护，因此，某种程度上，保护原有植被比新植绿化更有意义。在场地建设中，应尽量保留原有植被，古树、名木是基地生态系统的重要组成部分，应尽可能将它们组织到场地生态环境的建设中去(图 2.2)。西藏·然乌湖国际自驾与房车营地的设计为我们做出了很好的范例，整个建筑凌驾于地面植被之上，通过钢梁将荷载传递给地面的基础(图 2.3)，原生土壤和植被被最大限度地保护起来，即使将来建筑被拆除，所留下的痕迹也微乎其微。

图 2.2　利用原有条件创造景观

图 2.3　西藏·然乌湖国际自驾与房车营地

3)结合水文特征

溪流、河道、湖泊等环境因素都具有良好的生态意义和景观价值。场地环境设计应很好地结合水文特征，尽量减少对原有自然排水的扰动，努力达到节约用水、控制径流、补充地下水、促进水循环并创造良好小气候环境的目的。结合水文特征的基地设计可从多方面采取措施：一是保护场地内湿地和水体，尽量维护其蓄水能力，改变遇水即填的粗暴式设计方法；二是采取措施留住雨水，进行直接渗透和储留渗透设计；三是尽可能保护场地中的可渗透性土壤。

4)保护土壤资源

在进行基地处理时，要发挥表层土壤资源的作用。表土是经过漫长的地球生物化学过程形成的适于生命生存的表层土，是植物生长所需养分的载体和微生物的生存区域。在自然状态下，经历 100~400 年的植被覆盖才得以形成 1 cm 厚的表土层，足以见其珍贵程度。居住区环境建设中挖填方、整平、铺装、建筑和径流侵蚀都会破坏或改变这些宝贵而难以再生的表土，因此，应将填挖区和建筑铺装的表土剥离、储存，在场地环境建成后，再清除建筑垃圾，回填优质表层土,以利于地段绿化。

综上所述,适宜的基地处理是形成建筑生态环境的良好起点,必须认真调查,仔细分析,避免盲目地大挖大建和一切推倒重建的方式。同时应注意的是,基地分析不应把场地解剖成多个组成部分,而应从生态学的角度将其视作一个整体来考虑。

2.2.4 坡地的选址

对于大多数建筑类型而言,如果还有选择地理位置的余地,那么南向山坡仍然是最佳的选择。由于太阳在冬天对南向山坡的照射最为直接,所以这里单位面积所接受到的太阳能量也最多(图 2.4),同时物体投射到地面的阴影最短。因此,这里受到阴影的遮蔽也最少(图 2.5),这两个原因使得南向山坡成为冬天最暖和的地方。

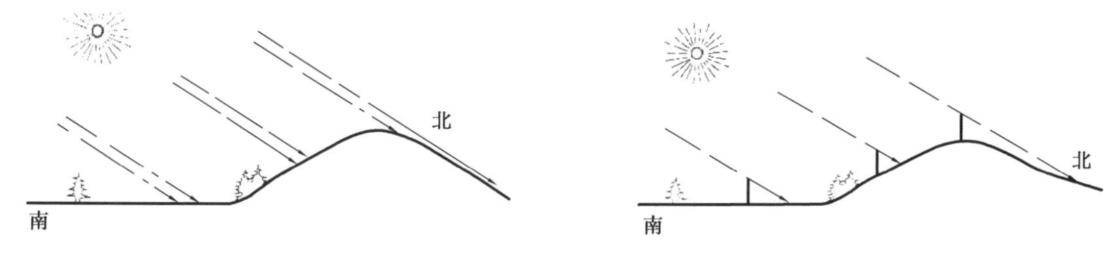

图 2.4 冬季南坡日照情况　　图 2.5 冬季南坡遮蔽情况

图 2.6 展示了山体各朝向在小气候方面的差异。南向山坡冬季时获得的日照最多,因此最暖和,而夏季最热的地方则是西向山坡,北向山坡背对太阳,因而也最为寒冷。由于冷空气下沉后在山脚处聚积,所以山脚地区一般比山坡上的温度更低。气候条件和建筑类型共同决定了在丘陵地区最佳建筑地点的选择。

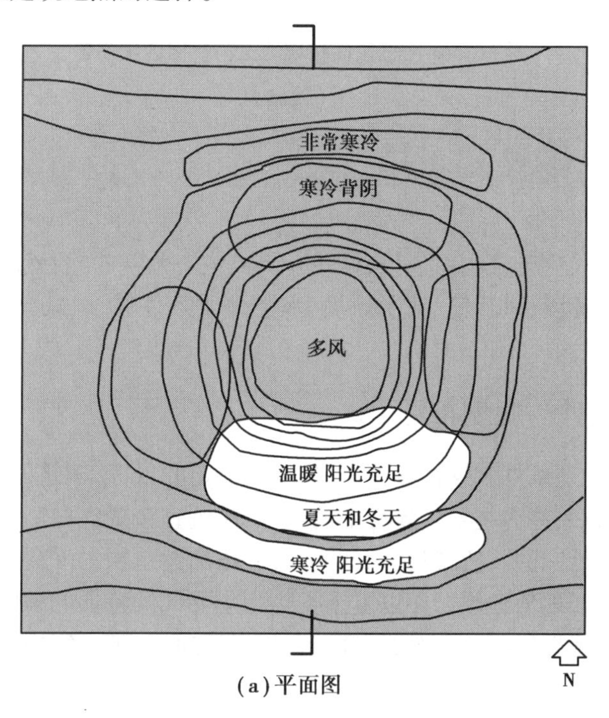

(a)平面图

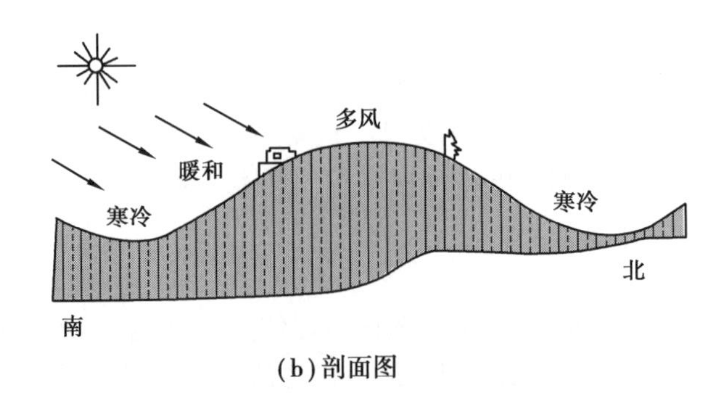

(b)剖面图

图 2.6　小山周围的小气候

建筑若能依山就势,挖掘、转移、倾倒土方和支撑挡土墙所耗费的能源与资源就会减少。另外,结合坡地的设计有助于阻止原生土壤的流失及植被破坏,最适宜的设计手法就是高架走道和利用点状支撑结构。一般来说,不同气候区坡地建筑的理想位置如图 2.7 所示。

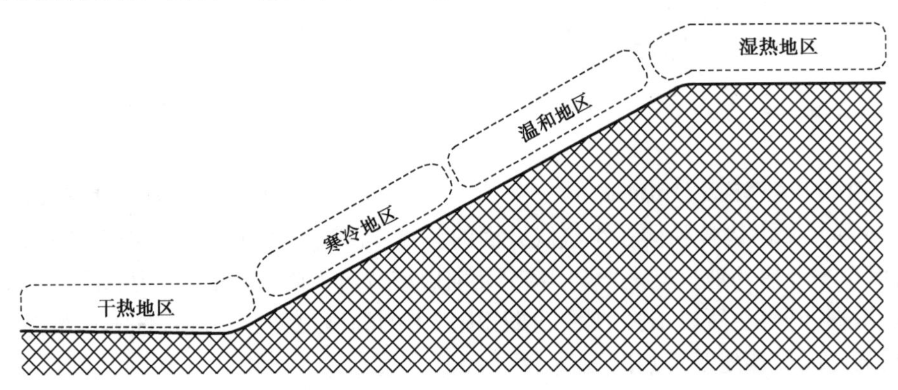

图 2.7　不同气候区在坡地上的最佳选址位置

2.3　场地总体规划布局

场地总体规划布局应充分利用各种有利的(提高生态效益的)自然环境条件,诸如地域气候条件、日照环境、热环境、风环境、地形条件、水文地质条件等,以减少不利环境因素的负面影响。

2.3.1　地域气候条件与规划布局

不同地域、自然地理条件和气候条件下,为实现节能的目标,建筑的布局方式存在着较大差异。在以冬季严寒、寒冷为主要气候特征的地区,建筑宜布置在向阳、避风的地域。由于冬季冷空气会在地势较低凹的位置聚集,因此,为避免增加建筑物的采暖能耗,建筑不宜布置在山谷、洼地、沟底等低凹地势地段。在以夏季炎热为主要气候特征的地区,建筑布置在地势较低凹的地段可以在夜晚聚集凉爽气流,且容易实现自然通风,带走室内热量,有利于改善室内热环境并减少通风、制冷能耗。

在滨水和地表水系发达的地区,由于水陆热力性质差异会产生有规律的风流变化——水陆风；而在山区中，由于昼夜交替过程中山坡和山谷受热不均匀会形成山谷风。规划布局设计可充分利用水陆风、山谷风改善夏季热环境，降低制冷能耗。

2.3.2　日照间距与建筑朝向

1）日照

日照对于建筑尤其是居住类建筑的布局（建筑日照间距控制、建筑朝向选择等）具有重要的影响作用。在不同的自然地理气候条件下，为满足建筑室内卫生、采光和获得舒适热环境的需要，建筑对日照的需求有较大差异。在冬季，严寒和寒冷地区需要获得尽可能多的日照；而在夏季，炎热地区则需要采取遮阳措施避免获取较强的日照，以降低制冷能耗。对于夏热冬冷地区，需要综合考虑日照和遮阳的矛盾。

居住建筑的日照标准采用日照时数和日照质量来量度。日照时数是指太阳照射地面的实际小时数。可照时数是指在某一地点日照的最大时数，随纬度和日期而发生变化。由于受到云层遮挡等因素的影响，地面上的实际日照时数小于可照时数，其比值称为日照率。热带地区天空云量大，因此最强的太阳辐射不在赤道地区，而是在南、北纬15°～35°之间；次强区域在南北纬15°之间。我国的西北、华北、东北地区全年日照率最高；华南、江南地区次之；四川盆地、两湖平原、贵州东部最低。日照质量的测定是通过计算日照时间内每小时室内地面的阳光投射面积的累积来评价。

为满足居住建筑获得最低限度日照的要求，一般以住宅建筑底层居室窗台获得的日照时数为标准。我国的《城市居住区规划设计规范》（GB 50180—2018）中，将冬至日（12月22日）或大寒日（1月22日）确定为居住建筑日照标准日，规定每套住宅至少有一个居住空间（卧室）能获得符合表2.4规定的日照，老年人居住建筑的日照标准不应低于冬至日日照时数2 h的要求。旧区改建的项目内，新建住宅建筑日照标准可酌情降低，但不应低于大寒日日照时数1 h的要求。

表2.4　住宅建筑日照标准

<table>
<tr><td>建筑气候区划</td><td colspan="2">Ⅰ、Ⅱ、Ⅲ、Ⅶ气候区</td><td colspan="2">Ⅳ气候区</td><td>Ⅴ、Ⅵ气候区</td></tr>
<tr><td>城区常住人口（万人）</td><td>≥50</td><td><50</td><td>≥50</td><td><50</td><td>无限定</td></tr>
<tr><td>日照标准日</td><td colspan="3">大寒日</td><td colspan="2">冬至日</td></tr>
<tr><td>日照时数（h）</td><td>≥2</td><td colspan="2">≥3</td><td colspan="2">≥1</td></tr>
<tr><td>有效日照时间带
（当地真太阳时）</td><td colspan="3">8时—16时</td><td colspan="2">9时—15时</td></tr>
<tr><td>计算起点</td><td colspan="5">底层窗台面</td></tr>
</table>

注：底层窗台面是指距室内地坪0.9 m高的外墙位置。

2）建筑日照间距

建筑尤其是居住建筑之间应该有足够的间距以满足基本日照标准要求。日照间距是指建筑物长轴之间的外墙距离，由建筑用地的地形、建筑朝向、建筑物高度及长度、当地的地理纬度及日照标准等因素决定。

(1)建筑日照间距的计算

在居住区的住宅建筑布局中,根据前后两栋建筑的朝向及其外形尺寸,以及建筑所在地区的地理纬度,可计算出为满足规定的日照时间所需的日照间距。计算点定于后栋建筑物底层窗台位置(图2.8),建筑日照间距可以通过式(2.1)—式(2.3)计算得出:

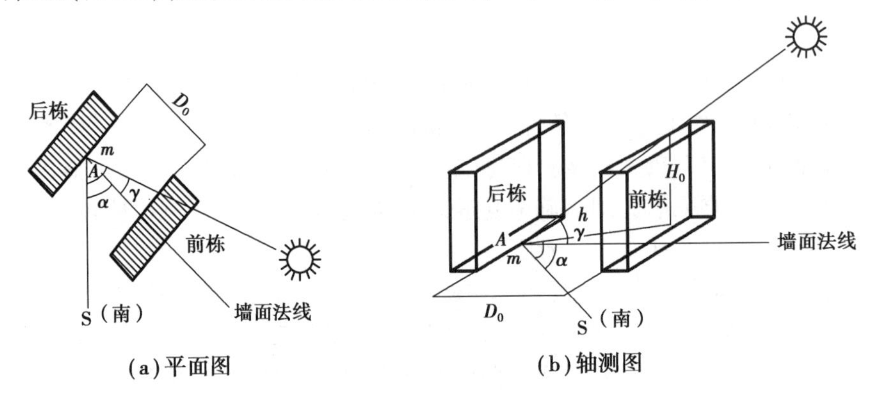

图2.8　日照间距示意图

$$D_0 = H_0 \cot h \cos \gamma \tag{2.1}$$

式中　D_0——建筑所需日照间距,m;

H_0——前栋建筑计算高度(前栋建筑总高减后栋建筑第一层窗台高),m;

h——太阳高度角,(°);

γ——后栋建筑墙面法线与太阳方位角的夹角,即太阳方位角与墙面方位角之差,计算式为:

$$\gamma = A - \alpha \tag{2.2}$$

式中　A——太阳方位角,度,以当地正午时为零,上午为负值,下午为正值;

α——墙面法线与正南方向所夹的角,度,以南偏西为正,偏东为负。

故当建筑朝向正南时 $\alpha=0$,公式可写成:

$$D_0 = H_0 \cot h \cos A \tag{2.3}$$

各地区城市规划行政主管部门应根据规范的规定并结合住宅朝向制定出本地不同方向的住宅日照间距系数。当建筑平面布置不规则、体形复杂、板式住宅长度较长或高层点式住宅布置较密时,可以利用日照模拟软件精确计算得出建筑日照小时数,并依据该数据调整建筑日照间距以满足日照要求。

(2)日照间距与建筑布局

在居住区住宅建筑布局中,满足日照间距与提高建筑密度、节约用地存在矛盾,可以通过以下三种调整建筑布局的方式来解决:

①调整建筑朝向。研究表明,朝向在南偏东或偏西15°范围内对建筑冬季太阳辐射的热影响很小,朝向在南偏东或偏西15°~30°范围内,建筑仍能获得较好的太阳辐射热,偏转角度超过30°则不利于日照。可以适当调整建筑的朝向,例如从朝向正南北改为朝向南偏东或偏西30°的范围内,用以缩小建筑间距,提高建筑密度。

②建筑群体错列布局。这种方式不仅可以丰富空间景观,而且有助于改善日照时间和日

照质量。例如,对于点式高层住宅,采用错列布局可在满足日照标准条件下,能显著缩小建筑间距。

③调整建筑形体,使其满足日照间距要求。

3)建筑朝向

良好的日照条件(尤其是冬季严寒和寒冷地区)有利于减少建筑能耗,也有利于提高居民的生活质量,因此,建筑布局应尽可能争取适宜的朝向。

一般情况下,考虑朝向的理想建筑几何形态(简化体型)是长条形,长边采用南北或接近南北向。在实际设计中,影响建筑朝向的因素很多,在朝向选择上可以综合考虑以下几方面:

①冬季,需要充足且质量较高的阳光照射进室内。

②炎热夏季尽可能采用遮阳和反射装置,减少进入室内的太阳辐射或阳光直接照射建筑外墙面的时间。

③夏季应组织良好的自然通风,冬季避免冷风侵袭。

④充分利用场地地形,节约用地。

在不同地区、不同季节,同一朝向的建筑日照时数和日照面积也有所不同。由于冬季和夏季的太阳高度角、方位角差异较大,建筑不同朝向的外墙面获得的日照时间和太阳辐射照度也存在很大差别。分析室内日照条件和朝向的关系,应选择在最冷月有较长的日照时间和较大的日照面积,而在最热月有较少的日照时间和较小的日照面积的朝向。需要对不同朝向墙面在不同季节的日照时数进行统计,求出日照时数平均值作为朝向选择的依据,设计参数一般选用最冷月和最热月的太阳累计辐射照度。可以利用 Ecotect 软件中的 Weather Tool 小工具辅助分析朝向的选择问题。

2.3.3 场地热环境与规划布局

室外热环境影响因素包括:城市上空大气环境太阳辐射、城市风环境、建筑群体布局、建筑的下垫面属性、人工排热(空调、汽车等)等。场地热环境调控的主要目标是提高环境热舒适度,降低城市的热岛效应,改善微气候(图 2.9)。

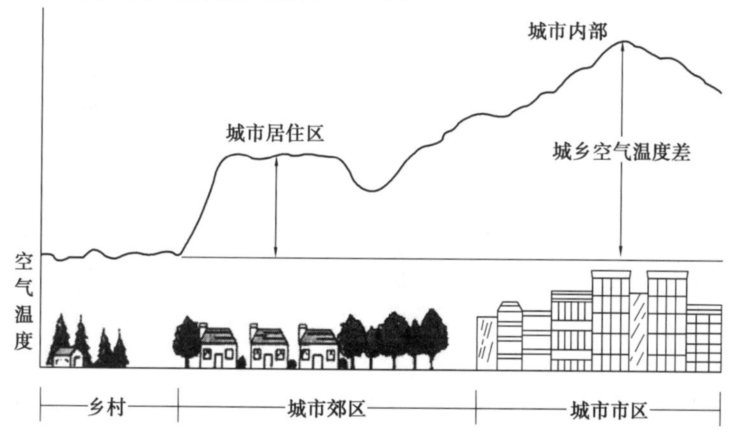

图 2.9 城市热岛效应示意图

2.2热岛强度计分标准

随着城市建设发展和人口迅速膨胀，城市热岛效应在我国渐趋显著。目前，大多数城市下垫面多为硬质铺装，坚硬密实、干燥不透水，且颜色较深，其热容量和导热率比郊区绿地大，对太阳辐射的反射率比郊区绿地小（即吸收率比郊区绿地大），在相同的太阳辐射条件下，城市比郊区的下垫面吸收更多的热量，并通过长波辐射将热量释放到大气中。再加上粗糙的下垫面能降低风速、城市中因绿地和水面较少而使蒸发作用减弱等原因，大气得不到冷却，导致城市气温显著高于周边郊区。除此之外，城市大气透明度低，云量较高，影响了夜间对天空的长波辐射散热，城市中建筑物光亮的外表面反射强烈光线进入室内导致温度上升，建筑制冷设备运营排放的更多的热量等都加剧了热岛效应。

降低城市“热岛效应”的主要对策包括：

①通过整体规划布局有效地组织自然通风，带走场地环境中的热量，降低环境温度。

②在景观规划中采用透水地面来代替传统的硬质表面（屋面、道路、人行道等），改善城市下垫面。

③利用绿化植被和景观水体来形成对场地环境的冷却效应。

④采用遮阳措施或高反射率的浅色涂料，降低屋面、地面和外墙表面温度；建筑外表皮尽量少使用大面积的玻璃幕墙。

2.3.4 场地风环境与规划布局

风场（指风向、风速的分布状况）对场地环境的局部小气候具有重要影响，其影响范畴涉及风环境的舒适性（活动舒适性、热舒适性）和建筑节能。场地风场的形成与整体规划布局密切相关，风影区的大小受风向投射角（风向投射角是风向投射线与墙面法线的夹角）、建筑进深、建筑长度和建筑高度的影响（图 2.10），风向投射角与风影区的关系见表 2.5。

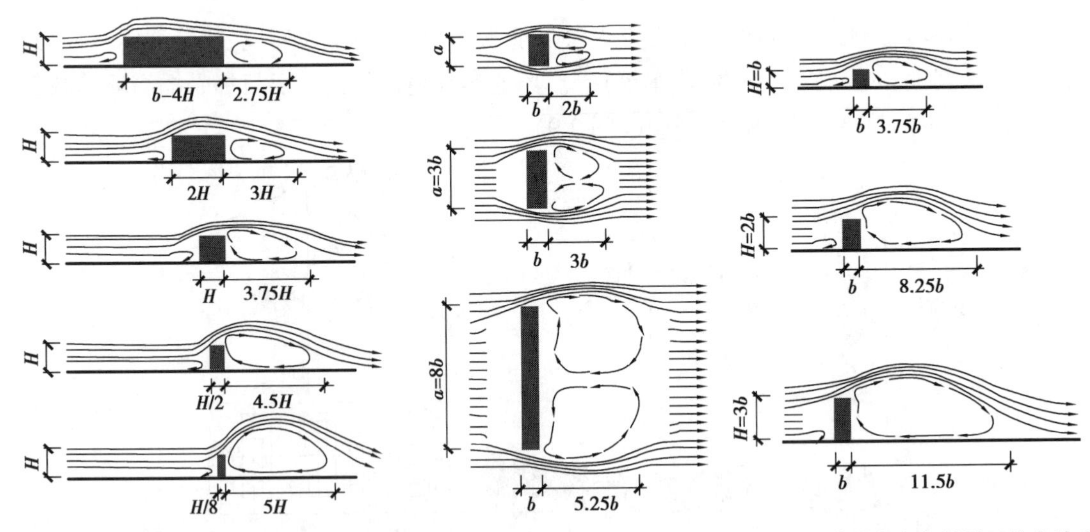

(a)建筑进深与风影区长度关系　(b)建筑长度（平面）与风影区长度关系　(c)建筑高度与风影区长度关系

图 2.10　建筑进深、长度、高度与风影区长度关系示意图

表 2.5 风向投射角与风影长度

风向投射角 α	风影长度	备注
0°	3.75*H*	本表的建筑模型为平屋顶,满足高∶宽∶长=1∶2∶8
30°	3*H*	
45°	1.5*H*	
60°	1.5*H*	

1)活动舒适的风速控制

室外局部高风速影响行人正常的行走和活动,研究表明,场地环境人行区距地面1.5 m高处风速小于5 m/s才不至于影响人们正常的室外活动。

2)寒冷冬季的防风设计

在严寒和寒冷地区,冬季局部高速冷风不仅会造成非常寒冷的不舒适感觉,而且外环境中的高速风场会提高建筑围护结构外表面与室外空气的热交换速率,增加建筑物冷风渗透,带走热量,引起室内空气温度的改变,导致采暖能耗的增加。因此,冬季风环境调控应以防风设计为主,在规划布局中采用以下几方面对策:

①我国受季风气候影响,大部分地区的冬季主导风向是北风或西北风。因此,建筑物主要朝向宜避开不利风向,以减少寒冷气流对建筑物的侵袭;也可以在建筑物不利风向一侧种植防风林达到防风效果。

②注意避免高层建筑群的“风洞”与冬季主导风向一致。风洞效应是指在建筑群尤其是高层建筑群中产生的局部高速风流(图2.11)。

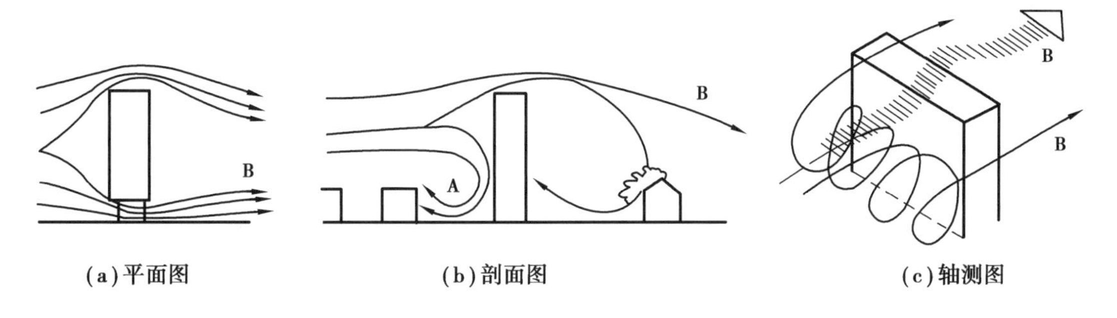

图 2.11 高、低层建筑群之间的气流示意图

A—旋风;B—高速风

③布置建筑物形成围合或半围合的建筑组团,可以阻隔冷风,降低寒冷气流的风速,适用于严寒和寒冷地区。

④可以充分利用风影区布置建筑物,减弱寒冷气流对后排建筑的不利影响。

3)炎热夏季的自然通风组织

在夏热冬冷和夏热冬暖地区,炎热夏季的场地风环境调控应有利于组织建筑室内外的自然通风,其意义在于:第一,带走环境中过多的热量和水分,加快室外散热,降低空气温度和相对湿度,减少热岛效应,进而提高室外环境的热舒适度;第二,有助于室外空气中气体污染物的稀释,可提供新鲜空气,保证用户的安全和健康;第三,有利于建筑内外围护结构散热,可改善室内热环境和人体热适度,降低建筑夏季制冷能耗。

组织自然通风的规划布局对策主要有:

①我国受季风气候影响,大部分地区夏季盛行南风和东南风,建筑群体布局可以采用相对夏季、过渡季主导风向的前后错列、斜列、前短后长、前低后高、前疏后密等方式,将主要风流引导进建筑群中。

②避免在场地环境中出现旋涡和死角,故应尽可能降低风影区的不利影响,保持风道畅通。

③合理利用小气候的影响,充分结合谷地的山谷风、江河湖海岸边的水陆风、林地周围的林源风等布置场地内的各种构筑物与建筑物。

④建筑群体布局避免形成封闭围合空间;如果必须采用该布局模式,则可以通过首层架空或在建筑迎风立面上留出通透的气流通道等方式改善后排建筑的通风效果。

在规划设计过程中,应针对具体规划方案对其环境风场进行研究,以得出能适应不同季节的风环境需求的设计方案,即在冬季抑制环境风速,在夏季组织效果良好的自然通风。目前对于风场的研究方法主要有两种:利用风洞的物理模型实验方法和利用流体力学(CFD)计算的数值模拟方法。

2.3.5 场地声环境与规划布局

城市中的交通干线、工厂生产、建筑施工以及日常生活都会产生噪声,噪声污染源主要为生活噪声、交通噪声、工业噪声以及建筑工地噪声。

应对场地声环境的规划布局对策包括以下几方面:

①绿色建筑声环境应满足《声环境质量标准》(GB 3096—2008)、《建筑施工场界环境噪声排放标准》(GB 12523—2011)、《绿色生态住宅小区建设要点与技术导则》的要求。

②场地内不应设置未经有效处理的强噪声源;建筑周围有强噪声源时,应对其进行掩蔽处理。

③噪声敏感性高的居住建筑不应布置在临近交通干道等强声源的位置。可以将超市、餐饮、娱乐等对噪声不敏感的建筑物排列在场地外围临交通干道上,形成周边式的声屏障,以改善小区内的声环境。

④利用噪声模拟软件对区域进行整体模拟,进行声压级分析。根据分析结果,将对噪声控制要求较高的建筑如住宅建筑,设置于本区域主要噪声源主导风向的上风侧;或者将走道布置在噪声源一侧,减少噪声对主要功能空间的影响。

⑤采用隔声屏障、绿化带、景观墙等隔声设施,并通过技术措施加强建筑自身的隔声能力。

1)道路交通噪声控制

道路交通噪声控制可以从如下几方面入手:

(1)控制干线距环境敏感点的距离

随传播距离增加而衰减和在传播途中的吸收衰减是声音的根本性质，利用该性质控制路线距敏感点的距离，是交通噪声防治的根本途径。由线声源模型可知，传播距离每增大一倍，噪声级可以降低 3 dB。交通规划中，道路选线除应满足保证行车安全、舒适、快捷、建设工程量小等原则外，还应根据环境噪声允许标准控制路线距环境敏感点的距离，最大限度地避免交通噪声扰民。

(2)合理利用障碍物对噪声传播的附加衰减

噪声传播途中遇到声障，会对声波反射、吸收和绕射而产生附加衰减。因此，在路线布设时应尽可能地利用土丘、山岗等地形地貌以及路旁原有林带作为屏障，使环境敏感点处于声影响区内(利用路堑边坡也能起到同样的作用)。此外，还应充分利用沿街构筑物或建筑及其附属物。例如临街建筑的雨篷、广告牌、围墙、沿街的商业建筑及其他不怕噪声干扰的建筑(如仓库等)都能起到很好的防噪作用。

(3)改善城市道路设施

改善城市道路设施，使快车、慢车、行人各行其道，不仅能改善行车条件，而且还能降低道路交通噪声。

(4)修建道路声屏障

当接收点处的道路交通噪声级(实测值或预测值)大于环境噪声允许标准值时，可以在道路旁架设声屏障。声屏障越接近声源，其噪声衰减量越大，为了行车安全和道路景观，声屏障中心线距路肩边缘应不小于 2 m。声屏障归纳起来可分为砌块类型、板体类型和生物类型三类，其主要用材及特点见表 2.6。

表 2.6 各类声屏障的主要用材及特点

名称	主要用材	特点
砌块类型声屏障	预制砌块(黏土砖、水泥混凝土、陶粒混凝土等)	可根据需要做造型，造价低，高强度、耐火、耐腐蚀
板体类型声屏障	板型材料(混凝土板、金属板、木板、高强塑料板等)	施工简单，造价高
生物类型声屏障	材料趋向自然生态(混凝土槽内绿化种植、砌块间绿化种植等)	声学性能好，不影响美观

2)居住区规划中的噪声控制

(1)居住区噪声控制

噪声在大气中传播，其声音的强度将随距离的增加而衰减。居住区与发噪区域之间的防护距离应达到 1.5 km；如无法达到，则应采取必要的防噪措施。具体布置时还应考虑主导风向，具体的修正值可参考表 2.7。

表 2.7　居住区噪声控制的修正值

防噪措施		修正值/km
无防噪措施		0
住宅区标高与厂区标高之差	> 100 m	-0.5
	且有高屏障	-1.0
有天然或人工障壁		-0.5

(2)居住区内道路的分类、分级

对居住区内道路进行分类、分级,分清交通性干道和生活性道路。生活性道路只允许通行公共交通车辆、轻型车辆和少量为生活服务的小型货运车辆。交通性干道主要承担城市对外交通和货运交通,应避免从城市中心和居住区域内穿过,可规划成环形道,从城市边缘或城市中心边缘绕过。当必须从城市中心和居住区域内穿过时,可以将其转入地下,或设计成半地下式,形成路堑式道路(图 2.12)。

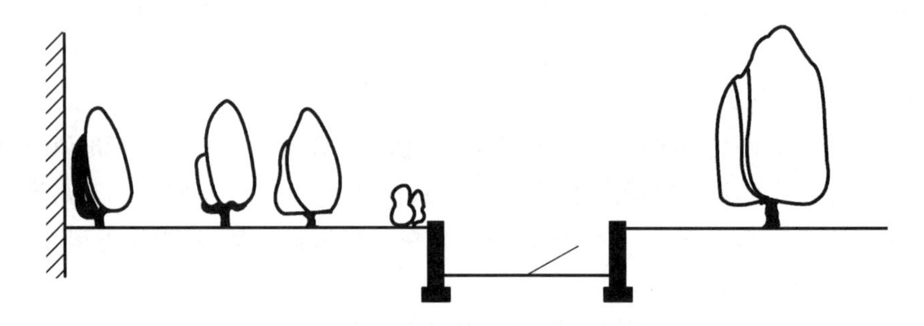

图 2.12　交通性干道防噪断面设计

(3)利用天然或人工屏障

在发噪区域与居住区之间如果有可以利用的起伏地形和高山,就可以形成居住区的天然屏障。如果没有合适地形可用,可以修建人工土堤。居住区的土堤可采用实心和空心两种做法。实心土堤就是用土堆集而成,其做法简单、造价低廉,如与绿化结合,可提高隔声效果(图 2.13)。空心土堤是用砖砌成沟槽,用水泥浇筑拱形顶板,砌筑成隧道形式,再利用泥土将隧道外层包裹起来,加以植被绿化,装扮成自然地形。这种土堤既起到防噪作用,又可与人防工程兼用,还可设置为居民区专属绿地等,起到多种功能作用(图 2.14)。

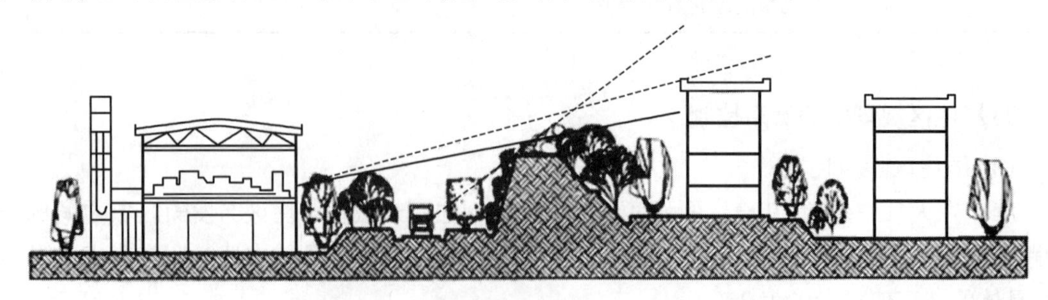

图 2.13　湖南某化肥厂与居民区之间的土堤

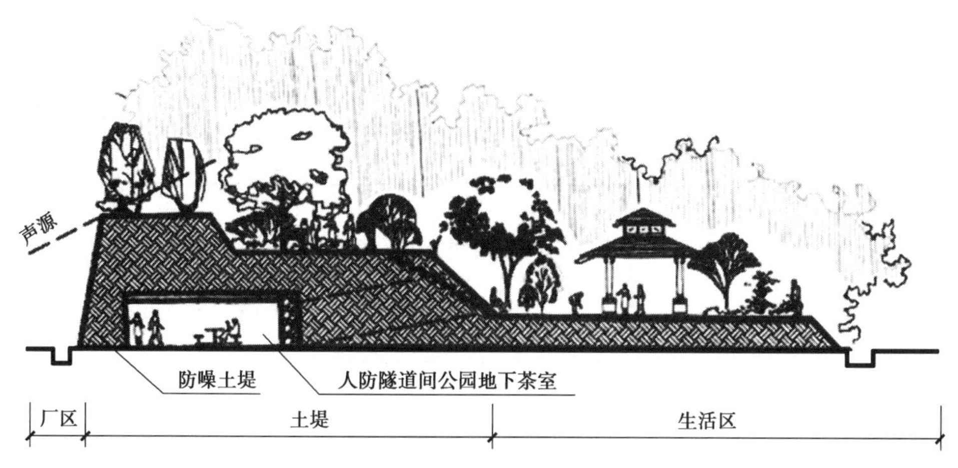

图 2.14 多功能土堤示意图

(4)集中布置高噪声场所与房间

居住区内的锅炉房、变压器等应采取消声降噪措施,或将它们连同商店卸货场等发噪建筑一起布置在小区边缘处,使之与住宅有适当的防护距离。中小学的运动场、游戏场最好相对集中布置,不宜设置在住宅院落内,并与住宅隔开一定的距离,或者在其周围加设绿带或围墙来隔离噪声。

3)临街建筑的防噪设计

①临街建筑应尽量采用背向道路的 U 形结构(图 2.15)。垂直道路布置的建筑,其缺点是两侧房间都比较吵闹;而凹向道路的建筑,由于声的混响和反射,往往会使噪声增大。

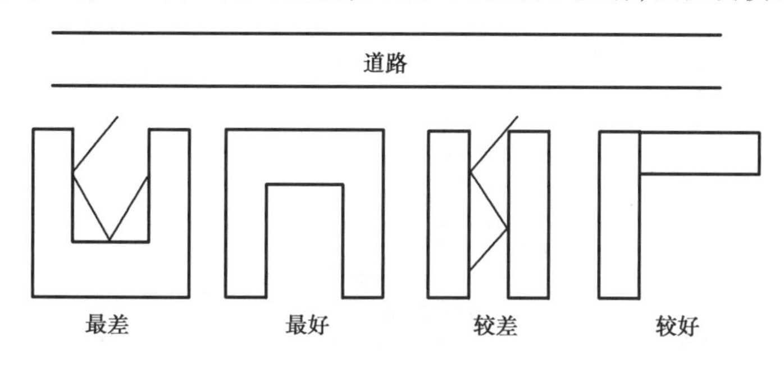

图 2.15 临街建筑的形式

②道路两侧的临街建筑,应尽量安排背向街道,临街建筑的房间布置也应合理。朝向道路一侧的房间应设计作为厨房、卫生间、走廊等。

③主要交通干线两侧的建筑和要求环境安静的临街建筑,可适当提高建筑的隔声效果,尤其是窗户的隔声效果。

④建筑的高度应随着离开道路距离的增加而渐次提高。防噪屏障建筑所需的高度,应通过几何声线图来确定(图 2.16)。这时,声源所在位置可定在最外边一条车道中心处,声源高度对于轻型车辆取离地面 0.5 m 处,对重型车辆取 1 m。当防噪屏障建筑数量不足以形成基本连续的屏障时,可将部分住宅按所需的防护距离后退,留出的空间可辟为绿地(图 2.17)。

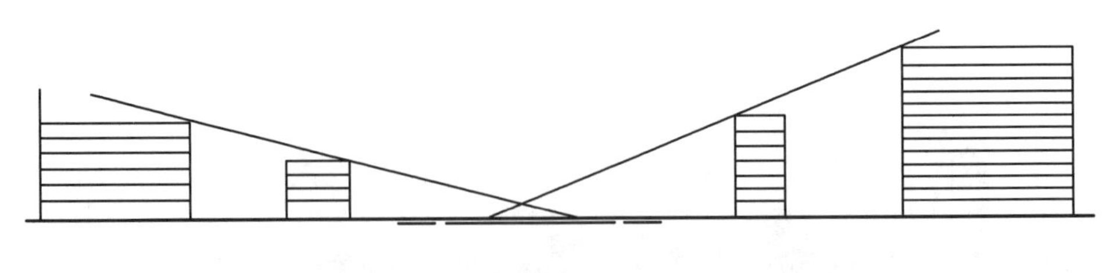

图 2.16　建筑物高度示意图

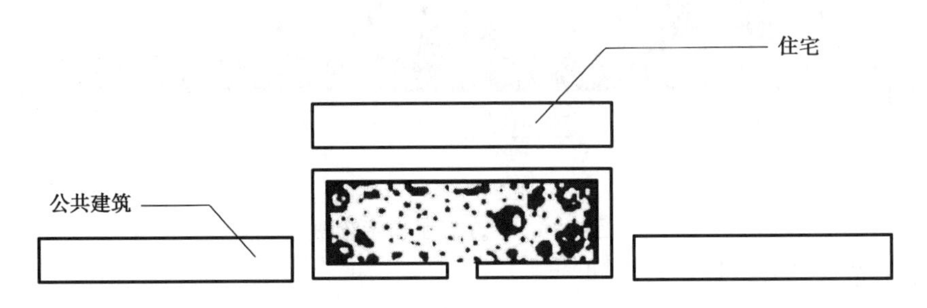

图 2.17　住宅绿地示意图

4)防噪绿化设计

绿化对噪声具有较强的吸收衰减作用,其机理有三:树皮和树叶对声波有吸收作用;经地面反射后树木会进行二次吸收;地面或草地本身对声波具有吸收作用(图 2.18)。

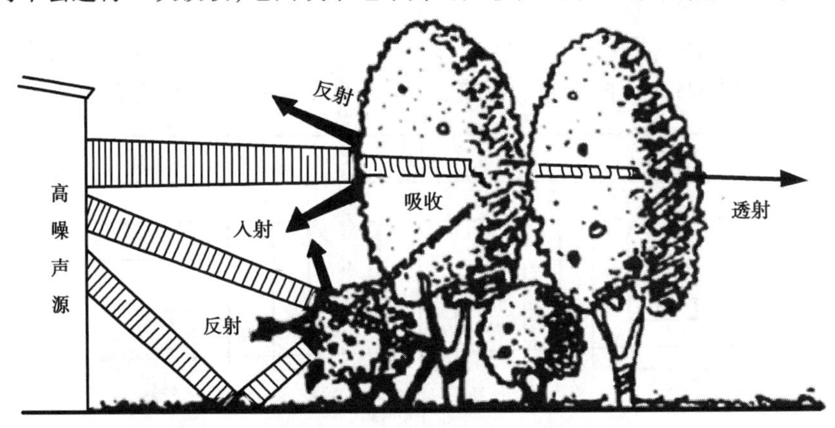

图 2.18　绿化防噪示意图

当由于遮隔和减弱城市噪声的需要而配置行道树时,应选用矮的常绿灌木结合常绿乔木作为主要配置方式,总宽度为 10~15 m,其中灌木绿篱的宽度需要 1 m,高度亦超过 1 m。树木带中心的树形高度大于 10 m,株间距以不影响树木生长成熟后树冠的展开度。若不设常绿灌木篱,则常绿乔木低处的枝叶应能尽量靠近地面展开,在树木长成后便能形成整体的绿墙。

防噪绿化的形式应将防止大气污染和观赏美化的功能结合起来布置。常见的布置形式有下面几种:

(1)隔声绿岛

隔声绿岛主要是以绿化小品为主,如工厂里的花坛、花池、假山、喷泉、花架等,绿岛的形状有圆形、方形、三角形等基本形式以及这些形式的各种组合体。隔声绿岛主要是为隔断向安静场所或行人传播的单向声源并以此改善噪声对人的心理效应而设置的。除花坛、花池有一定消声效果外,其他形式的消声效果很有限。

(2)块状绿地

块状绿地是常见的一种绿化形式,多应用于工厂的绿化。由于受室外工程管线、道路、建构筑物布置的影响,绿地中断而不连续,因而形成面积不大、长度和宽度都有限的绿化地。

(3)带状绿地

带状绿地是防噪绿化的主要形式,常用于道路两旁或建筑物周围,作为区域的"隔墙"。

2.4 场地景观配置

景观设计不仅仅解决美观的问题,对环境的可持续性也有重要意义。树木篱笆和其他景观元素会影响到与建筑密切相关的风和阳光,经过正确设计可以大大减少耗能,节约用水,弱化如疾风或烈日之类令人不快的气候因素的影响。节能的景观设计可以阻挡冬季寒风,引导夏季凉风,并为建筑遮挡炎夏的骄阳,也可以阻止地面或其他表面的反射光将热量带入建筑;铺地可以反射或吸收热量(这取决于颜色是深是浅);水体可以缓和温度,增加湿度;此外,树木的阴影和草地灌木的影响可以降低临近建筑的气温,并起到蒸发制冷的作用。

2.4.1 一般原则

使用什么样的节能景观设计手法,主要由建筑场地所在的气候区域决定。不同地区的景观设计原则如下:

①温和地区:在冬季最大程度地利用太阳能采暖,并引导冬季寒风远离建筑;在夏季尽量提供遮阳和形成通向建筑的风道。

②干热地区:给屋顶、墙壁和窗户提供遮阳,利用植物蒸腾作用给建筑周围制冷;自然降温的建筑在夏季应利用通风,而空调建筑周围应避风或使风向偏斜。

③湿热地区:尽量在夏季形成通向建筑的风道,种植夏季遮荫的树木,同时也能使冬季低角度的阳光穿过;避免在紧邻建筑的地方种植需要频繁浇灌的植物。

④寒冷地区:用严密的防风措施避免冬季寒风,使冬季阳光可以到达南向窗户;如果夏季存在过热问题,应遮蔽照在南向和西向窗户及墙上的夏季直射阳光。

2.4.2 绿化的作用

1)遮阳

①树木:树在节能景观设计中处于首要地位。树冠足够遮蔽低层建筑屋顶约70%的直射阳光,同时通过蒸腾作用过滤和冷却周围空气,降低制冷负荷,提高舒适程度。落叶树木的最佳位置在建筑的南面和东面。当树木冬季落叶后,阳光有助于建筑采暖。然而即使没有树叶,枝干也会遮挡阳光,所以要根据需要种植树木。在建筑的西侧和西北侧,利用茂密的树木和灌木可以遮挡夏季将要落山的太阳。

②藤蔓:当树木的幼苗还没有长大、不能遮阳时,藤蔓无疑是不错的选择,因为它在第一个生长期就能起到遮蔽作用。爬满藤蔓的格架或者种有垂吊植物的种植筒既可以遮蔽建筑四周、天井和院子,又不影响微风吹拂。有些藤蔓能附着于墙面,这样可能会有损木质墙面,

使用靠近墙面的格架可以使藤蔓不依附于墙体。只要它的茎不严重遮挡冬季阳光,就可以利用冬季落叶的藤蔓在夏季进行遮阳。常绿藤蔓可以在夏季遮阳,并且在冬季挡风。

③灌木:成排的灌木或树篱可以遮蔽道路。利用灌木或者小树遮蔽室外的分体空调机或热泵设备,可以提高设备的性能。为了保证空气流通,植物与压缩机的距离不应小于1 m。

2)通风

湿热地区的景观设计要考虑通风,场地中的植物应能起到导风的作用。为了通风效果,最好能将成排的植物垂直于开窗的墙壁,将气流导向窗口(图2.19)。茂密的树篱有类似于建筑翼墙的作用,可以将气流偏转进入建筑开口。理想的绿化应该是枝干疏朗、树冠高大,既能提供遮阳,又不阻碍通风。注意避免在紧靠建筑的地方种植茂密低矮的树,因为它会妨碍空气流通,并增加湿度。如果建筑在整个夏季完全依赖空调,并且风是热的,就要考虑利用植物的引导使风的流通远离建筑。

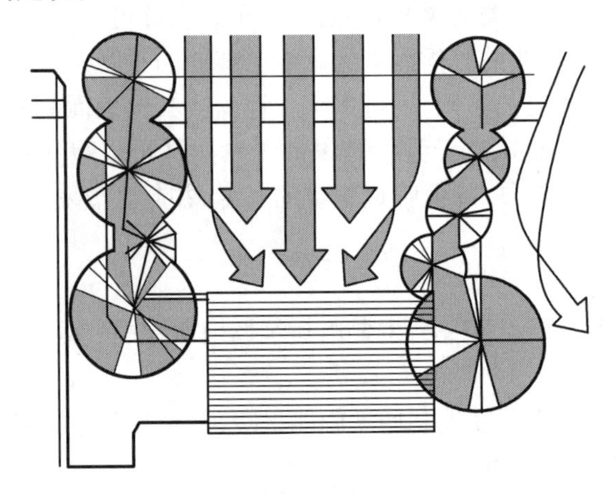

图2.19　植物导风

3)防风

防风林可以保护建筑和开敞空间免受热风或冷风的侵袭。它比建筑等坚固物体造价更低,并且能更为有效地吸收风能。

种植在北面和西北面茂密的常绿树木和灌木是最常见的防风措施。树木、灌木通常组合种植,这样从地面到树顶都可以挡风。阻挡靠近地面的风最好选用有低矮树冠的树木和灌木,或者用常绿树木搭配墙壁、树篱或土崖,也能起到使风向偏转向上、越过建筑的作用(图2.20)。如果建筑需要冬季阳光采暖,则不宜在靠近建筑南面的地方种植常绿植物。

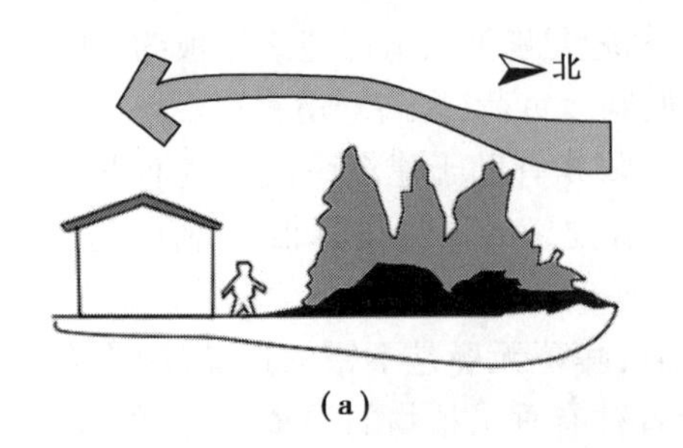

(a)

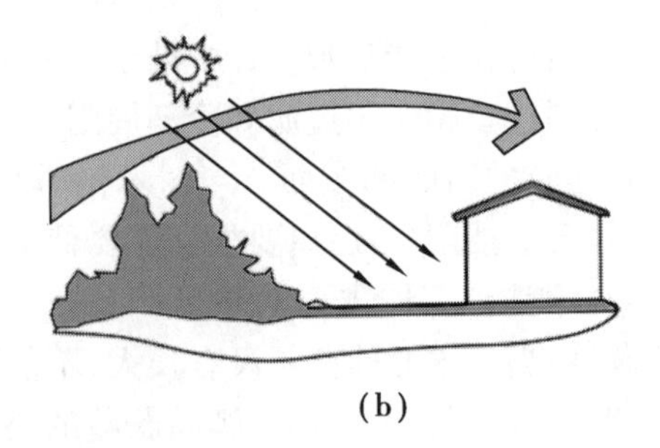

(b)

图2.20　植物防风

除了远处的防风植物，在邻近建筑的地方种植灌木和藤蔓可以创造出冬、夏季都能隔绝建筑的闭塞空间。在生长成熟的植物和建筑墙壁之间应留出至少 30 cm 的空间；常绿灌木和小树作为防风林离北立面应至少有 1.2~1.5 m；而为了夏季的空气流通效果更好，茂密的植物最好种植得更远一些。

寒冷地区如果有较大的降雪量，则应在防风植物的上风向种植低矮灌木，可以起到为建筑挡雪的作用。

防风林大小对遮蔽区域的影响：防风林的长度、高度和宽度影响到下风向被遮蔽区域的面积。随着防风林高度和场地的增加，被遮蔽区域的深度也增加。被遮蔽区域还随着防风林的宽度增加而增加，一直到防风林高度的 2 倍（$2H$）。如果防风林宽度超过高度的 2 倍，那么气流会再次"黏着"防风林的顶部，因此被遮蔽区域的面积会缩小（图 2.21）。在防风林前方 10 倍高度的区域内，风速会稍微减弱。

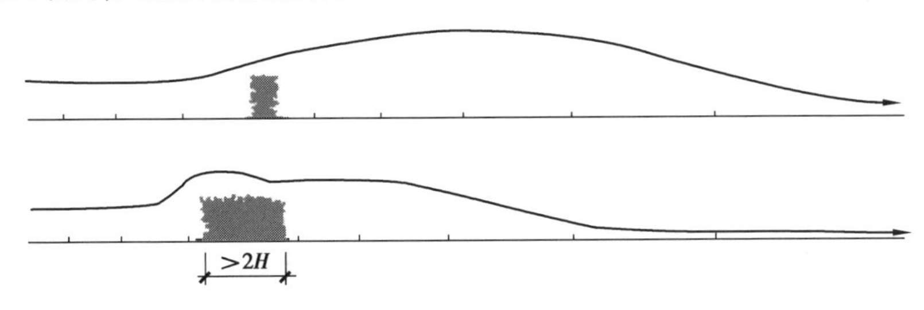

图 2.21　防风林宽度对遮蔽区域的影响

防风林应延伸至地面，交错排列 2~3 排常绿树木；如果采用落叶树木，应该用 5~6 排。防风林的长度应是成年树木直径的约 11.5 倍，防风林保护的有效区域大约是树高的 30 倍，当被保护建筑位于防风林高度的 1.5~5 倍距离内时，效果最好。

被遮蔽区域的范围也随着防风林的孔隙率而变。防风林越密实，到最低风速点的距离越短，该点风速降低越多。然而，风速越接近最低点，风速增加越快，反而不如孔隙多的防风林所遮蔽的区域大。如果在某个建筑分区内，或季节性调整的建筑需要一个被遮蔽的区域，那么推荐将绿化设计成降低风速但不产生大紊流的形式。要达到这一目的，防风林应至少有 35%的孔隙。风的入射角也会影响被遮蔽区域的长度。当风与防风林正交时，树木和树篱是最有效的。如果风以斜角与防风林相交，被遮蔽区域的面积就会缩小（图 2.22）。

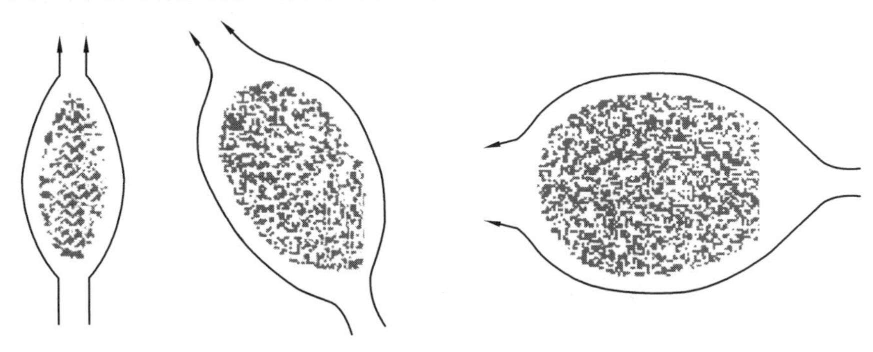

图 2.22　风的入射角对遮蔽区域的影响

从植物类型来看，树篱的遮蔽效果比树木更为明显，因为它们的叶子接近地面。在树的逆风方向，树干周围枝叶下的气流实际上会被加速。如果不需要遮蔽，就要将树木种得远一点儿；如果树木高大，树干裸露，并且种得靠近建筑，那么在遮阳的同时就不至于影响通风效果。除此之外，植物还能改变风向或使风通过狭窄的开口形成高风速的区域。把树的间距缩小形成风道，可以使气流速度增加25%。

2.4.3 绿化的功能意义

绿化对环境具有多方面的功能和意义，主要分为以下几方面：

①为场地生态系统的运行提供载体，维持用地环境的生态承载力，提高生物生产量，提高环境自净能力，促进土壤活化，涵养水分，保持环境水土，保护生物的多样性。

②通过光合作用吸收 CO_2，释放氧气，维持环境的碳氧平衡，作为固碳载体，降低碳排放量。

③植被特别是树木可以吸收有害气体，吸滞烟尘、粉尘和细菌，净化空气，减轻城市大气污染，改善大气环境质量。

④改善场地环境的微气候，调控热环境和风环境，节约能耗。植被通过“蒸腾作用”和“光合作用”吸收大量太阳辐射热、水分和空气中的热量，调节空气温度和湿度，降低热岛强度；绿化可以调节风速、引导风向，形成舒适的风环境；在夏季，植被（主要是乔木）有遮阳作用，通过枝叶形成的浓阴能阻挡太阳的直接辐射热和来自路面、墙面和相邻物体的反射热；在冬季，可以利用绿化植被作为风屏障，减小风压，减少冷空气的渗入。

⑤降低环境噪声。绿化对噪声具有较强的吸收衰减作用，可以利用绿化作为隔声屏障，以实现对场地环境的噪声控制。

⑥改善、美化场地环境的视觉景观，提高“绿视率”，缓解疲劳，为人们提供美观、舒适的室外活动场所，增进人的心理和生理健康。

2.4.4 绿化的种类

在温和气候区，立面绿化能在夏季使建筑物的外表面比街道处的环境温度降低5 ℃以上，而在冬季的热量损失能减少30%。因此，场地设计中应尽量采用多种绿化手段来改善居住环境。除了建筑物之间必须配置的公共绿化地带外，还要辅以阳台绿化、垂直绿化、屋顶花园、平台花园、室内绿化等，给人们一种亲近大自然的感觉。

1）室外绿化环带

在室外，植物能使其周围的城市温度降低约1 ℃。而能遮阳的树木，其树荫下的温度又能比周围温度再低2 ℃。在室外使用绿色植物形成环形绿化，既能调节温度和湿度，还能吸附灰尘，降低噪声，起到生态保护层的作用；同时能减缓建筑物之间的不协调，遮挡有碍观瞻的建筑设施。因此，应建好绿化环带、林荫带、引导树、绿地，使公共绿带达到更高的水平（图2.23、图2.24）。

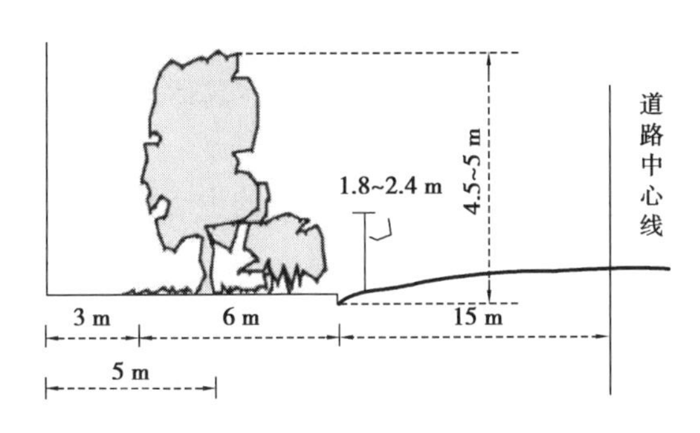

图 2.23　最低要求的道路隔声绿带

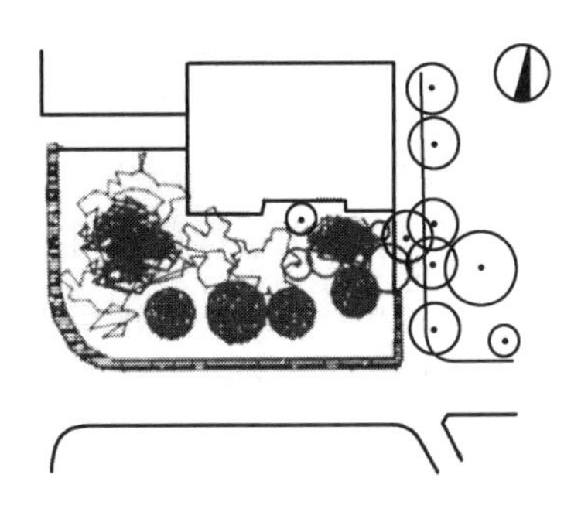

图 2.24　某住宅旁绿化配置平面图

2)庭院绿化

研究表明,植物能吸收室内产生的二氧化碳,释放出氧气,同时能清除甲醛、苯和空气中的细菌等有害物,形成更为健康的室内环境。从传统民居的研究中我们可以看到,庭院绿化对满足人们生活习俗要求,点缀环境,形成安静、有趣、富有个性的居住内环境具有特别的意义。

3)立体绿化

立体绿化应含阳台、平台、屋顶绿化。立体绿化较好地解决了建筑用地与绿化面积的矛盾,加强了建筑物与景观的相互作用。同时,立体绿化与地面绿化一样,通过植物新陈代谢的蒸发作用可以蒸发水分,从而控制和保持环境的温湿度,起到调节气候的作用。屋顶庭园甚至可以作为城市的农业,因为许多蔬菜只要在不到 20 cm 厚的土壤中就可以生长。

这种立体绿化的方式还被用到高层住宅的设计中,使得在高层居住的人们能在空中绿化的氛围里与地面建立愉快的视觉联系,避免来自低层屋面反射的眩光和阳光的辐射热,故具有柔和、丰富和增强生命力的效果。

2.4.5　树种的选择

树种的选择要考虑树冠的大小、密度和形状。要想在夏季阻挡阳光,冬季让阳光通过,就需要选用落叶树木。树冠伸展的高大落叶树种在建筑南面,能在夏季提供最多的荫蔽。

要持续遮阳或者阻挡严酷的寒风,就要选用常绿树木或灌木。浓密的常绿植物如云杉,对冬季风能起到很好的阻挡作用。然而在寒冷地区,靠近太阳能采暖建筑的南面不宜种树,因为即使是落叶树木,其树枝在冬季也会遮挡阳光。树冠低矮、靠近地面的树木更适合种在西面,可以遮挡下午低角度的阳光。如果只是想阻挡夏季风,就要选择枝叶更舒展的树木或灌木,它们对于早晨东面的阳光透过同样有利。

在进行场地绿化设计之前应对场地中现有的植物进行认真评价,确定哪些能起到节能作用。场地上现有的植物比新栽的植物能更好地发挥作用,并且需要的维护也更少。

2.4.6　场地绿化配置对策

1)采用乔、灌、草结合的复层绿化

乔、灌、草结合所形成的多层次的植物群落具有较强的生态服务功能,具体表现为:增加绿量,其生态效益(绿容率)比同样面积的单一草坪高出很多;提高绿地空间的利用率;展示丰富的三维空间景观效果,具有较好的景观层次和观赏价值。

由于乔木的生态效益和调控场地热环境的作用远大于灌木和草坪,在具体配置上,根据《绿色建筑评价标准》(GB/T 50378—2019)的规定执行。

在乔、灌、草植物群落配置中,应考虑物种的生态位特征,避免物种间的生态位竞争,形成结构合理、功能健全、种群稳定的复层群落结构。

2)采用乡土植物

植物物种应选择适应当地气候和土壤条件的乡土植物,选用少维护、耐候性强、病虫害少、对人体无害的植物。乡土植物易生长,存活率高;易维护、耐候性强、病虫害少的植物运营管理成本低,各种资源、能源消耗低。选用植被还应注意提高物种的多样性;并避免选用从原生态地区移植过来的大树或从建筑外部移植的成年树木,规划建设过程中尽量保留场地中原有的大树、古树和珍贵树种,当确实无法保留时,采取全冠移栽,并提出补栽计划或者移栽后的养护措施。

3)采用多维度绿化系统

在整体上,尽可能将场地环境中的绿化及建筑室内绿化相结合,形成完整的绿化系统应包括多种绿化形式,例如空间绿化、水景周边绿化、小庭院绿化、建筑停车场绿化、道路绿化、卫生隔离绿化、运动建筑墙面立体绿化、建筑底层架空空间绿化顶绿化、建筑阳台绿化、景观平台绿化等。

4)通过绿化系统的合理配置改善场地热环境

清华大学建筑学院的林波荣博士通过大量的现场实测和模拟实验,研究了北方地区绿化形式对室外热环境的影响效果及特点(以北京为例)。研究表明,树木改善热环境的效果最好,其次是草坪,优于灌木(灌木降低来流风速)。

在绿化配置上,林波荣博士总结了以下做法:

①采用间距合理,叶面积密度较大,且树冠水平覆盖面积较大的行道树。

②由于北方地区冬季盛行西北风或北风,可以在建筑北侧布置"乔、灌、草结合"的绿化,营造适宜的风环境。其中,灌木的高度保持在 1 m 左右为宜,乔木则应选择高大常绿类,灌木布置在乔木之北,乔木栽植在灌木和建筑之间。

③考虑到建筑大多为南北朝向,可以在建筑西侧栽种高大落叶乔木,以减轻建筑西晒。在建筑南向采用落叶乔木(冬季可以让阳光进入室内),树木高度和间隔最好与建筑通风开口错开,以免影响建筑室内的自然通风。

2.5 场地铺装设计

2.5.1 铺地

建筑周围环境的下垫面会影响微气候环境,表面植被或水泥地面都直接影响建筑采暖和空调能耗的大小。为了满足人类活动,现在大多数居住区中建造了大量的坚固地面。这些不合理的硬质景观不仅浪费了材料和能源,而且破坏了自然的栖息地。大多数传统的铺地总是将水从土壤中排除,想尽一切办法把地表水排走,使得地下水得不到补充。这种不渗透地面将导致径流、水土的流失和爆发洪水的危险增加,并使土壤丧失生产肥力。铺地保持热量将导致城市产生热岛效应,还会带来不舒适的眩光并营造出粗糙、令人疏远的环境。建议采用透水性或多孔性的铺地,并且在需要获得太阳热量的地方布置铺地。铺地的质感、形式和颜色,如果能与主要的气候条件相配合,就可以减少(或集中)热量,避免产生眩光。应将铺地设计与种植和遮光结合在一起,以避免眩光和不需要的热量。

对于寒冷地区,在建筑周围恰当的位置布置铺地有助于加热房屋,延长植物的生长期。砖石、瓷砖、混凝土板铺地都有吸收和蓄存热量的能力,然后热量会从铺地材料中辐射出来。要达到这一效果,铺地材料不必一定是坚固的,也可以用混凝土板的碎片、鹅卵石等材料。

在炎热气候区,虽说部分辐射对采光是有利的,但眩光和太阳能得热通常会引起更为严重的问题。自然地被植物比裸土或人造地面反射率低;外形不规则的植物,其反射率比平坦的种植表面低。如树木、灌木丛地面反射的太阳辐射量比草坪要少,而诸如沥青等吸热材料在太阳落山后仍然辐射热量。因此,炎热地区应尽可能不在建筑附近使用吸热和反射材料,或使它们避免直射阳光的照射,以减少建筑周围吸收和蓄存的太阳热量。自然通风的建筑应注意避免在上风向布置大面积的沥青停车场或其他硬质地面。

因此,建筑室外环境的铺地设计应注意以下两个方面:

1)限制铺地材料

铺地材料应多使用渗透铺装地面。渗透铺装地面既能够保持水土,又可以美化城市硬质景观,而且其强度不低于传统的铺地。材料科学领域已经开始以粉煤灰为主要原料,进行对可渗水铺地砖的研究。该研究利用火力发电厂的废渣——粉煤灰为主要原料,制造出可渗水铺地砖。该砖能满足城市人行道路面硬化的强度要求和美观要求,且由于该方法制造的铺地砖具有较好的渗水性,有利于城市的水土保持和解决路面积水问题。

混凝土网格路面砖是一种预制混凝土路面砖,也称为植草砖,可以从视觉上减缓干硬混凝土原本呆板的视觉印象。同时网格路面砖具有良好的生态效果,其中间的孔洞可以增加雨水渗透量。

2)限制草皮的使用

居住区环境设计曾经出现过仿效西方大草坪的热潮。大片地面只种草,不种或少种树,而且热衷于种植外来品种,这样不仅丧失了宝贵的活动场地,而且从改善居住区生态环境的角度来看也是不适宜的。正确的绿化种植选择是:

①选用种植本地或经过良好驯化的植物。本地植物已经适应了该地区的自然条件,如季节性干旱、虫害问题以及当地的土壤土质。景观设计采用本地乔木、攀藤、灌木以及多年生植物不仅有助于保持该地区的生物多样性,也有助于维持区域景观特征。

②最低限度地使用维护费用高昂的草皮。与其他种类的植物相比,大多数的草皮需要投入更多的水、养护、药剂。而本地耐旱草皮、灌木丛、地铺植物以及多年生植物可以替代非本地草皮。

③最低限度地采用一年生植物。一年生植物通常比多年生植物需要更多的灌溉,而且因季节性的种植而需要投入更多的劳动力和资金。但多年生植物可以设计成多种类有机的组合,以确保开花周期交错,从而满足人们对色彩的长期需求。

2.5.2 透水性铺装

1)透水性铺装的概念与特征

透水性铺装也称透水性硬化路面及铺地,是指能使降水通过铺装本身及其与下部基层相连通的渗水路径渗入到下部土壤的人工铺装材料。多在公园、广场、停车场、运动场、人行道及轻型车道铺设,主要是为解决由砖石、沥青、水泥等坚实不透水建材铺筑的城市下垫面造成的城市热岛效应、城市排水压力和城市洪涝灾害隐患等问题而采取的技术措施。

法国最初基于改善公园林荫道树木的灌溉条件提出了通过加大沥青路面的孔隙率形成透水性路面,使路基下部土壤在雨天得到充足的渗水,并增强路面的排水、吸声减噪性能的方案。其后,美国、日本和欧洲部分国家也开展了对透水性铺装的研究和应用。日本在 20 世纪 80 年代初推行"雨水渗透计划",据统计,1996 年初仅东京都就铺设透水性铺装 49.5 万平方米。

透水性铺装被称为"会呼吸的"地面铺装,主要有以下特点:

①透水性铺装具有良好的渗水性能,能使降水迅速渗入地表,补充地下水,实现雨水资源化;同时,通过保持土壤湿度,可以保护铺装地面下的生物生存空间。

②雨水快速渗透有利于减少路面积水,减轻城市市政排水系统压力,避免城市雨水蓄积和漫流,防止城市夏季发生内涝,满足防洪要求,并减少对自然水体的污染。

③透水性铺装具有良好保湿性,可以通过自然蒸发作用降低铺装表面温度,改善城市下垫面性质,缓解城市热岛和干热现象。

④透水性铺装材料较粗糙的表面有利于消除光滑铺地表面造成的反光现象。

⑤透水性铺装材料的多孔构造形式能吸收和降低城市环境噪声(尤其是交通噪声)。

⑥透水性铺装面层材料通过材料的特殊级配产生相互连通的多孔结构,作为雨水下渗和下垫层蓄水蒸发的通道,需要采用添加剂来改善面层黏结材料的强度。

2)透水性铺装的类型

透水性铺装包括透水性混凝土铺装、透水沥青混合料铺装、透水性地砖铺装、新材料透水性铺装和其他透水性铺装等类型。

(1)透水性混凝土铺装

透水性混凝土由特定级配的集料、水泥、特种胶结剂和水等制成,含有很大比例的贯通性孔隙。透水性混凝土分为两类:一类是直接在透水性路基上铺设透水性混合料,经压实、养护构筑成大面积整块透水性混凝土路面;另一类是将预制高透水性混凝土制品铺设在路基上。

(2)透水沥青混合料铺装

透水性沥青混合料铺装多用于广场、停车场与道路,其强度和耐久性主要受原材料和混合料配合比的影响,孔隙率一般在 13%以上。透水性沥青混合料的透水性和强度都很好,能长期保持良好的性能。

(3)透水性地砖铺装

透水性地砖采用高标号的硅酸盐水泥、矿渣水泥等,与特殊级配集料、胶结剂和水等一起,经特定工艺制成,含有大量连通孔隙,具有高渗性。按透水方式与结构特征,透水性地砖可分为正面透水型和侧面透水型两类。值得注意的是,透水性地砖经过长期使用后其透水性能会明显降低。

(4)新材料透水性铺装

2.3其他透水性铺装

①石米地毯:在纤维树脂中添加天然卵石、五彩石或琉璃粒等装饰性树脂铺装,厚度为 7~12 mm,具有良好的透水透气性、较强的吸音效果和防滑功能。

②沙基透水砖:以沙子为原料加工制成的透水地砖。它通过破坏水的表面张力而透水,且表面加工致密(如镜面),不易积灰,具有长时效的透水性。

习 题

1.我国制定的《民用建筑热工设计规范》将我国分为(　　)个热工分区。

A.4　　B.5　　C.6　　D.7

2.影响建筑设计的气候因素有哪些?

3.我国是如何进行气候分区的? 所在地区的气候分区是指什么? 请结合具体实例,分析气候是如何影响所在地区的建筑特点的。

绿色建筑单体设计策略

3.1 建筑单体设计原则

绿色建筑单体设计首先要考虑其所在的气候区。

我国幅员辽阔,地形复杂,由于地理纬度、地势等条件的不同,各地气候相差悬殊。因此,针对不同的气候条件,各地建筑的节能设计都需对应不同的做法。炎热地区的建筑需要遮阳、隔热和通风,以防室内过热;寒冷地区的建筑则要防寒和保温,让更多的阳光进入室内。为了明确建筑和气候两者的科学关系,使各类建筑更充分地利用和适应气候条件,做到因地制宜,《民用建筑设计通则》(GB 50352—2019)将我国划分为 7 个气候区,并对各个气候区的建筑设计提出了不同的要求,见表 3.1。

表 3.1 不同气候分区对建筑的基本要求

分区名称		热工分区名称	气候主要指标	建筑基本要求
Ⅰ	ⅠA ⅠB ⅠC ⅠD	严寒地区	1 月平均气温≤-10 ℃ 7 月平均气温≤25 ℃ 7 月平均相对湿度≥50%	1.建筑物必须充分满足冬季保温、防寒、防冻等要求; 2.ⅠA、ⅠB 区应防止冻土、积雪对建筑物的危害; 3.ⅠB、ⅠC、ⅠD 区的西部,建筑物应防冰雹、防风沙
Ⅱ	ⅡA ⅡB	寒冷地区	1 月平均气温-10~0 ℃ 7 月平均气温 18~28 ℃	1.建筑物应满足冬季保温、防寒、防冻等要求,夏季部分地区应兼顾防热; 2.ⅡA 区建筑物应防热、防潮、防暴风雨,沿海地带应防盐雾侵蚀

续表

<table>
<tr><th colspan="2">分区名称</th><th>热工分区名称</th><th>气候主要指标</th><th>建筑基本要求</th></tr>
<tr><td>Ⅲ</td><td>ⅢA
ⅢB
ⅢC</td><td>夏热冬冷地区</td><td>1 月平均气温 0~10 ℃
7 月平均气温 25~30 ℃</td><td>1.建筑物应满足夏季防热、遮阳、通风降温要求，并应兼顾冬季防寒；
2.建筑物应防雨、防潮、防洪、防雷电；
3.ⅢA 区应防台风、暴雨袭击及盐雾侵蚀；
4.ⅢB、ⅢC 区北部冬季积雪地区建筑物的屋面应有防积雪危害的措施</td></tr>
<tr><td>Ⅳ</td><td>ⅣA
ⅣB</td><td>夏热冬暖地区</td><td>1 月平均气温>10 ℃
7 月平均气温 25~29 ℃</td><td>1.建筑物必须满足夏季遮阳、通风、防热的要求；
2.建筑物应防暴雨、防潮、防洪、防雷电；
3.ⅣA 区应防台风、暴雨袭击及盐雾侵蚀</td></tr>
<tr><td>Ⅴ</td><td>ⅤA
ⅤB</td><td>温和地区</td><td>1 月平均气温 0~13 ℃
7 月平均气温 18~25 ℃</td><td>1.建筑物应满足防雨和通风的要求；
2.ⅤA 区建筑物应注意防寒，ⅤB 区应特别注意防雷电</td></tr>
<tr><td rowspan="2">Ⅵ</td><td>ⅥA
ⅥB</td><td>严寒地区</td><td rowspan="2">1 月平均气温-22~0 ℃
7 月平均气温<18 ℃</td><td rowspan="2">1.建筑物应充分满足保温、防寒、防冻的要求；
2.ⅥA、ⅥB 区应防冻土对建筑物地基及地下管道的影响，并应特别注意防风沙；
3.ⅥC 区的东部，建筑物应防雷电</td></tr>
<tr><td>ⅥC</td><td>寒冷地区</td></tr>
<tr><td rowspan="2">Ⅶ</td><td>ⅦA
ⅦB
ⅦC</td><td>严寒地区</td><td rowspan="2">1 月平均气温-20~-5 ℃
7 月平均气温≥18 ℃
7 月平均相对湿度<50%</td><td rowspan="2">1.建筑物必须充分满足保温、防寒、防冻的要求；
2.除ⅦD 区外，应防冻土对建筑物地基及地下管道的危害；
3.ⅦB 区建筑物应特别注意积雪的危害；
4.ⅦC 区建筑物应特别注意防风沙，夏季兼顾防热；
5.ⅦD 区建筑物应注意夏季防热，吐鲁番盆地应特别注意隔热、降温</td></tr>
<tr><td>ⅦD</td><td>寒冷地区</td></tr>
</table>

3.1.1　严寒地区的设计原则

严寒地区的绿色建筑设计，除应满足传统建筑的一般要求及《绿色建筑技术导则》和《绿色建筑评价标准》的要求外，还应注意结合寒冷地区的气候特点、自然资源条件进行设计。在其具体设计中，应注意根据气候条件合理布置建筑、控制体形参数，平面布局宜紧凑，平面形状宜规整，功能分区兼顾环境分区，合理设计入口等。

我国严寒地区的气候特点是冬季严寒而漫长，夏季短暂而凉爽。在某些高海拔地区，最热季节的平均温度也在 10 ℃以下，云量少，晴天多。严寒地区住宅设计的关键问题是充分满足冬季保温要求，最大限度地减少住宅与外环境之间的热交换，同时尽可能地利用太阳辐射热，夏季防热一般可不考虑。因此，可采取的技术措施包括：

①采用集中的建筑形式和紧凑的建筑布局。

②采取防风措施，避开寒冷气流容易沉积的地方。

③采用厚重的外围护结构。

④进行外围护结构的保温。

⑤适当加大南窗,尽量不开北窗,少开东、西窗,开门部位注意防风。

⑥提高窗的热工性能,注意开口部位保温,使窗成为得热构件。

⑦引导太阳辐射热进入室内。

⑧断绝冷桥。

⑨设置气候缓冲层。

⑩进行冷风控制。

⑪设置太阳能采暖系统。

⑫利用覆土保温。

3.1.2 寒冷地区的设计原则

我国寒冷地区的气候特点是冬季寒冷,时间较长,云量少,晴天多,而夏季炎热干燥,一年中的相对湿度变化较大。寒冷地区的住宅设计既要满足冬季保温要求,努力引导太阳辐射热进入室内,同时又要兼顾夏季防热要求,减少夏季的太阳辐射得热。其可采取的技术措施包括:

①采用较为集中的建筑形式和适度开敞的建筑布局。

②综合考虑冬季防风与夏季导风的措施。

③进行外围护结构的保温与隔热。

④多开南窗,以促进自然通风为目的,开少量北窗,尽量不开东西窗;开门部位注意防风。

⑤开口部位冬季进行保温,夏季进行隔热。

⑥尽量断绝冷桥。

⑦在平、剖面中组织自然通风。

⑧设置气候缓冲层。

⑨进行冷风控制。

⑩设置太阳能采暖或制冷系统。

⑪利用覆土保温及自然空调系统。

⑫冬季争取日照,获得太阳辐射热,夏季在房屋与开口部位进行遮阳处理。

具体在建筑节能设计方面考虑的问题应符合下表 3.2 中的相关要求。

表 3.2 寒冷地区绿色建筑在建筑节能设计方面应考虑的问题

项目	Ⅱ区	ⅥC 区	ⅦD 区
规划设计及平面布局	总体规划、单体设计应满足冬季日照并防御寒风的要求,主要房间宜避免西晒	总体规划、单体设计应注意防寒风与风沙	总体规划、单体设计规划设计应注意防寒风与风沙,争取以冬季日照为主
体形系数要求	应减小体形系数	应减小体形系数	应减小体形系数

续表

项目	Ⅱ区	ⅥC区	ⅦD区
建筑物冬季保温要求	应满足防寒、保温、防冻等要求	应充分满足防寒、保温、防冻等要求	应充分满足防寒、保温、防冻等要求
建筑物夏季防热要求	部分地区应兼顾防热，ⅡA区应考虑夏季防热，ⅡB区可不考虑	无	应兼顾夏季防热，特别是吐鲁番盆地，应注意隔热、降温，外围护结构宜厚重
构造设计的热桥影响	应考虑	应考虑	应考虑
构造设计的防潮、防雨要求	注意防潮、防暴雨，沿海地带还应注意防盐雾侵蚀	无	无
建筑的气密性要求	加强冬季密闭性，且兼顾夏季通风	加强冬季密闭性	加强冬季密闭性
太阳能利用	应考虑	应考虑	应考虑
气候因素对结构设计的影响	结构上应考虑气温年较差大以及大风的不利影响	结构上应注意大风的不利作用	结构上应考虑气温年较差和日较差均大以及大风等不利作用
冻土影响	无	地基及地下管道应考虑冻土的影响	无
建筑物防雷措施	宜有防冰雹和防雷措施	无	无
施工时注意事项	应考虑冬季寒冷期较长和夏季多暴雨的特点	应注意冬季严寒的特点	应注意冬季低温、干燥，多风沙以及温差大的特点

在建筑围护结构的节能设计中，保证建筑体形系数、窗墙面积比、围护结构热工性能、外窗气密性、屋顶透视部分面积比等指标达到国家和地方节能设计标准的规定，是保证建筑节能的关键，在绿色建筑中更应当严格执行。

由于我国寒冷地区有一定的地域气候差异，各地的经济发达水平也很不平衡，因此节能设计的标准在各地也有一定差异。此外，公共建筑和住宅建筑在节能特点上也存在差别。因此，建筑体形系数、窗墙面积比、外围护结构热工性能、外窗气密性、屋顶透明部分面积比的规定限值应参照各地以及建筑类型的要求。

鼓励绿色建筑的围护结构的设计标准比国家和地方规定的节能标准更高。这些建筑在设计时应利用软件模拟分析的方法计算其节能率，以便判断其是否可以达到国家现行标准《绿色建筑评价标准》(GB/T 50378—2019)中的规定。

3.1.3 夏热冬冷地区的设计原则

按照建筑气候分区来划分，夏热冬冷地区包括上海、浙江、江苏、安徽、江西、湖北、湖南、重庆、四川、贵州省市的大部分地区，以及海南、陕西、甘肃南部、福建、广东、广西北部，共涉及16个省、市、自治区。该地区面积约180万平方千米，约有4亿人口，是中国人口最密集、经济发展速度较快的地区。

该地区最热月平均气温为25~30 ℃，平均相对湿度为80%，炎热潮湿是夏季的基本气候特点。太平洋副热带高压从中国东部沿海登陆，沿长江向西扩展，直到四川的泸州、宜宾之间，笼罩整个夏热冬冷地区的时间长达7~40天。这是夏季最恶劣的天气过程，最高气温可达40 ℃以上，最低气温也超过28 ℃，全天无凉爽时刻。白天日照强、气温高、风速大，热风横行，所到之处如同火炉，空气升温，物体表面发烫；而夜间静风率高，不能带走白天积蓄的热量，气温和物体表面温度仍然很高。重庆、南京、武汉、长沙等城市的"火炉"之称由此而来。

夏热冬冷地区最冷月平均气温为0~10 ℃，平均相对湿度为80%。冬季气温虽然比北方高，但日照率远远低于北方，北方冬季的日照率大多数都超过60%。夏热冬冷地区由东到西，冬季日照率急剧减小。东部上海、南京日照率为40%左右；中部武汉、长沙为30%~40%；西部大部分约20%，其中重庆只有15%，贵州遵义只有10%，四川盆地只有15%~20%。该地区冬季基本的气候特点是阴凉潮湿，整个冬天阴沉，雨雪连绵，几乎不见阳光。

夏热冬冷地区冬夏两季都非常潮湿，相对湿度都在80%左右，但造成冬夏两季潮湿的基本原因并不相同。夏季潮湿是因为空气中水蒸气的含量太高，冬季潮湿则是因为空气温度较低且日照严重不足。

夏热冬冷地区的绿色建筑单体设计是绿色建筑设计中的重要组成部分，该地区住宅设计的首要问题是夏季应尽可能的减少太阳辐射得热，冬季应有适当的保温措施。可以采取的技术措施包括：

①采用疏朗开敞的建筑形式和建筑布局。

②考虑夏季导风的措施，兼顾冬季防风。

③在平、剖面中组织自然通风。

④设置内庭院，形成局部冷源。

⑤开少量东、西窗，以利于自然通风。

⑥在夏季，对房屋、窗口进行遮阳。

⑦对外墙、屋顶进行隔热处理。其中屋顶隔热最为重要，其次是东、西墙，可以采用蓄水屋面、种植屋面。

⑧提高窗的热工性能。

⑨开口部位在冬季采取保温措施。

⑩对地面采取防止泛潮的措施，如采用蓄热系数小或带有微孔的耐磨材料（如防潮砖等）作为地面面层、底层及房间设置腰门等。

⑪采用浅色的建筑立面。

⑫采用自然空调系统。

在寒冷地区和夏热冬冷地区，由于冬季与夏季的设计手法有时是相互矛盾的，因此在设计中应留有变通的余地。例如，遮阳设施可以采用活动式的，冬天需要阳光照射时可以将其拆去，夏天再装上。空间或构件也可以设计成多功能的。例如，用侧窗采光的中庭，冬天可以集热，夏天可以通风。叶片两面分别镀有深色涂料和反射性材料的百叶窗，冬天时可以利用深色涂料的一面吸收热量，提高室温，夏天则可利用反射性材料的一面反射阳光。

其具体设计内容主要包括建筑平面设计、体形系数控制、日照与采光设计、围护结构设计等。

1)建筑平面设计

建筑平面设计是建筑设计中不可缺少的组成部分,既是为营造建筑实体提供依据,也是一种艺术创作过程。设计时既要考虑人们的物质生活需要,又要考虑人们的精神生活要求。合理的建筑平面设计应符合传统的生活习惯,有利于组织夏季穿堂风、冬季被动太阳能的采暖及自然采光。例如,居住建筑在户型规划设计时,应注意平面布局要紧凑、实用,空间利用应合理、充分、见光、通风。必须保证一套住房内主要的房间在夏季有流畅的穿堂风,卧室和起居室为进风房间,厨房和卫生间为排风房间,以满足不同空间的空气品质要求。住宅的阳台能起到夏季遮阳和引导通风的作用,如果把西、南立面的阳台封闭起来,可以形成室内外热交换的过渡空间。如将电梯、楼梯、管道井、设备房和辅助用房等布置在建筑物的南侧或两侧,可以有效阻挡夏季的太阳辐射,与之相连的房间不仅可以减少冷消耗,同时可以减少大量的热量损失。

为更加科学地确定建筑平面设计的合理性,在进行建筑平面设计前可采用计算机模拟技术对具体的建筑或建筑的某个特定房间进行日照、采光、自然通风的模拟分析,从而改进并完善建筑平面设计。

2)体形系数控制

体形系数是指建筑物与室外大气接触的外表面积与其所包围的体积的比值。空间布局紧凑的建筑体形系数较小;建筑体形复杂、凹凸面过多的低层、多层及塔式高层住宅等空间布局分散的建筑外表面积和体形系数较大。对于相同体积的建筑物,体形系数越大,单位建筑空间的热散失面积越高。因此,出于建筑节能方面的考虑,在进行建筑设计时应尽量控制建筑物的体形系数,尽量减少立面不必要的凹凸变化。如果建筑物出于造型和美观的需要,必须采用较大的体形系数时,应尽量增加围护结构的热阻。

在具体选择建筑节能体形时需考虑多种因素,如冬季气温、日照辐射量与照度、建筑朝向和局部风环境等,权衡建筑物获得的热量和散失的热量的具体情况。在一般情况下,控制体形系数的方法有:加大建筑体量,增加长度与进深;减少体形变化,尽量使建筑物规整;设置合理的层数和层高;单独的点式建筑尽可能少用或尽量拼接,以减少外墙的暴露面。

3)日照与采光设计

根据现行国家标准《城市居住区规划设计规范》(GB 50180—2018)中的规定,“住宅建筑与相邻建、构筑物的间距应在综合考虑日照、采光、通风、管线埋设、视觉卫生、防灾等要求的基础上而统筹确定,并应符合现行国家标准《建筑设计防火规范》(GB 50016—2014)的有关规定。”设计过程中可使用日照软件进行模拟日照和采光分析,控制建筑间的间距是为了保证建筑的日照时间。按计算,夏热冬冷地区建筑的最佳日照间距是 1.2 倍邻边南向建筑的高度。不同类型的建筑(如住宅、医院、学校、商场等)设计规范都对日照有具体明确的规定,设计时应根据不同气候区的特点执行相应的规范、国家和地方的法规。在进行日照与采光设计时,应充分利用自然采光。房间的有效采光面积和采光系数,除应符合国家现行标准《民用建筑设计通则》(GB 50352—2019)和《建筑采光设计标准》(GB 50033—2013)的要求外,还应符合下列要求:

3.1《民用建筑设计通则》和《建筑采光设计标准》

①居住建筑的公共空间宜自然采光。

②办公、宾馆类建筑75%以上的主要功能空间的室内采光系数，不宜低于《建筑采光设计标准》(GB 50033—2013)中的要求。

③地下空间宜自然采光。

④利用自然采光时应避免产生眩光。

⑤设置遮阳措施时应满足日照和采光的标准要求。

4)围护结构设计

围护结构是指建筑及房间各面的围挡物，如门、窗、墙等能够有效地抵御不利环境的影响。根据在建筑物中的位置，围护结构分为外围护结构和内围护结构。外围护结构包括外墙、屋顶、侧窗、外门等，用以抵御风雨、温度变化、太阳辐射等，其应具有保温、隔热、隔声、防水、防潮、耐火、耐久等性能。内围护结构如隔墙、楼板和内门窗等，起分隔室内空间作用，其应具有隔声、隔视线以及某些特殊要求的性能。通常所说的围护结构，是指外墙和屋顶等外围护结构。

围护结构又分透明和不透明两部分，不透明围护结构有墙、屋顶和楼板等，透明围护结构有窗户、天窗和阳台门等。建筑外围护结构与室外空气直接接触，如果其具有良好的保温隔热性能，可以减少室内与室外的热量交换，从而减少所需要提供的采暖和制冷的能量。

(1)建筑外墙

夏热冬冷地区面对冬季主导风向的外墙，表面冷空气流速大，单位面积散热量高于其他三个方向的外墙。因此，在设计外墙保温隔热构造时，宜加强其保温性能，提高其传热阻，才能使外墙达到保温隔热的要求。要使外墙取得良好的保温隔热效果，主要有设计合适的外墙保温构造、选用传热系数小且蓄热能力强的墙体材料两个途径。

①建筑常用的外墙保温构造为外墙外保温。外保温与内保温相比，保温隔热效果和室内热稳定性更好，也有利于保护主体结构。常见的外墙外保温种类有聚苯颗粒保温砂浆、粘贴泡沫塑料保温板、现场喷涂或浇注聚氨酯硬泡、保温装饰板等，其中聚苯颗粒保温砂浆由于保温效果偏低、质量不易控制等原因，使用量逐渐减少。

②自保温不仅能使围护结构的围护和保温的功能合二为一，而且基本上能与建筑同寿命。随着很多高性能、本地化的新型墙体材料(如江河淤泥烧结节能砖、蒸压轻质加气混凝土砌块、页岩模数多孔砖、自保温混凝土砌块等)的出现，采用自保温形式的外墙的设计越来越多，施工也更加简单。

(2)屋面

根据实测资料证明，冬季屋面散热在围护结构热量总损失中占有相当的比例，屋面对于顶层房间室内温度的影响最显著，夏季来自太阳的强烈辐射会造成顶层房间过热，使制冷能耗增加，因此有必要对屋顶的保温隔热性能给予足够的重视。在夏热冬冷地区，由于屋面夏季防热是主要任务，因此对屋面隔热要求较高。根据工程实践经验，要想得到理想的屋面保温隔热性能，一般可综合采取以下措施：

①选用合适的保温材料，其导热系数、热惰性指标应满足标准要求。

②采用架空式保温屋面或倒置式屋面等。

③采用屋顶绿化屋面、蓄水屋面、浅色坡屋面等。

④采用通风屋顶、阁楼屋顶和吊顶屋顶等。

(3)外门窗、玻璃幕墙

外门窗、玻璃幕墙暴露于大气之中,是建筑物与外界热交换、热传导最活跃、最敏感的部位。在冬季,其保温性能和气密性能对采暖能耗有很大影响,是墙体热量损失的5~6倍;在夏季,大量的热辐射直接进入室内,大大提高了制冷能耗。相关资料表明,夏热冬冷地区,窗户辐射传导热占空调总能耗的30%,冬季占采暖能耗的21%。因此,外墙门窗的保温隔热性能对建筑节能来说是非常重要的。根据工程实践经验,减少外门窗和玻璃幕墙能耗可以从以下几个方面着手:

①合理控制窗墙面积比,尽量少用飘窗。综合考虑建筑采光、通风、冬季被动采暖的需要,从地区气候、建筑朝向和房间功能等方面,合理控制窗墙面积比。如北墙窗,应在满足居室采光环境质量要求和自然通气的条件下,适当减少窗墙面积比,其传热阻要求也可适当提高,以减少冬季的热量损失;南墙窗在选择合适的玻璃层数及采取有效措施减少热耗的前提下,可适当增加窗墙面积比,更利于冬季日照采暖。在一般情况下,不能随意开设落地窗、飘窗、多角窗、低窗台等。

②选择热工性能和气密性能良好的窗户。夏热冬冷地区的外门窗是能耗的主要部位,设计时必须加强门窗的气密性及保温性能,尽量减少空气渗透带来的能量消耗。选用热工性能好的塑钢或木材等断热型材作门窗框的同时,还要选用热工性能好的玻璃。

窗户良好的热工性能来源于型材和玻璃。常用的型材种类主要有断桥隔热铝合金、PVC塑料、铝木复合型材等;常用的玻璃种类主要有普通中空玻璃、Low-E 玻璃、中空玻璃、真空玻璃等。一般而言,平开窗的气密性能优于推拉窗。

③合理设计建筑遮阳。在夏热冬冷地区,遮阳对降低太阳辐射、削弱眩光、降低建筑能耗、提高室内居住舒适性和视觉舒适性有显著的效果。建筑遮阳的种类有:窗口遮阳、屋面遮阳、墙面遮阳、绿化遮阳等。在这几组遮阳措施中,窗口无疑是最重要的。因此,夏热冬冷地区的南、东、西窗都应进行建筑遮阳设计。

建筑遮阳技术由来已久,形式多样。夏热冬冷地区的传统建筑常采用藤蔓植物、深凹窗、外廊、阳台、挑檐、遮阳板等遮阳措施。建筑遮阳设计首选外遮阳,其隔热效果远好于内遮阳。如果采用固定式建筑构件遮阳,可以借鉴传统民居中常见外挑的屋檐和檐廊设计,辅以计算机模拟技术,以满足冬季日照、夏季遮阳隔热的需求。活动式外遮阳设施夏季隔热效果好,冬季可以根据需要关闭,能兼顾冬季日照和夏季遮阳的需求。

3.1.4 湿热地区的设计原则

湿热地区位于我国南部北纬27°以南,东经97°以东,包括海南全境、广东大部、广西大部、福建南部、云南西南部和元江河谷地区,以及香港特区、澳门特区与台湾省。湿热地区是《民用建筑热工设计规范》(GB 50176—2016)规定的热工设计分区之一,属于我国《建筑气候区划标准》(GB 50178—1993)规定的第Ⅳ建筑气候区。

湿热地区为亚热带湿润季风气候,其特征表现为夏季时间长,冬季时间短,常年气温高且湿度大,气温的年较差和日较差小,太阳辐射强烈,雨量充沛。

在此气候区的住宅,设计的关键问题是防止太阳辐射热进入室内,保证室内有持续的自然通风,使热量易于散发出去;同时,创造出必要的半室外空间,引导室内活动在稍为凉爽的室外进行。可采取的技术措施包括:

①采用疏朗开敞的建筑形式和建筑布局。如可以底层架空,利用地板下层空间通风降温等。

②设置回廊、挑台、挑檐等创造阴影下的户外空间。

③采用轻质而有良好隔热性能的材料作外围护结构,并保持开敞通透。

④利用平、剖面组织自然通风。

⑤各个方向进行遮阳处理。

⑥对外围护结构进行隔热处理,如可以采用蓄水屋面、种植屋面、带有通风间层的外墙、屋面等。

⑦采用自然空调系统。

3.1.5 干热地区的设计原则

我国的干热地区主要是指新疆的东部和南部沙漠。其气候特点是降水量少,日照强烈,空气干燥,平均风速较大,气温变化急剧,夏季昼夜温差大。干热地区的住宅设计如果能满足夏季的热舒适条件,也就能满足冬季的舒适条件。设计的要点是防止室外热量进入室内,同时充分利用风能、水体、植被等进行被动式降温。可采取的技术措施包括:

①采用紧凑的建筑形式和建筑布局,创造阴影下的室外空间,减少直接暴露于阳光照射下的外墙面积。

②采用厚重材料作外围护结构,抵御昼夜温度波动。

③充分利用覆土保温隔热。

④尽量减小开口面积,多利用北向开口采光。

⑤设置水院、绿阴院等创造局部冷源。

⑥利用自然空调系统调温调湿。

⑦对外围护结构进行遮阳与隔热处理,最好采用双层屋面和墙体。

⑧在平、剖面中组织自然通风,注意采用间歇通风的方式,即白天室外气温高于室内气温时,关闭门窗;夜晚则利用通风来降温。

⑨采用浅色的建筑立面。

⑩利用棚架、植被等减少房屋周围场地的热反射。

3.2 建筑体形设计

体形是建筑的形状,所包容的空间是功能的载体,除满足一定文化背景和美学要求外,其丰富的内涵令建筑师神往。然而,节能建筑对体形有特殊的要求和原则,不同的体形对建筑节能效率的影响大不相同。体形设计是建筑艺术创作的重要部分,结合节能策略的建筑体形设计赋予建筑创作更多的理性,并为创作带来灵感,而考虑建筑体形的节能控制则为建筑节能打好了一个坚实的基础。

3.2.1 建筑体形的选择

建筑体形是一幢建筑物给人的第一直观印象。决定建筑体形的因素,或许是基地形状,或许是建筑内部空间,或许是出于某种寓意,或许是多种目的综合结果,由于决定因素的不同,建筑体形也千变万化。建筑体形决定了一定围合体积下接触室外空气和光线的外表面积,以及室内通风气流的路线长度,因此体形对建筑节能有重要影响,通过建筑体形设计达到节能目的是建筑设计中的重要部分。不同气候区及不同功能的建筑,节能要求所塑造的建筑体形是不同的。从节能角度出发来进行建筑体形的设计已经成为许多建筑师设计构思的出发点,并产生了许多新颖别致、令人耳目一新的建筑作品。基于节能构思的建筑形体设计通常从以下几个方面着手考虑:

1)保温方面

从保温方面考虑体形,通常采取扩大受热面、整合体块和减少体形系数等方法,最大程度获取太阳能并减少热损失。

德国柏林的马尔占低耗能公寓大楼(图 3.1)在设计过程一开始就有了研究形体与能源利用之间的关系。在柏林的严冬里,最主要的能源需求就是空间取暖。因此,研究人员开始研究表面积与体积的关系。他们制作了 6 个原始的建筑拓扑形式,其平面图分别是正方形、长方形、圆形、半圆形、弧形和扇形,所有形体都设定为 6 层高,总建筑面积为 6 000 m^2。研究人员计算了每种形体所要求的年耗能量,以便做出比较。研究结果表明,在前 5 种样式中,圆柱形建筑在冬季所需的能量最低。但是第 6 种扇形建筑如果比例控制得当,也可以达到相同的效果。为了达到这一效果,他们将形体拉长,以增加建筑的向阳面积,并使建筑朝北面的长度尽量短,同时系统地调整东西两面的长度,直至达到最佳状态,最终形成了第 7 个方案。与圆柱形样式相比,扇形截面样式的优点是所有的公寓都可以有向阳面,也顺应了该基地提供的条件。

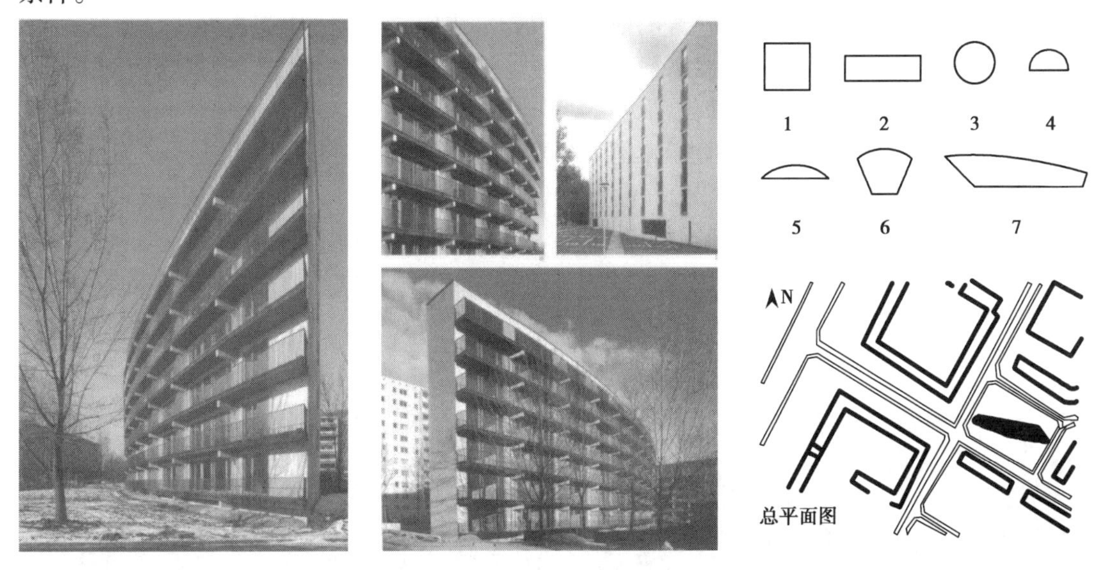

图 3.1 德国·柏林 马尔占(Marzahn)低耗能公寓大楼

由托马斯·赫尔佐格构想的“对角正方体”住宅(图 3.2)的建筑,其体形近似正方体,以对角线为轴南北方向放置,同时满足了减少外界面总量和增加受热外界面两方面的要求,实现了得热和失热的统一。

图 3.2　对角正方体建筑

2）太阳能的利用方面

建筑南向玻璃在向外散失热量的同时也将太阳辐射引入室内，如果吸收的太阳辐射热大于向外散失的热量，则这部分“盈余”热量便能够补偿其他外界面的热损失。受热界面的面积越大，补偿给建筑的热量就越多。因此太阳能建筑的体形不能以外表面面积越小越好来评价，而是以南墙面的集热面足够大来评价。

2010 年上海世博会上，位于浦西世博园“城市最佳实践区”一角的阿尔萨斯案例馆（图 3.3）就是一个通过太阳能达成室内舒适性的节能环保建筑范例。虽然外表面被青枝绿叶覆盖，但这栋建筑最新奇的不是绿墙，而是“水幕太阳能墙”。该墙体包括 3 个层次，外层为太阳能电板和第一层玻璃，中间层为密闭舱，第三层为水幕玻璃。“水幕太阳能墙”从太阳能利用角度合理地进行体形设计，充分展示了一种建筑本身具有的气候调节机制，尤其适用于夏热冬冷地区。

德州太阳谷微排大厦（图 3.4）号称世界上最大的太阳能建筑，总建筑面积达到 7.5 万平方米，在全球首创实现了太阳能热水供应、采暖、制冷、光伏并网发电等技术与建筑的完美结合，建筑整体节能效率达 88%，每年可节约标准煤 2 640 吨、节电 660 万度，减少污染物排放 8 672.4 吨。

图 3.3　德州太阳谷微排大厦

图 3.4　阿尔萨斯案例馆

3）采光和通风方面

为了达到采光和通风的目的，建筑师通常研究设计具有自遮阳效果或者有利于自然通风的形体。除非建筑体量非常小,否则紧凑的体形不利于夏季的自然通风,并且会增加建筑的照明能耗和空调能耗等,从而增加成本。更为重要的是,过于紧凑的体形限制了新鲜空气、自然光以及向外的视野,损害了人体的健康,成为"狭隘的节能建筑"。近20年的医学研究表明,室内自然光的减少与抑郁、紧张、注意力涣散、免疫力低下都有很大的关系。对于医院的病人来说,窗口过小、视野受限可能会增加病痛,延长康复的时间。因此,我们需要在节约能源和人体健康之间做出很好的平衡,尤其是医疗建筑,更需要良好的空气流通、自然光线和室外景观。

强调自然采光和自然通风的理想建筑体形应当是狭长伸展的,使更多的建筑面积靠近外墙,尤其在湿热气候区。建筑可以设计一系列伸出的翼,这样就能在满足采光和通风的同时将土地的占用减少。注意,翼之间的空间不能过于狭小,否则会相互遮挡(图3.5)。

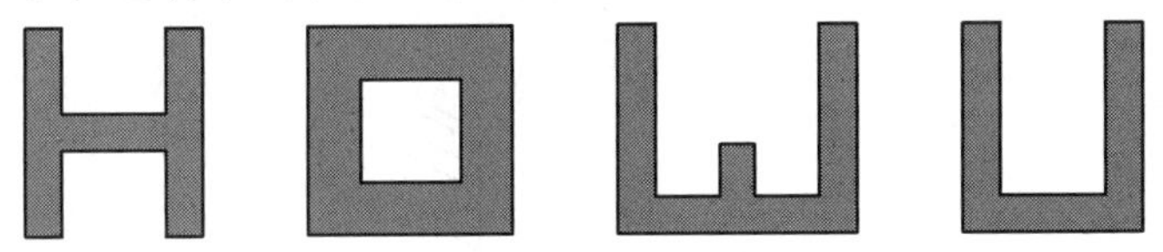

图3.5　有利于采光的建筑平面图

虽然有些建筑看起来增加了建筑的外表面积,降低了建筑的热性能,但设计良好的自然采光和通风系统所节约的照明能耗和空调能耗将会弥补甚至超过因外表面积增大而增加的冬季热损失。因此,我们必须在减少围护结构传热的紧凑体形和有利于自然采光、太阳能得热、自然通风的体形之间做出选择,理想的节能体形由气候条件和建筑功能决定。严寒地区的建筑以及完全依赖空调的建筑宜采用紧凑的体形;湿热气候区,采用狭长的建筑会使接触风和自然光的面积增大,便于自然通风和采光;温和气候区,建筑的朝向和体形选择可以有更多的自由。

4)遮挡方面

设计建筑的体形时,如果需要考虑相邻建筑或未建场地利用日照的可能性,就需要引入"太阳围合体"(solar envelope)的概念。"太阳围合体"指特定场地上不会遮蔽毗邻场地的最大可建体积。它的大小、形状由场地的大小、朝向、纬度、需要日照的时段及毗邻街道和建筑容许的遮阳程度决定(图3.6)。

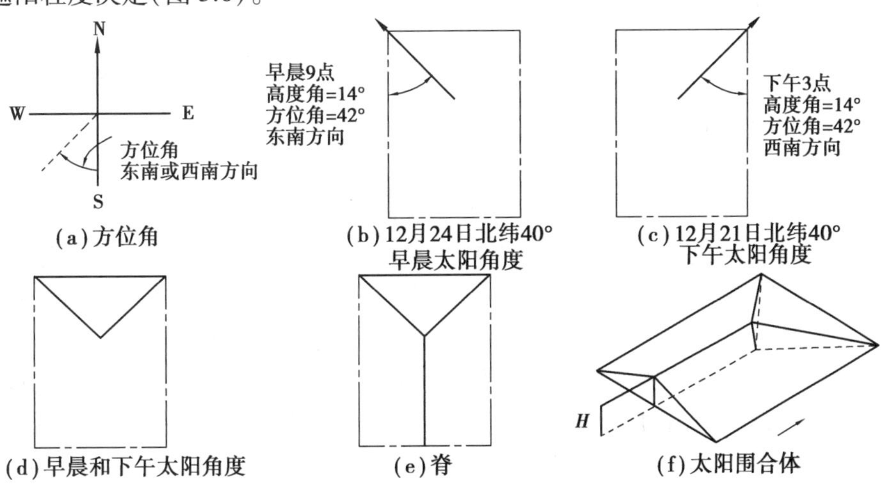

图3.6　太阳围合体的形成

一旦场地的朝向和形状确定了，太阳围合体的形状就由必须获得日照的时段决定。例如，位于北纬40°的某块场地，要求全年早上9点至下午3点之间不能遮挡毗邻场地的日照，就要在太阳高度角最低的时候（12月）确定体形北边的坡度，在太阳高度角最高的时候（6月）确定南边的坡度。由于在早上9点前和下午3点后可以遮蔽毗邻场地，所以，12月21日、6月21日早上9点和下午3点的太阳位置决定了太阳围合体的最大体积，图3.7表示了在一定太阳围合体内假想的建筑。

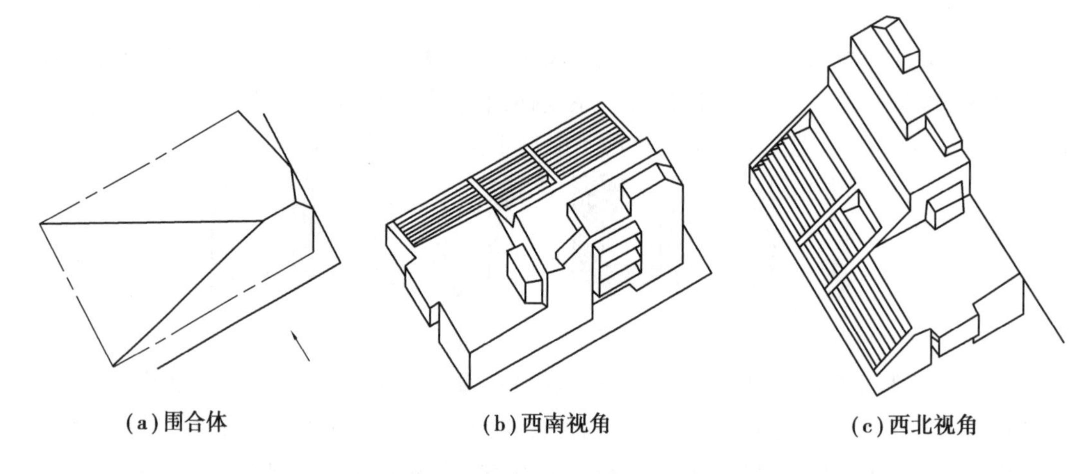

(a)围合体　　(b)西南视角　　(c)西北视角

图3.7　假想的具有太阳围合体的建筑

确定不被遮蔽的场地或建筑的边界（被称为阴影栅栏 shadow fences）时，可以包括街道和空地的宽度，其高度可以根据不同的周边条件人为进行调整，同时也和毗邻土地的用途有关。例如，住宅的“阴影栅栏”高度比公共建筑或工业建筑的低。“太阳围合体”也可以用在分期建设的地块，每个阶段的建造都应被包含在整块地的太阳围合体范围内（图3.8）。

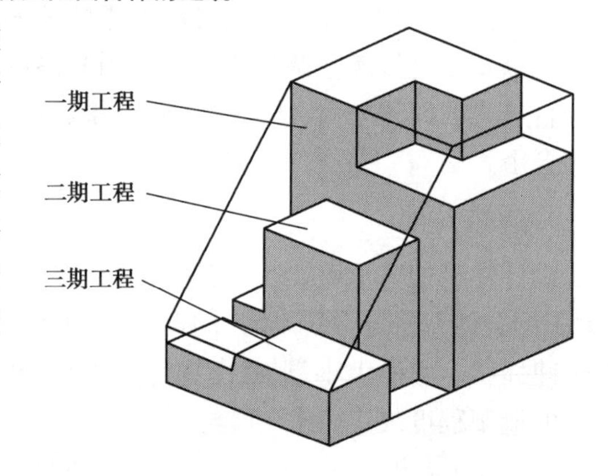

图3.8　太阳围合体分期建造示意图

5）总体能耗方面

针对建筑节能设计，以下将从建筑能耗、传热理论、辐射得热、风致散热等角度分析建筑体形对建筑能耗的影响。

（1）建筑能耗

从传热理论分析，外围护结构是建筑热量散失的主要途径，因此，建筑的外围护结构外表面积越小，越有利于建筑热量的蓄存（图3.9）。实践表明，建筑节能性能具有以下规律：条式建筑优于点式建筑，高层建筑优于低层建筑，规整建筑优于异型建筑。从降低建筑能耗的角度出发，体形系数应控制在一个较低的水平。我国《民用建筑节能设计标准》中给出了建筑体形系数的阈值，通常数值不得高于0.3。另外，我国《严寒和寒冷地区居住建筑节能设计标准》对建筑物的体形系数给出了更为详细的说明：一般的矩形建筑的体形系数应该低于0.35，而点式建筑物的体形系数应该低于0.40，如表3.3所示。《夏热冬冷地区居住建筑节能设计标准》对体形系数的限值规定如表 3.4 所示。研究数据显示,当建筑物的体形系数控制在 0.15 左右时,建筑物的能耗量最小。

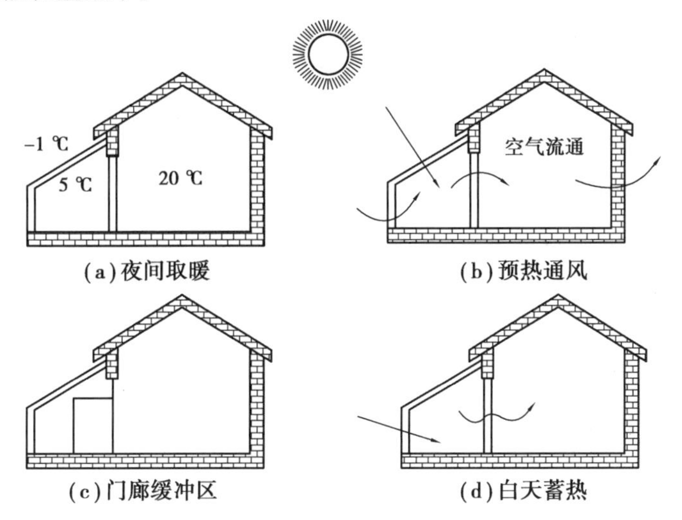

(a)夜间取暖　(b)预热通风

(c)门廊缓冲区　(d)白天蓄热

图 3.9　建筑热量蓄存方式图

表 3.3　严寒和寒冷地区体形系数限值和窗墙比限值

体形系数限值			窗墙面积比限值			
建筑层数	≤3 层	≥4 层	朝向	北	东、西	南
严寒地区	0.55	0.30	严寒地区	0.25	0.30	0.45
寒冷地区	0.57	0.33	寒冷地区	0.30	0.35	0.50

表 3.4　夏热冬冷地区居住建筑体形系数限值

建筑层数	≤3 层	(4—11 层)	≥12 层
建筑的体形系数	0.55	0.40	0.35

虽然说降低体形系数能够相应地降低建筑能耗,但是建筑的体形系数不但与建筑围护结构的热量散失有关,它还决定着建筑的立体造型、平面布局以及自然采光和通风等。因此,虽然建筑体形系数较小时(通常是指体积大、体形简单的多高层建筑),建筑节能水平较高,但是这将制约着建筑师的创造性,导致建筑形式呆板,甚至可能会损害建筑的一些基本功能。因此,在建筑设计时,要统筹兼顾建筑节能和建筑空间设计两方面。

(2)传热理论

在严寒或寒冷地区,建筑物的外围护结构尤为重要。建筑的散热面积大于吸热面积,容易导致建筑内侧气流不畅等,使交角处内表面的温度远远低于主体内表面温度。由于建筑的构造柱或框架柱常设立在建筑交角处,容易产生热桥效应,因此交角处是建筑物散热最多的部位。无论是外表规整的建筑,还是奇形怪状的建筑,只要存在外突出部位,必定会造成大量热量散失。

在我国北方地区,拐角处的建筑表面温度低于建筑主体内部的温度且容易产生热桥效应,因此在建筑节能设计中,建筑拐角部位需要成为节能重点考虑部位。由于圆形建筑的拐角数量最少,远低于矩形或者异型建筑,因此圆形建筑的节能性能也远远优于矩形或者异型建筑。

(3)辐射得热。从太阳辐射得热的角度考虑,建筑的墙面应该尽可能地朝南,同时让可能产生热交换的外表面积尽可能地减少。研究表明:相对于朝南的正方形或者平面不规整的建筑,朝南的长板式建筑面积所获得太阳辐射得热最多。因此,在建筑设计初期,应尽量增大建筑朝阳方向的面积,而其他方向的建筑面积越小越好,即建筑朝南面积占建筑总表面面积的比例越大,越有利于建筑节能。

(4)风致散热。建筑高度越高,建筑受到风的作用越明显,对于热带地区建筑来说,越高越有利于自然通风;在严寒及寒冷地区,需要尽量降低建筑的高度以避免内部的热量损失。在我国北方地区,应以多层或低层建筑为宜,尽量不建或少建高层建筑,以减少建筑物的热量损失。

3.2.2 建筑体形的控制

1)体形系数

建筑外界面是建筑与环境之间热交换的通道。由于建筑体形不同,其室内与室外热交换过程中界面面积也不相同,并且因形状不同带来的角部热桥敏感部位的增减,也会给热传导造成影响,因此建筑体形的变化直接影响建筑采暖、空调能耗的大小。所以建筑体型的设计,应尽可能利于节能。在具体设计中,常通过控制建筑物体形系数来达到减少建筑物能耗的目的。

建筑物体形系数(S)是指建筑物与室外大气接触的外表面积(F_0)(不包括地面、不采暖楼梯间隔墙和户门的面积)与其所包围的体积(V_0)的比值,即:

$$S = \frac{F_0}{V_0} \tag{3.1}$$

式中 F_0——室外大气接触的外表面积(不计地面);

V_0——其所包围的建筑体积,其值越小越好,且圆形<正方形<长方形;

S——与建筑体型是否规整及建筑体量的大小有关,体量越大 S 越小,单层的一般比较大。

对建筑节能概念来讲,要求用尽可能小的建筑外表面,围合尽量大的建筑内部空间。S 越小则意味着外墙面积越少,也就是能量的流失途径越少。我国的建筑节能规范对体形系数提出了控制界线:如严寒、寒冷地区居住建筑以 S 为依据,当 $S<0.3$ 时,体形对节能有利,为以后建筑实施节能目标提供了良好的基础;当 $S>0.3$ 时,则表示外表面积偏大,会对节能带来负影响,应重新考虑体形情况。

建筑体形系数也是衡量建筑热工性能的一项重要指标,其大小对建筑能耗具有显著影响。空间布局紧凑的建筑体形系数小;反之,空间布局分散的建筑体形系数大。建筑体形系数越小(体积相同的情况下外表面积小),单位建筑面积所对应的外围护结构表面积越小,通过外围护结构的冬季传热损失和夏季辐射的热量越小,冬季供暖和夏季制冷的能耗也越小。研究表明,建筑物体形系数每增加 0.01,耗热量指标增加 2.5%左右。以一栋建筑面积 3 000 m^2,高 17.4 m 的 6 层住宅建筑为例,围护结构平均传热系数相同,当体型不同时,每平方米建筑面积耗热量也不同,见表 3.5(以正方形建筑的耗热量为 100%)。

表 3.5　不同体形系数耗热量指标比较

平面形式	平面尺寸	外表面积(m^2)	体形系数	每平方米建筑面积耗热量与正方形时比值(%)
圆形	$r=12.62$ m	1 879.7	0.216	91.4
长∶宽=1∶1	22.36 m×22.36 m	2 056.3	0.236	100
长∶宽=4∶1	44.72 m×11.18 m	2 445.3	0.281	118.9
长∶宽=6∶1	54.77 m×9.13 m	2 723.7	0.313	132.5

我国大部分地区的建筑在极端气候条件下(冬夏两季)主要依靠设备来调节室内热环境,体形系数小对建筑节能(特别是北方寒冷地区)有利,但体形系数过小会影响建筑平面布局、采光通风和造型等。在平面形式上,高度相同情况下建筑平面的周长越小(以基本几何形周长为例,圆形平面<方形平面<矩形平面),则体形系数越小。在立体形式上,球面的体形系数最小。在建筑层数上,相同建筑面积的单层建筑的体形系数大于多层建筑。

为实现节能目标,最合理的建筑体形设计需要综合考虑所在区域的热湿环境、太阳辐射量、风环境、建筑体形系数、围护结构热工特性等因素。

对于以冬季采暖为主的建筑:其一,室内大多设有供暖设备;其二,通过外围护结构(主要是窗户)获取太阳辐射的热量小于通过外围护结构散失的热量。在这种情况下,通过建筑开窗获取太阳辐射热不应作为主要考虑因素,降低体形系数、减小开窗面积对建筑节能更有利。

对于以夏季防热为主的建筑:其一,减小建筑体形系数有利于减少建筑在夏季的太阳辐射热量,降低室内制冷能耗,但单纯降低体形系数有可能不利于组织自然通风;其二,通过调整建筑布局和朝向采用反射外墙材料、设置遮阳等措施也可以减少建筑的热量,实现建筑节能。

体形系数不仅影响建筑物耗能量,还与建筑层数、体量、建筑造型、平面布局、采光通风等密切相关。所以,从降低建筑能耗的角度出发,在满足建筑使用功能、优化建筑平面布局、美化建筑造型的前提下,应尽可能将建筑物体形系数控制在一个较小的范围内。

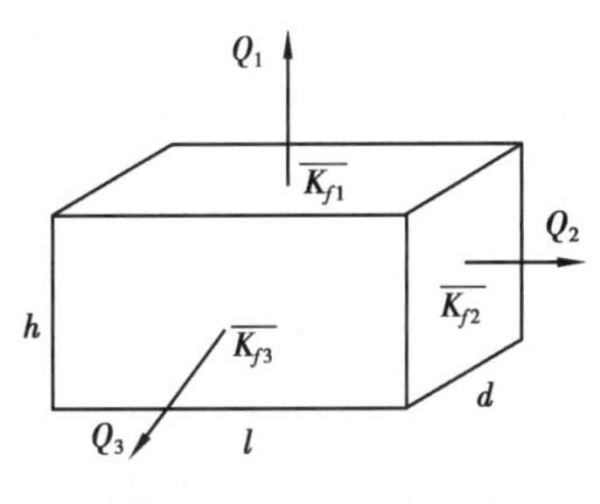

图 3.10　体形分析图

2)最佳节能体型

建筑作为一个整体,其最佳节能体形与室外空气温度、太阳辐射照度、风向、风速围护结构构造及其热工特性等各方面因素有关。从理论上讲,当建筑物各朝向围护结构的平均有效传热系数不同时,对同样体积的建筑物,其各朝向围护结构的平均有效传热系数与其面积的乘积都相等的体形是最佳节能体形(如图 3.10),即:

$$lh\,\overline{K_{f3}} = ld\,\overline{K_{f1}} = dh\,\overline{K_{f2}} \tag{3.2}$$

当建筑物各朝向围护结构的平均有效传热系数相同时,同样体积的建筑物,体形系数最小的体形是最佳节能体形。

3)体形系数的控制方法

建筑物体形系数常受多种因素影响,且人们的设计常追求建筑体形的变化,不满足于仅采用简单的几何形体,所以详细讨论控制建筑物体形系数的途径是比较困难的。提出控制建筑物体形系数的目的是为了使特定体积的建筑物在冬季和夏季的冷、热作用下,外围护部分接受的冷、热量尽可能最少,从而减少建筑物的耗能量。一般来讲,可以采取以下几种方法控制或降低建筑物的体形系数:

①加大建筑体量。即加大建筑的基底面积,增加建筑物的长度和进深尺寸。多层住宅是建筑中常见的住宅形式,且基本上是以不同套型组合的单元式住宅。以套型为 115 m^2、层高为 2.8 m 的 6 层单元式住宅为例进行计算(取进深为 10 m,建筑长度为 23 m)。

当为 1 个单元组合成一幢时,体形系数为:

$$S = \frac{F_0}{V_0} = \frac{1\ 418}{4\ 140} = 0.34 \tag{3.3}$$

当为 2 个单元组合成一幢时,体形系数为:

$$S = \frac{F_0}{V_0} = \frac{2\ 476}{8\ 280} = 0.30 \tag{3.4}$$

当为 3 个单元组合成一幢时,体形系数为:

$$S = \frac{F_0}{V_0} = \frac{3\ 534}{12\ 420} = 0.29 \tag{3.5}$$

尤其是严寒、寒冷和部分夏热冬冷地区,建筑物的耗热量指标随体形系数的增加近乎直线上升。所以,低层和少单元住宅对节能不利,即体量较小的建筑物不利于节能。对于高层建筑,在建筑面积相近的条件下,高层塔式住宅耗热量指标比高层板式住宅高 10%~14%。在部分夏热冬冷和夏热冬暖地区,建筑物全年能耗主要是夏季的空调能耗,由于室内外的空气温差远不如严寒和寒冷地区大,且建筑物外围护结构存在白天得热、夜间散热的现象,所以,体形系数的变化对建筑空调能耗的影响比严寒和寒冷地区对建筑采暖能耗的影响小。

②外形变化尽可能减至最低限度。据此就要求建筑物在平面布局上外形不宜凹凸太多,体形不要太复杂,尽可能力求规整,以减少因凹凸太多造成外围护面积增大而提高建筑物体形系数,从而增大建筑物耗能量的情况。

③合理提高建筑物层数。低层住宅对节能不利,体积较小的建筑物,其外围护结构的热损失要占建筑物总热损失的绝大部分。增加建筑物层数对减少建筑能耗有利,然而层数增加到 8 层以上后,层数的增加对建筑节能的作用则趋于不明显。

④对于体形不易控制的点式建筑,可采取用裙楼连接多个点式楼的组合体形式。

3.3 建筑空间设计

3.3.1 从热利用角度考虑

1)居住建筑

(1)温度分区

由于人们对各种房间的使用要求及在室内活动情况有所不同,因而对各房间室内热环境的需求也各异。居住者大部分时间生活在起居室和卧室内,更加重视这部分的热舒适指标,因此可以将此类房间布置于采集太阳热能较多的位置以保证室温。而诸如厨房等其他功能型房间则可以放在西北侧,一方面可以利用主要房间的热量流失途径达到加温,同时可作为主要房间热量散失的“屏障”,利用房间形成双壁系统,以保证主要房间的室内热稳定,具体表现为起居室与卧室的室内计算温度均比厨房等高3~4 ℃。因此,在设计中针对热环境的需求提出了“温度分区法”的概念,即将主要空间设置于南面或东南面,充分利用太阳能,保持较高的室内温度,把对热环境要求较低的辅助房间如厨房、过厅等布置在较易散失能源的北面,并适当减少北墙的开窗面积。实践证明这是一种有效的又不会增加投资的节能设计方法。

如柏林 Marzahn 区的某节能住宅,其室内布局特点在于将人们活动较多的起居、家务、休息区集中在朝阳的南边,而将卫生间、公共通道等安排在北边阴面。建筑南立面为通长大阳台,每户住宅都带有落地窗(图3.11),北立面墙上开有较小、较少的窗户(图3.12),南面与北面的建筑形象形成鲜明的对比。由于南立面在设计上采用通长大阳台落地窗,在冬季可最大程度地接受阳光照射,而夏季又有良好的通风效果。北面封闭的立面则阻挡了寒流的入侵,起到被动的节能作用。

图3.11 Marzahn 区南立面

图3.12 Marzahn 区北立面

如今,随着人们对生活舒适条件的要求越来越高,卫生间作为洗浴空间后其采暖要求也逐渐提高,应改变把卫生间划分在温度要求较低的空间里的传统观念,考虑将其归入到热环境要求较高的空间中。

对建筑物平面进行温度分区的方式主要有以下几种:

①围合法,如图3.13(a)所示。

②半封闭法,如图 3.13(b)所示;

③"三明治"法,如图 3.13(c)所示;

④立体划分法。综合考虑平面与剖面,将主要空间设置在建筑物的南面或东南面,充分利用太阳能。

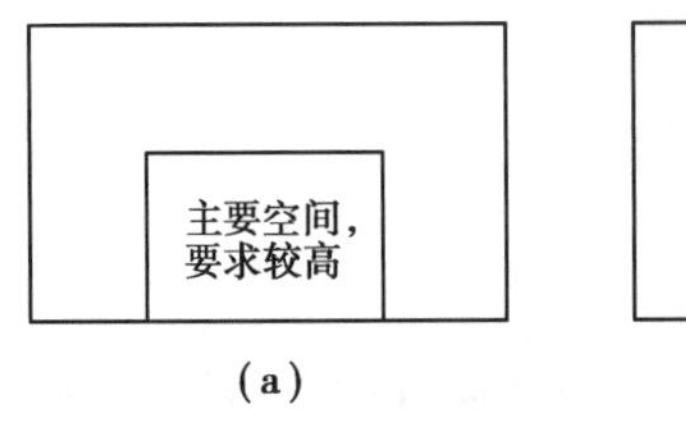

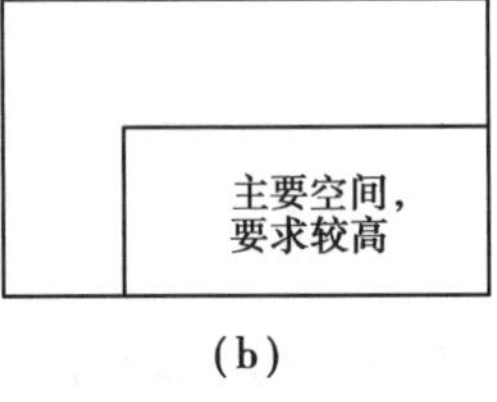

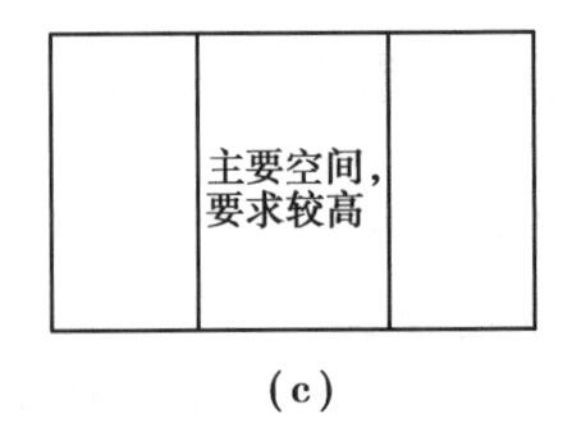

图 3.13 温度分区示意图

(2)太阳房的利用

各式各样的太阳房不仅可以创造出独特的建筑形式,而且能够节省能源,减少额外的热损失,在一年的大部分时间里都可以创造出比较舒适的室内热环境。

住宅的平面和空间形式可以捕捉并蓄存太阳能量以供白天和夜晚使用。理想的生态住宅形式是南北朝向,并且卧室在南向(图 3.14)。但是由于受到各种条件的限制,这个理想的形式并不总能实现。

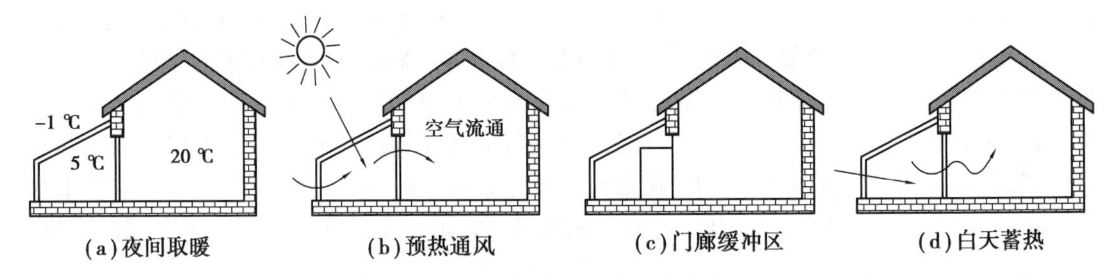

图 3.14 太阳房热量蓄存方式图

太阳能量的蓄存主要是靠大面积的南向窗户,但前提是房屋的整体保温隔热性能较好。南向原有的或者后来附加的大面积的玻璃空间或门廊都可以增加太阳热,并减少热损失。太阳房热量的蓄存可以从以下几个方面来考虑:

①夜间取暖,如图 3.15(a)所示。

②预热通风,如图 3.15(b)所示。

③门廊缓冲区,如图 3.15(c)所示。

④白天蓄热,如图 3.15(d)所示。

如果太阳房保温性能不好,白天存储的热量晚上就会流失,那么百叶或是保温窗帘在夜晚就都必须关闭以阻止热量流失。如果太阳房的温度比居住空间还要低,则它们之间的通风设备及门缝、窗缝都必须密封。

被动式太阳房的类型种类很多,如果从利用太阳能的方式来划分,大致有如下几种类型:

①直接得热式。

直接得热系统的关键问题是使阳光直接照射在尽可能多的房屋面积上,使其被均匀加热。为此可采用的方法包括:沿东西向建造长而进深小的房屋,将进深小的房屋沿垂直方向加高,以获得更多的南墙;沿南向山坡建造阶梯状房屋使每一层房间都能受到阳光直射;在屋

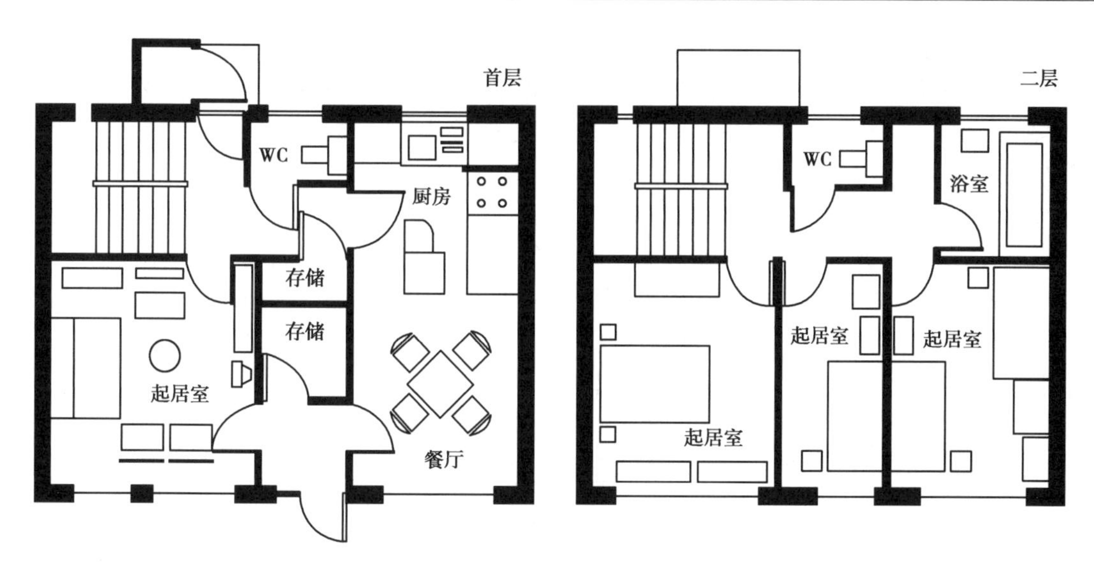

图 3.15　典型的被动式太阳房的平面形式图

顶设置天窗,使阳光能够直接加热内墙等(图 3.16)。由于房屋本身就是加热器,直接得热系统常采用混凝土、砖、石或土坯来做楼板和厚墙,以提高房屋的储热性能。楼板和墙体常采用深色瓷砖或石板镶嵌。直接得热式供暖升温快,构造简单,不需增设特殊的集热装置,投资较小,管理方便,因此是一种最容易被推广使用的太阳能采暖方式。但其缺点是大量阳光进入室内,易产生眩光。

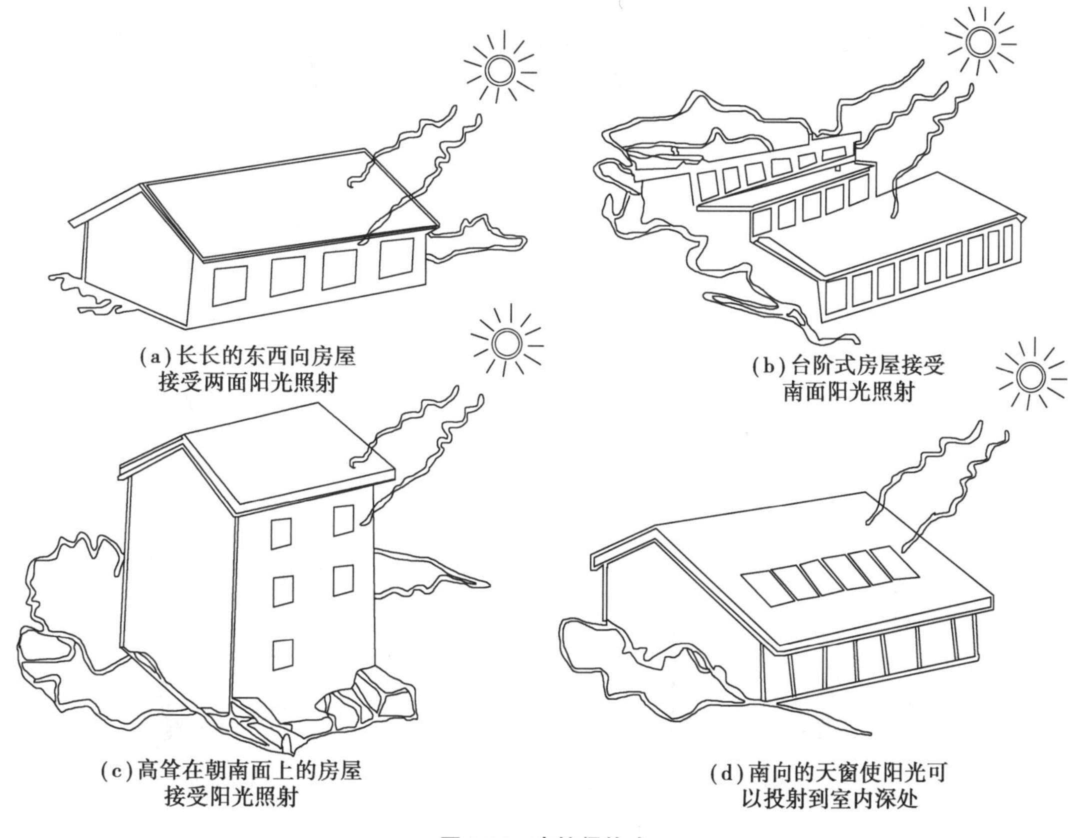

图 3.16　直接得热式

②集热墙式。

集热墙式太阳房主要是利用南向垂直集热墙，吸收穿过玻璃采光面的阳光，然后通过传导、辐射及对流，把热量送到室内。墙的外表面一般被涂成黑色或某种暗色，以便有效的吸收阳光。

图 3.17 为采用了特朗伯集热墙的联排住宅。特朗伯集热墙由向阳表面涂成深色的混凝土墙或砖石墙外覆玻璃构成。玻璃与墙体之间有空气层，玻璃和墙体上下均留有通风孔(图 3.18)。冬季白天，空气间层内的空气被太阳加热，并通过墙顶与底部的通风孔向室内对流供暖，夜间靠墙体本身的储热向室内供暖。夏季，特朗伯墙通过两种方式帮助房屋降温，其一是利用墙体储热性能吸收室内热量；其二是利用烟囱效应强化自然通风。

图 3.17 采用特朗伯集热墙的联排建筑

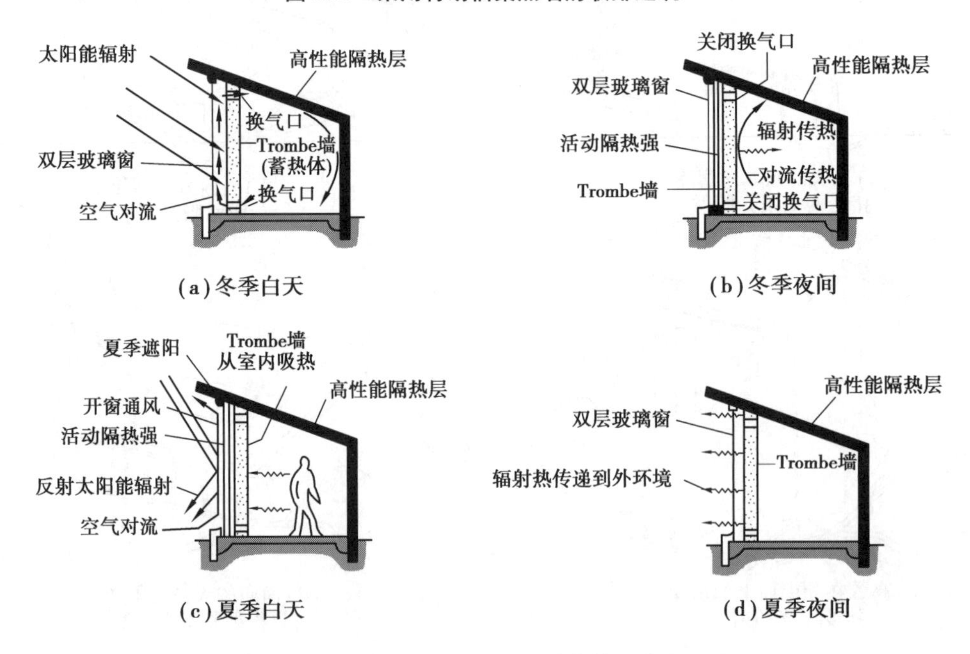

图 3.18 特朗伯集热墙在不同季节的工作原理图

③附加阳光间式。

附加阳光间实际上是直接受益式和集热墙式的混合产物。其基本结构是将阳光间附建在房子南侧,中间用墙(带门、窗或通风孔)把房子与阳光间隔开。实际上,在一天的所有时间里,附加阳光间内的温度都比室外温度高,因此,阳光间既可以给房间供以太阳热能,又可以作为一个缓冲区,减少房间的热损失,使建筑物与阳光间相邻的部分能获得一个温和的环境。

附加阳光间除了可以连在房屋南墙以外,在能得到南向日照的情况下,也可以连在东墙或西墙上。日光间内通常用厚实的砖石或混凝土作地面和房间之间的隔墙,可将涂黑的注满水的圆桶排列在墙边或窗下,这些构件都可用来储热和防止室内过热。除非房间与日光间之间的墙是特朗伯墙,否则该墙在靠近房屋的一侧要有很好的保温,以免夜间室内的热量散失到日光间里。在夏季,附加日光间要进行遮阳。打开窗户和日光间上部的通风孔即可起到降温作用。

2)公共建筑

(1)缓冲区

公共建筑中一些房间,由于自身的使用性质,或使用时间的长短,对温度没有严格的要求,可作为缓冲区。如商业建筑中的楼梯间、储藏室和卫生间等,应适当集中,尽量沿西向或东向布置,以减少营业厅的直接太阳辐射得热。实践证明这是一种有效的、又不会增加投资的节能设计方法。

如果缓冲区朝南,它可以为附近空间供热,在这种情况下,其温度接近于室内温度。如果朝向东、西、北,它可以减小围护结构的热损失,但是不能提供冬季太阳辐射得热。

(2)产热区

在许多建筑的中心区域,由于设备和人员密集,会产生大量的热量。这样的热源可以为有采暖需求的建筑提供部分需热量,因此这类热源可以布置到利于向北面供暖的区域。

在温暖气候区,制冷需求占主导地位,产热区应该与其他空间隔离开。例如,商业建筑中应考虑商品自身发热及展示所需照明设备的发热量对周围环境的影响,散热量很大的电器售卖区一般应布置在顶层,以避免影响其他营业空间,并且可以设计单独的通风系统。

另外两个产热区的实例是餐厅厨房和设备房间。因为产热量高,并且需要更多的室外新风,所以餐厅厨房的采暖、制冷和通风常常独立于就餐区域之外。而设备房间,可能容纳了产热源,如锅炉、炉子和热水箱,可以布置在便于相邻房间分享它们剩余热量的地方。另外,设备房间也可以布置在更容易单独排风的地方,如建筑顶层的边缘,或者位于室外的独立房间。

(3)大进深建筑的日照

理想的被动式太阳能采暖建筑在其南北进深方向应不超过两个分区。这种布局使建筑南面收集的太阳热能可以传递到北面。但是公共建筑往往在进深方向有多个分区,这就成为了节能设计的挑战。

这种大进深建筑的日照需要有效地组织平面和剖面。图 3.19 表示了几种在平面和剖面中将阳光引向建筑深处的方法。进深方向两个或多个房间可以交错布置,以利于每个房间获取阳光。一个房间或建筑的墙面可以用来把更多的阳光反射进南向窗户。北向无日照的房间可以与有日照的区域进行对流传热。当房间用连接空间或走廊呈东西向地连接在一起时,这个连接区域可以用来收集和蓄存热量。当需要热量时,每个房间都可以向连接区域敞开。

向南的中庭或具有透明屋顶的中庭能担负起同样的作用。

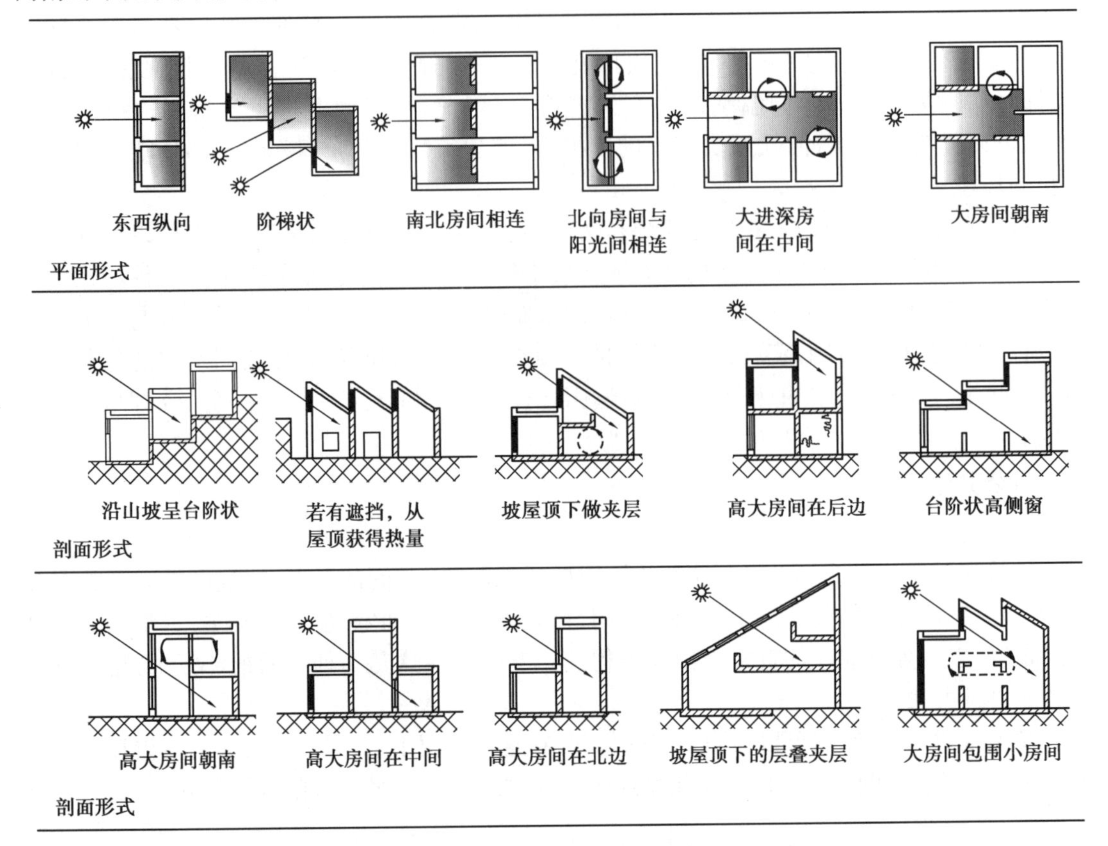

图 3.19　大进深建筑的日照

如果建筑受场地限制必须沿着南北向布置,可以在剖面上呈阶梯状布置,使更多的北向房间可以在南向房间的上方获取热量。平坦场地上,北向房间下部的空间难以获取热量,将坡屋顶和夹层相结合,顶部阳光可以被引入北向深处。高的房间常常可以获取南向阳光,并把热量向小房间传递。高房间可以在南边、北边,也可以在小房间之间。另外,一个大房间或巨大的屋顶可以包容小房间或区域。屋顶可以是台阶状的、倾斜的,或者有天窗,将阳光引入建筑中心和北边。但要注意,倾斜的玻璃容易积尘,防水处理复杂,并且在夏季更难进行外部遮阳。

例如,比利时 Tournai 小学(图 3.20)南向中庭上覆盖着倾斜的玻璃屋顶,室内一系列跌落的半开敞楼层可以让阳光深入照射到建筑深处,每层都与中庭通过窗户相连。

(4)出入口设计

公共建筑的性质决定了其外门具有启闭频繁的特点。对于入口朝北的建筑,冬天开启外门时会有大量冷空气灌入,因此在出入口采取防冷风侵入的措施就显得尤为重要。在入口处做门斗时,应将门斗的入口方向转折 90°,转为朝东,使出入方向避开冬季风向——北风和西北风,以避免冷风直接灌入,并且要注意密封良好。门斗的设置,必须保证有足够的宽度,使人们在进入外门之后有足够的空间先把外门关上,然后再开启内门。对于出门后有转折的门斗,其尺寸还应考虑大件家具以及紧急救护担架出入的需要。

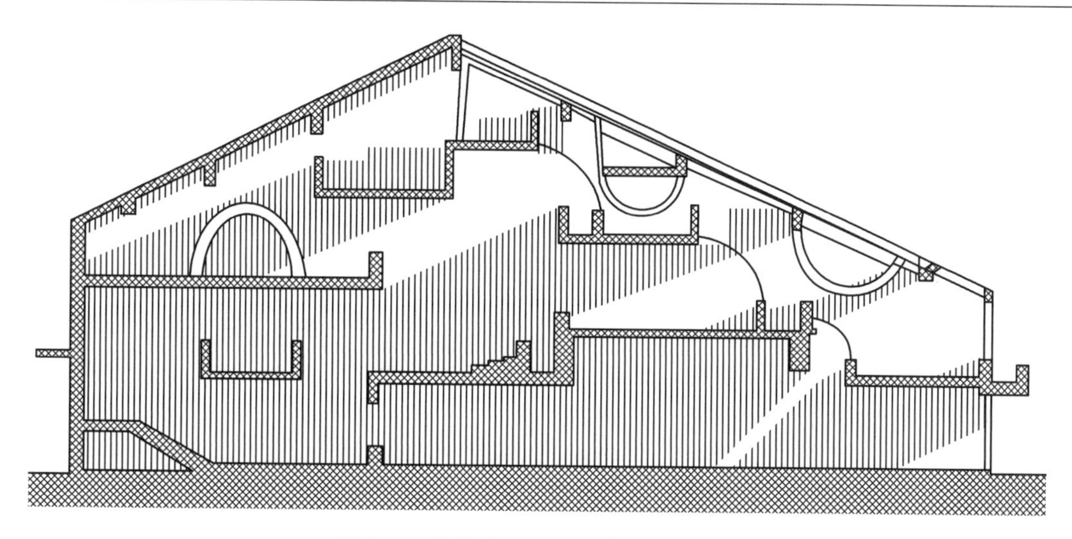

图 3.20 比利时 Tournai 小学南北剖面图

3.3.2 从采光角度考虑

在建筑节能设计中的照明用能是整个建筑节能的重要部分。因此我们提倡尽可能加强天然采光,减少人工照明的使用,但是玻璃窗损失的热能是同等面积墙体的6倍,所以我们必须在设计中平衡采光和热损失。采光最大的挑战是如何为最需要的区域提供光线,如建筑北向房间、内部空间和地面层。低层建筑的自然采光相对较好,单层建筑所有的室内空间都有可能引入自然光线,但多层建筑的采光要困难一些,这时就需要在增加占用土地和利用自然采光之间做出权衡。

1)不同地区建筑的采光

(1)都市地区

在高楼鳞次栉比的城市中,由于建筑之间相互遮挡,较低建筑或楼层的自然采光比较困难。所以,应将更需要光线的房间布置在上部,而不需要光线的房间则布置在靠近地面的楼层。为解决这一问题,还可以利用中庭或采光井,将光线引入建筑中心,但是要注意保温,以减小热损失。对于顶部楼层,天窗能有效地弥补侧窗采光的不足。

(2)寒冷气候区

应恰当地利用保温窗,在引入自然光的同时,不过多地损失舒适性和能量。垂直于太阳光的表面能获得大量能量,这些能量成为寒冷天气的免费热源,但在夏季却成为空调设备的主要负荷。恰当的窗户朝向和遮阳设施有助于在减少夏季得热的同时,增加冬季得热。

(3)多阴天的地区

多云的天空是比较明亮的漫射光源,对于自然采光设计来说是理想的光源。由于它不像直射阳光那样强烈,因此更容易控制。如果该地区多阴天或雨天,增加窗户面积就成为有效的自然采光方法。在增大北立面窗户面积的情况下,必须采取措施避免过多的热损失。在多阴天地区推荐采用高透光率的玻璃。

(4)多晴天地区

晴天能获得的光线主要是直射阳光,是来自太阳的最强光源,同时也最难控制。眩光和过度得热是直射阳光引起的两个最严重的问题。直射阳光非常明亮,透过一个小洞口的入射阳光就能够为很大的室内空间提供足够的采光。由于阳光是平行光源,所以很容易引导直射阳光,将它反射到建筑深处,反射窗台或带倾斜过梁的高窗都可以增加透入的光线。

2)不同功能空间的采光

不同功能空间接受天然光的程度不尽相同。表3.6表示了一般功能空间接受采光的难易程度,要求高亮度和低可变性的场所是最难以进行自然采光的空间,这是因为一天中光线本身就是易变和不稳定的。

表3.6　一般建筑空间的采光机会

空间功能	光线亮度	可接受的可变性	采光的容易程度
医疗	高	低	低
计算机工作场所、办公室	中	中	中
走廊、盥洗室、餐饮区	低	高	高
零售(食品、商店)	高	高	高

通常最不需要遮阳控制的以及需要高照度的区域,是最适合自然采光的场所,如入口大厅、接待区、走廊、楼梯间、中庭等;低照度要求的区域,无法获得自然采光,常常布置在建筑中心,如电梯、机械室、储存室和服务区域。西面的光线通常很难控制,常常导致很高的制冷负荷和因眩光引起的视觉不适,所以,西面最好用作辅助房间或光线变化无关紧要的空间,避免设置工作区,当然,如果采用了有效的外部设施控制直射阳光和眩光,西朝向也可以利用。

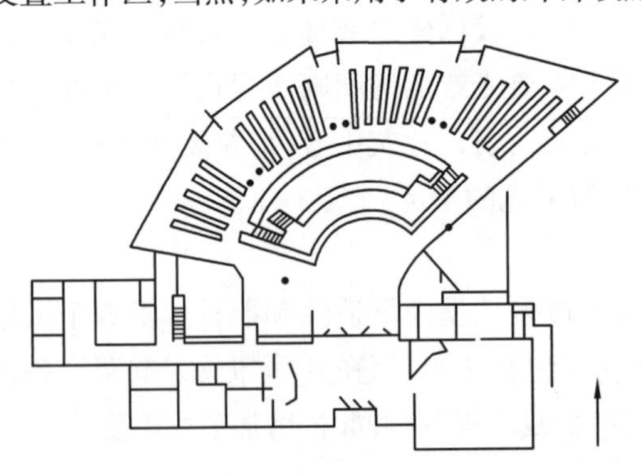

图3.21　俄勒冈州 Mount Angel 图书馆

阿尔瓦·阿尔托设计的俄勒冈州 Mount Angel图书馆分为两个主要的区域:需要光线充足的阅读部分,和不需要很充足光线的藏书部分。阅读部分靠近外墙上的开口,位于中心天窗下,而藏书部分位于两个阅读区之间,离光源很远(图3.21)。路易斯·沙里宁设计芝加哥会堂大厦时运用了相似的手法,建筑外围布置了需要采光的办公室,需要灯光控制的观众厅则布置在建筑较黑暗的中心(图3.22)。

美术馆和博物馆建筑是一类特殊的建筑。在这些建筑设计中,自然光不仅仅是节能策略,还能为展品带来微妙的质感和色彩,并且能更好地塑造空间,表达建筑。然而,对自然光线的渴望必须与对艺术品安全的考虑相平衡,应保护展品免受直射阳光的照射,同时要避免眩光的干扰。因此,需要对光线进行柔化或遮光处理,通常通过控制采光口设计,采用低透光率的玻璃,以及设置遮阳、反光装置来完成。

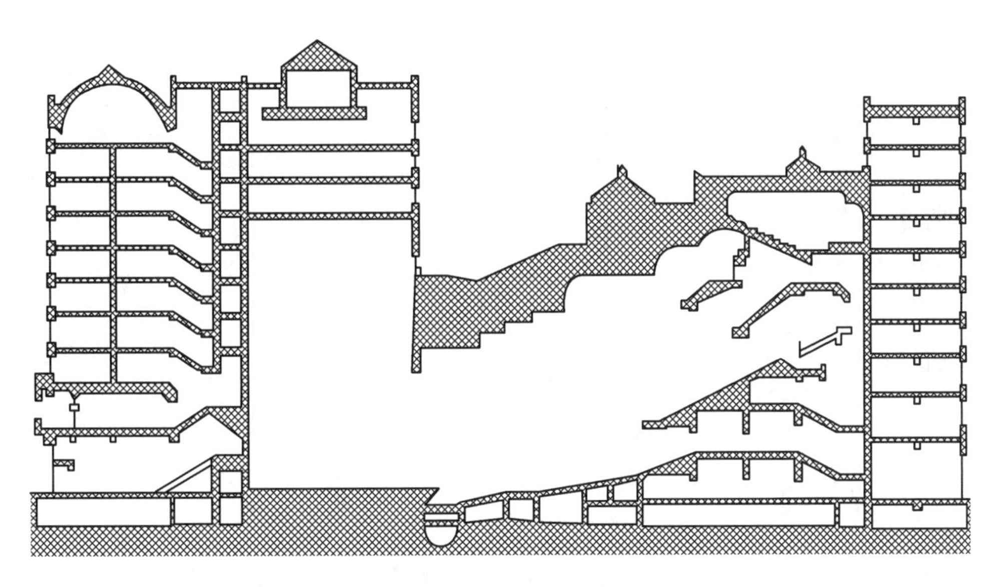

图 3.22 芝加哥会堂大厦

3) 充分利用天然采光的设计原则

太阳高度角从冬季到夏季,从早上到晚上,每时每刻都在发生变化。窗户的设计应该保证有尽可能多的太阳光线进入室内,但又不会形成眩光。当冬天太阳高度角较低的时候,从窗户进来的直射光线很可能会和周围环境形成强烈的亮度对比而产生眩光。进入室内的天然光的数量取决于窗户开口的大小、太阳辐射强度以及周围环境对太阳光的反射,而天然光在室内的分布则取决于开口的尺寸、角度、形状以及房间的层高、进深、室内家具的摆设等方面(图 3.23、图 3.24)。

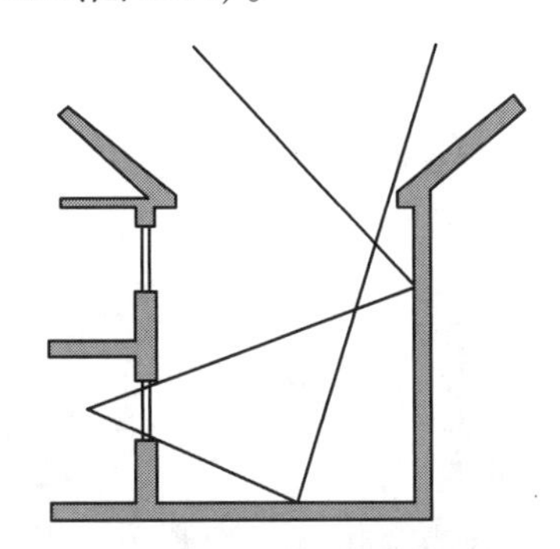

图 3.23 反射可增加室内的天然光

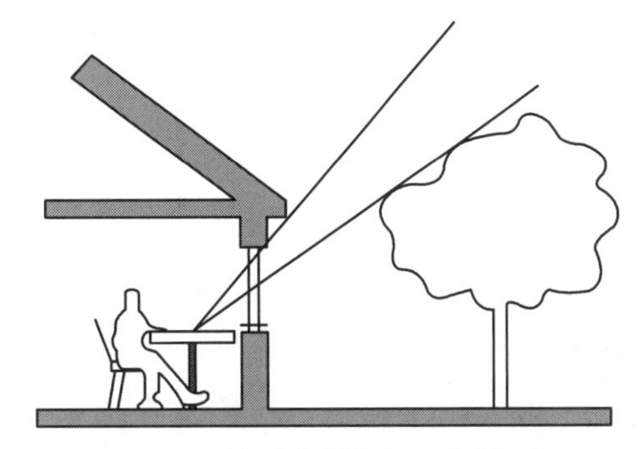

图 3.24 天然采光量依窗口大小而定

当日光通过建筑外围护结构上的开口进入室内空间时,室内的照度分布是不均匀的,远窗点的照度会随着距离的增加而衰减。在建筑开口附近光照较强,而越深入建筑内部,光线越暗。在远离建筑开口部位的区域,日光不能直射到,仅能通过某些表面的反射光线照亮这些区域。由于这种现象的存在,可以通过把握住宅的体形和空间布局来控制天然采光的效果(图 3.25)。

影响天然采光效果的建筑形式因素主要有:建筑的紧凑性、建筑体形的通透率、建筑外围护结构的通透性以及建筑室内空间的几何形状等。类似于体形系数的概念,建筑的紧凑性指建筑外表面与建筑体量的集中度。一般说来,较不紧凑的建筑有更好的天然采光的可能(图

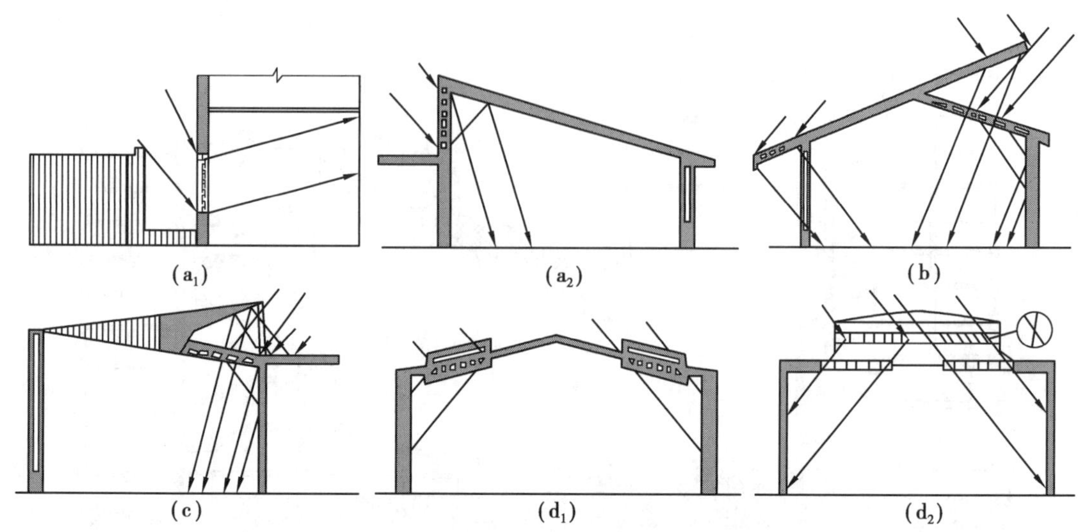

图 3.25　自然采光的控制与调整示例图(a_1)用棱镜玻璃改变光线方向调整室内亮度;(a_2)同(a_1);
(b)用遮光板以反光格片调整室内照度;(c)用反光格片调整室内照度;
(d_1)用调光板(转动或固定)的不同角度调整室内照度;(d_2)同(d_1)

3.26),但同时增加了外围护结构的面积,不利于保温隔热。因此,通风、采光与保温隔热应针对住宅所在地域的气候而有所侧重。建筑体形的通透率指内部空间与室外环境直接接触的程度,典型的增大通透率的手法是设置庭院,通透率越高,天然采光和自然通风的可能性越大(图 3.27)。建筑外围护结构的通透性指外围护结构材料的透光性能,显然,材料越通透,进入室内的天然光线越强,但是,好的光照水平还依赖于光的合理分布,否则,容易产生使人不舒适的眩光。建筑空间的几何形状和比例对天然采光很重要,并且依赖于门窗洞口的设计。例如,同是侧面采光,光在 L 形空间中就比在矩形空间中衰减得更迅速(图 3.28),除此之外,地面高差也会对采光效果和视野产生影响(图 3.29)。

图 3.26　美国斯普林伍德住宅

图 3.27　内庭增进了住宅采光效果图

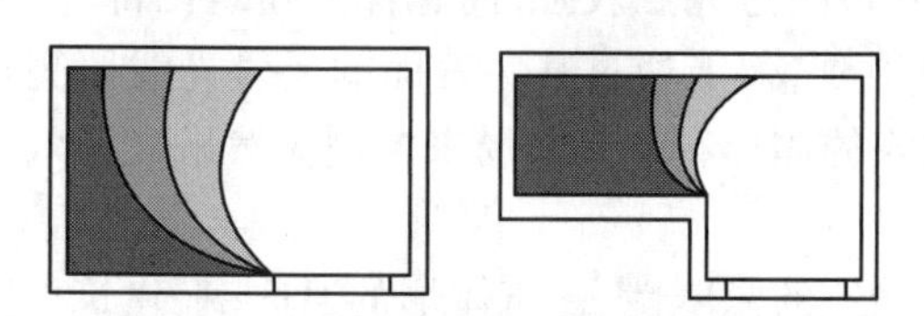

图 3.28　形状和比例对光分布的影响

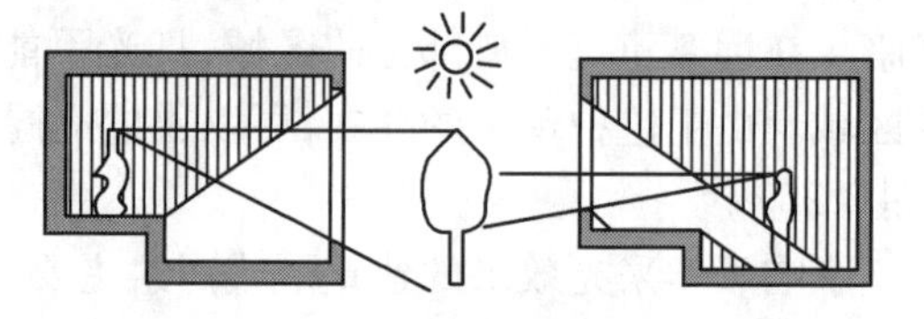

图 3.29　地面高差对室内光分布的影响

(1)合理设计采光窗

天然采光的核心是窗的合理设计。窗户的大小、形状、位置、玻璃材料决定着室内天然光的强弱和分布(图3.30)。应选择采光性能好的窗作为住宅外窗,其透光折减系数不应大于45%,采光材料应不改变天然光光色,不产生光污染。采光口设置不同的透光材料及不同角度的格片,可使室内产生不同的照度效果(图3.31)。

图3.30　采光窗部分样式图

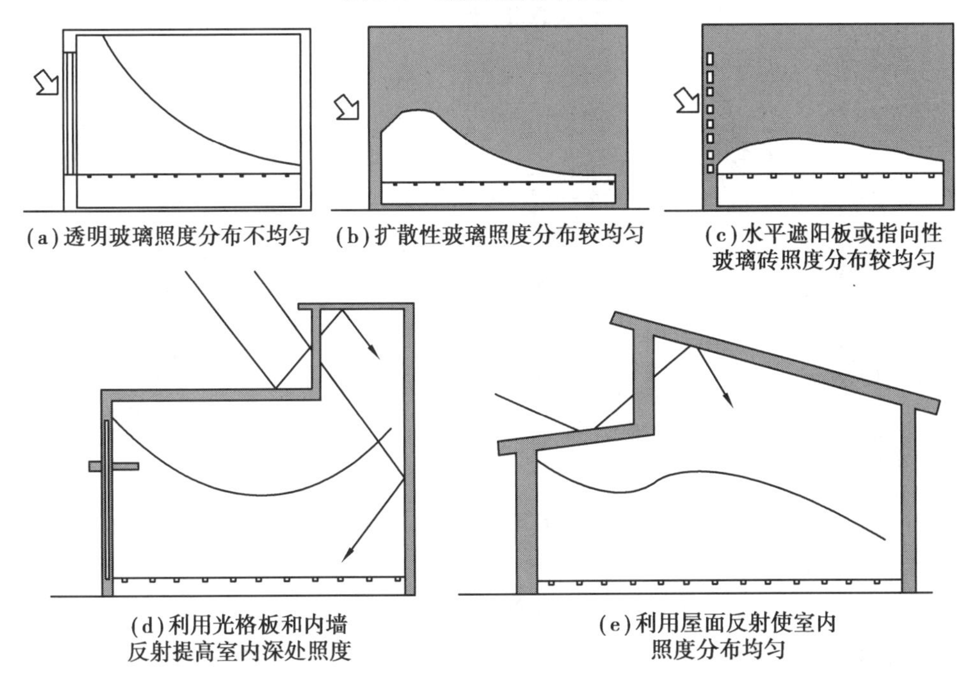

图3.31　采光窗设计

(2)设置反射面

当室内光照不足或直射光过于强烈时,可以利用反光板、室外墙面、相邻建筑物的墙面等,将阳光经反射后引入室内(图3.32),这既可以增加光照区域,改善室内光环境的均匀度,也可以避免眩光。一般认为,不利用直射阳光而利用北侧天空的反射光进行日光照明效果较好。如果窗外有白色墙面,当阳光照射在该墙上时,室内就会变得很明亮。如果技术经济条件允许,可以采用智能化的反光板,即反光板的角度可以根据太阳位置室内光线强度等的变化来调节,这样可以提高天然采光的效率。图 3.33 为 HOAGIE 住宅剖面图及其屋顶反光板设计细部。

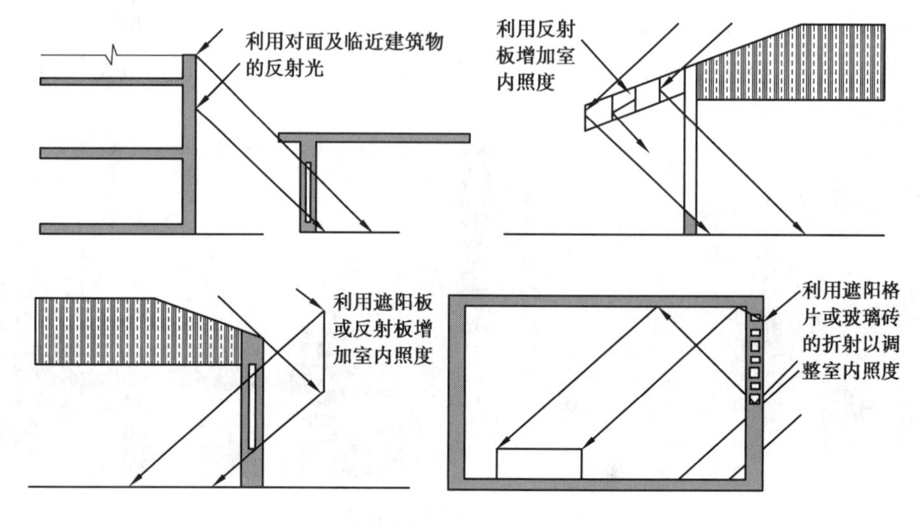

图 3.32　避免直射日光与利用反射示例图

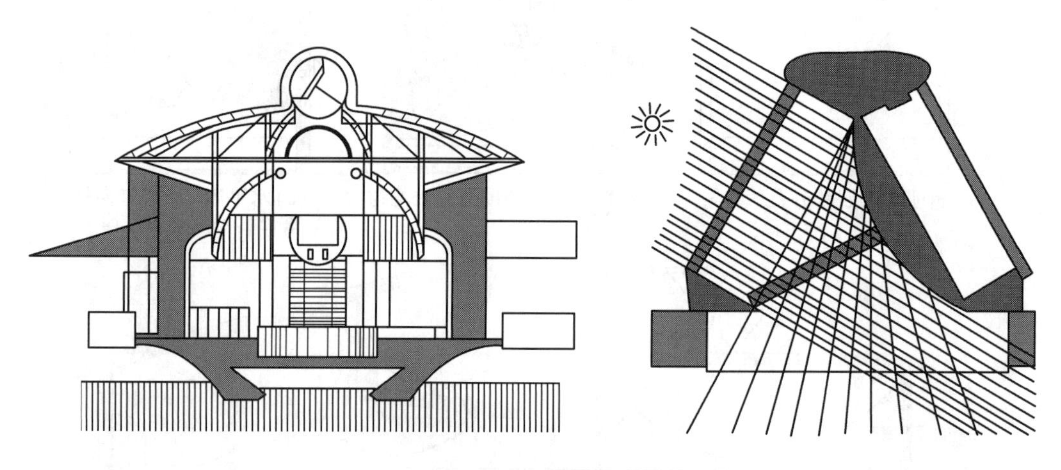

图 3.33　HOAGIE 住宅剖面图及其屋顶反光板

(3)合理设计建筑进深

房间进深是窗户上槛高度的 1.5 倍,房间里的阳光就足以提供足够的亮度和均匀的光线分布。当采用了反光板或有能接受直射阳光的南向窗口,这一比例可以提高到 2.5 倍。常规的办公室顶棚高度是 3 m,可以利用自然采光的区域大约在离窗户 4.5 m 的范围内(如果窗户带有反光板,则在 7 m 范围内),如果房间进深更大,则白天也需要人工照明补充(图 3.34)。

(4)利用天窗

如果建筑南侧墙面上没有充分的开口,则最上层的房间可以通过天窗采光,利用阳光和天空漫射光来照明。如果在天窗上安装照明灯具,无论白天还是黑夜,都可得到同样的照明效果,还可减少照明灯具的热负荷。照明时所产生的热,可以融化天窗的积雪。

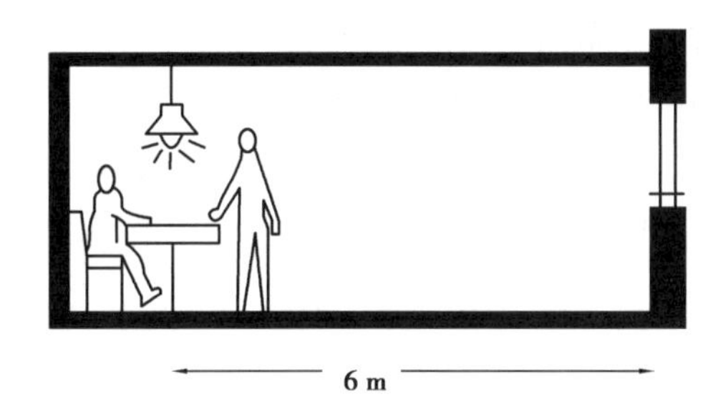

图 3.34　进深超过 4~6 m 则不能满足照度要求

3.3.3　从通风角度考虑

1)通风方式

(1)穿堂风(即风压通风)

利用风压来实现自然通风,首先要求建筑有较理想的外部风环境(自然风,洁净、新鲜,平均风速一般不小于 3~4 m/s)。其次,房间进深较浅(一般以 14 m 为宜),以便形成穿堂风。建筑最好是单廊式的,在长度方向尽量拉长,房间里的隔墙尽量少,以最大程度地获取通风。但实际上对于大多数公共建筑,除了没有场地限制的小型公共建筑,这种布局是不可能的。对于进深方向超过一间房间的建筑和所有内走廊式建筑,迎风面的房间会阻挡背风面房间的通风。图 3.35 展示了带给所有房间穿堂风的组织策略。如厨房、浴室等产生气味、热量大或湿气多的空间,应有单独的通风路径,或布置在下风向。可在主要使用空间的顶棚附近安装风扇,以在室外风速过低时促进空气流动。

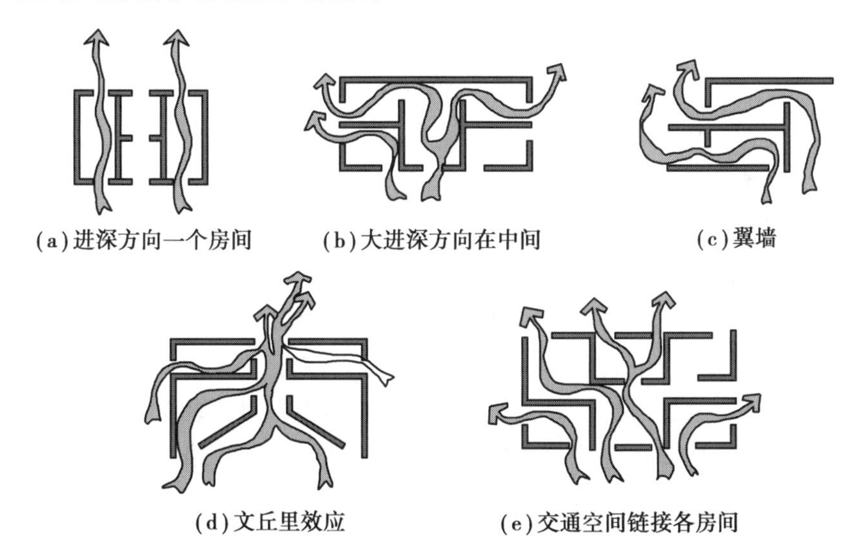

图 3.35　穿堂风

一个简单、开敞的长方形平面,使其长面的窗户垂直于当地夏季主导风向,是通风效果最好的一种平面形式。当小住宅的平面形式为 U 形或 L 形时,应尽可能使其凹凸部分面向夏季主导风向。当房屋必须朝东、西向或当地夏季主导风向是东西向时,如果既要减少东西晒,又要基本朝向夏季主导风向,可以采用锯齿形平面(图 3.36)。其中一种方式是将东西墙做成锯齿状,窗口朝南或朝向南偏东(西);另一种方式是把房屋分段错开,前后形成锯齿,组织正、负压区,引导风入室穿堂。但这种体形会带来外墙增多、构造复杂、经济性差等缺点。在湿热地带,采用外廊式或回廊式平面既可组织自然通风又可遮阳[图 3.37(a)]。为了保持房间干燥和通风,还可通过把第一层楼板抬高架空的设计来实现[图 3.37(b)]。

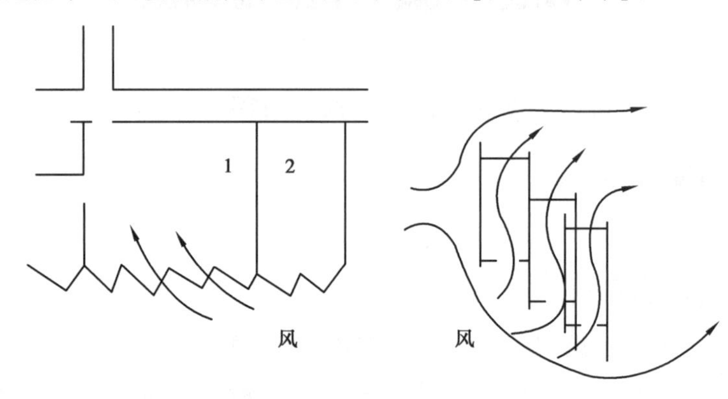

图 3.36　利用锯齿形平面导风

(a)外廊式建筑

(b)底层架空式建筑

图 3.37　温热地带住宅

房间开口相对于风向的位置,以及相邻墙面或相对墙面上的开口位置与面积,决定着自然通风的效率。研究房间开口的位置和面积,实际上就是解决室内能否获得一定的空气流速和流场是否均匀、覆盖率是否足够的问题。

要取得自然通风,房间中至少要有两个方向的开口,且开口以不相邻为宜。一般说来,进、出气口位置应正对设置,气流直通,室内风速较大,但风所扫及的面比较窄。出气口偏于一侧或设在侧墙上,可以产生气流导向现象(图 3.38)。在剖面中,开口高低与气流路线有密切关系[图 3.39(a)]。当进气口位置相同而出气口位置不同时,室内气流速度亦有变化[图 3.39(b)];当出气口在上部时,室内风速比出气口在下部时要小些,但室内风流经的区域却要大一些。在房间内纵墙的上、下部位做镂空隔断,或在纵墙上设置中轴旋转窗,可以加强穿堂风,调节室内气流,有利于房间较低部位的通风(图 3.40)。

室内流场范围及室内风速与开口面积大小也密切相关,开口大则流场大,开口小则流场小,但通风效果并不简单取决于开口面积大小,而是取决于进气口与出气口的面积之比。该比值越小,通风效果越好。开口大小不等时,不论是进气口还是出气口,其最大风速都出现在小开口附近。因此,为了加强室内通风效果,可以加大出气口的面积,当两个开口的大小相等时,室内的气流量最大。

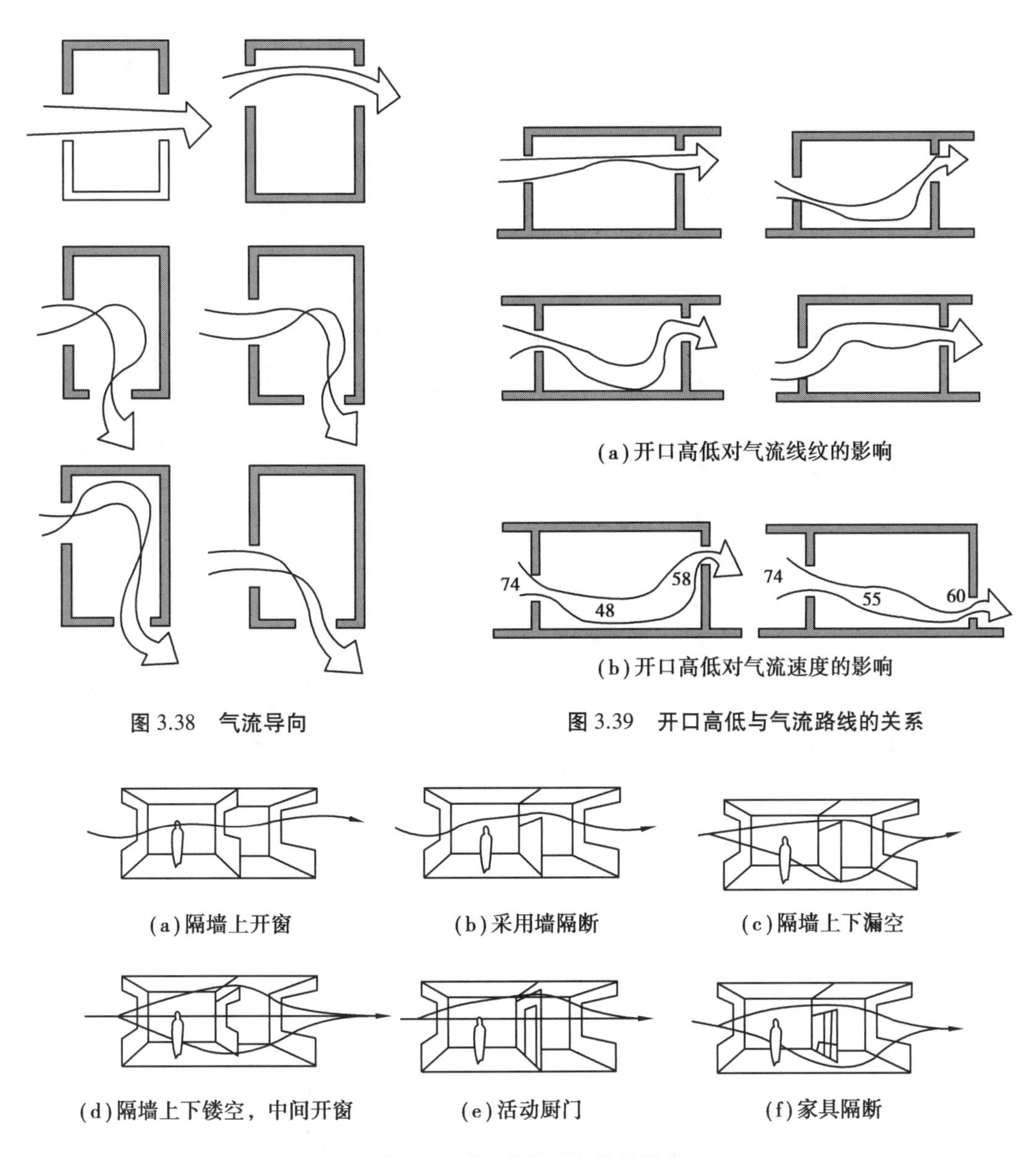

图 3.38 气流导向

(a)开口高低对气流线纹的影响

(b)开口高低对气流速度的影响

图 3.39 开口高低与气流路线的关系

(a)隔墙上开窗 (b)采用墙隔断 (c)隔墙上下漏空

(d)隔墙上下镂空，中间开窗 (e)活动厨门 (f)家具隔断

图 3.40 开口位置对气流的影响

有实验表明:当进、出气口面积相等时,室内平均风速随进、出风口宽度的增加而显著增加。当窗宽已达开窗墙体宽度的 2/3 左右时,风速变化不再明显。因此,窗口总宽度应控制在开窗墙体总宽度的 2/3~3/4 左右。开窗高度超过 2 m 以后,其对人们活动范围内的空气流速不再起显著作用。

窗面积与地板面积的比值越大,室内流场越均匀。但在比值超过 25%以后,空气流动基本上不受进、出气口面积的影响。

除了门窗洞口以外,还可以在墙面上开设专门的孔洞进行通风。例如,将迎风墙设计成“实多虚少”的镂空墙,背风墙保持开敞,两墙之间即便在气流平稳的情况下,也能产生徐徐微风(图 3.41)。

利用风压进行自然通风的典范之作当属伦佐·皮亚诺设计的芝柏文化中心。新卡里多亚是位于澳大利亚东侧的南太平洋热带岛国,气候炎热潮湿,常年多风,因此最大限度的利用自然通风来降温,成了适应当地气候、注重生态环境的核心节能技术。文化中心从当地传统棚屋中提炼出曲线形木肋条结构,将十个木桁架和木肋条组装成的曲线形构筑物一字排开,形成三个村落(图 3.42),其原理是采用双层结构外墙,使空气可以自由地在外部的弓形表面与内部的垂直表面之间流通。气流由百叶窗根据风速大小进行调节(图 3.43),当有微风吹来时,百叶窗就会开启,让气流通过;当风速变得很大时,它们则按照由下而上的顺序关闭,从而实现完全被动式的自然通风,达到节约能源,减少污染的目的。

图 3.41　台湾大学洞洞馆

图 3.42　芝柏文化中心

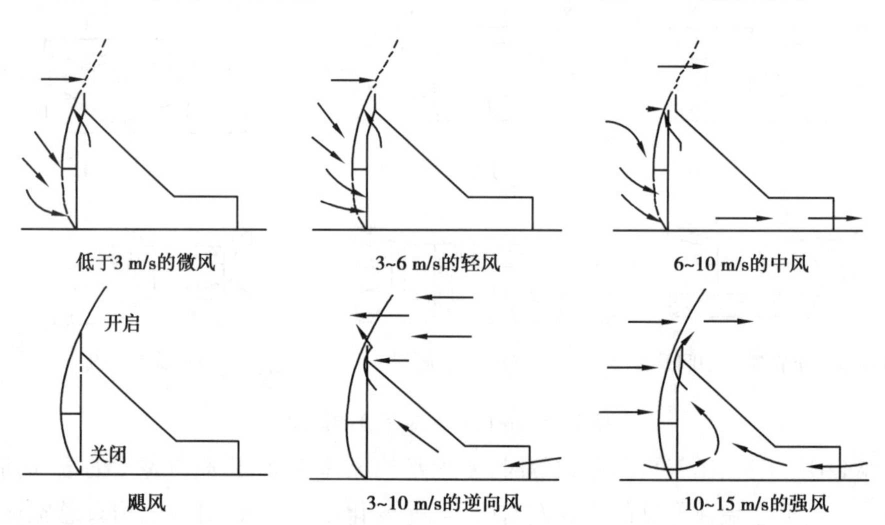

图 3.43　Tjibaou 文化中心通风示意图

(2)热压通风

当室外温度低于室温,并且有风压存在时,穿堂风是有效的降温方法。然而,在许多情况下,由于自然风的不稳定性或周围建筑、植被的遮挡,房屋周围不能形成足够的风压。在炎热地区和温和地区的夜间,空气流动往往很缓慢,在拥挤的城市环境中,出于安全、隐私、噪声等原因,或者由于建筑本身进深较大,难以形成穿堂风时,可以利用热压来加强通风,并且不受朝向的限制。

烟囱通风依赖于出风口和进风口之间的垂直距离，所以在层高较高的空间中效果最好，如高大的房间、楼梯间和烟囱。为了取得最佳效果，烟囱通风的开口应布置在靠近地板和顶棚处。出风口可以兼作高侧窗。图3.44展示了几种利用烟囱通风的房间布置。

图3.44 利用烟囱通风的房间布置

另外，烟囱通风的效果还依赖于进风口与出风口之间的温差。所以，进风口处需要室外的凉空气。凉空气可以来自被遮蔽的或有绿化的空间，或来自水面。利用收集的太阳能加热烟囱中的空气，也可以增大进风口和出风口之间的空气温差，增强通风效果(图3.45)。这种烟囱被称为"太阳能烟囱"，其最大的特点是可以在不升高室内气温的情况下，增大进风口与出风口的温差。

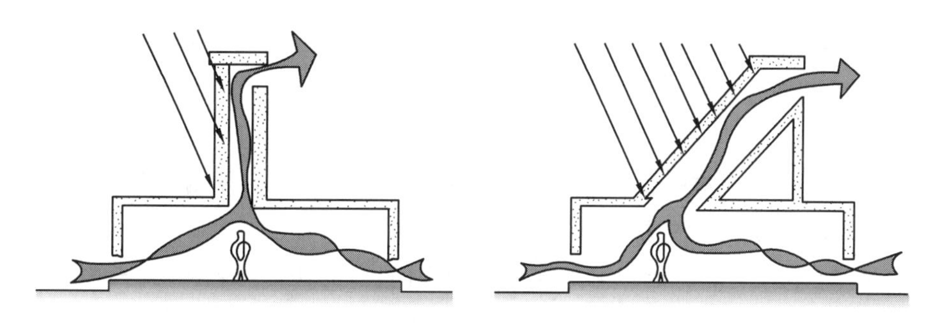

图3.45 利用太阳能集热促进烟囱通风

2)通风设计手法

(1)总述

为了加强自然通风，建筑室内设计(包括平面功能组合、空间处理)应创造有宽敞断面、流畅贯通的空间(图3.46)，同时还可以有效改善建筑通风的质量。

设计时应尽量减少墙体壁面、构筑物、陈设和家具造成的空间阻力，可以从以下几方面着手：

①加大进深。当进深∶面宽≥1∶0.85(层高为2.8~3.2 m时)时，将对通风非常有利，可以改善通风质量。

②设置双向走廊。

建筑纵向平面采取双廊式，使其两端出入口均朝向室外，并且有外廊的导风配合，可以有效地加强室内自然通风。双向走廊方式主要有以下作用：

a.有效形成风压差——建筑使用空间的两端部设进出风口，则室内空间有直接的正负

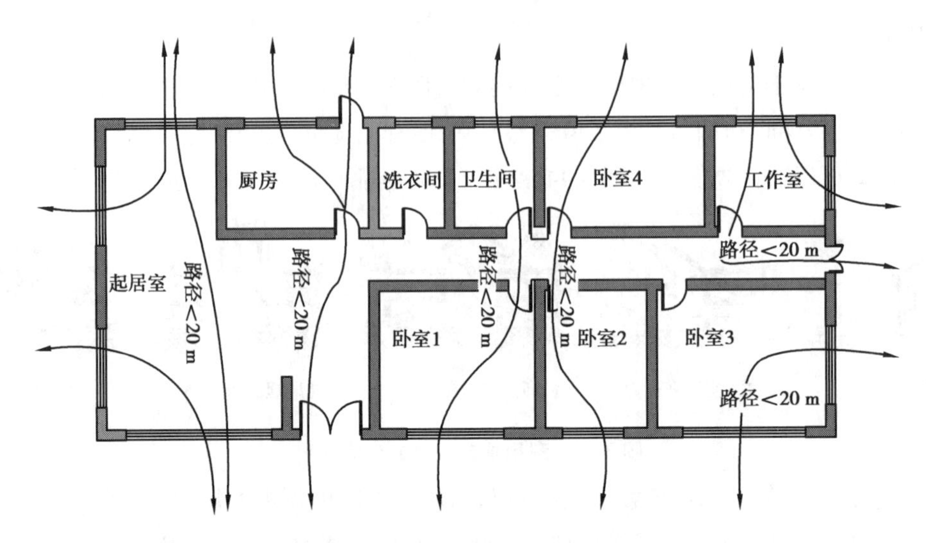

图3.46　通过室内设计改善通风

压,而且其风压差直接作用于室内空间,对室内通风效果的改善比较明显;

b.走廊导风——走廊由于其空间的延续性,对室外气流起汇集、导风作用,以利建筑洞口形成正压;

c.风凉区——由于走廊的遮阳作用产生舒适的风凉区,以降低室外空气温度,可以有效地改善建筑室内的舒适效果。

③减阻增速。

为了加强室内风洞效应的通风作用,在通风流径的各环节中必须减少由于布局不当而形成的阻力,从而提高风速,主要方法有:

a.进出风口对位——作为起风洞效应的室内空间,窗的相对位置应对齐,以保证通风径直贯穿通过,减少由于洞口的位置不当而造成的空气阻力;

b.家具陈设——家具陈设布置宜沿墙放置,室内空间不做有碍于通风的空间固定区划,家具表面应光洁、平整。

(2)自然通风的平面设计

如图3.47所示,为组织好穿堂风,应合理安排门窗位置。(a)的流线及流速较好,但由于使用要求,房门常按(b)设计,从而增加了阻力,因此可增设内窗通风如(c)。当房间有侧窗时,气流大都按短路流出如(d)。

如图3.48所示,在风向有日变化的地区,平面布置及房间的开口应考虑回风的可能。

如图3.49所示,开启和关闭储藏室门,可以调整气流的流场分布和控制床位附近的气流和流速,同时小天井可以排出厨房、厕所的污气。

如图3.50所示,争取良好的穿堂风,应尽量减少遮挡和避免挡风,空气流线要通畅。若有楼梯间阻碍通风流线,可将楼梯间做成镂空花格敞开式或加大楼梯间门窗,更利于自然通风,并可降低中间地区的温度。

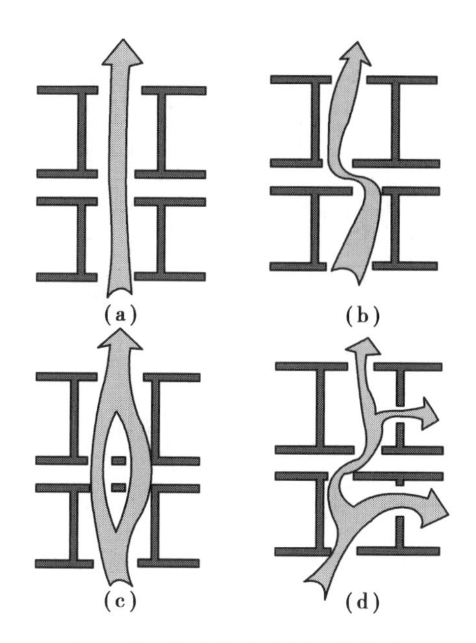

图 3.47　门窗位置对通风的影响

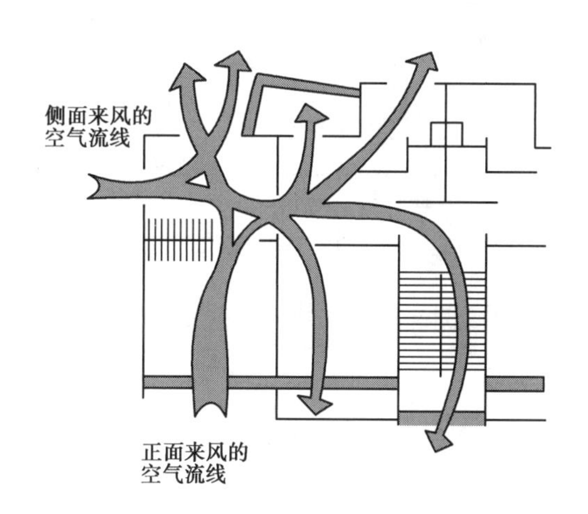

图 3.48　回风

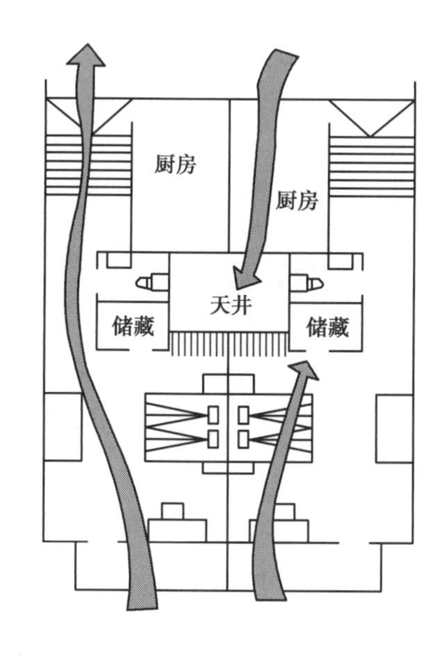

图 3.49　储藏室和天井对通风的影响

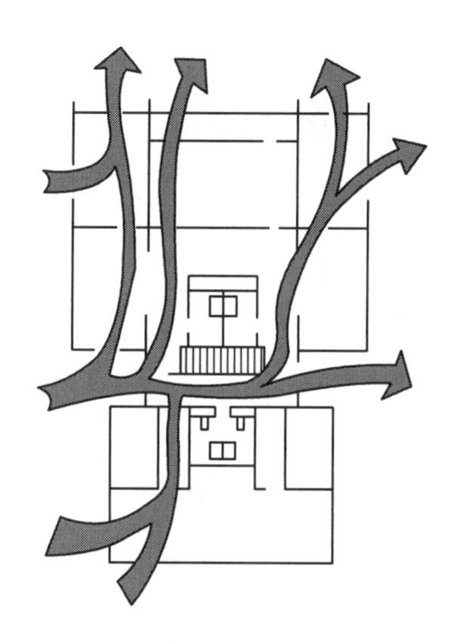

图 3.50　利用楼梯间加强通风

(3) 自然通风的剖面设计

如图 3.51 所示，在楼层间作通风层，直接与室外相通，可取得较好的自然通风效果，特别是热压作用下的通风效果更良好。

如图 3.52 所示，夏季在屋顶平台上架设花栅，作"风兜"，凉爽又经济；在墙上做风道，利用风压作用将凉风分别导入室内。

如图 3.53 所示，用小天井通风换气是一种较好的方法，不论在风压或热压作用下都能起到引导气流的作用。

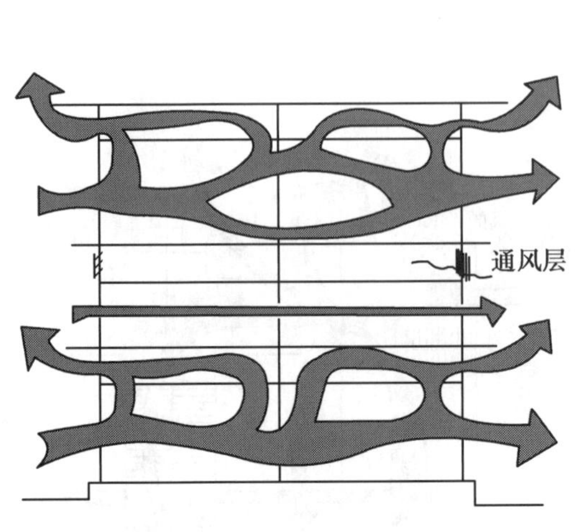

图 3.51 在楼层间做通风层

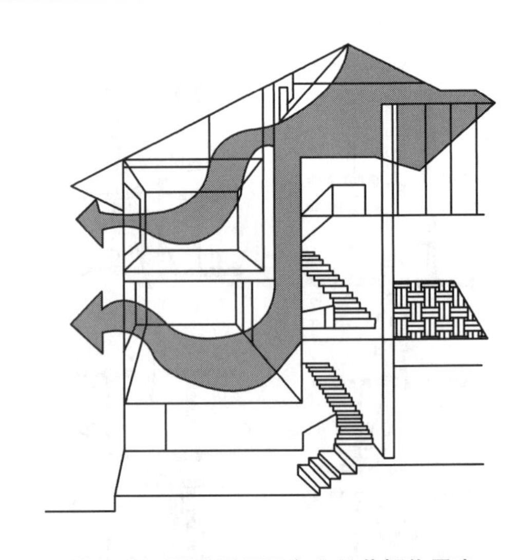

图 3.52 夏季屋顶平台上设花棚作风兜

如图 3.54 所示,在我国南方或东南亚地区(如越南、印度尼西亚、缅甸、柬埔寨等国家),许多架空房屋会在木(或竹)地板中留出缝隙以便通风。

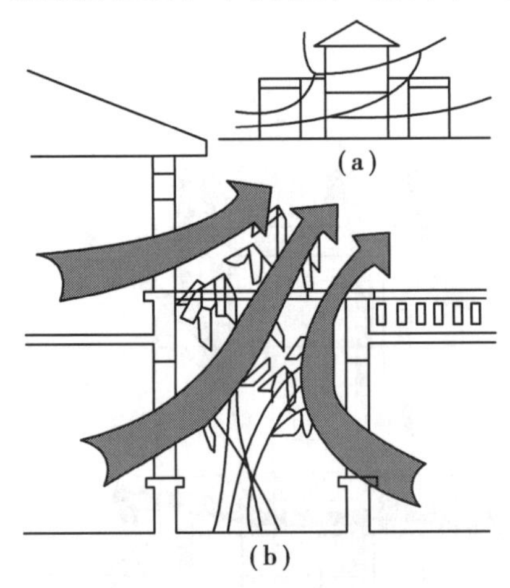

图 3.53 利用小天井通风换气

图 3.54 一层架空的傣族竹楼

窗户的形式对室内气流的路径和降温效果也有很大的影响(图 3.55)。当窗口不能朝向主导风向,或房间只有一面墙开窗时,可利用翼墙(wingwall)改变建筑周围的正压区、负压区,引导气流穿过平行于风向的窗口。只在上风向有开口的房间利用翼墙可以促进通风,但是其位置必须能产生正压区和负压区才有效,对只在下风向有开口的房间,翼墙不起作用。

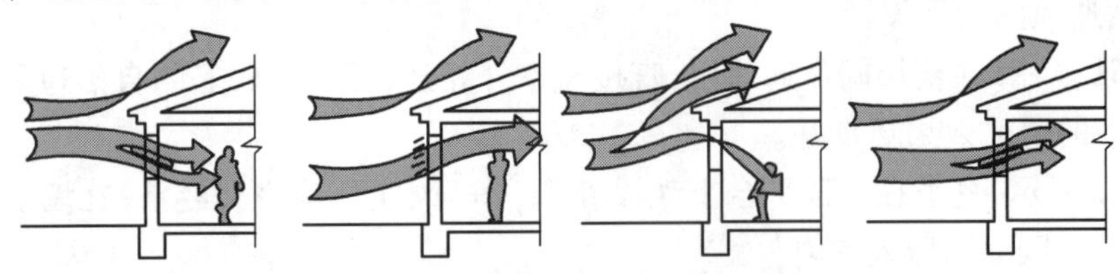

图 3.55 导风板对气流的影响

对于只在一面墙上有开口的情况，设置翼墙可将室内气流和空气交换速率提高大约100%。除非风的入射角是倾斜的，否则翼墙不能显著促进相对墙壁上有开口的穿堂风。小型建筑的翼墙对于入射角为20°~140°时的风很有效。建筑自身的凹凸变化也能起到翼墙的作用，如突出的小房间、入口门厅等。

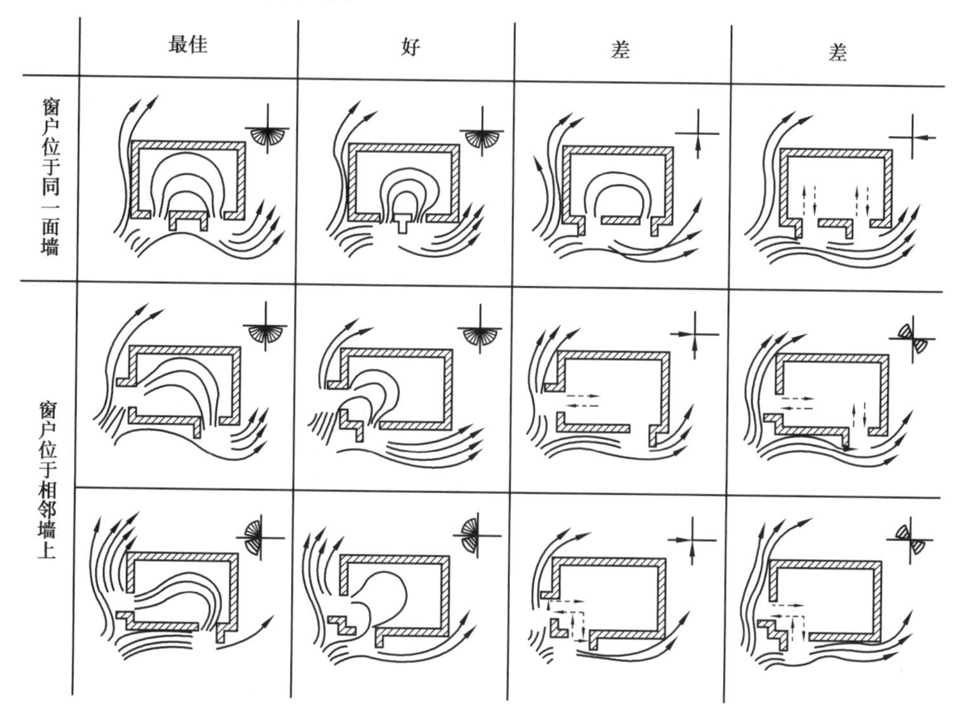

图3.56　不同形式翼墙的通风效果图

图3.56中展示了在平面中布置翼墙的多种方式，风玫瑰图表示了主导风向。翼墙的运用提高了房间的气流速度，翼墙突出的宽度至少应是窗口宽度的0.5~1倍，间距至少应是窗户宽度的2倍（图3.57）。除了捕风的作用，翼墙还可以结合立面发挥遮阳板的作用。

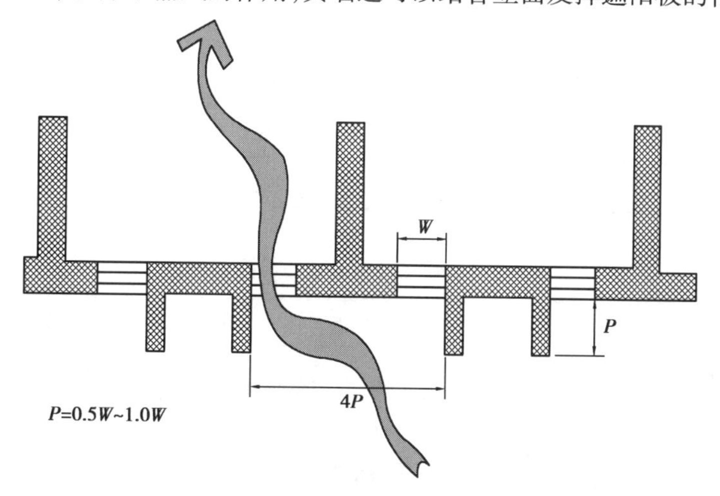

图3.57　翼墙的推荐尺寸

3.4 建筑围护结构

“建筑物并非一堆毫无生机的砖、石、钢铁,它也算得上是一具有其自己的血液循环系统及神经系统的生命体。通过此系统,冬季可以输入热量,夏季可以引进新鲜空气,并且,在全年中,光线、冷热水、人体营养物及高级文明社会的无数附属物全都通过此系统得到处理。”(引自《建筑物 · 气候 · 能量》)

由此可以看出,围护结构不仅可以保护居住者,而且在调节室内环境方面起重要作用,控制着建筑内部和外部之间的能量流动,可以看作是建筑适应气候的选择性通路——通过适当手段,对不同气候条件下的采暖、降温、通风等需求做出回应。

3.4.1 外墙

建筑围护构件散失的热量约占建筑热量损失的 40%,其中因外墙传热而造成的热量损失占到 48%。因此,在提高建筑节能水平中减少外墙传热的重要性不言而喻。目前,我国外墙结构的热工性能计算主要依据《建筑围护结构节能工程做法及数据》(09J 908—3)。随着对墙体保温重视程度的提高,人们在建筑中引入集热蓄热墙或在外墙结构中引入保温材料,从而增强建筑节能效果。

目前,墙体保温隔热性能的实现通常是采用保温隔热材料来实现的,包括发泡聚苯板、挤塑聚苯板、聚苯颗粒保温砂浆、发泡混凝土轻板等,其传热系数和物理性能如表 3.7 所示。墙体保温技术主要包括内保温技术、外保温技术和夹芯保温技术,但是较为常用的是内保温技术和外保温技术,其主要特点如表 3.8 所示。

表 3.7 常用的墙体保温材料

材料	导热系数 [W/(m · K)]	密度 (kg/m^3)	强度	耐久性	环保性能	造价
发泡聚苯板	0.042	18~20	较差	一般	低毒	低
挤塑聚苯板	0.033	22~30	有一定强度	较好	低毒	高
聚苯颗粒保温砂浆	0.069	250	较好	较好	无毒	稍低
发泡混凝土轻板	0.104	350	较好	较好	无毒	稍高

表 3.8 外墙内保温和外保温措施对比

保温形式	常用材料	优点	缺点
内保温	石膏复合聚苯保温板、聚合物砂浆复合聚苯保温板	施工快、操作简便	多占用建筑使用面积、未解决热桥问题、影响房间二次装修
外保温	膨胀聚苯板(EPS)薄抹灰系统、挤塑聚苯板(XPS 板)薄抹灰系统	避免冷、热桥,保温效果好	外保温材料处于室外,对材料的耐久性、耐水性和强度都要求比较严格

外墙在稳定传热条件下防止室内热损失的主要措施是提高墙体的热阻，即降低墙体的传热系数。不同气候区外墙传热系数及热阻应符合表 3.9 规定。

表 3.9　不同气候区外墙(包括非透明幕墙)传热系数及热阻限值

气候分区		外墙传热系数 K[W/(m^2·K)]	外墙传热阻[(m^2·K)/w]
严寒地区 A 区	体形系数≤0.3	≤0.45	≥2.22
	0.3<体形系数≤0.4	≤0.40	≥2.5
严寒地区 B 区	体形系数≤0.3	≤0.50	≥2.0
	0.3<体形系数≤0.4	≤0.45	≥2.22
寒冷地区	体形系数≤0.3	≤0.60	≥1.67
	0.3<体形系数≤0.4	≤0.50	≥2.0
夏热冬冷地区		≤1.0	≥1.0
夏热冬暖地区		≤1.5	≥0.67

1)保温外墙

外墙按其保温层所在的位置分类，可分为以下几种类型：

(1)单一材料的保温结构

墙体是建筑外围护结构的主体，我国长期以实心黏土砖为主要墙体材料，对能源和土地资源造成了严重的浪费。目前不少地区，特别是黏土资源丰富的地区，注重发展多孔砖，按节能要求改进孔型、尺寸，例如，西安的 24 cm 空心砖墙可达 37 cm 实心砖墙的保温水平，北京的 37 cm 空心砖墙可达 49 cm 实心砖墙的保温条件。

根据地方资源条件，不少地区用粉煤灰、煤矸石、浮石与陶粒等生产各种混凝土空心砌块，用保温砂浆砌筑。砌块的材料组成及其孔洞设计对热工性能影响甚大，部分 24 cm 多排孔砌块的热阻可优于 62 cm 厚砖墙。

外围护墙采用蒸压加气混凝上，其本身既是围护结构，又是保温墙体，集双重功能于一体，是目前较为合理和经济的节能方法。但应注意，加气混凝土砌块如不采取有效的措施，不宜在以下部位使用：

①长期浸水或经常干湿循环交替的部位。

②受化学环境侵蚀，如强酸、强碱或高浓度二氧化碳等的环境。

③制品表面经常处于 80 ℃以上的高温环境。

④易受局部冻融的部位。

(2)复合材料的保温结构

主要作承重用的单一材料墙体，往往难以同时满足较高的保温、隔热要求。因此，在节能的前提下，复合墙体逐渐成为当代墙体的主流。复合墙体一般用砖或钢筋混凝土作承重墙，并与绝热材料复合，或者采用钢筋混凝土框架结构，用薄壁材料夹以绝热材料作墙体。建筑用绝热材料主要是岩棉、矿渣棉、玻璃棉、泡沫聚苯乙烯、泡沫聚氯酯、膨胀珍珠岩、膨胀蛭石以及加气混凝土等，而复合做法则多种多样。

①外墙内保温。

将绝热材料复合在承重墙内侧技术不复杂，施工简便易行，绝热材料强度往往较低，需设覆面层防护。目前使用较为广泛的内保温方式有以下几种：

a.钢丝网架聚苯复合板外墙内保温。

钢丝网架聚苯复合板是由钢丝方格平网与聚苯板，通过斜插腹丝，不穿透聚苯板，腹丝与钢丝方格平网焊接，使钢丝网、腹丝与聚苯板复合成一块整板；通过锚栓或预埋钢筋的办法与外墙内表面固定，表面为水泥砂浆抹灰层（贴一层网格布）和涂料饰面层（图3.58）。

b.增强水泥聚苯复合板外墙内保温。

增强水泥聚苯复合板是以自熄性聚苯板为芯材，四周六面复合10 mm厚增强水泥，增强水泥层内满粘耐碱玻纤网格布增强。板边肋宽度10 mm，保温板用胶黏剂粘贴在外墙内侧基面，板缝处粘贴50 mm宽无纺布，全部板面满粘贴耐碱玻纤网格布增强，再刮3 mm厚耐水腻子，分两次刮平（图3.59）。

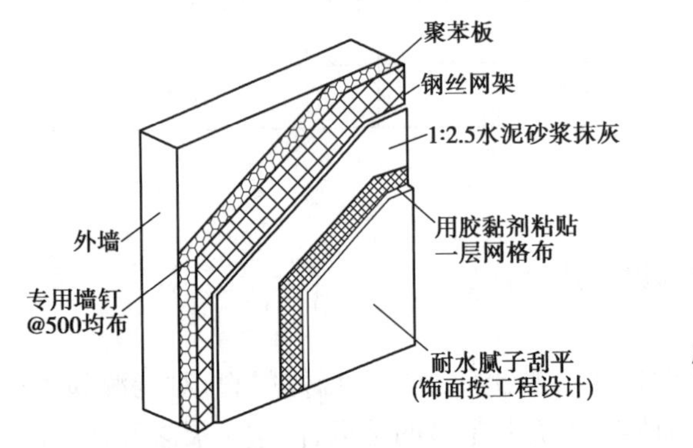

图3.58　钢丝网架聚苯复合板外墙内保温图

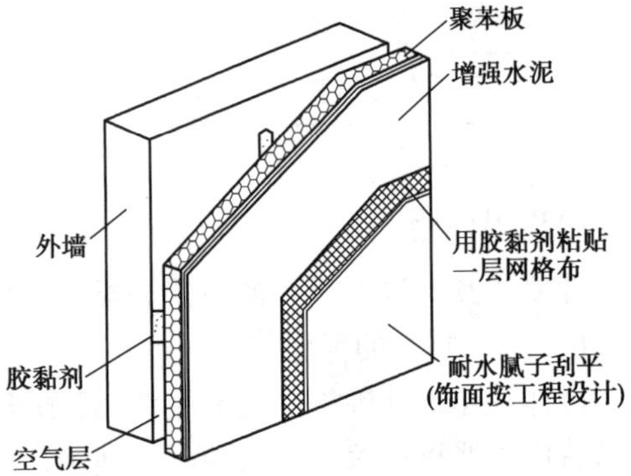

图3.59　增强水泥聚苯复合板外墙内保温图

②外墙外保温。

外墙外保温系统起源于20世纪40年代的瑞典和德国，经过多年的实际应用和在全球不同气候条件下长时间的考验，证明采用该类保温系统的建筑，无论是从建筑物外装饰效果还是居住的舒适程度考虑，都值得推广应用。

对外墙进行保温，无论是外保温、内保温还是夹心保温，都能够在寒冷天气使外墙内表面温度提高，从而改善室内热环境。对于这几类保温方式来说，采用外保温的效果更加良好，其原因如下：

a.外保温可以避免产生热桥。

b.外墙外保温有利于使建筑冬暖夏凉。

c.通过外保温提高外墙内表面温度，即使室内的空气温度有所降低，也能得到舒适的热环境。

d.外保温可使内部的砖墙或混凝土墙受到保护，提高冬季内部的主体墙温度，使室内湿度降低、温度变化趋于平缓、热应力减少，从而使建筑寿命得以延长。

e.采用内保温的墙面上难以吊挂物件。在旧房改造时，外保温可以避免施工扰民和减少使用面积等。

外保温通用的做法是将聚苯板粘贴、钉挂在外墙外表面，覆以玻纤网布后用聚合物水泥砂浆罩面;或将岩棉板粘贴并钉挂在外墙外表面后,覆以钢丝网,再作聚合物水泥砂浆罩面;也可把玻璃棉毡钉挂在墙外,再覆以外挂板(图3.60)。固定件宜采用尼龙或不锈钢钉,以避免锈蚀。

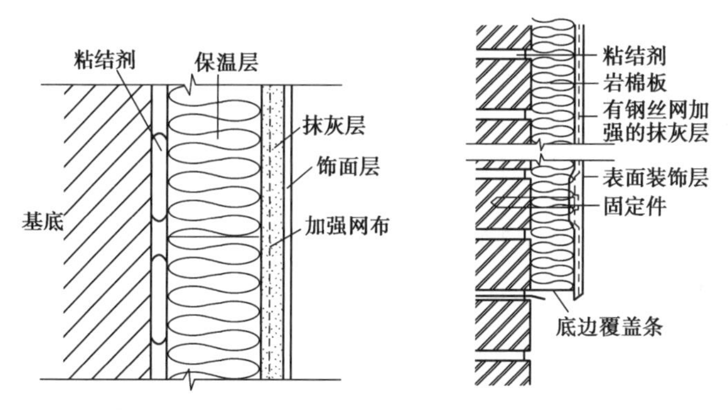

图3.60 外墙外保温图

a.聚苯乙烯泡沫塑料板薄抹灰外墙外保温。该系统采用聚苯板作为保温隔热层,用胶黏剂与基层墙体粘贴,辅以锚栓固定(当建筑物高度不超过20 m时,也可采用单一的粘接固定方式)。

b.聚苯乙烯泡沫塑料板现浇混凝土外墙外保温系统。该系统的基层墙体为现浇钢筋混凝土墙,采用聚苯板作保温隔热材料,置于外墙外模内侧,并以锚栓为辅助固定件,与钢筋混凝土墙现浇为一体。聚苯板的抹面层为嵌埋有耐碱玻纤网格布增强的聚合物抗裂砂浆,属薄型抹灰面层,涂料饰面。本系统强度较高,有利于抵抗各种外力作用,可用于建筑首层等易受撞击的部位。

③夹层保温墙体。

除了外墙外保温和内保温的做法外,另有一种做法是夹层保温墙体。其将绝热材料设置在外墙中间,有利于较好地发挥墙体材料本身对外界环境的防护作用,从而降低造价。在砖砌体或砌块墙体中间留出空气层,并在此中间层内安设岩棉板、矿棉板、聚苯板、玻璃棉板,或者填(吹)入散状(或袋装)膨胀珍珠岩、聚苯颗粒、玻璃棉等(图3.61),可取得良好的保温效果。但要填充严密,避免内部形成空气对流,并做好内外墙体间的拉结,这一点在地震区更需要重视。

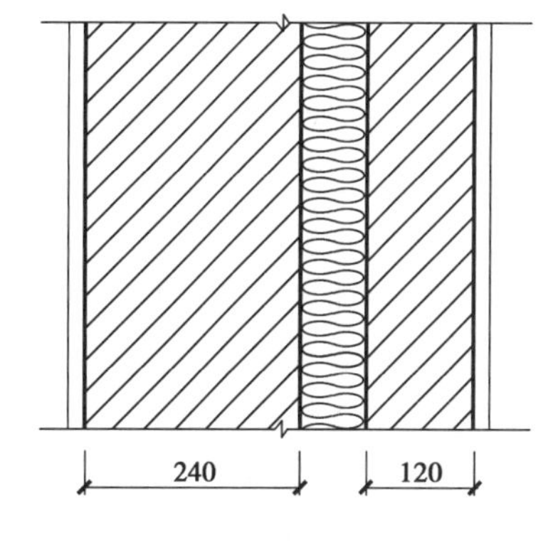

图3.61 夹层保温墙体

2)集热蓄热墙

(1)特朗伯墙(Trombe wall)

特朗伯墙是一种运用重质砖石材料作主要蓄热媒介的集热蓄热墙。通常外表面涂以高吸收系数的黑色涂料,并以密封的玻璃框覆盖而成,可以分为有风口及无风口两大类(图3.62、图3.63)。

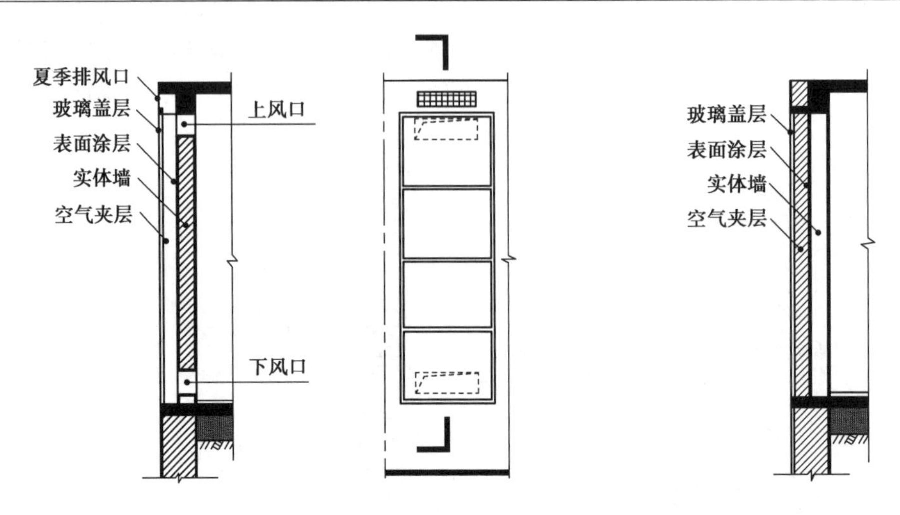

图 3.62　有风口集热蓄热墙图　　　　图 3.63　无风口集热蓄热墙图

当冬季白天有日照时,照射到玻璃表面的阳光一部分被玻璃吸收,一部分透过玻璃照射到墙体表面。玻璃吸收太阳辐射后温度上升,并向室外空气及集热蓄热墙间层中空气放热。透过玻璃的太阳辐射绝大部分被涂有高吸收系数涂料的墙体表面吸收,表面温度升高,一方面向间层空气放热;另一方面通过墙体向室内传导。传导过程中部分热量蓄存于墙体内,部分传向室内。室内获得的这部分热量即为集热蓄热墙的传导供热。间层中的空气被加热后温度上升,通过上、下风口与室内空气形成自然循环。热空气不断由上风口进入室内,并向室内传热,这部分热量即为集热蓄热墙的对流供热。夜间蓄热墙放出白天蓄存的热量,室内继续得热,间层中空气温度则不断下降,当间层中空气温度低于室内温度时应及时关闭风口的风门,否则会形成空气的倒流,加大室内的热损失。夏天为避免热风从上风口进入室内,应关闭上风门,打开空气间层通向室外的风门,使间层中热空气排入大气,并可辅之以遮阳板遮挡阳光的直射,但必须设计合理,以避免其冬天对集热墙的遮挡。

特朗伯墙是否设置通风口,对于集热效率有很大的影响。有通风口的特朗伯墙集热效率比无通风口时高很多。从全天向室内供热的情况看,有风口时供热量的最大值出现在白天太阳辐射最大的时候(一般为正午时);无风口时,其最大值滞后于太阳辐射最大值出现的时间,滞后的时间与墙体的厚度有关。因此,是否设置通风口需结合当地的气象条件及太阳能的集热措施进行综合考虑。如果设置集热墙的主要目的是抵消白天的采暖负荷,则有通风口的特朗伯墙更有利,其集热效率更高,节能效果更好。对于较温暖地区或太阳辐射强、日温差较大的地区,通过直接受益窗就可使白天有日照时的室内获得足够的热量。采用无风口集热蓄热墙既可避免白天房间过热,又可提高夜间室温,减小室温的波动。

墙和玻璃之间的空气间层为保温提供了良好的空间。托马斯·赫尔佐格在德国 Windberg 青年教育学院旅社(图 3.64)的设计中运用了一种透明保温材料(TI),将其安装在蓄热墙的玻璃后面(图 3.65)。这种材料具有高透射比,低辐射率,传热系数低于 1.0 W/(m^2·K)。特朗伯墙在夏季应具有良好的遮阳和通风效果,以避免过度得热,如 Windberg 青年教育学院旅社在玻璃和透明保温材料之间设置了卷帘百叶,屋顶的大挑檐也提供了部分遮阳。

图 3.64 Windberg 青年教育学院旅社外观图

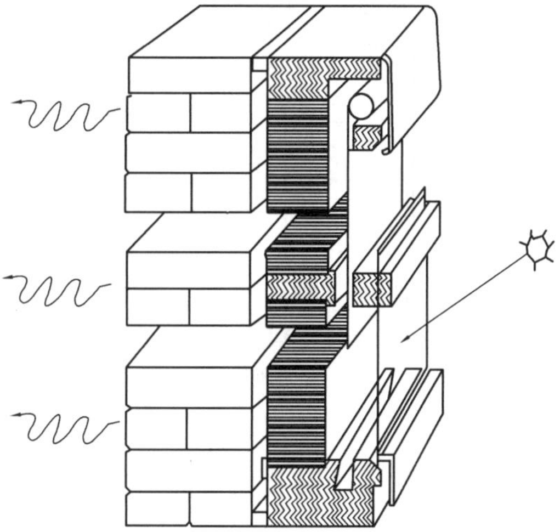

图 3.65 青年教育学院旅社 TI 墙

(2)呼吸式太阳能集热墙

呼吸式太阳能集热墙可以在空气进入室内前对其进行有效的预热,适合于白天需要大量通风的建筑,例如商店。它由深色的穿孔金属板构成集热表面,安装在南向墙壁上,与墙壁之间留有一定的间隙。太阳照在深色集热表面上,热量传入后面的间层,间层内空气被加热上升,顶部的风扇促使其进入建筑内循环,室外空气从小孔进入空气间层进行补充(图 3.66)。

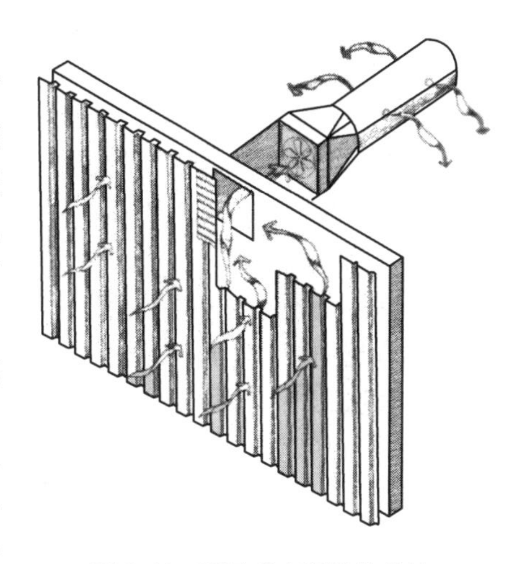

图 3.66 呼吸式太阳能集热墙

由于每分钟需要大约 2 550 m^3 的新风量,美国科罗拉多州 Englewood 联邦快递中心采用了深红色的呼吸式太阳能集热墙,在降低采暖负荷的同时提供高质量的室内空气。有关资料显示,每年可节约 7 000 美元,大约减少排放二氧化碳 115 吨。

3)隔热外墙

外墙的室外综合温度较屋顶低,因此在一般建筑中外墙隔热与屋顶相比是次要的,但对于采用轻质结构的外墙或在空调建筑中,外墙隔热仍须被重视。

为加速建筑工业化的发展,进一步减轻墙体重量,提高抗震性能,发展轻型墙板具有重要的意义。轻型墙板的种类从当前的趋势看,一是用一种材料制成的单一墙板,如加气混凝土或轻骨料混凝土墙板;二是由不同材料组合而成的复合墙板。单一材料墙板生产工艺较简单,但须采用轻质、高强、多孔的材料,以满足强度与隔热的要求。复合墙板(图 3.67)构造复杂一些,但它将材料区别使用,可采用高效的隔热材料,能充分发挥材料的特长,板体较轻,热工性能较好,适用于住宅、医院、办公楼等多层和高层建筑以及一些厂房的外墙。

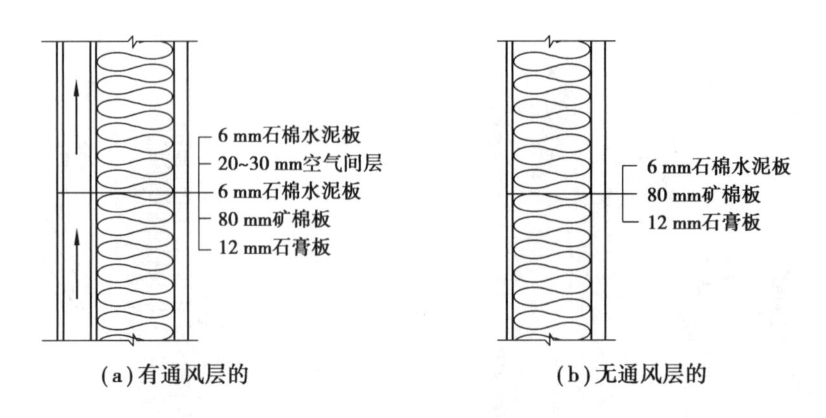

图3.67　复合轻墙

3.4.2　屋面

建筑的围护结构是决定建筑保温性能最重要的因素之一。建筑屋面的保温隔热性能对建筑能耗具有一定的影响,一般情况下,如果建筑屋面的面积较大,而且屋面结构的保温隔热性能较差,那么室内的热量或者冷量就会容易散失,造成建筑结构的能耗增加。由于建筑屋面受到太阳直射,因此,其太阳辐射热量和屋面传热系数就成为影响室内温度的重要因素。为了克服热量输入或者损失,通常需要在屋面结构中添加保温层。目前,完善的屋面节能技术已经形成,主要包括构造式保温隔热屋面、建筑形式保温隔热屋面、生态覆盖式保温隔热屋面等技术。

屋面保温层不宜选用容重较大、热导率较高的保温材料,以防止屋面过重、厚度过大;屋面材料不宜选用吸水率较大的保温材料,以防止有屋面湿作业时,保温层大量吸水,降低其保温效果。其次,太阳辐射得热对热负荷和冷负荷的影响较大,由于屋顶直接暴露在太阳之下,因此,对太阳辐射应当有目的、有计划地灵活控制与利用,以降低太阳辐射的负面影响。目前有一种利用双层屋顶通风的隔热方法,即在平屋顶上加建一透空通风的第二层屋顶,几乎可以将强烈的太阳辐射热完全抵挡。

屋顶隔热的机理和设计思路与墙体是相同的,只是屋顶是水平或倾斜部件,在构造上有其特殊性。

1)保温屋面

保温屋顶按稳定传热原理考虑其热工计算。墙体在稳定传热条件下防止室内热损失的主要措施是提高墙体的热阻。这一原则同样适用于屋面的保温,提高屋顶热阻的办法就是在屋面设置保温层,不同气候区屋面传热系数及热阻应符合表3.10规定。

表3.10　不同气候区屋面传热系数限值

气候分区		屋面传热系数 K[W/(m²·K)]	屋面传热阻 R[(m²·K)/W]
严寒地区A区	体形系数≤0.3	≤0.35	≥2.86
	0.3<体形系数≤0.4	≤0.30	≥3.33
严寒地区B区	体形系数≤0.3	≤0.45	≥2.22
	0.3<体形系数≤0.4	≤0.35	≥2.86

续表

气候分区		屋面传热系数 K[W/(m^2·K)]	屋面传热阻 R[(m^2·K)/W]
寒冷地区	体形系数≤0.3	≤0.55	≥1.82
	0.3<体形系数≤0.4	≤0.45	≥2.22
夏热冬冷地区		≤0.70	≥1.43
夏热冬暖地区		≤0.90	≥1.11

(1)保温材料

保温材料一般为轻质、疏松、多孔的材料或纤维材料,导热系数不大于 0.25W/(m·K)。按其成分可分为有机材料、无机材料及复合材料三种,按其形状可分为以下三种类型:

①松散保温材料。

常用的松散保温材料有膨胀蛭石(粒径 3~15 mm)、膨胀珍珠岩、矿棉、岩棉、玻璃棉、炉渣(粒径 5~40 mm)等。

②整体保温材料。

通常用水泥或沥青等胶结材料与松散保温材料拌和,整体浇筑在需要保温的部位,如沥青膨胀珍珠岩、水泥膨胀珍珠岩、水泥膨胀蛭石、水泥炉渣等。

③板状保温材料。

常用的板状保温材料包括岩棉板、XPS 挤塑板、真金板(挤塑板的改良品)、EPS 泡沫板、STP 真空保温板等,具有整体性能好、施工方便等特点。

各类保温材料的选用应结合工程造价、铺设的具体部位、保温层是封闭还是敞露等因素来加以考虑。

(2)平屋顶的保温构造

平屋顶的屋面坡度较缓,宜于在屋面的结构层上放置保温层。保温层的位置有两种处理方式:

①正置式保温屋面。

工程中常用的保温材料如水泥膨胀珍珠岩、水泥蛭石、矿棉岩棉等都是非憎水性的。这类保温材料吸湿后导热系数会陡增,因此在普通保温屋面中需要将保温层放在结构层之上、防水层之下,成为封闭的保温层,这种方式通常称为正置式保温,也称内置式保温。图 3.68 为正置式油毡平屋顶保温屋面构造,与非保温屋面不同的是增加了保温层和保温层上下的找平层及隔汽层。

正置式保温屋面构造复杂,从而增加了造价,除此之外,由于防水材料暴露于最上层会加速老化,缩短了防水层的使用寿命,故应在防水层上加保护层,这又将增加额外的投资。对于封闭式保温层而言,施工中很难做到将其含水率控制在相当于自然风干状态下的含水率,会出现防水层起泡的现象,如采用排汽屋面的话,屋面上则会伸出大量排汽孔,不仅会影响屋面使用性和观赏性,还人为的破坏了防水层的整体性。

②倒置式保温屋面。

倒置式保温屋面于 20 世纪 60 年代开始在德国和美国被采用,其特点是将保温层做在防水层之上,对防水层起到屏蔽和防护作用,使之不受阳光和气候变化的影响,也不易受到来自外界的机械损伤。因此,倒置式屋面被认为是保温屋面构造设计的大趋势。

倒置式保温屋面的坡度不宜大于3%。其保温材料应采用吸湿性小的憎水材料,如聚苯乙烯泡沫塑料板、聚氨酯泡沫塑料板等(图3.69),不宜采用如加气混凝土或泡沫混凝土这类吸湿性强的保温材料。保温层上应铺设防护层,以防止保温层表面破损并延缓其老化过程。保护层应选择有一定重量、足以压住保温层的材料,使之不致在下雨时漂浮起来,可选择大粒径的石子或混凝土板作为保护层。因此,倒置式屋面的保护层要比正置式的厚重一些。倒置式保温屋面因其保温材料价格较高,一般适用于高标准建筑的保温屋面。

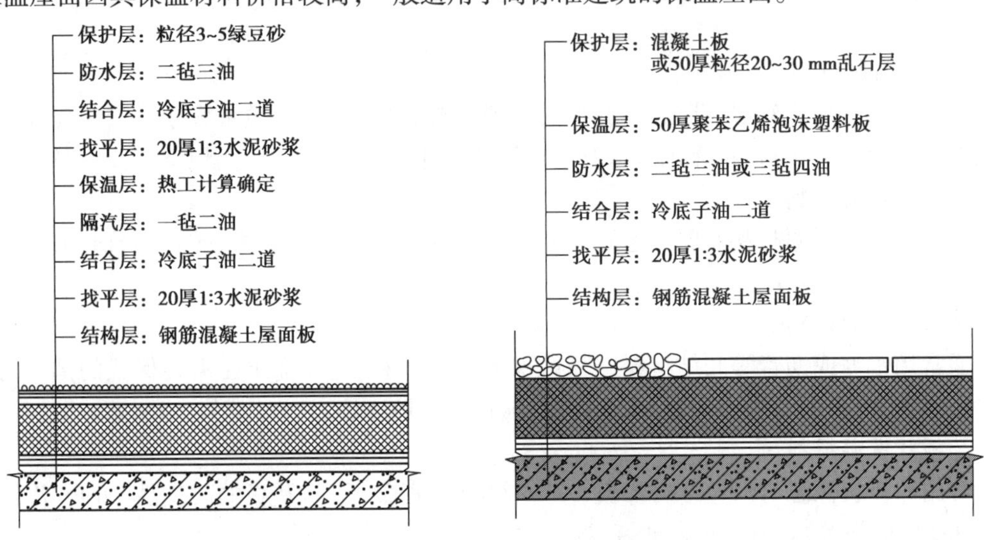

图3.68 正置式保温屋面图

图3.69 倒置式保温屋面图

(3)坡屋顶的保温构造

坡屋顶的保温层一般布置在瓦材下面、檩条之间或吊顶棚上面。保温材料可根据工程具体要求选用松散材料、整体材料或板状材料。例如,在一般的小青瓦屋面中,可在基层上铺一层厚黏土稻草泥作为保温层,并将瓦粘贴在基层上(图3.70)。在平瓦屋面中,可将保温材料填塞在檩条之间(图3.71)。在有吊顶的坡屋顶中,常将保温层铺设在顶棚上面,可以获得隔热、保温的双重功效(图3.72)。

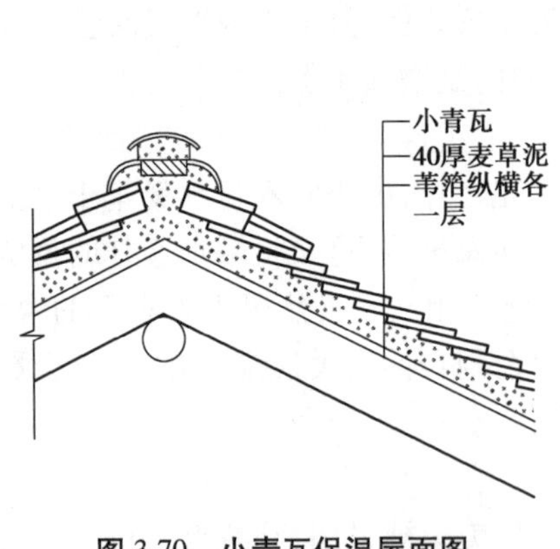

图3.70 小青瓦保温屋面图

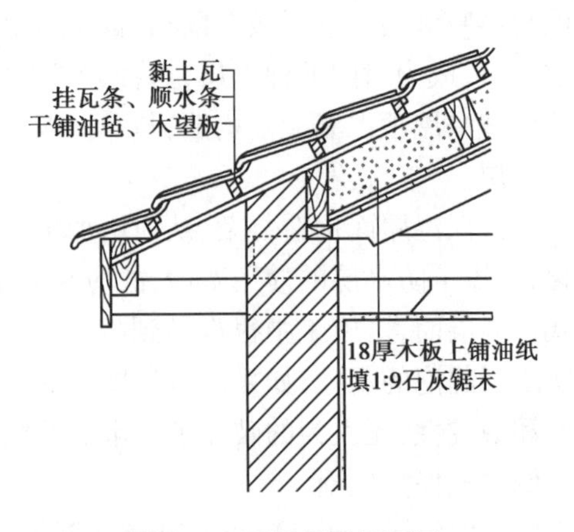

图3.71 平瓦保温屋面图

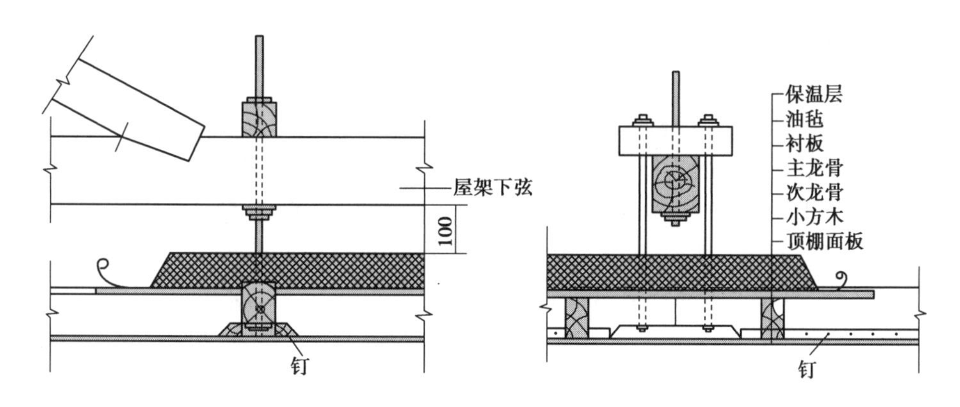

图 3.72 顶棚保温构造图

2)通风隔热屋面

通风隔热屋顶的原理是在屋顶设置通风间层,一方面利用通风间层的上表面遮挡阳光、阻断直接照射到屋顶的太阳辐射热,起到遮阳板的作用;另一方面,利用风压和热压作用将上层传下的热量带走,使通过屋面板传入室内的热量大大减少,从而达到隔热降温的目的。这种屋顶构造方式较多,既可用于平屋顶,也可用于坡屋顶,既可在屋面防水层之上组织通风,也可在防水层之下组织通风,基本构造如图 3.73 所示。

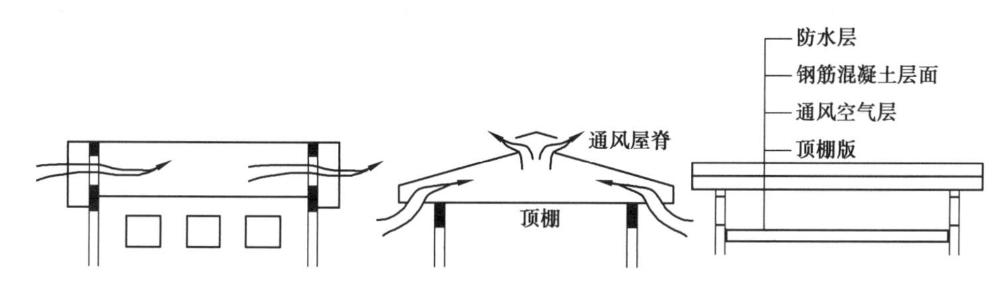

图 3.73 通风隔热屋顶基本构造方式

通风隔热屋顶的优点很多,如省料、质轻、材料层少、防雨防漏、构造简单等,适用于自然风较多的地区。沿海地区和部分夏热冬暖地区具备这种有利条件,无论白天还是夜晚,都会因陆地与水面的气温差而形成气流,使间层内通风流畅,白天隔热好且夜间散热快,但此类屋顶不适宜在长江中下游地区及寒冷地区采用。

在通风隔热屋顶的设计中应考虑以下问题:

①通风屋面的架空层设计应根据基层的承载能力,构造形式要简单,架空板应便于生产和施工。

②通风屋面和风道长度不宜大于 15 m,空气间层以 200 mm 左右为宜。

③通风屋面的基层上面应有满足节能标准的保温隔热基层,一般应按相关节能标准要求对传热系数和热惰性指标限值进行验算。

④架空隔热板的位置在保证使用功能的前提下应考虑利于板下部形成良好的通风状况。

⑤架空隔热板与山墙间应留出 250 mm 的距离。

⑥架空隔热层在施工过程中,应做好对已完工防水层的保护工作。

3) **反射屋面**

利用表面材料的颜色和光滑度对热辐射的反射作用,对平屋顶的隔热降温也有一定的效果。例如,屋面采用淡色砾石铺面或用石灰水刷白对反射降温都有一定效果,适用于炎热地区。如果在通风屋面中的基层加一层铝箔(图3.74),则可利用其第二次反射作用,对屋顶的隔热效果将有进一步的改善。

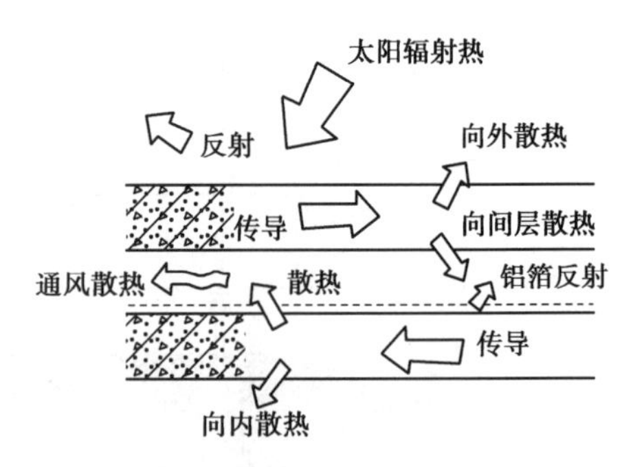

图3.74 铝箔屋顶反射降温示意图

4) **蓄水隔热屋面**

蓄水屋顶就是在屋面上蓄一层水来提高屋顶的隔热能力。水之所以能起到隔热作用,主要是因为水的热容量大,而且水在蒸发时要吸收大量的汽化潜热,这些热量大部分从屋顶所吸收的太阳辐射热中摄取,大大减少了经屋顶传入室内的热量,降低了屋顶的内表面温度。蓄水屋顶的隔热效果与蓄水深度有关,热工测试数据见表3.11。

表3.11 不同厚度蓄水层屋面热工测定数据

测试项目	蓄水层厚度(mm)			
	50	100	150	200
外表面最高温度(℃)	43.63	42.90	42.90	41.58
外表面温度波幅(℃)	8.63	7.92	7.60	5.68
内表面最高温度(℃)	41.51	40.65	39.12	38.91
内表面温度波幅(℃)	6.41	5.45	3.92	3.89
内表面最低温度(℃)	30.72	31.19	31.51	32.42
内外表面最高温差(℃)	3.59	4.48	4.96	4.86
室外最高温度(℃)	38.00	38.00	38.00	38.00
室外温度波幅(℃)	4.40	4.40	4.40	4.40
内表面热流最高值(W/m^2)	21.92	17.23	14.46	14.39
内表面热流最低值(W/m^2)	−15.56	−12.25	−11.77	−7.76
内表面热流平均值(W/m^2)	0.5	0.4	0.73	2.49

用水隔热是利用水的蒸发耗热作用,而蒸发量的大小与室外空气的相对湿度和风速的关系最为密切。我国南方地区中午前后风速较大,水的蒸发作用也最为强烈,因此,从屋面吸收用于蒸发的热量最多,而这个时段内屋顶室外综合温度恰恰最高,因此,在夏季气候干热、白天多风的地区,用水隔热的效果必然显著。

蓄水屋顶具有良好的隔热性能,且能有效保护刚性防水层,有如下特点:

①蓄水屋顶可大大减少屋顶吸收的太阳辐射热,同时,水的蒸发会带走大量的热。因此屋顶的水起到了调节室内温度的作用,在干热地区的隔热效果尤为显著。

②刚性防水层不干缩。长期在水下的混凝土不但不会干缩反而有一定程度的膨胀,能减少出现开裂性透水毛细管的可能,使屋顶不至于渗漏水。

③刚性防水层变形小。由于水下防水层表面温度较低,内外表面温差小,昼夜内外表面温度波幅小,混凝土防水层及钢筋混凝土基层产生的温度应力也小,由温度应力而产生的变形相应也小,从而避免了由于温度应力而产生的防水层和屋面基层开裂。

④密封材料使用寿命长。在蓄水屋顶中,用于填嵌分格缝的密封材料,由于减轻了氧化作用和紫外线照射程度,所以不易老化,可延长使用年限。

蓄水屋顶也存在一些缺点,在夜里屋顶外表面温度始终高于无水屋面,这时很难利用屋顶散热,且屋顶蓄水也增加了屋顶荷重,为防止渗水,还要加强屋面的防水措施。

现有被动式利用太阳能的新型蓄水屋顶,夏季白天用黑度较小的铝板、铝箔或浅色板材遮盖屋顶,反射太阳辐射热,而蓄水层则吸收顶层房间内的热量;夜间打开覆盖物,利于屋顶散热。当屋面防水等级为Ⅰ级、Ⅱ级时,或在寒冷地区、地震地区和振动较大的建筑物上,不宜采用蓄水屋面。

蓄水隔热屋顶的设计应注意以下问题:

①混凝土防水层应一次浇筑完毕,不得留施工缝,这样使每个蓄水区混凝土的整体防水性能达到良好。立面与平面的防水层应一次做好,避免因接头处理不当而产生裂缝。工程实践证明,防水层的做法采用 40 mm 厚 C20 细石混凝土加水泥用量 0.05%的三乙醇胺,或水泥用量 1%的氯化铁、1%的亚硝酸钠(浓度为 98%、内设 ϕ4@ 200 mm×200 mm 的钢筋网时,防渗漏性最好)。

②防水质量的好坏,对渗透水影响很大。应将混凝土防水层沿女儿墙内墙加高,高度应超出水面不小于 100 mm。由于混凝土转角处不易密实,必须拍成斜角,也可抹成圆弧形,并填设如油膏之类的嵌缝材料。

③分隔缝的设置应符合屋盖结构的要求,间距按板的布置方式而定。对于纵向布置的板,分格缝内的无筋细石混凝土面积应小于 50 m^2,对于横向布置的板,应按开间尺寸不大于 4 m 设置分格缝。

④屋顶的蓄水深度以 50~150 mm 为宜。

⑤屋盖的承载能力应满足设计要求。

5)蒸发降温屋面

(1)淋水屋面

屋脊处水管在白天温度高时向屋面上浇水,形成一层流水层,利用流水层的反射、吸收、蒸发以及流水的排泄可降低屋面温度(图 3.75)。

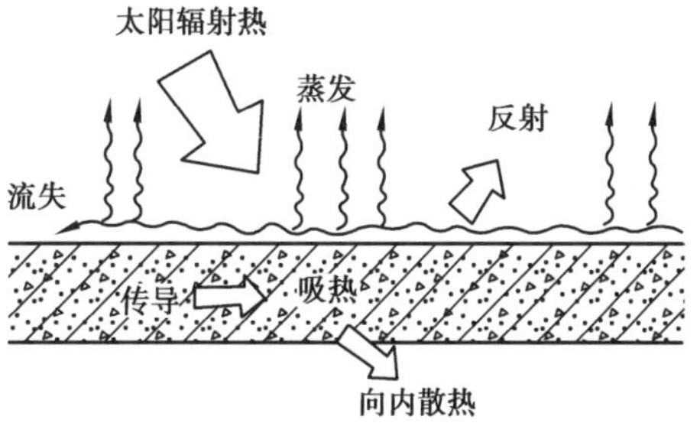

图 3.75　淋水屋面散热原理图

(2)喷雾屋面

在屋面上系统地安装排水管和喷嘴,夏日喷出的水在屋面上空形成细小的水雾层。雾结成水滴落下,又在屋面上形成一层流水层,水滴落下时,从周围的空气中吸取热量,因此,降低了屋面上空的温度并提高了相对湿度。水滴落到屋面后,与淋水屋面一样,再从屋面上吸取热量流走,进一步降低了表面温度,因此它的隔热效果更好。

6)种植隔热屋面

在屋顶上种植植物,可利用植物的光合作用,将热能转化为生物能;利用植物叶面的蒸腾作用增加蒸发散热量,可大大降低屋顶的室外综合温度;同时,利用植物栽培基质材料的热阻

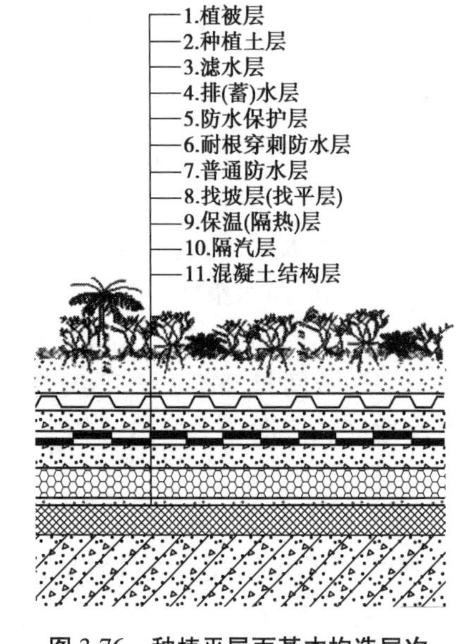

图 3.76 种植平屋面基本构造层次

与热惰性,可降低屋顶内表面的平均温度与温度波动振幅,达到隔热目的。这种屋顶的屋面温度变化小,隔热性能优良,是一种生态型的节能屋面。

种植屋顶分覆土种植和容器种植。种植土分为田园土(原野的自然土或农耕土,湿密度为 1 500~1 800 kg/m^3)、改良土(由田园土、轻质骨料和肥料等混合而成的有机复合种植土,湿密度为 750~1 300 kg/m^3)和无机复合种植土(根据土壤的理化性状及植物生理学特性配制而成的非金属矿物人工土壤,湿密度为 450~650 kg/m^3)。田园土湿密度大,使屋面荷载增大很多,且土壤保水性差,现在使用较少。无机复合种植土湿密度小、屋面温差小,有利于屋面防水防渗。它采用蛭石、水渣、泥炭土、膨胀珍珠岩粉料或木屑等代替土壤,重量减轻,隔热性能有所提高,且对屋面构造没有特殊要求,只是在檐口和走道板处须防止蛭石等材料在雨水外溢时被冲走。种植平屋顶基本构造如图 3.76 所示。

不同种类的植物,要求种植土的厚度不同,如乔木根深,则种植土较厚;而地被植物根浅,则种植土较薄。在满足植物生长需求的前提下,尽量减小种植土的厚度,有利于降低屋面荷载。表 3.12 是不同植物适宜的种植土厚度。

表 3.12 种植土厚度

单位:mm

种植土种类	种植土厚度			
	小乔木	大灌木	小灌木	地被植物
田园土	800~900	500~600	300~400	100~200
改良土	600~800	300~400	300~400	100~150
无机复合种植土	600~800	300~400	300~400	100~150

种植屋顶不仅对建筑的屋面能起到保温隔热作用,而且还有增加城市绿化面积、降低城市热岛效应、有效利用城市雨水、美化建筑和城市景观、点缀环境、改善室外热环境和空气质量的作用。表 3.13 是对某种种植屋面进行热工测试的数据。

表 3.13 有、无种植层的热工实测值

单位:℃

项目	无种植层	有蛭石种植层	差值
外表面最高温度	61.6	29.0	32.6
外表面温度波幅	24.0	1.6	22.4
内表面最高温度	32.2	30.2	2.0
内表面温度波幅	1.3	1.2	0.1

注:室外空气最高温度 36.4 ℃,平均温度 29.1 ℃。

3.4.3 楼地面

1)低温辐射地板采暖

地板采暖是近些年才在我国开展的一种新型采暖方式。地板采暖,顾名思义就是将钢管或者其他化学建材埋于地面的水泥层中,靠地面和房间之间的辐射换热来满足室内的温度要求,其构造如图 3.77 所示。

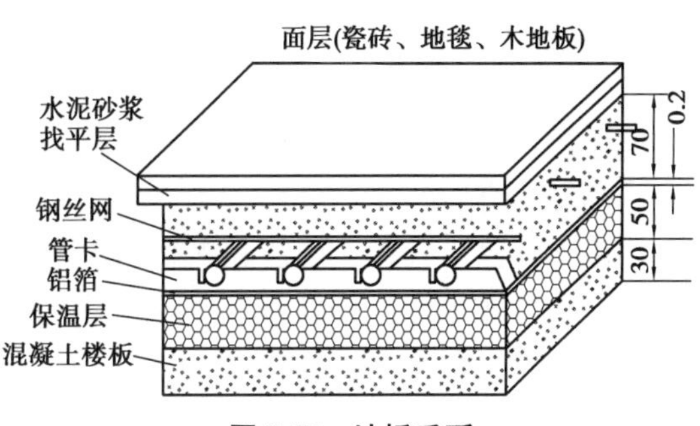

图 3.77 地板采暖

地板采暖,由于使用地面作为散热源,所以一般要求地面温度不能过高。一般人员长期停留的地点不能高于 28 ℃,因此,地板采暖的供水温度一般要在 65 ℃以下,故也称低温地板采暖。地板采暖特别适合于热源温度低的情况,太阳能由于其自身的热密度较低,集热温度很难达到较高的水平,所以,利用太阳能采暖,采用地板辐射采暖的形式是最佳的方式。

(1)低温地板辐射采暖的特点

低温地板辐射采暖的优点包括:①舒适、卫生、保健;②美观,不占使用面积;③保温隔音,热稳定性好;④高效节能,运行费用低;⑤使用寿命长,适应性强。

其缺点包括:①层高及荷载增加;②初投资较高;③可维修性差。

(2)埋管铺设形式

目前,低温地板辐射采暖的塑料埋管铺设方式大致分为蛇形和回形两种形状(图 3.78)。蛇形铺设又分为单蛇形、双蛇形和交错双蛇形铺设 3 种方式。回形铺设可分为单回形、双回形和对开双回形铺设 3 种方式。由图 3.78 可见,对于双回形布置方式,经过板面中心点的任何一个剖面,埋管是高温管、低温管相间间隔布置,易于造成“均化”的效果,且铺设简单,也没有埋管交错的问题,故在实际工程中,塑料埋管铺设广泛采用双回形布置方式。

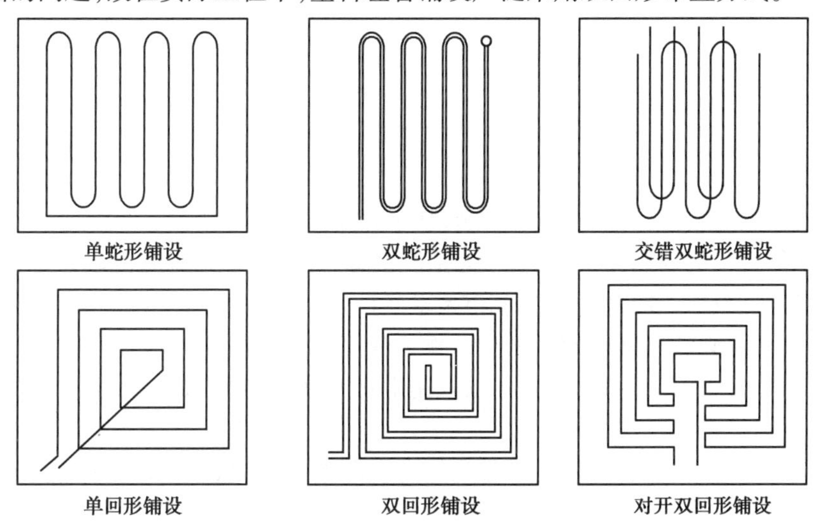

图 3.78 地板辐射采暖埋管形式

(3)热源系统形式

目前在地板供热系统中,作为进入集、分水器之前的热源供给方式,主要有以下 3 种形式。

①热水直供式。

热水直供式较简单,一般将热水源通过动力设备直接供给集水器,不接任何换热设备。但这样能源比较浪费,不能调节、储备能源,因此通常选用太阳能作为这种方式的热源。

②热源混合供给式。

热源混合供给式将太阳能和锅炉热水同时作为热源使用,主要是供太阳能不足地区的用户使用。该方式可用换热设备,也可不用换热设备。

③换热恒温供给式。

换热恒温供给式可为用户提供恒定温度的热水,以保证用户得到恒定的室内取暖温度。但热水源必须具有比较高的需求温度,并有充足的热源,因此一般都取锅炉水作为热源,采用板式换热器传递热量。

(4)太阳能低温地板辐射采暖应注意的问题

由于利用太阳能进行地板采暖,要求系统必须稳定、连续、安全的运行,因此对于冬季室外气温比较低的地区,由于太阳能集热系统可能出现冻结,所以循环介质中最好加入防冻液或者采用防冻油等。

由于采暖系统自身容量很大,而且考虑其他季节的热水供应,就必须采用间接式系统——太阳能集热系统和采暖系统两个独立的系统。两个系统均采用换热器换热的形式进行热量交换(图3.79)。

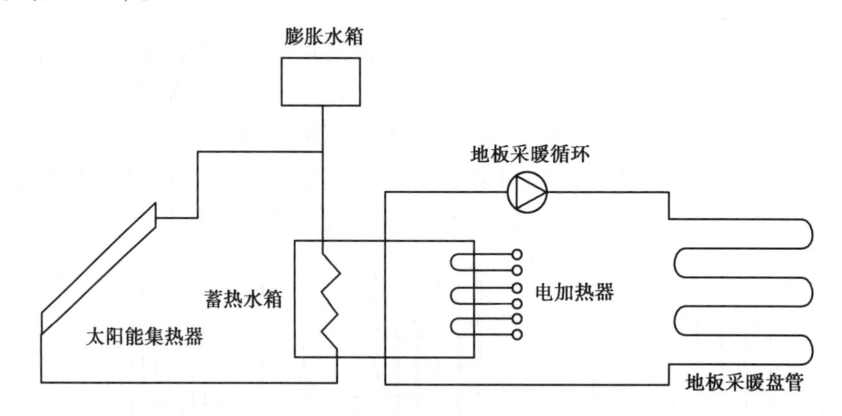

图3.79 太阳能地板采暖间接系统

由于太阳能自身的周期性特点,利用太阳能采暖,必须配备相应的蓄热设备,以保证阴雨天及夜间系统的运行。一般采用蓄热水箱是最经济、最简便的方式,为了保证系统的连续运行,太阳能采暖系统必须有其他的辅助热源作为保障。辅助热源的形式可以灵活考虑,如果太阳能集热面积大,太阳能供暖率高,可以采用电加热辅助热源,如果从经济性的角度考虑,配合燃煤、燃气锅炉是比较理想的方式。

为了保证系统的正常运行,系统还必须配有自动控制系统,以控制太阳能系统和辅助热源之间的切换和维持采暖房间温度的稳定。

2)通风蓄热楼板

BRE办公楼的楼板为建筑提供了蓄热、通风路径和内嵌的采暖和制冷用管道。这一楼板顶棚复合结构由75 mm厚的预制钢筋混凝土的正弦曲线壳体形成暴露在外的顶棚,再在上面现场浇筑一层75 mm厚的混凝土连接成整体。采暖制冷管道和通风路径在此复合结构中交替布置,采暖制冷管道上面是抹平的地面,通风路径上面是架空的地面。楼板为下层空间提供通风,为上层空间提供水暖和水冷(图 3.80)。暴露的楼板或顶棚结构,包括波浪形顶棚所增加的表面积,为建筑提供了大面积的蓄热体。蓄热体的运用将白天温度峰值转移到了夜晚,结合夜间通风措施为楼板降温,以降低白天的制冷负荷。

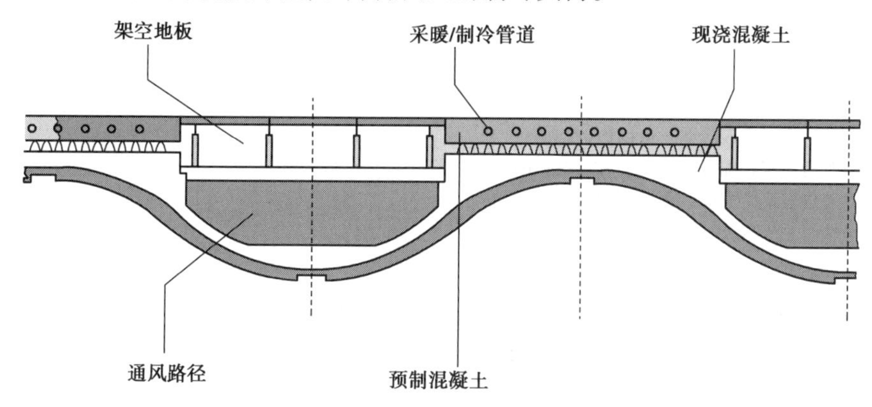

图 3.80 BRE 办公楼楼板构造图

3)楼地面保温

地板和地面的保温往往容易被人忽视。实践证明,在严寒和寒冷地区的采暖建筑中,接触室外空气的地板,以及不采暖地下室上面的地板如果不加保温,不仅会增加采暖能耗,还会因地面温度过低影响使用者的健康。在严寒地区,直接接触土壤的周边地面如不加保温,则接近墙脚的周边地面不仅可能会因温度过低而出现结露,还可能出现结霜,严重影响其使用功能。

(1)地面的保温

在热工质量的要求上,地板、屋顶和外墙既有相同之处,也有其自身的特点。由于采暖房间地板下面土壤的温度一般都低于室内气温,因此为了控制热损失和维持一定的地面温度,地板应有必要的保温措施。特别是靠近外墙的地板比中央部分的热损失大得多,故周边部位的保温能力,应比中间部分更好。我国规范规定,对于严寒地区采暖建筑的底层地面,当建筑物周边无采暖管沟时,在外墙内侧 0.5~1.0 m 范围内应铺设保温层,其热阻不应小于外墙热阻(表 3.14)。具体做法,可参考如图 3.81 所示地面的局部保温措施。

表 3.14 不同气候区地面和地下室外墙热阻限值

气候分区	围护结构部位	热阻 R[$(m^2 \cdot K)/W$]
严寒地区 A 区	地面:周边地面 非周边地面	≥2.0 ≥1.8
	采暖地下室外墙(与土壤接触的墙)	≥2.0
严寒地区 B 区	地面:周边地面 非周边地面	≥2.0 ≥1.8
	采暖地下室外墙(与土壤接触的墙)	≥1.8
寒冷地区	地面:周边地面 非周边地面	≥1.5
	采暖、空调地下室外墙(与土壤接触的墙)	≥1.5

续表

气候分区	围护结构部位	热阻 $R[(m^2 \cdot K)/W]$
夏热冬冷地区	地面	≥1.2
	地下室外墙(与土壤接触的墙)	≥1.2
夏热冬暖地区	地面	≥1.0
	地下室外墙(与土壤接触的墙)	≥1.0

注:①周边地面系指距外墙内表面 2 m 以内的地面;

②地面热阻系指建筑基础持力层以上各层材料的热阻之和;

③地下室外墙热阻系指土壤以内各层材料的热阻之和。

(2)特殊部位楼板的保温

对于接触室外空气的架空或外挑楼板(如骑楼、过街楼的楼板),以及非采暖房间与采暖房间的楼板(如作为车库的地下室上部的楼板),应采取保温措施。可在楼板下粘贴聚苯板(图 3.82),楼板的传热系数应满足表 3.15 规定。

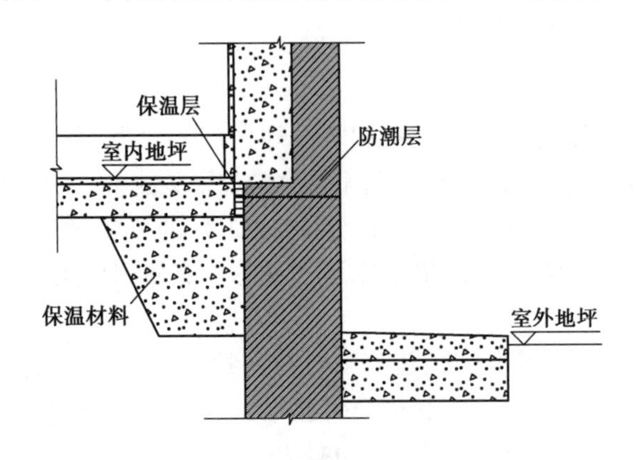

图 3.81 地板的局部保温图

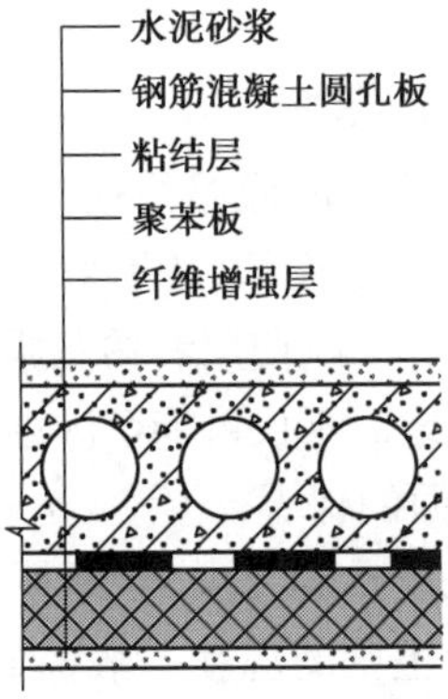

水泥砂浆
钢筋混凝土圆孔板
粘结层
聚苯板
纤维增强层

图 3.82 非采暖房间与采暖房间的楼板保温图

表 3.15 特殊部位的传热系数

气候分区		传热系数 $K[W/(m^2 \cdot K)]$	
		地面接触室外空气的架空或外挑楼板	非采暖(空调)房间与采暖(空调)房间的楼板
严寒地区 A 区	体形系数≤0.3	≤0.45	≤0.60
	0.3<体形系数≤0.4	≤0.40	≤0.60
严寒地区 B 区	体形系数≤0.3	≤0.50	≤0.80
	0.3<体形系数≤0.4	≤0.45	≤0.80
寒冷地区	体形系数≤0.3	≤0.60	≤1.5
	0.3<体形系数≤0.4	≤0.50	≤1.5
夏热冬冷地区		≤1.0	—
夏热冬暖地区		≤1.5	—

3.4.4 门窗

建筑物的外门、外窗是建筑物外围护结构的重要组成部分,除了具备基本的使用功能外,还必须具备采光、通风、防风雨、保温隔热、隔声、防盗、防火等功能,才能为人们的生活提供安全舒适的室内环境空间。但是,建筑的外门、外窗又是整个建筑围护结构中保温隔热性能最薄弱的部分,是影响室内热环境质量和建筑耗能量的重要因素之一。此外,由于门窗需要经常开启,其气密性对保温隔热也有较大影响。据统计,在采暖或空调的条件下,冬季单层玻璃窗所损失的热量占供热负荷的30%~50%,夏季因太阳辐射热透过单层玻璃窗射入室内而消耗的冷量占空调负荷的20%~30%。因此,增强门窗的保温隔热性能,减少门窗能耗,是改善室内热环境质量、提高建筑节能水平的重要环节。另外,建筑门窗还承担着隔绝与沟通室内外两种空间之间互相矛盾的任务,因此,在技术处理上相较于其他围护部件难度更大,涉及的问题也更复杂。

衡量门窗性能的指标主要包括6个方面:太阳辐射得热性能、采光性能、空气渗透防护性能、保温隔热性能、水密性能和抗风压性能等。建筑节能标准对门窗的保温隔热性能、窗户的气密性、窗户的遮阳系数等提出了明确具体的限值要求。建筑门窗的节能措施就是提高门窗的性能指标,主要是在冬季有效地利用阳光,增加房间的得热和采光,提高保温性能、降低通过窗户传热和空气渗透所造成的建筑能耗;在夏季采用有效的隔热及遮阳措施,降低透过窗户的太阳辐射以及室内因空气渗透所引起的空调负荷的增加,从而导致的能耗的增加。

1)建筑物外门节能设计

这里讲的外门是指住宅建筑的户门和阳台门。户门和阳台门下部门芯板部位都应采取保温隔热措施,以满足节能标准要求。常用各类门的热工指标见表3.16。

表3.16 门的传热系数和传热阻

门框材料	门的类型	传热系数 K_0[W/(m^2·K)]	传热阻 R_0(m^2·K/W)
木、塑料	单层实体门	3.5	0.29
	夹板门和蜂窝夹芯门	2.5	0.40
	双层玻璃门(玻璃比例不限)	2.5	0.40
	单层玻璃门(玻璃比例<30%)	4.5	0.22
	单层玻璃门(玻璃比例为30%~60%)	5.0	0.20
金属	单层实体门	6.5	0.15
	单层玻璃门(玻璃比例不限)	6.5	0.15
	单框双玻门(玻璃比例<30%)	5.0	0.20
金属	单框双玻门(玻璃比例为30%~70%)	4.5	0.22
无框	单层玻璃门	6.5	0.15

可以采用双层板间填充岩棉板、聚苯板来提高户门的保温隔热性能。此外,提高门的气密性(即减少空气渗透量),对提高门的节能效果是非常明显的。

在严寒地区,公共建筑的外门应设门斗(或旋转门)、寒冷地区宜设门斗或采取其他减少冷风渗透的措施。夏热冬冷和夏热冬暖地区,公共建筑的外门也应采取保温隔热的节能措施,如设置双层门、采用低辐射中空玻璃门、设置风幕等。

2)建筑物外窗的节能设计

因为窗的保温隔热性能较差,还伴有经缝隙的空气渗透引起的附加冷热损失,所以窗的节能设计原则是在满足使用功能要求的基础上尽量减小窗户面积,提高窗框、玻璃部分的保温隔热性能,加强窗户的密封性以减少冷风渗透。北方严寒及寒冷地区应加强窗户的太阳辐射得热,夏热冬冷及夏热冬暖地区应加强窗户对太阳辐射热的反射及对窗户采取遮阳措施以提高外窗的的保温隔热能力。具体可采取以下措施:

(1)控制窗墙面积比

窗墙面积比是指某一朝向的外窗总面积(包括阳台门的透明部分、透明幕墙)与该朝向的外围护结构总面积之比。控制好开窗面积,可在一定程度上减少建筑能耗,因此我国在居住建筑节能设计标准中针对各地区的气候特点提出了相应的窗墙面积比的指标限值。窗墙面积比应根据不同地区、不同朝向的墙面冬、夏日照情况、季风影响、室外空气温度、室内采光设计标准及开窗面积与建筑能耗所占的比例等因素来确定。

(2)提高窗的保温隔热性能

①提高窗框的保温隔热性能。通过窗框的传热能耗在窗户的总传热能耗中占有一定比例,它的大小主要取决于窗框材料的导热系数,表 3.17 给出了几种主要框料的导热系数。加强窗框部分保温隔热效果有 3 个途径:一是选择导热系数较小的框材,木材和塑料的保温隔热性能优于钢和铝合金材料,但木窗耗用木材,且易因变形而引起气密性不良,导致保温隔热性能降低;而塑料自身强度不高且刚性差,其抗风压性能较差;二是采用导热系数小的材料截断金属框料型材的热桥形成断桥式窗户,常见的做法是用木材或塑料来阻断金属矿料的传热通道,形成钢木型复合框料或钢塑型复合框料;三是利用框内的空气腔室提高保温隔热性能。

表 3.17 几种主要框料的导热系数 单位:W/(m·K)

铝	松木、杉木	PVC	空气	钢
174.45	0.17~0.35	0.13~0.29	0.04	58.2

②提高窗玻璃部分的保温隔热性能。玻璃及其制品是窗户常用的镶嵌材料,然而单层玻璃的热阻很小,窗户内外表面温差只有 0.4 ℃,所以通过窗户的热流很大,导致整个窗的保温隔热性能较差。

可以通过增加窗的层数或玻璃的层数提高窗的保温隔热性能。如采用单框双玻璃窗、单框双扇玻璃窗、多层窗等,利用设置的封闭空气层提高窗玻璃部分的保温性能。双层窗的设置是一种传统的窗户保温做法,双层窗之间常有 50~150 mm 厚的空间。我国采用的单框双玻璃窗的构造绝大部分是简易型的,双玻璃形成的空气间层并非绝对密封,而且一般不做干燥处理,这样很难保证外层玻璃的内表面在任何阶段都不形成冷凝。

密封中空双层玻璃是国际上流行的第二代产品,密封工序在工厂完成,空气完全被密封在中间,空气层内装有干燥剂,不易结露,保证了窗户的洁净和透明度。

无论哪种节能窗型,空气间层的厚度与传热系数的大小都有一定的规律性。通常空气间层的厚度在 4~20 mm 时可产生明显的阻热效果。在此范围内,随着空气层厚度增加,热阻增大,当空气层厚度大于 20 mm 后,热阻的增加趋缓,空气间层的数量越多,保温隔热性能越好。表 3.18 是几种不同中空玻璃的传热系数。

表 3.18 平板玻璃和中空玻璃的传热系数

材料名称	构造及厚度(mm)	传热系数[W/(m^2·K)]
平板玻璃	3	7.1
平板玻璃	5	6.0
双层中空玻璃	3+6+3	3.4
双层中空玻璃	3+12+3	3.1
双层中空玻璃	5+12+5	3.0
三层中空玻璃	3+6+3+6+3	2.3
三层中空玻璃	3+12+3+12+3	2.1

此外,玻璃种类的选择对提高窗的保温隔热性能也很重要。

低辐射玻璃是一种对波长范围为 2.5~40 μm 的远红外线有较高反射比的镀膜玻璃,具有较高的可见光透过率(大于 80%)和良好的热阻隔性能,非常适合于北方采暖地区,尤其是采暖地区北向窗户的节能设计。采用遮阳型低辐射玻璃也可降低南方地区的空调能耗。

涂膜玻璃是指在玻璃表面通过一定的工艺涂上一层透明隔热涂料,在满足室内采光需要的同时,又使玻璃具有一定的隔热功能。涂膜玻璃可以通过调整隔热剂在透明树脂中的配比及涂膜厚度将遮阳系数控制在 0.5~0.8,将可见光透过率控制在 50%~80%。

热反射玻璃、吸热玻璃、隔热膜玻璃都具有较好的隔热性能,但这些玻璃的可见光透过率都不高,会影响室内采光,可能导致室内照明能耗增加,设计时应权衡使用。

(3)提高窗的气密性,减少空气渗透能耗

提高窗的气密性、减少空气渗透量是提高窗节能效果的重要措施之一。空气渗透量越大,冷、热耗能量就越大,因此,必须对窗的缝隙进行密封,以提高窗户的气密性。可以通过提高窗用型材的规格尺寸、准确度、尺寸稳定性和组装的精确度,采用气密条、改进密封方法或各种密封材料与密封方法配合的措施加强窗户的气密性,降低因空气渗透造成的能耗。但是,并非气密程度越高越好,气密性过高对室内卫生状况和人体健康都不利(或安装可控风量的通风器来实行有组织换气)。

(4)选择适宜的窗型

目前常用的窗型有平开窗、左右推拉窗、固定窗、上下悬窗、亮窗、上下提拉窗等,其中以推拉窗和平开窗最多。因为我国南北方气候差异较大,窗的节能设计的重点不同,所以窗型的选择也不同。南方地区窗型的选择应兼顾通风与除湿,推拉窗的开启面积只有 1/2,不利于通风,而平开窗则通风面积大、气密性较好,且符合该气候区的特点。

采暖地区窗型的设计应把握以下要点:

①在保证必要的换气次数的前提下,尽量缩小可开窗扇面积。

②选择周边长度与面积比小的窗扇形式,即接近正方形时更有利于节能。

③镶嵌的玻璃面积尽可能的大。

(5)太阳能的利用

众所周知,能源是人类赖以生存和发展的基本条件。与常规能源相比,太阳能是洁净的可再生的自然能源,其在建筑上具有很大的利用潜力。对太阳能的热利用和光利用可以减少空调和照明所使用的常规能源,同时也能减轻因电力生产所造成的环境负荷。因此,太阳能的利用可作为建筑节能的有效手段。从建筑节能的角度看,建筑外窗一方面是能耗大的构件;另一方面它也可能成为得热构件,即通过太阳光透射入室内而获得太阳热能,从而达到节约能源的目的。目前,将外窗玻璃做成浅色的太阳能集热板的做法在日本非常流行。发达国家已成功研制一种可调节颜色深浅的智能玻璃,从而可随意调节太阳光的入射量,更好地解决了采光与隔热的问题,同时也使得它在不同的季节都能取得更佳的节能效果。

(6)提高窗保温性能的其他方法

为提高窗的节能效率,设计上还可以使用具有保温隔热特性的窗帘、窗盖板等构件。采用热反射织物和装饰布做成的双层保温窗帘就是其中的一种。这种窗帘的热反射织物设置于里侧,反射面朝向室内,一方面阻止室内热空气向室外流动;另一方面通过红外反射将热量保存在室内,从而起到保温的作用。在严寒地区夜间采用平开或推拉式窗盖板内填沥青珍珠岩、沥青麦草、沥青谷壳或聚苯板等可获得较高的保温隔热性能及较经济的效果。

窗的节能措施是多方面的,既包括选用性能优良的窗用材料,也包括控制窗的面积、加强气密性、使用合适的窗型及保温窗帘、窗盖板等,多种方法并用,会大大提高窗的保温隔热性能,而且部分采暖和夏热冬冷地区的南向窗户完全有可能成为得热构件。

3.5 蓄热体布置设计

随着环境危机、能源危机威胁到人类的生活与发展,各国越来越重视建筑节能的问题,在许多国家和地区,房间供热、供冷已经成为能源消耗的主要原因。建筑的能耗压力可以通过合理设计和建筑建造本身得以改善,利用建筑进行热存储是目前广受关注的被动式设计领域的一个方面;这种建筑设计要达到利用建筑本身进行温度与能量调节的效果,一方面要削减能量需求峰值,另一方面要减少室内热环境波动,使得外部气候的变化不会瞬时传递到室内,达到建筑与气候相互协调,相互利用,通过消耗尽量少的资源,给使用者提供更为健康、舒适的生活环境。同时,利用建筑结构自身进行蓄热、蓄冷,也节省了为进行蓄热而可能占用的建筑空间。

蓄热体一般指可以储存热量的集热体。它有附属于建筑物构造体中和不附属于建筑物两种存在方式。如属于构造一部分时,则一方面起支撑建筑物的作用;另一方面具有储热体的功能。不为构造体的蓄热体能很简单地设置于建筑物中,可灵活增减,配合季节调节室内温度变化。

蓄热体在建筑中有以下两方面的用途:

对于住宅和夜间有使用需要的公共建筑,在利用太阳能采暖的情况下,要求房间具有一定的蓄热能力,尤其是采用直接受益窗时,对房间的蓄热要求更高。如果室内的蓄热能力差,则室温会在白天有日照时骤增,日落后骤降,室温波动大不仅会增加辅助供热量,还会加强人体的不舒适性。

对于夜间无使用需要的公共建筑,可以利用重质材料的热惰性,将室内最高温度出现的时间和建筑的使用时间错开,并结合夜间通风对蓄热体进行降温,起到隔热的作用。例如办公建筑或中小学校的教学楼,主要在白天使用,在室内温度达到峰值时,已经是下班或放学时间。

为了增加房间的蓄热能力,受到太阳辐射的屋顶、外墙面、室内地板、墙面及室内家具设备等,最好能尽量多地收集太阳辐射热。其方法除了采用增大受热面积、缩小阳光入射角度(方位、倾角)外,还可以选用热容量大的材料。由于热容量大的材料能够蓄积和散失更多的热量,因此太阳辐射热能得到更好的储存和散发,提高室温。其中,热容量较大而导热性较小的材料吸收热量后散热比较缓慢,即具有较高的散热时效,用这些材料做建筑的围护结构,可以延缓日照等因素对室内温度的影响,使室温更稳定均匀。即白天不会因太阳辐射而温度过高,夜晚不会因迅速冷却而温度过低。表 3.19 为不同材料的导热性、热容量和蓄热性能的比较。

在建筑中,最常用的蓄热材料为砖、石和混凝土。建筑能设置蓄热体的部分只有墙面和地面(顶层屋面也可设置),而通常以墙面为多。人们常用砖石来铺砌阳光能直射到的墙体、地面。这既是利用材料的特殊质感效果,也是利用材料的蓄热性能(图 3.83)。在起居室中,利用蓄热墙结合绿化作为隔断,蓄热墙表面保持了清水砖的肌理,赋予了室内空间一份雅致的情趣。水的蓄热性能更好,因此人们常将它储存在金属圆筒、玻璃柱或水箱中来蓄热(图 3.84)。

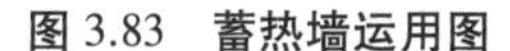

图 3.83 蓄热墙运用图

图 3.84 水墙蓄热图

表 3.19 不同材料的热容量、导热性和蓄热性能的比较

材料名称	热容量[kJ/(m^3·k)]	导热系数[W/(m·k)]	蓄热性能[W/(m^3·k)]
铜	0.003 2	56.7	0.864
铝	0.002 2	32	0.542
钢材	0.003 7	6.6	0.317
花岗岩	0.002 0	0.35	0.054
混凝土	0.001 8	0.25	0.043

续表

材料名称	热容量[kJ/(m³·k)]	导热系数[W/(m·k)]	蓄热性能[W/(m³·k)]
石灰石	0.002 2	0.13	0.034
大理石	0.001	0.37	0.042
静止的水	0.003 9	0.09	0.036
面砖(2 085 kg/m³)	0.001 6	0.19	0.036
普通砖(1 925 kg/m³)	0.001 5	0.1	0.026
保温玻璃	0.001 7	20.15	0.032
一般玻璃	0.001 4	0.008	0.002
土坯	0.001 2	0.09	0.022
轻质干土(1 280 kg/m³)	0.011 2	0.05	0.015
湿润的土(1 890 kg/m³)	0.002 2	0.35	0.057
黄沙	0.011 2	0.05	0.015
硬木	0.011 6	0.02	0.011
软质木材	0.006 6	0.02	0.007
胶合板	0.006 1	0.02	0.007
吸音板	0.003 6	0.01	0.004
石膏板	0.001 3	0.1	0.025

注:资源来源于《建筑节能技术教程》。

3.5.1 结构蓄热

材料对太阳辐射的吸收率取决于它的颜色、表面质感和材料类型。在直接受益式太阳房中,楼板和地面等重质材料都是很好的蓄热体。地面上的日照区域不应铺地毯,对于底层的地面,还应适当加厚其蓄热层。

如果一个重质材料表面最先接受阳光的辐射,但它只占所有重质材料面积的小部分,那么这个表面应该具有适度的反射比,以便把辐射扩散给其他表面进行吸收。当房间内重质材料表面积超过直接受益窗面积的3倍时,材料的吸收率就不是很重要了。当重质材料的表面积与直接受益窗的面积之比小于3∶1时,用来吸收和蓄存太阳热能的材料至少应具有50%的吸收率。轻质材料的表面应是浅色的,具有至少50%的反射率,这样它可以把太阳辐射向重质材料反射。

3.5.2 掩土

由于土壤的热工性质,掩土建筑的微气候较稳定。土壤从两方面降低建筑的得热和失热:首先,增加了墙壁、屋顶、地面的热阻;其次,减小了室内外的温差。由于设计和建造挡土墙的成本较高,掩土屋面的节能效果和其他优点需要与结构、防水和维护的成本相比较,最后,慎重做出决定。

掩土有 3 种基本形式:下沉式、堆土式、靠山式。为消除使用者的幽闭感,排除室内湿气和热量,因此如何在不同形式的掩土建筑中组织采光和通风尤为重要。可以利用天窗、庭院或中庭,或在一面或多个侧面安装侧窗来引入光线和进行通风。图 3.85 表示了既能采光又能通风的掩土建筑的不同组织方法。如果不能获得直接通风,可利用风塔或烟囱效应。一定深度的掩土热阻(不包括墙壁自身的热阻)可以根据图 3.86 估算。其做法是:左侧横轴表示堆土或阶梯状掩土顶部以下的深度,向上移动,与表示堆土形式的斜线相交,然后向右水平移动,与表示土壤类型的斜线相交,再向下移动到横轴,确定该深度以下掩土的热阻值,从而可以计算墙壁顶部和顶部的掩土热阻的平均值,或者以某个代表性的中间深度来确定掩土的平均热阻。

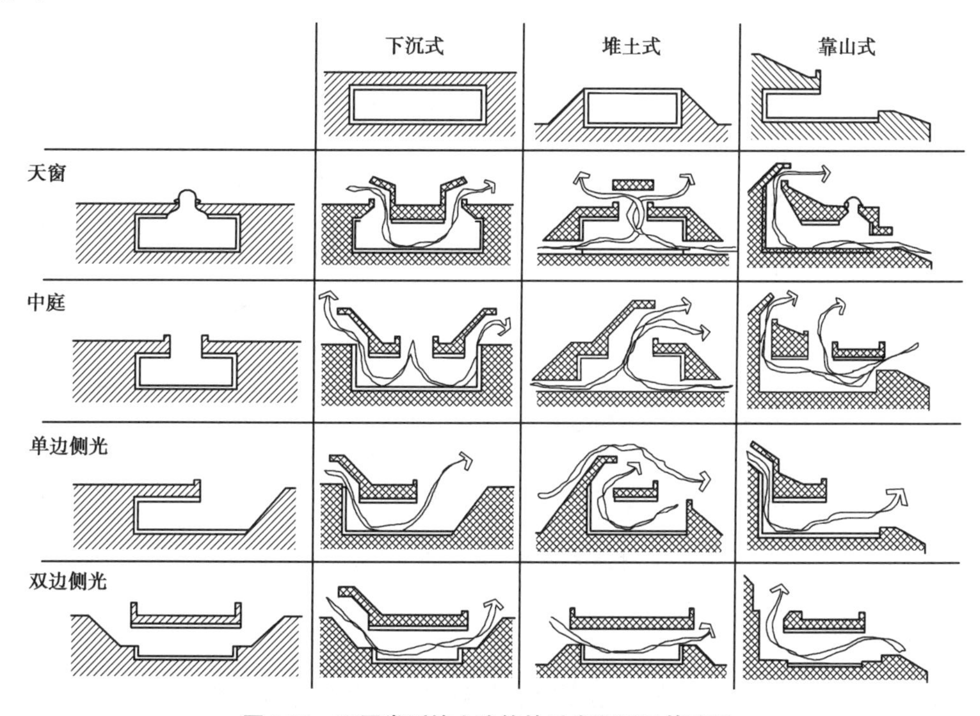

图 3.85 不同类型掩土建筑的采光和通风策略图

图 3.87 用来估算满足建筑制冷负荷所需的接触围护结构的掩土总面积。首先需确定建筑场地的夏季土壤温度和接触围护结构表面的土壤平均深度。从左侧横轴的土壤温度数值处向上移动,和表示地面或墙壁平均热阻的斜线相交,从交点处向右移动,与图右侧表示建筑得热率的曲线相交,再垂直向下移动,在右侧横轴上读出所需的土壤接触面积与地板面积的比率。最后,将这一比率和地板面积相乘,即得出土壤接触面积的大小。图 3.87 的假设条件是室内温度为 26.7 ℃。

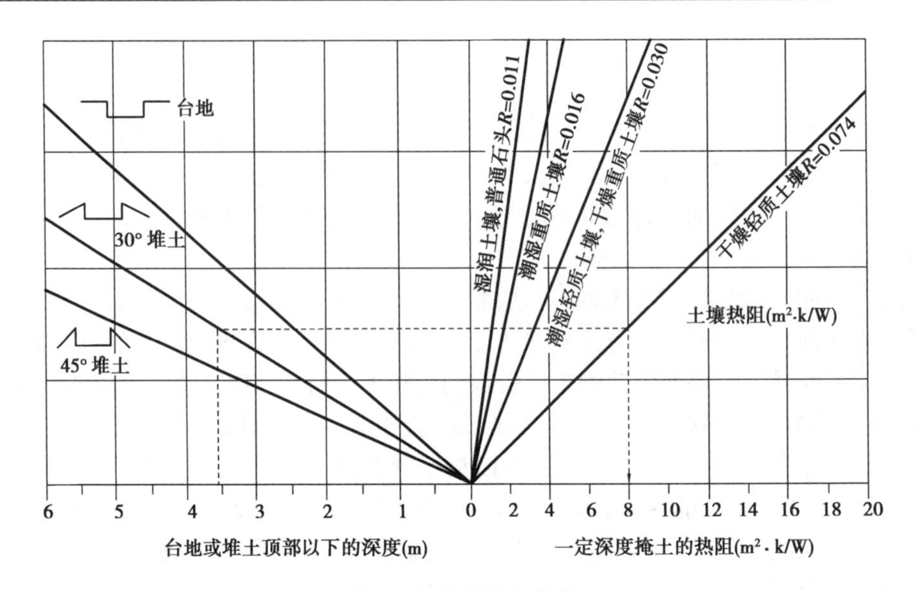

图 3.86 估算掩土热阻

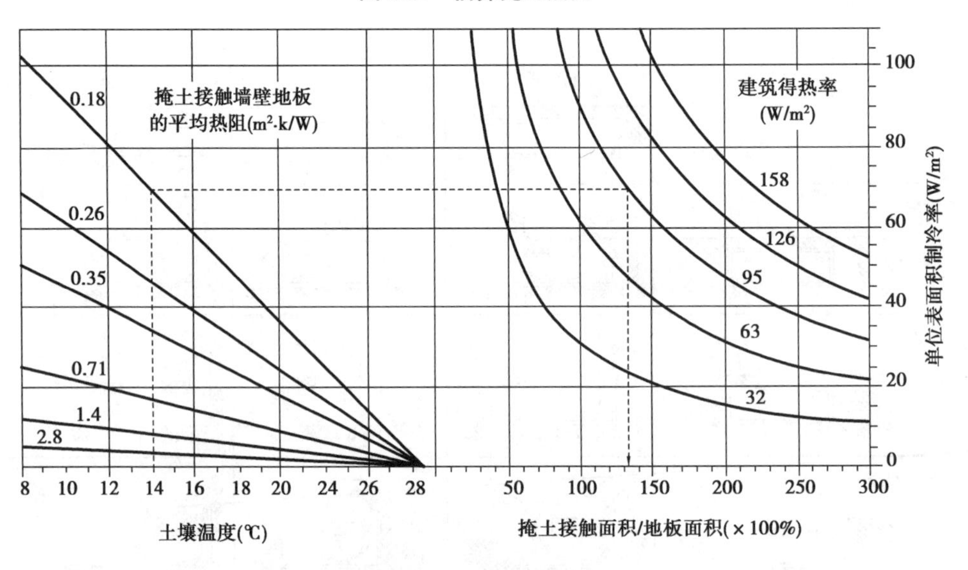

图 3.87 估算制冷掩土建筑的墙壁和地板面积

3.5.3 卵石床

当蓄热体不能布置在收集装置附近时,或当收集装置不能布置在需要热量的房间附近时,像卵石床这样可以远离建筑的蓄热体就十分有用。其最大深度应该在 1.2 m 以内,卵石粒径为 20~38 mm。

在采暖系统中,将温室收集的热量储存在卵石床内,靠材料的延迟特性将储存的热量推迟到夜间使用。卵石床可以布置在混凝土地板下,以给地板供暖。当几小时后需要从蓄热体中获取热量时,地板可通过辐射向空间供暖。用于辅助卵石床吸收和放出热量的风扇常常是传统空调采暖系统的一部分。卵石床的大小与引入空气温度、需要蓄热量、卵石大小和气流速度有关。图 3.88—图 3.90 分别表示了阳光间、蓄热墙、空气集热器以及夜间降温所需的卵石床大小的估算方法。

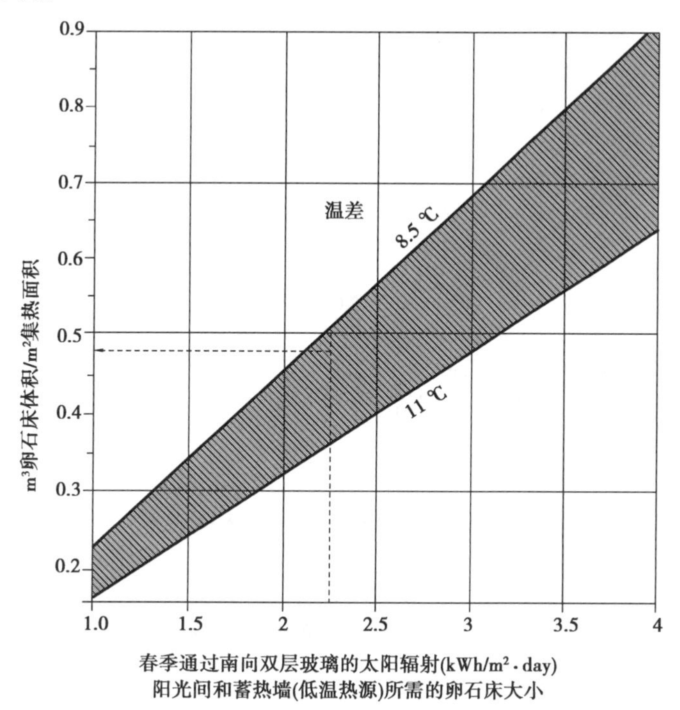

图 3.88　阳光间和蓄热墙所需卵石床大小

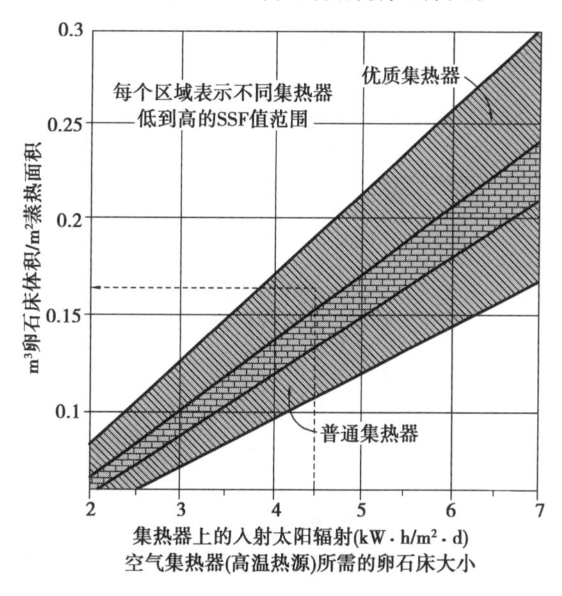

图 3.89　空气散热器所需卵石床大小

制冷用的卵石床与供暖用的原理相似,不同之处在于冷空气通常来源于室外。在昼夜温差大的气候区,夜间将室外冷空气引入卵石床。在干热气候区,卵石床可以通过机械蒸发冷却器处理的冷空气降温。

Harrison Fraker 设计的新泽西普林斯顿专业公园中,地下卵石床既可以蓄存热量,也可以蓄存冷量(图 3.91)。

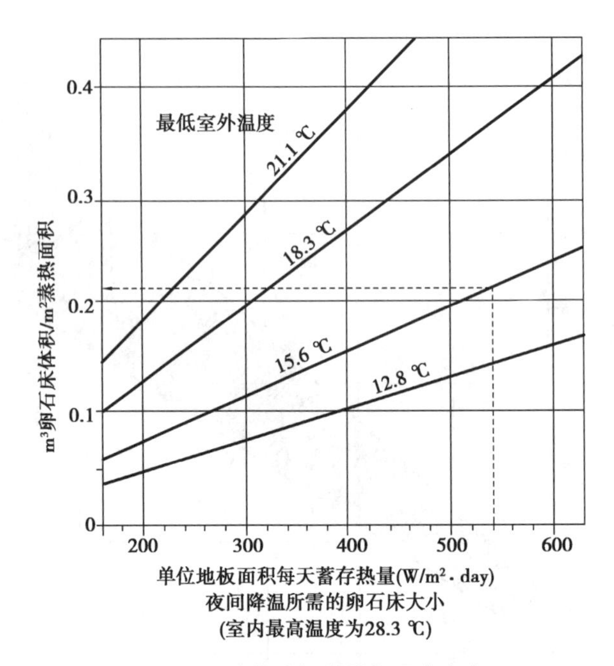

图 3.90 夜间降温所需卵石床大小

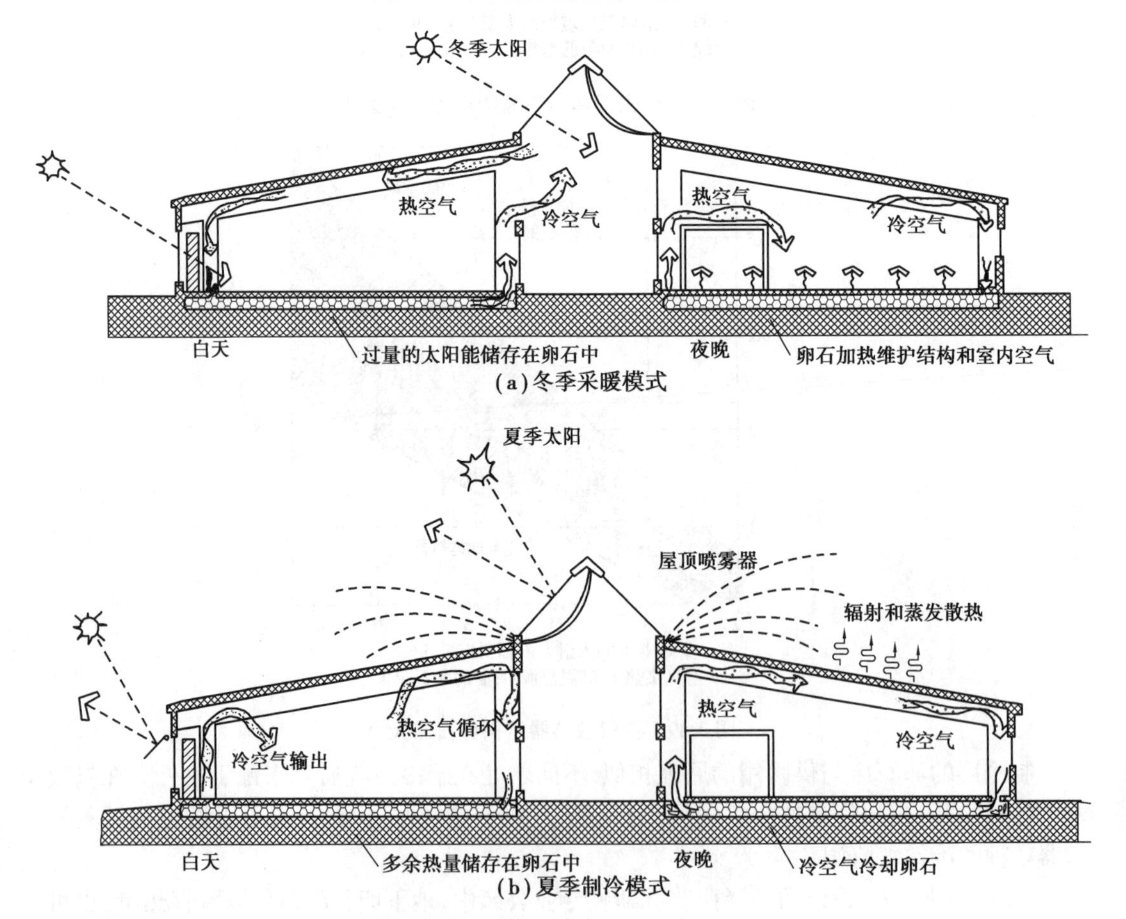

图 3.91 卵石床在冬、夏季的作用

习　题

1.按《民用建筑热工设计规范》要求，夏热冬冷地区额热工设计(　　)。

A.只满足冬季保温要求

B.必须满足冬季保温要求并适当兼顾夏季防热要求

C.必须满足夏季防热要求并适当兼顾冬季保温要求

D.必须充分满足夏季防热要求

2.我国热工分区的划分标准是什么？从节能角度分析，不同地区建筑应遵循的基本原则？

3.建筑体型设计需要考虑哪几方面的因素？结合具体案例分析各因素是如何影响建筑节能。

绿色建筑室内环境调控技术——热、光、声

4.1 建筑热环境调控

人类通过皮肤、服装和建筑这“三重屏障”来适应气候环境的影响。

通过长期进化，人类形成了能够与气候条件相适应的生理机能。例如，为适应寒冷或炎热气候，人体会通过生理反应或补充、或发散热量来调节皮肤温度，皮肤成为保护人体器官在外环境下免受侵害的“第一道屏障”，但人体生理机能的适应性只能局限于一定范围内，不足以维系人在极端气候条件下的舒适度。为应对气候变化，人类利用服装造就了提高环境适应性的“第二道屏障”。历史表明，人类的祖先没有像某些动物种群那样以迁移的方式躲避严酷的环境，而是选择了在相对稳定的地域环境中搭建遮蔽风雪抵御寒暑的建筑，为自身提供保障基本生存所需热环境的“第三道屏障”。建筑室内热环境调控的目标就是在保障基本生存条件的基础上，为人的生活和工作提供舒适度更高的热环境。

4.1.1 热舒适及其影响因素

热舒适是指人体对所处热环境舒适性的主观综合感受。研究表明，不舒适的热环境会降低人们的工作效率、影响人们的生理和心理健康。热平衡是指人体得热与失热的平衡，是人体感觉热舒适的必要条件之一。人通过新陈代谢产生热量，通过汗液蒸发散失热量，而人体与周围环境之间的辐射、对流、传导等包括得热与失热的双向过程。

影响热舒适的因素主要有：环境物理因素、个体差异、活动状态和着装情况等。

1）环境物理因素

与人体热舒适密切相关的环境物理因素包括：空气温度、空气湿度、空气流动（风速）、平均辐射温度等。

(1)空气温度

空气温度是影响人体冷热感觉的重要因素。室内空气温度作为建筑室内热环境的主要表征参数,一般室内适宜的空气温度是 20~24 ℃,如果要满足既经济又舒适的人工热环境(利用采暖、空调等系统调控室内温度),需要将冬季温度控制在 16~22 ℃,夏季温度控制在 24~28 ℃。当室内空气温度低于 16 ℃或大于 30 ℃时,人会感觉不舒适,过高或过低的空气温度甚至会危及人体健康。

(2)空气湿度

空气湿度表示空气中含有水蒸气的量,直接影响人的呼吸器官和通过汗液蒸发散热,间接影响室内微生物的生长。在一定的温度和大气压力下,空气中包含的水蒸气的量存在一个最大限值。

研究认为,最舒适的相对湿度是 50%~60%;当空气温度在舒适范围内(16~25 ℃)时,相对湿度的舒适范围为 30%~70%。当空气温度过高时(大于 29 ℃),人必须通过汗液蒸发来散热降温,空气湿度对热舒适的影响会更加显著。在夏季高温环境下,湿度过高(大于 70%)会造成人体汗液蒸发困难,体内热量散发受阻,使人产生闷热感。冬季湿度过高则会使人感觉湿冷。空气湿度过低(低于 20%)时,人体会因水分过度散失而出现口渴、干咳、声哑、喉痛等症状。

(3)空气流动

空气流动形成了风,一般用风速、风向来表示。风速表示单位时间空气流动的行程(单位:m/s),风向是指空气气流吹来的方向。室内的空气气流影响人体与周围环境的热交换过程,调控风速可以有效改善热舒适性。若体表温度低于空气温度,人体可以通过空气对流而得热。反之,若体表温度高于环境空气温度,可以通过加大对流增加人体的失热量。提高风速还有利于促进人体通过汗液蒸发散热。

人体感觉舒适的风速一般为 0.3 m/s;在夏季高温环境下可以通过加强自然通风降温,因此适当提高室内气流速度(0.3~1.0 m/s)对热舒适更有利。

(4)平均辐射温度

人体与周围环境中的物体之间存在辐射换热,人从比人体温度高的物体热辐射中得热,也向比人体温度低的物体产生热辐射而失热。平均辐射温度用于度量人通过辐射从环境中的得热或散热的情况,是建筑室内对人体辐射热交换产生影响的各物体表面温度的平均值。

研究表明,平均辐射温度对建筑室内热环境和人体热舒适有重要影响。在炎热地区,夏季室内温度过高的主要原因就来源于直接进入室内的太阳辐射,以及建筑围护结构高温内表面的长波热辐射。与其相类似,在寒冷地区,冬季室内过冷的主要原因在于建筑围护结构内表面的低温冷辐射。

2)个体差异

由于个体存在差异,如年龄差异、性别差异、身体状况差异、民族差异等,会在热舒适感受上有所不同。在年龄差异方面,儿童和老年人的热平衡生理机能较弱,对热环境变化更敏感,对热舒适要求更高。在性别差异上,研究表明,女性选择的舒适温度比男性略高,女性比男性耐热能力更强,但耐寒能力更弱。在身体状况方面,一般肥胖的人耐热能力较差,尤其在炎热气候条件下或有一定运动量的情况下表现更明显。在民族差异上,各民族在自然地理环境、地域气候条件、文化生活习俗、着装习惯等方面的差异会造成在热环境适应性和舒适性感受上的不同,例如,长期生活在湿热环境下的民族会比长期生活在寒冷地区的民族所习惯的热舒适温度更高。

3)活动状态

活动强度影响人体新陈代谢的产热量。人在不同活动状态下,其新陈代谢产热量对应于不同的空气平衡温度。例如,人在睡眠时的产热量约为 70 W,空气平衡温度为 28 ℃;人采用坐姿时的产热量约为 100~150 W,热舒适空气温度为 20~25 ℃;正在进行马拉松运动的运动员的产热量达到 1 000 W、体温高达 40~41 ℃,任何空气温度都不会让他产生舒适感。

4)着装情况

服装与人体贴近,是人与外环境之间的第二道保护屏障。着装可以调节人体与外界环境之间的辐射对流、传导等热交换过程,起到御寒、防雨、防晒、通风、防风等功效,直接影响人的热舒适。为应对不同气候条件,人对于服装的要求会有所区别。在湿热环境下人体体表需要尽可能地蒸发散热,服装的作用有限,人会选择轻、薄、利于吸汗或散热的衣物;而在严寒气候条件下,保暖效果好的服装可以有效减少人体产生热量的散失,是维系生存和舒适的重要保障。着装让人对环境温度的要求更宽容。

4.1.2 热舒适指数

热舒适指数是用于对室内热环境进行综合评价的参数。通过对热舒适指数进行研究提出的热舒适评价标准主要有以下几种:

①作用温度(Operative temperature,OT)。它综合了室内空气温度(对流换热)和平均辐射温度(辐射换热)对人体的影响。当室内空气温度与平均辐射温度相等时,作用温度与室内空气温度相等。

②有效温度(Effective temperature,ET)。由美国采暖通风学会(ASHRAE)于 1923 年提出,它是室内空气温度、空气湿度、室内气流速度共同对人体影响的综合指标,根据人进入某一特定环境中的瞬时热感觉反应来评价各因素对人体的综合作用。有效温度没有考虑热辐射的影响,经过修正得出“修正有效温度 CET(Corrected Effective Temperature)”。后来经过大量试验,被美国采暖通风学会采纳并得到广泛应用的是“标准有效温度 SET(Standard Effective Temperature)”,该指标综合考虑了室内空气温度、相对湿度、空气流动速度、平均辐射温度、人体新陈代谢率、衣着等 6 个参数,来评价人体与环境的热湿交换和人体的热舒适感觉。

③热应力指标(Heat stress index,HSI)。由美国匹兹堡大学的贝尔丁和哈奇于 1955 年提出,根据人体热平衡条件计算出一定热环境中人体需要的蒸发散热量以及该环境下的最大可能的蒸发散热量,以二者比值的百分数作为热应力指标。热应力指标综合考虑了热环境的 4 个物理参数,不足之处是该指标以蒸发为依据,采用人体排汗率显示生理反应,只适用于空气温度偏高(16~25 ℃),衣着单薄的情况,具有一定的局限性。

④预测平均热感觉指标(Predicted Mean Vote,PMV)。基于对大量人群在不同热环境下的热舒适感觉测试实验,丹麦的范格尔(P.O.Fanger)于 20 世纪 80 年代提出。人的热舒适感觉是热负荷(产热率与散热率的差值)的函数,而且在一定活动状态下,存在一种使人的热舒适度达到最高的皮肤温度和排汗散热率。范格尔推导出了热舒适方程,计算得出可以全面评

价人在多种衣着和活动状态下的热舒适感觉的 7 个等级,作为“预测平均热感觉指标”(PMV)。该指标的不足在于人体衣着和活动量难以精确测量,因此计算得出的 PMV 值精度不高。

4.1.3 热环境调控——自然通风组织

建筑通风的功能包括:其一,健康通风。用室外新鲜空气更新室内污染空气,保证室内空气洁净度,提高室内空气质量。其二,热舒适通风。利用通风加强人体散热,改善热舒适条件,满足人的生理和心理热舒适需求。其三,调节温湿度通风。通过降低(或提高)建筑室内气温、湿度以及物体表面温度,达到调节室内温湿度的目的。当室内气温(或湿度)高于室外时,通风可以降低室内温湿度;反之则产生相反的效果。

建筑通风方式主要有三种:自然通风、机械通风及机械辅助自然通风。其中,自然通风充分利用自然环境条件,节能、环保,并且更容易被人的生理感知所接受,但由于气流不够稳定,自然通风的组织、控制有一定难度。机械通风能提供较稳定的人工风环境,便于控制,但能耗较高,且存在机电设备的运行噪声。机械辅助自然通风是对上述两种通风方式的平衡。从生态意义考量,自然通风(包括机械辅助式自然通风)是目前绿色建筑中采用较普遍的一项成熟而低成本的技术措施。

建筑自然通风是指利用自然的手段(风压、热压等)来促使空气流动,将室外空气引入室内进行的通风换气,以维持室内空气的舒适性。自然通风的基本原理在于,当建筑开口的两侧存在压力差,就会有空气流过开口。可见,自然通风的驱动力来自于“压差”,“压差”主要由“风压”和“热压”形成。其中,“风压”是指室外绕流引起建筑周围压力分布的不同而形成开口处的压差;“热压”是指温差引起的空气密度差所导致的建筑开口内外的压差。

1)建筑自然通风组织模式

根据压力差形成方式,自然通风组织主要有四种模式:风压通风、热压通风、风压与热压组合式通风及机械辅助式自然通风。

(1)风压通风

风源于大气压力差,风在运行中遇到障碍物时发生能量转换,动压力转变为静压力。吹向建筑物表面的风受到阻挡后,在建筑物迎风面上,静压增高而形成正压力(约为风速动压力的 0.5~0.8 倍),气流向上向两侧偏转,绕过建筑物各侧面和背风面,并在这些表面产生局部涡流,形成负压力(约为风速动压力的 0.3~0.4 倍)。室内外空气在建筑物迎风面和背风面的压力差作用下,由高压侧向低压侧流动,由建筑迎风面的开口、缝隙或通风设施进入内部空间,再由建筑背风面的孔口排出,形成风压自然通风,“穿堂风”就是典型的风压通风。

风压的压力差与风速、建筑物几何形状、建筑与风向的夹角、建筑总体布局、建筑物周围自然地形等因素相关。实验表明,当风垂直吹向建筑正面时,迎风面中心处正压最大,屋角及屋脊处负压最大。

4.1风压通风案例

利用风压实现自然通风,一方面需要适宜的建筑外部风环境,一般需要室外平均风速不小于 2~3 m/s;另一方面建筑的布局应力求与夏季主导风向垂直,且建筑进深不宜过大(小于 14 m),以使风压形成的气流能以足够的风速穿过房间;此外,可以利用建筑外环境中的周边建筑、绿化植被、景观设施等要素对建筑风环境进行调整优化,以利于风压通风。

风压通风应注意利用两种风压效应:伯努力效应(Bernoulli Effect)和文丘里效应(Venturi Effect)。

①伯努力效应。风对建筑物的作用可以分解成两个方向的力:水平向阻力和垂直向上的升力。利用水平方向阻力可以组织建筑自然通风;而垂直方向的流动空气压力随速度的增加而减小,在建筑顶部迎风面产生低压区,形成抽吸力,产生伯努力效应。高度越高,风速越大,风的抽吸效果越显著。

②文丘里效应。文丘里管是测量流体压差、确定流量的装置,由意大利物理学家文丘里(G.B Venturi)发明。高压低速的空气从管入口 A 进入,随截面逐渐减小,在 B 处的空气变成了低压高速,对在 C 处开口的支管内的空气产生抽吸力,使空气被吸入管内。这种气流流动速度因空间收缩而明显增加,并在收缩段形成负压区的效应称为"文丘里效应",如图 4.1 所示。在建筑空间设计中应用文丘里效应来组织、调控建筑的自然通风。

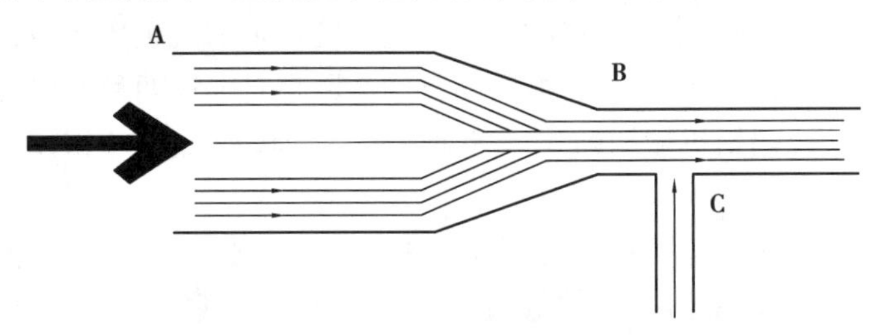

图 4.1　文丘里管工作原理示意图

(2)热压通风

热压通风是对风能的间接利用。其基本原理是:由于建筑空间(腔体)内外存在温度差,其空气密度也存在差异,导致空间内外垂直压力梯度有所不同。被加热的室内空气由于密度变小而向上浮升,从建筑空间上方的开口(排风口)排出。室外密度大的冷空气从建筑空间下方的开口(进风口)导入补充空气,促进气流产生自下而上的流动,形成"热压通风",即所谓的"烟囱效应"(Stack effect)。对室外风环境多变或风速不大的地区,烟囱效应所产生的通风效果是改善热舒适的良好手段(图 4.2)。

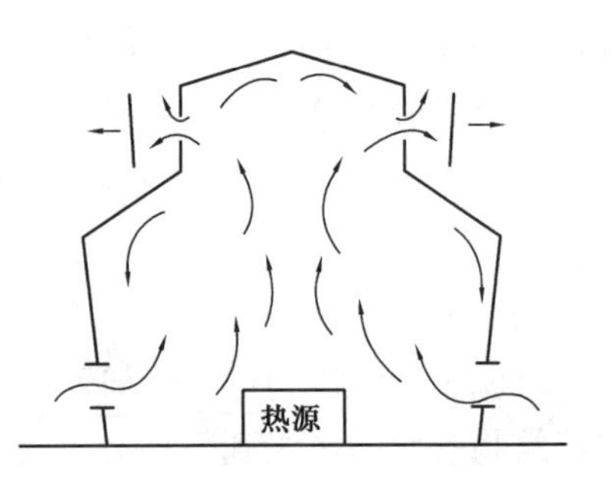

图 4.2　热压通风原理示意图

建筑室内外空气温度差越大,进出风口高度差越大,热压作用越强。只有当"室内外温差"和"进出风口高差"其中一个因素足够大时,才有可能实现热压通风。以层高小于 3 m 的住宅建筑为例,由于进出风口高差较小,需要很大的室内外温差才能通过热压驱动通风,这种大温差只有在寒冷地区采取室内采暖的冬季才能实现,而在需要自然通风的夏季热压通风的作用很小,只有在设有垂直通风道的厨房、卫生间等空间,由于贯通风道具有较大的高差才能利用热压进行通风。

(3)组合式通风

风压作用受大气环流、地方风、建筑形状、周围环境等因素的影响,具有不稳定性。与其相比,热压作用相对稳定,热压通风所需条件较容易实现,但由于烟囱效应形成的空气流动较缓慢,需要风压作用进行补充。实际上,多数情况下,建筑自然通风是热压与风压共同作用的结果,即组合式通风。这种共同作用或加强、或减弱通风效果,当风压作用的风向与热压作用的流线方向相同时,两种作用相互促进进而增强通风效果。反之,两种作用相互抵消而减弱自然通风的效果。建筑物开口两边的压力梯度是上述两种压力各自形成的综合压力差(代数和),而通过建筑开口的气流量与综合压力差的平方根成正比。

清华大学建筑学院宋晔皓教授设计的“张家港生态农宅”采用了热压与风压组合式的自然通风。吹向建筑南立面的南向主导风在建筑迎风面形成正压区,在高狭的庭院形成负压区,通过设置在建筑两侧的开口实现风压通风。建筑内部共享空间通过进出风口之间的高差和室内外温差形成热压通风,而空间内逐层出挑的形体形成了截面缩小的“烟囱”,通过“文丘里效应”提高了热气流上升的风速,并加强了对侧向房间的抽吸力,强化了通风效果(图 4.3、图 4.4)。

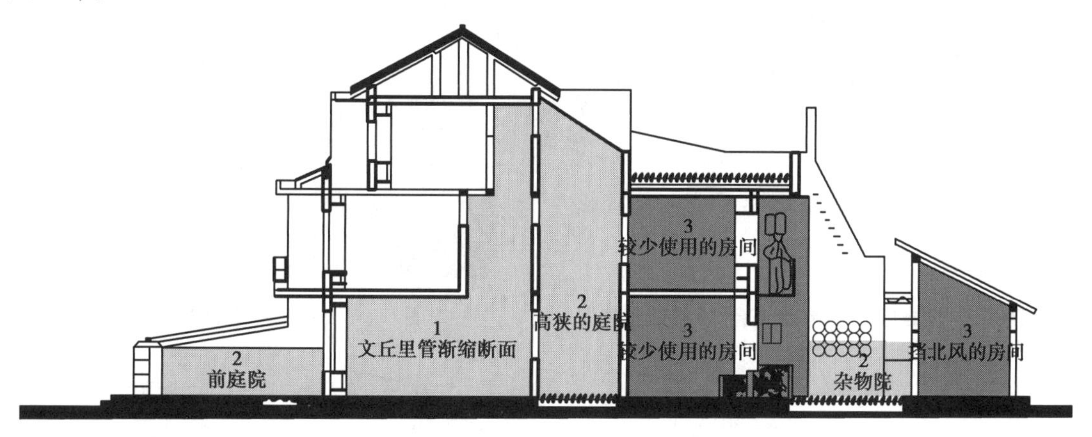

图 4.3 张家港生态农宅剖面图

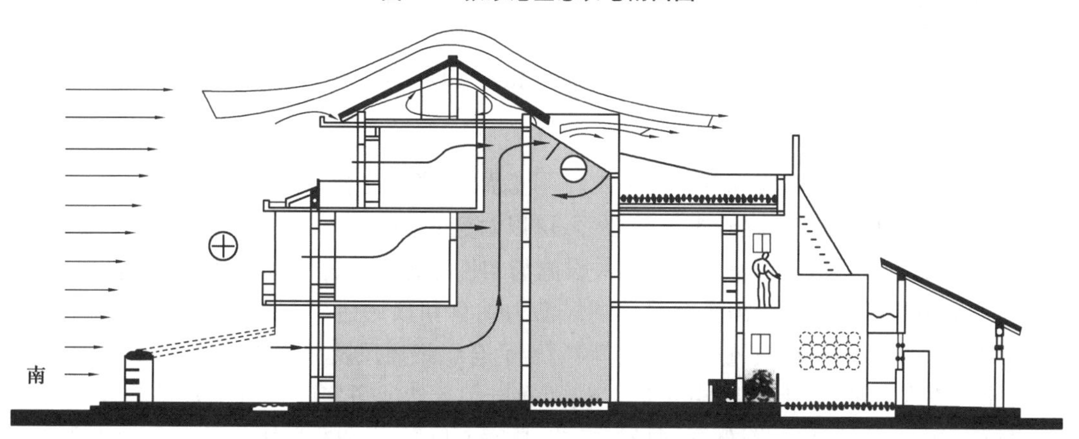

图 4.4 张家港生态农宅风压与热压自然通风组织示意图

(4)机械辅助式自然通风

一些大型公共建筑由于通风路径长、流动阻力大,仅靠风压和热压作用实现自然通风存在困难。对于空气和噪声污染较严重的城市,自然通风会将室外污染带入室内,影响室内环境质量和人体健康。在此情况下,可以采用机械辅助式自然通风来优化通风效果。

图 4.5—图 4.7 所示是由德国建筑师托马斯·赫尔佐格设计的“汉诺威 2000 年世博会 26

号馆”,建筑平面是长 200 m、宽 116 m 的矩形,结构体系划分成 3 个单元,由 3 组巨大的钢架和悬挂式屋面结构构成,屋面波状的曲线形态有很好的拔风效果。新鲜空气通过设置在建筑室内 4.7 m 高的通风口经机械通风引进室内空间后,冷空气下降,经由人员和设备运行所产生的热气加热后,在热压作用下,热空气上升,再由 3 个屋顶顶部排出。设在屋面顶部的排风口和阻流板在室外风压的作用下加强了对室内热空气的抽吸力。空气的回流被安装在屋脊上的可调节的翼片阻挡,翼片可以根据风的方向进行调整。向上逐渐缩小的室内空间通过“文丘里效应”提高了室内气流上升的风速。采用上述强化自然通风的手段可以大大降低机械通风的能耗。

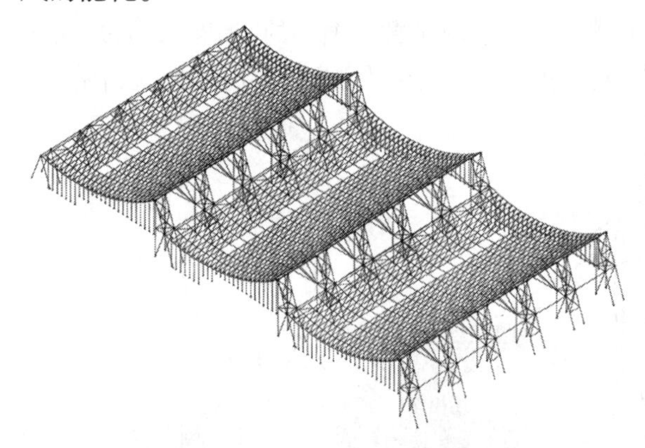

图 4.5　汉诺威 2000 年世博会 26 号馆整体图

图 4.6　设置在屋顶的排风口外观

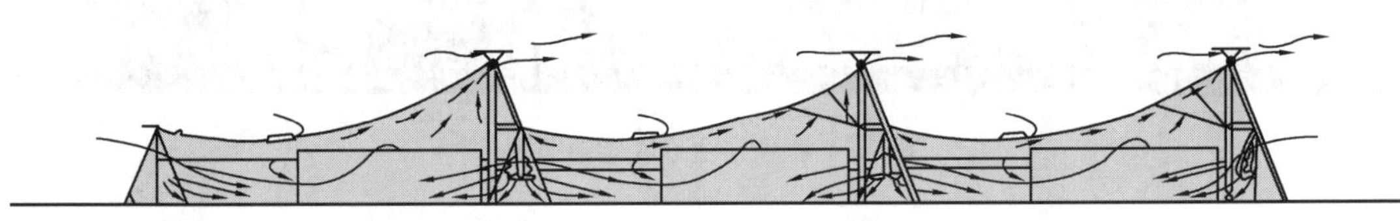

图 4.7　建筑通风组织通风示意图

2)建筑自然通风组织设计方法

自然通风组织设计需要综合利用室内外环境条件,诸如地域气候、太阳辐射强度、建筑外部场地环境、室内热源等。在建筑设计层面,可以对建筑的整体布局、外环境中的绿化配置、建筑形体与空间、建筑开口、建筑通风相关设施与构件等各方面进行优化设计实现自然通风。

自然通风组织设计过程需进行自然通风潜力估算和预评估,考虑室外气候(下雨、台风、沙尘暴温度范围、湿度范围、风速和风向等)是否适合组织通风及在合适条件下如何进行合适调节(室内需求风量、风速和温湿度等)。夜间通风是自然通风实际运行中常见的方式,其目的是排除室内白天污染物、降低空调最高负荷,夜间通风是否有效受白天与夜间的温差、室内外温度差的影响,在实际应用中需考虑内表面结露和安全等问题。

(1)建筑形体与空间设计

①建筑平面与自然通风。

a.当建筑形体为简单矩形时,应力求使其长向的门窗朝向夏季主导风向,这样有利于自然通风。

b.虽然建筑采用大进深可以减小风影区长度,但进深过大不利于形成穿堂风。一般情况下，平面进深不宜超过楼层净高的5倍；单侧通风的建筑，进深最好不超过净高的2.5倍。

c.当建筑平面形式为“凹”形或“L”形时，应尽可能使其凹口部分面向夏季主导风向。

d.设置内庭院是我国传统“合院式”民居组织良好自然通风的有效手段。

②建筑剖面与自然通风。

屋顶的形状影响室外风压和自然通风效果。在风压作用下，无论风向如何，平屋面均处于负压区；坡屋面的压力分布随屋面坡度发生变化，屋面坡度小时，坡屋面的迎风面和背风面均为负压区；随着屋面坡度增大，迎风面由负压区逐渐转变为正压区，而背风面仍为负压区，见表4.1。

表4.1　建筑双坡屋面坡度与风压分布关系

	平屋面	屋面坡度1∶4	屋面坡度1∶2	屋面坡度1∶1
坡屋面迎风面	负压区	负压区	风压近似为零	正压区
坡屋面背风面		负压区	负压区	负压区

加大进风口面积或在迎风面设置外廊有助于减小建筑设施（例如遮阳构件等）对风产生的阻力，见图4.8。

在垂直方向上，分层设计通风流线可以产生复合的通风功效。通风口高度接近人的活动区域，可以改善热舒适感受；而在高处和顶部开设通风口有利于散热及夜间通风，见图4.9。

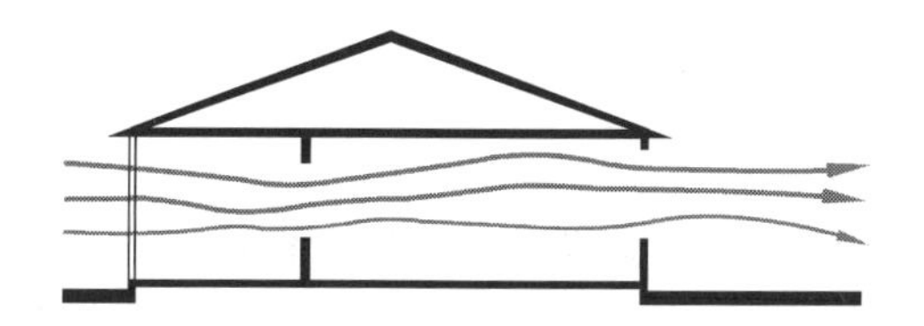

图4.8　加大建筑进风口或设置建筑外廊

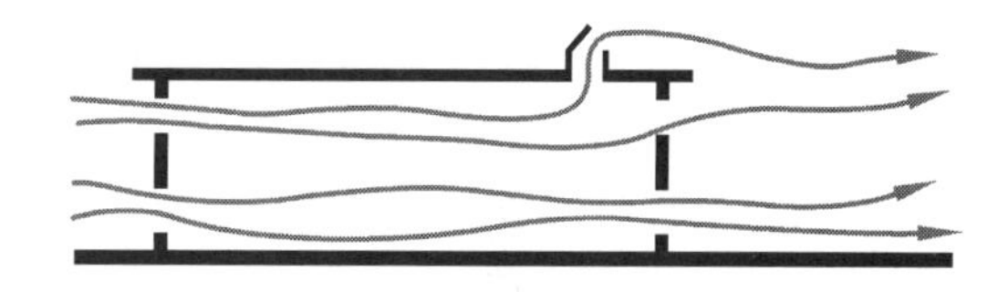

图4.9　在垂直方向分层设置通风流线

采用布置在建筑中区的高大空间腔体（如中边庭等共享空间，楼梯间，通风井等）以及坡屋面高出屋面的通风塔等可以组织热压和风压组合式通风，加强风流在垂直方向上的流动，见图4.10。

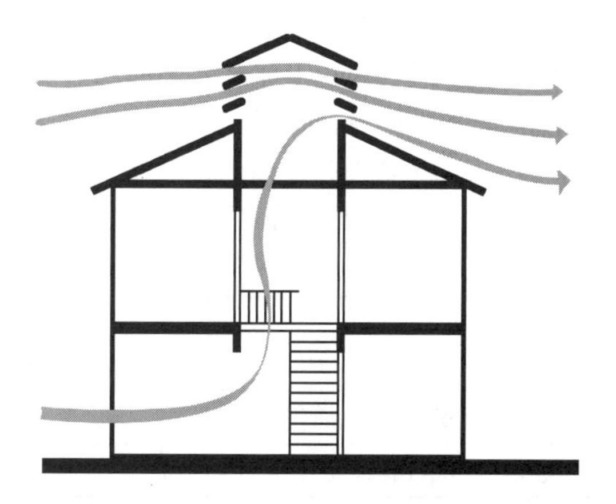

图4.10　中区设高大空间和屋顶通风设施

利用底层架空空间组织自然通风可以产生良好的通风效果。例如，我国传统地域建筑中的干栏式建筑采用底层架空空间，加强通风散热，减少了地表潮湿的影响。

高层建筑的自然通风组织具有一定的特殊性。风压在垂直方向的分布会使高层建筑产生过高的风压，考虑到安全性和舒适性，建筑的窗不便于开启。如果在高层建筑内部设置通高的中庭空间，存在着热压作用过强的问题，容易产生很强的紊流，难以被有效控制。

(2)建筑开口设计

多数情况下,建筑自然通风组织以窗户作为通风口。与自然通风组织设计相关的建筑开口情况有:窗的朝向、窗的位置与开启方式、窗的尺寸、窗帘设置等。建筑开口的设置直接影响到风速、进风量和风的气流路线。

①窗的朝向与平面位置。

建筑室内气流受建筑外窗朝向与风向关系以及窗户平面位置的影响。窗的朝向宜与主导风向成定角度以增大气流对室内空间的影响。当窗只能与主导风向垂直时,可以通过相对的窗在平面位置上的错开来改变气流方向,增大气流影响,如图 4.11(a)所示。当窗开设在相对的两面外墙上时,如果窗正对着主导风向,气流会笔直穿过,对室内空间的影响较小,如图 4.11(b)所示。

当窗开设在相邻的两面外墙上时,窗的朝向最好与主导风向垂直;而且窗开设的平面位置距离越大,风流对室内的影响越大,如图 4.11(c)、(d)所示。

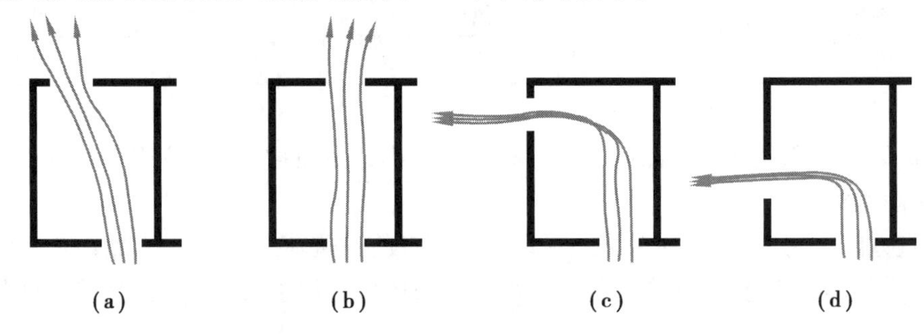

图 4.11 开窗的不同平面位置对室内气流流场的影响

②窗的大小。

窗的大小对室内气流流速和流场有重要影响,其影响主要取决于室内是否有穿越式通风(穿堂风)。如果仅在建筑的一面外墙上开窗,房间内无法形成穿越式通风,窗的大小则对室内气流速度的影响较小。

如果建筑存在穿越式通风,窗的大小对室内气流流速的影响主要取决于窗与风向的关系:当窗垂直于风向时,沿建筑外墙的气流压力差较小,扩大窗的尺寸对提高通风效果有限;当风向与窗斜对时,沿建筑外墙存在较大的压力变化,有利于提高通风效果。“室内最大气流速度”受进、出风口面积比值的影响显著。出风口与进风口面积比值越大,则室内最大风速越大。但“室内平均气流速度”受进、出风口面积比值的影响不大,见表 4.2。

表 4.2 室内气流速度与进、出风口面积比值的关系

	室内最大气流速度/进风口风速	室内最大气流速度/进风口风速
进风口面积:出风口面积=1:3	1.52	0.44
进风口面积:出风口面积=3:1	0.67	0.42

③窗的竖向位置。

调整窗的竖向位置可以控制气流在竖向上的分布,其中进风口在竖向上的位置和高度对室内自然通风效果的影响比出风口大得多。如图 4.12 所示,采用低进风口、低出风口(a)和低进风口、高出风口(d)对人体散热通风有利;采用高进风口、低出风口(b)和高进风口、高出

风口(c)对人体散热通风不利。

在进风口窗台以下的高度存在着气流速度明显降低的现象,因此改变窗台高度对于调控室内某一特定高度处的气流速度有重要作用。例如,人体坐高位置(1 m)希望得到较高的气流速度,而工作面高度位置(0.7 m)则希望气流速度显著降低,可以通过调整窗台高度满足这一要求。

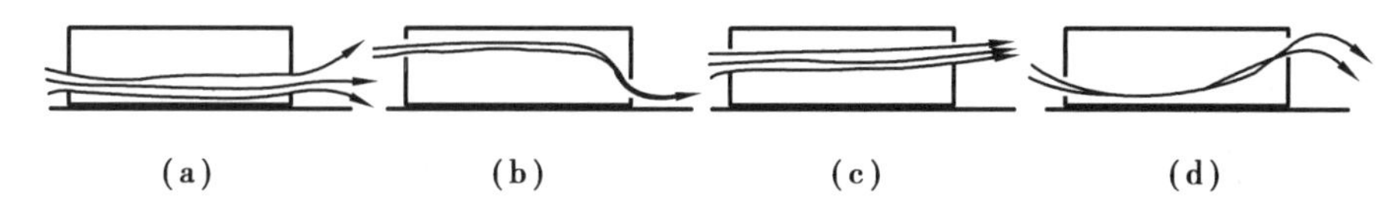

图4.12 窗的竖向位置与室内气流流线示意图

(3)建筑自然通风空间、设施与构件设计

用于组织建筑自然通风的空间、设施和构件主要有:通风中庭(边庭)空间、太阳房、通风竖井、太阳能烟囱、捕风塔(窗)、双层玻璃幕墙、特隆布墙、导风板、导风绿化植被、屋顶通风架空层、风帽等。

①通风中庭(边庭)空间。

利用中庭(边庭)的高大共享空间腔体可以组织热压和风压组合式的自然通风。进出风口较大的高差有利于低压热气流的上升和冷气流的下降,从而实现"烟囱效应"。风压作用在建筑顶部形成负压区,可以通过排风口加强对腔体内部气流的抽吸作用。如果空间腔体设计成变截面的"文丘里管"形状,则可利用"文丘里效应"提高风速,强化自然通风的效果。

②通风竖井(风道)。

在建筑内部设置垂直竖井(风道)是组织自然通风最常用的方法之一,例如厨房、卫生间、地下车库的排气道等。一般在竖井(风道)出屋面的位置安装排风口,也可以在末端安装太阳能空气加热器(其效应类似于"太阳能烟囱")以加强对风道内部空气的抽吸作用。

③太阳能烟囱。

"太阳能烟囱"是目前应用较多的热压通风做法,以建筑中竖向贯通多层的内部空间(如中庭、楼梯间、双层玻璃幕墙、风井或专设的竖向烟囱空间等)作为热压通风的腔体,利用腔体集热面(如内壁涂黑)吸收太阳能辐射热,为空气提供浮升动力,将热能转化为动能。"太阳能烟囱"形成的自然通风量受太阳能强度、烟囱腔体空气通道宽度、进出气口尺寸、烟囱高度等参数的影响。

常用的"太阳能烟囱"有"竖直集热板式太阳能烟囱""倾斜集热板式太阳能烟囱""Trombe 墙体式太阳能烟囱""墙壁一屋顶式太阳能烟囱""辅助风塔通风的太阳能烟囱"等。

④捕风塔(窗)。

建筑密集布局的传统聚落由于气流受到干扰或遮挡,常在建筑屋顶设置高于建筑屋面、面对主要来风方向的捕风塔(窗),用以拦截气流并将其引导进建筑室内的空间中。由进风口进入的气流经过捕风塔或风管后,再经过地下室被冷却,然后流入庭院,庭院中的空气倒流进首层建筑空间冷却室内环境,室内热空气利用"烟囱效应"经风塔排出。

⑤导风板。

当建筑仅在一侧外墙上开口或建筑开口与风向的有效夹角超出20°~70°范围时,可以设计应用导风板引导自然通风。设置导风板的主要作用是通过人工手段形成气流的正压区和负压区,从而改变气流方向,将风引入室内。导风板可以采用钢筋混凝土挑板、木板、金属板、纤维板等制成,也可以利用建筑平面的错落凹凸变化、绿化植被或窗扇等进行导风。

⑥其他空间或墙体。

其他空间或墙体(如太阳房、特隆布墙、双层玻璃幕墙等),也可以被动式利用太阳能组织自然通风并调控建筑室内温度。

4.1.4 热(光)环境调控——遮阳技术

在建筑室内热环境和光环境的调控中都要涉及建筑遮阳技术。建筑遮阳是用来遮挡阳光的设施,其设置的目的在于:其一,避免夏季建筑室内吸收过多太阳辐射热而造成室内过热,降低制冷能耗;其二,防止由于太阳光直接照射造成强烈眩光,避免阳光直接通过玻璃进入室内,阻挡对人体健康不利的光线进入。遮阳主要针对暴露在太阳辐射下的建筑外门窗、外墙(特别是透明墙体)、屋面等外围护结构设置。

1)建筑遮阳设计相关因素

建筑遮阳设计的相关因素涉及室内热环境与节能、室内光环境、视觉通透性、对自然通风的影响等方面。

(1)隔热与节能

遮阳设施通过遮挡炎热夏季太阳辐射降低室内最高温度,减小温度波动,延迟室内高温出现的时间,改善室内热环境,减少空调制冷负荷,具有良好的隔热和节能效果。一般以"遮阳系数"来表征遮阳效果,其物理意义是采用遮阳设施的透光外围护结构的太阳辐射得热量与未采用遮阳的太阳辐射得热量的比值。遮阳系数越小,隔热与节能效果越好。

遮阳构件在遮挡阳光的同时自身会吸收太阳辐射升温。为避免构件吸收过多热量,一方面宜采用高反射、低蓄热的轻质材料。例如,浅颜色、低热容的金属材料制成的遮阳百叶的遮阳效果要明显优于普通的混凝土遮阳板。另一方面,网状或百叶状遮阳设施不阻碍通风,可以通过自然通风带走热空气和吸收的热量,使遮阳设施迅速冷却;而且与建筑外表皮脱开一定距离进行安装,可以避免将吸收的热量直接传至外围护结构。

(2)自然采光

设置遮阳设施会对建筑室内自然采光产生影响。一方面遮阳可以阻挡直射阳光入射,使室内获得柔和的漫射光,防止在工作面形成眩光;另一方面,遮阳会降低室内照度水平,尤其不利于阴天的室内采光。因此,应将遮阳与采光结合起来,进行一体化设计。例如,可以利用遮阳板对光线的反射,采用可调节遮阳的构件,根据需要对光线的直射、反射、折射等进行调控,将自然光引导到房间深处,兼顾遮阳与自然采光的需要。

(3)视觉通透性

遮阳会对室内人的观景视线造成遮挡,尤其是挡板式遮阳、百叶遮阳帘、窗帘等会显著影响采光洞口的视觉通透性。因此,在选择遮阳方式、遮阳产品和材料时,需要考虑和平衡遮阳与视觉通透要求之间的矛盾。例如,采用网状遮阳板会改善室内观景视线。

(4)自然通风

窗洞口的遮阳构件会影响房间的自然通风效果。一方面,多数情况下实体遮阳板会阻挡自然通风,减弱室内风速,某些遮阳板的设置会造成下层住户排出的废气反向流入上层住户室内,造成室内空气品质的恶化。另一方面,经过遮阳与自然通风整合设计的遮阳设施会成为导风装置,增加进风口风压,引导风流进入室内,调节通风量,改善室内风环境。

2)建筑遮阳类型

建筑遮阳技术的应用历史久长,其类型和形式也丰富多样。

(1)按遮阳的技术层级划分

建筑遮阳按技术层级可划分为低技术层级、中等技术层级和高技术层级三类。

①低技术层级。

建筑低技术层级遮阳主要有:绿化植被遮阳、建筑形体与构件自遮阳、固定外遮阳设施遮阳、室内帘幕遮阳等方式。

A.植物遮阳。主要是指利用落叶乔木或攀援植物遮阳。植物遮阳的原理是植物枝叶可以遮挡夏季太阳辐射,叶片通过光合作用将太阳能转化为生物能,叶面通过蒸腾作用增加蒸发散热量从而降低环境温度。

采用种植于建筑主要太阳辐射朝向上的(如北半球的南向和东西向)落叶乔木,其遮阳可以兼顾冬夏两季对太阳辐射的不同需求。夏季茂盛的枝叶可以阻挡阳光,冬季温暖的阳光则可以穿过稀疏的枝条射入室内。

利用攀援植物遮阳是一种非常有效的自然遮阳方式,其主要模式有:

a.采用爬山虎或者凌霄等具有攀援特性的藤本植物,沿建筑墙面攀爬,不需要支撑构架和牵引材料,绿化高度可达 10~20 m。

b.紧贴建筑外表皮设置植被攀援支撑构架,利用构架安装植物生存载体(如合成纤维毛毯等)和为植物生长提供肥料和水份的灌溉系统,多用于建筑墙面遮阳。

c.设置伸出墙面(与建筑外表皮之间留有一定间距)的支撑构架或利用建筑出挑构件安装攀援支撑构架、生长载体和灌溉系统,可用于建筑实体或透明墙面、建筑窗的遮阳等。

建筑利用攀缘植物遮阳如图 4.13、图 4.14 所示。

图 4.13　植物遮阳模式

图 4.14　世博会法国馆采用植物遮阳模式

B.建筑形体与构件自遮阳。该遮阳方式是指利用建筑形体的变化或建筑构件形成对建筑自身的遮挡,使建筑局部表面(墙体、屋面或窗)置于阴影区之中。形成遮阳的建筑形体与固定构件主要有以下几种:

a.建筑体型凹凸错落变化形成自遮挡。

b.建筑屋顶挑檐、出挑外廊、阳台、雨棚等功能构件形成阴影区遮阳。

c.凸出墙面(或架设在屋顶)的装饰格构架挑板、增厚墙体、壁柱等装饰性构件形成阴影区遮阳。

d.采用深凹窗在采光洞口形成阴影区实现遮阳。

C.固定外遮阳设施遮阳。固定遮阳设施指的是专门为遮阳而设置的固定(不可调节)遮阳构件。多为从建筑结构体系挑出的钢筋混凝土遮阳板(格构架)、金属遮阳板(百叶)、塑料遮阳板(百叶)、木质遮阳板(百叶)及固定在构架上的布质或其他纤维制成的遮阳帘幕等。

D.室内帘幕遮阳。室内遮阳帘幕是家居和办公场所中常用的、设置在采光洞口处的传统内遮阳方式,不包括可调节角度的室内遮阳百叶。室内遮阳帘幕操作简单、方便,但会影响采光洞口的可视、透光和自然通风等功能。

②中等技术层级。

在需要同时考虑夏季制冷和冬季采暖的区域(如夏热冬冷地区),固定遮阳设施在炎热夏季可以遮挡太阳辐射,减少建筑室内的热量,但在寒冷冬季则因为阻挡太阳辐射入射进室内,提高了采暖能耗。对此,为满足不同季节对太阳辐射的需求,应采用可调节的遮阳设施。中等技术层级的建筑遮阳主要是指采用可人工调节(包括手动调节和人工控制的电动调节)的遮阳设施(遮阳板、遮阳百叶、遮阳帘幕等)或选择型透光材料遮阳(如遮阳型镀 Low-e 膜玻璃、光电玻璃等)。根据地域在不同季节的日照角度、日照时间、环境条件,调节遮阳叶片的角度或长度来选择控制光线,使夏天强烈的光线被挡在室外,降低制冷能耗;冬季温暖的阳光会射进室内,减少采暖负荷。

如图 4.15 所示是在"北京地质大厦"南向玻璃幕墙外设置的、可根据季节气候手动调节的水平遮阳组件。

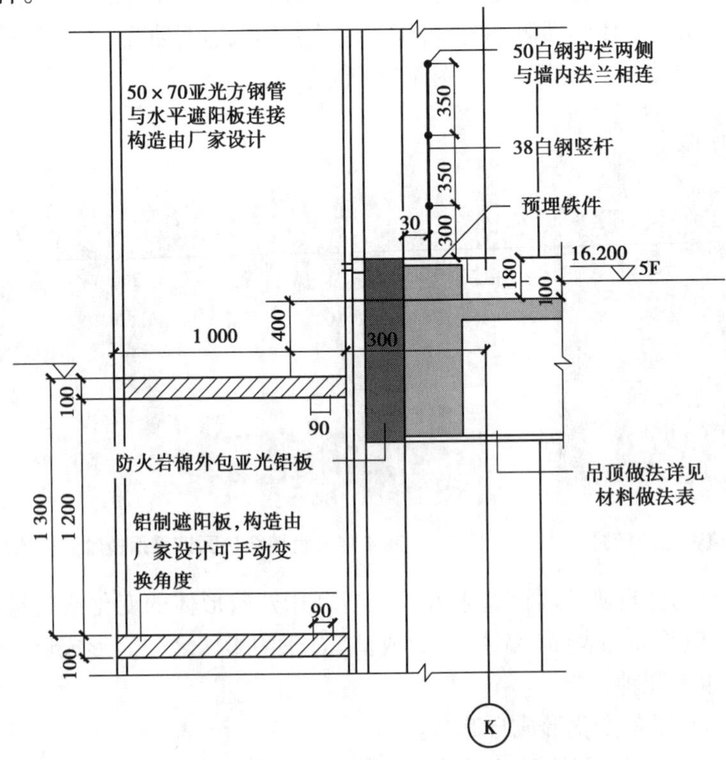

图 4.15　北京地质大厦水平遮阳详图

③高技术层级。

高技术层级的建筑遮阳是指可以根据外界太阳光入射角度、照度的变化以及室内对太阳光的需求，由计算机自动控制调整遮阳效果，满足室内舒适照度、舒适热环境和高效、节能、环保等方面需求的智能化遮阳系统。目前研发应用的智能化遮阳控制系统有两种：其一，时间电机控制系统。利用时间控制器储存太阳在不同季节的升降过程记录。其二，气候电机控制系统。该系统安装了太阳、风速、雨量、温度的感应器，并在系统中事先输入与地域气候条件相对应的光强弱、风力、延长反应时间等数据，不同的系统会针对输入和输出条件的变化，控制遮阳设施作出反应。如图4.16所示是“阿拉伯研究院”外表皮采用的类似于照相机光圈的智能化遮阳系统，应用了气候电机控制系统。

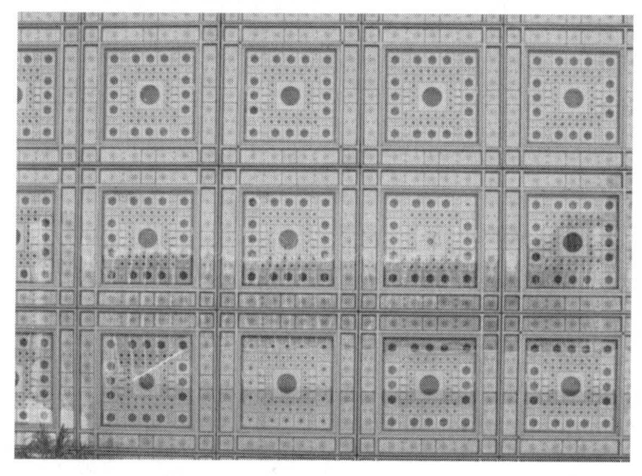

图4.16　阿拉伯研究所外表皮的智能化遮阳系统

(2)按遮阳设施设置的位置划分

遮阳设施按设置的位置可分为外遮阳、内遮阳和中间遮阳三类。

外遮阳是指安装在建筑外围护结构(主要是采光洞口和透明外围护结构)外侧的遮阳设施。外遮阳包括固定遮阳和可调节遮阳，形式和材料丰富多样，常用的有遮阳板、遮阳百叶、遮阳帘幕、遮阳篷布、遮阳窗扇等。建筑师多利用外遮阳作为建筑表皮造型要素，目前多采用可调节的金属百叶、金属板、网孔金属板、张拉膜等加工工艺精致的遮阳产品。

内遮阳指的是安装在建筑外围护结构内侧的遮阳设施，多采用窗帘、金属或高分子合成的遮阳百叶等。

中间遮阳适用于双层玻璃幕墙或其他复合型墙体(如特隆布墙)的空腔中，多采用可调节的遮阳百叶。

外遮阳与内遮阳虽然都对太阳辐射进行了部分反射、部分吸收和部分透过，但其遮阳效果有显著差别。外遮阳将大部分太阳辐射直接反射出去，吸收的太阳辐射热也通过外部空气的对流换热和长波辐射发散到室外环境中，基本不会对室内环境造成影响。采用外遮阳方式进入室内的辐射热总量约为15%。如果采用内遮阳，太阳辐射大部分会穿过透明围护结构进入室内(少部分通过围护结构反射和室外环境对流发散出去)，虽然内遮阳可以将一部分辐射反射出去，但反射的总量较低；而且进入室内的热量被内遮阳设施吸收后，会逐渐发散到室内。采用内遮阳方式进入室内的辐射热总量约为50%。可见，外遮阳对太阳辐射热的隔绝效果要比内遮阳好很多，因此建筑遮阳以外遮阳为主。采用外遮阳也有不足之处：遮阳构件受外界环境影响表面较容易受到污染，对太阳辐射的反射作用减弱。此外，可调节遮阳设施容易损坏，且不便于检修、安装和清洁。

采用可调节中间遮阳可以消除外遮阳和内遮阳的缺点，但仅适用于有空腔的复合型墙体，具有一定的局限性。而且，为避免遮阳设施吸收太阳辐射热量后加热空腔中的空气，并将热量传到室内，需要在空腔中设置通风装置。

3）建筑外遮阳的形式

按照遮阳的范围，建筑外遮阳的基本形式包括：水平式遮阳、垂直式遮阳、挡板式遮阳、综合式遮阳、形式可变的遮阳、多功能遮阳等。外遮阳的材料从传统材料（木材、混凝土板、织物）到新材料（轻质金属、合金、玻璃、膜）等也都有应用。遮阳产品的形式趋于精致化、复合化、艺术化、智能化。

（1）水平式遮阳

水平式遮阳用于遮挡太阳高度角较大的入射阳光，适用于主要建筑朝向（如北半球的南向）的采光洞口或外围护结构遮阳。由于在不同地域、不同季节和不同时段太阳高度角和方位角有规律地发生变化，水平遮阳设施形成的阴影区也会随之改变，因此在设计时要充分考虑这些变化的影响。水平式遮阳案例如图4.17—图4.22所示。

图4.17　可调节水平遮阳百叶图

图4.18　可调节水平遮阳板

图4.19　可开启水平遮阳窗扇

图4.20　可调节水平遮阳板

图4.21　采用膜材料的水平遮阳

图4.22　密格栅式水平遮阳

（2）垂直式遮阳

垂直式遮阳用于遮挡早晚时段从窗口两侧斜射过来的太阳高度角较低的入射阳光，适用于主要建筑朝向偏东、偏西方向（如北半球的东南向、西南向）的遮阳，也可用于东西向的遮阳。垂直式遮阳案例如图4.23、图4.24所示。

图 4.23　柏林墨西哥大使馆的混凝土垂直遮阳板

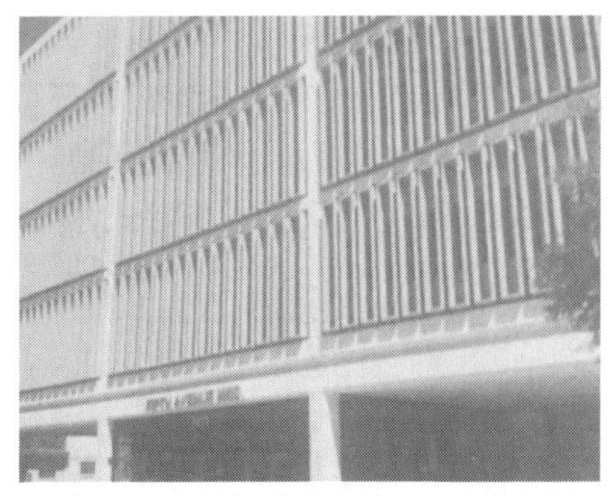

图 4.24　采用标准化构件的垂直遮阳板

(3)挡板式遮阳

挡板式遮阳用于遮挡太阳高度角较小的、正对口的入射阳光,适用于东、西向遮阳或在功能上需要避开直射阳光的遮阳。该类遮阳对阳光遮挡的效率最高,可采用遮阳板(金属板、金属网板、木板、玻璃板、混凝土板)遮阳百叶、遮阳帘幕等,如图 4.25—图 4.27 所示。

图 4.25　柏林 Sony 中心挡板式遮阳百叶

图 4.26　挡板式遮阳帘幕的开启和闭合状态

图 4.27　可开启金属网板挡板式遮阳

(4)综合式遮阳

综合式遮阳(也称格栅式遮阳)是综合了水平式遮阳和垂直式遮阳两种遮阳的特点,用于遮挡从窗口前上方和两侧照射来的阳光,适用于北半球的南向、东南向和西南向的遮阳。现代建筑中"格构式"混凝土板与深凹窗组合的形式就是典型的综合式遮阳。可调节的综合式遮阳具有更大的灵活性,其上下水平遮阳和左右垂直遮阳可以根据环境条件和需求进行角度的倾斜。综合式遮阳案例如图 4.28—图 4.30 所示。

图 4.28　马赛公寓格构综合遮阳

图 4.29　"55 AC OFFICE"综合式遮阳

图 4.30　"55 AC OFFICE"综合式遮阳局部

(5)形式可变的遮阳

形式可变的遮阳是指根据室内外环境和需求的变化,通过调节使不同类型的遮阳互相转化的遮阳设施。例如,为兼顾采光和通风需要,可调节的挡板式遮阳经过移动、开启后可以转换为水平式遮阳、垂直式遮阳等形式,如图 4.31 所示。

图 4.31　形式可变式遮阳

(6)多功能遮阳

外遮阳构件可以与通风、太阳能收集等相结合成为多功能的遮阳构件。例如,外遮阳可以作为导风板引导自然通风,在建筑中可以利用光伏电池板、太阳能平板集热器、太阳能真空管集热器等太阳能装置作为外遮阳设施,如图 4.32—图 4.34 所示。

图 4.32　弗莱堡光电板厂接待中心光电玻璃水平遮阳

图 4.33　清华大学环境能源楼光电水平遮阳

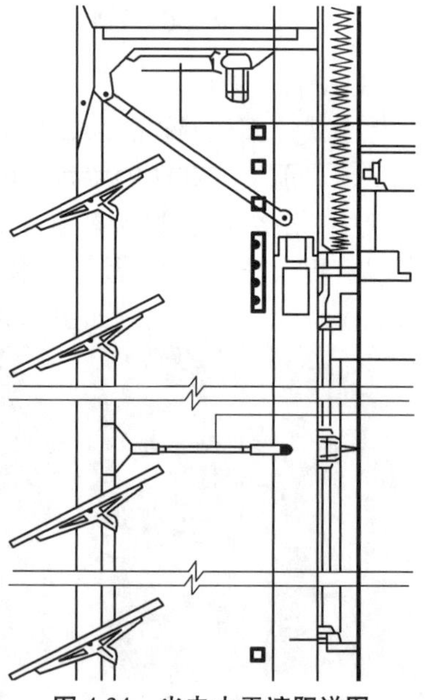

图 4.34　光电水平遮阳详图

4.1.5　热环境调控——温湿度独立调控空调技术

1)温湿度独立调控的背景与运行原理

传统空调系统的主要功能是在夏季使用同一冷源对空气进行降温和除湿。研究表明,这种调控方式造成了能源利用的浪费。

其一,传统空调系统采用空气冷却器进行排热排湿,其中空气降温处理(排除显热)只要满足空调冷源温度低于室内空气干球温度即可;而空气除湿处理(排除潜热)则需要空调冷源温度低于室内空气露点温度来实施冷凝除湿,即在满足室内温度要求的基础上,需要进一步降温才能实现除湿。以夏季室内热环境舒适要求温度 25 ℃、相对湿度 60%(此时露点温度为 16.7 ℃)为例,考虑到传热温差和价值输送温差(约 10 ℃)的影响,通过空调排除显热实现室内 25 ℃需要冷源温度约为 15 ℃;而排除潜热实现相对湿度 60%则需要冷源温度达到 6.7 ℃。可见,实现冷凝除湿的冷源温度大大低于实现空气冷却降温所需要的冷源温度,即采用同一空调系统进行降温和除湿造成了能耗的明显增加。

其二,传统空调系统的降温和除湿方式所吸收的显热和潜热比在一定范围内变化,而在建筑物实际使用过程中,由于受室内空间中人数与设备、外界环境气候等因素的影响,实现室内热舒适的显热和潜热比会在较大的值域范围内变化。在室内温度满足热舒适要求的情况下,调节室内相对湿度需要对空气进行降温或加热,造成不必要的能源消耗。

其三,对于不同季节的热舒适需求而言,很多人对传统空调系统在冬季吹热风的对流采暖方式感觉不舒适,常会选择其他的采暖装置。北方采暖地区多采用能耗较高的集中供暖系统,南方地区则多采用通过电加热的散热器供热,冬夏两季分别安装两套室内环境调控设备,造成资源和能源的浪费。

针对上述问题,应用温湿度独立控制系统可以在满足室内环境热舒适的前提下,有效节约空调能耗。

在冬季(采暖季)和夏季(制冷季),温湿度独立控制系统运用不同的系统分别调控室内的温度和湿度,通过辐射板(辐射调控)、干式风机盘管(对流调控)等干式末端装置去除显热,调控室内温度;采用传统混合送风、置换式通风、个体化送风等通风系统去除潜热,调控室内湿度,并排除室内的有害气体和其他污染物。温湿度独立控制系统对热、湿、新风等分别进行控制并可分别达到最优,有利于在室内环境调控过程中实现节能。

在春秋过渡季,温湿度独立控制系统的运行可以与被动式自然通风相结合以实现节能。当室外温湿度小于室内温湿度时,通过大换气量的自然通风排出室内的显热和潜热;当室外温度高于室内而室外湿度低于室内时,利用自然通风排湿,采用干式末端装置调控温度;当室外湿度高于室内时,无法开窗进行自然通风,需要启动空调系统调控室内环境。

2)基于温湿度独立调控的干式末端技术

基于温湿度独立调控的干式末端装置主要有辐射板和干式风机盘管。

(1)辐射板

辐射式空调的应用有着悠久的历史,我国古代就有利用生物质燃烧产生的烟气进行辐射采暖和利用冰块作为冷源进行辐射制冷的做法。现代的辐射空调将室内空气品质与热环境分开进行调控,系统由辐射空调系统及空调新风系统组成。辐射空调系统调控室内热环境,新风系统承担通风换气和除湿功能,保证室内的空气品质。

辐射板即为典型的辐射空调系统的干式末端装置,以冷(热)水作为介质,通过管道将能量传递到装置表面,降低(或提高)其表面温度,再通过辐射的方式向室内提供冷量(或热量),与室内环境进行热交换,大大简化了能量从冷(热)源到终端用户室内环境之间的传递过程。辐射板表面温度一般应高于辐射表面附近的空气露点温度,以防止辐射表面结露。该系统运行费用低,节能、健康、环保,节省建筑空间,室内温度分布均匀无温度死角、无吹风感,噪声小,舒适性高,但辐射板只承担室内的显热负荷,潜热负荷必须由新风负担。

辐射板可以是独立的装置设备,也可以与建筑的室内围护结构诸如地板、吊顶、楼板、墙体等进行结合。根据设置的位置,辐射板可分为辐射吊顶、辐射地板、辐射墙壁等类型;按照安装的方式,辐射板包括直埋、敷设、模块化悬挂等形式;依据装置的构成结构,辐射板有“混凝土核心”型、“三明治”型、“冷网格”型、“不锈钢膜”型等类型。

①“混凝土核心”直埋型。

该系统将金属管(不锈钢管、铜管)、塑料管(例如聚乙烯 PE 管)等在混凝土浇筑前直接埋设在楼板中,固定在钢筋网上,楼板浇筑完成后形成“混凝土核心”型辐射地板或顶板,利用混凝土上表面或下表面作为辐射表面。如图 4.35、图 4.36 所示。该类型辐射装置的优点是实践应用较多,工艺相对成熟,成本较低,混凝土楼板作为蓄热体提升了装置的蓄热性能。不足之处是系统启动较缓慢,预冷(或预热)时间较长。另外,管道间的连接容易形成漏水的隐患,对施工质量的要求高。

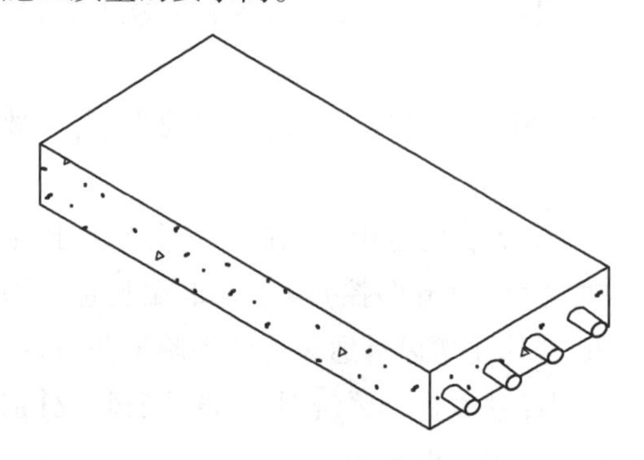

图 4.35 “混凝土核心”型辐射板示意图

图 4.36 安装过程中的“混凝土核心”型辐射板

②地板敷设型。

系统采用塑料管或金属管,敷设在楼地面面层,以建筑地坪作为辐射表面,主要用于居住建筑的“地板辐射采暖”系统。如图 4.37、图 4.38 所示。该系统辐射板比散热片采暖、热风采暖等具有优越性,在欧洲应用广泛,近年来在我国(尤其是北方采暖地区)也有较多应用实践,对于“地板辐射制冷”系统,由于居住类建筑等多采用架空地板,会影响辐射制冷效果,不宜采用;而商业、公共交通、展览类建筑地板净面积大,要求系统连续运行,适合采用该系统。

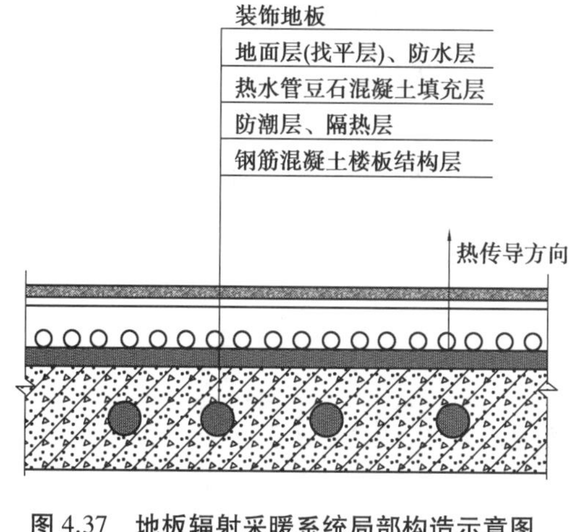

图 4.37　地板辐射采暖系统局部构造示意图

图 4.38　住宅建筑中地板辐射采暖系统

③吊顶敷设型。

系统采用塑料管或金属管,敷设在建筑顶板或吊顶表面,以顶板或吊顶的粉刷或板材面层作为辐射表面,施工、安装、维修比较方便。

④"三明治"模块化悬挂型。

该系统以金属材料(铜、铝、钢等)制成模块化辐射板,多用作辐射吊顶悬挂于空间顶部。其构造做法包括三部分:居中部分的"芯"为金属或塑料水管以及下部的金属衬垫,"芯"的上部为保温材料和金属上盖板,"芯"的底部以金属底板(例如不锈钢穿孔板等)作为辐射表面板。如图 4.39—图 4.41 所示。这种类型的辐射板可以与室内装修结合,形式多样,安装、检修方便,应用广泛。不足之处是金属辐射板质量大,且成本较高。

图 4.39　"三明治"模块化悬挂型辐射板

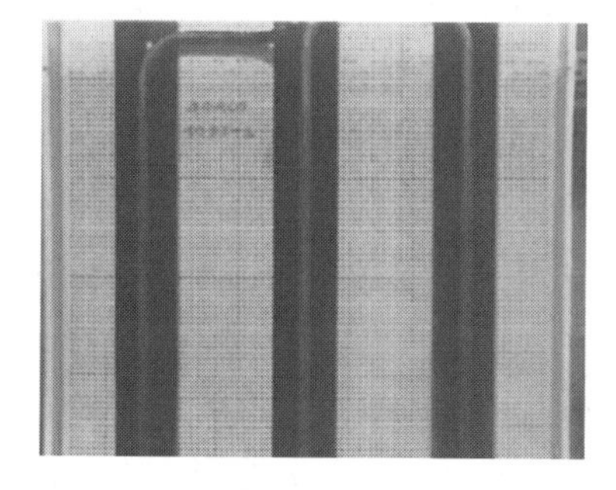

图 4.40　"三明治"辐射板中部"芯"

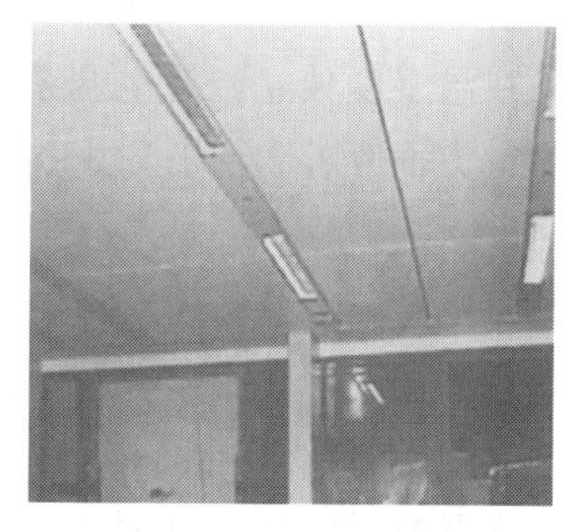

图 4.41　"三明治"模块化悬挂型辐射板

⑤"冷网格"悬挂型。

"冷网格"(Cooling grid)是以直径为 2~3 mm 的密布塑料管(管间距为 10~20 mm)两端与水箱联结制成的辐射板结构。这种结构体可以直接敷设在吊顶板或建筑楼板上,也可以制成格栅式连接的模块化悬挂辐射板,与金属吊顶板结合。该类型的辐射板便于灵活布置,且由于采用塑料材料,质量较小,成本较低,但对部件之间的连接工艺有较高要求。

⑥"不锈钢膜"悬挂型。

采用压制成型、凹凸错落的两块金属板焊接扣合形成辐射板,利用板间的凹凸缝隙作为水流通道。该类型的辐射板可以制成模块化吊顶,也可以安装在垂直墙壁上。这种辐射板结构降低了由水流到空气的传热热阻,系统性能较好,但对结构的加工工艺要求高。

⑦"多通道塑料板"悬挂型。

该辐射板结构采用聚氯乙烯 PVC 或聚乙烯 PE 材料,通过挤塑成型制成多通道并联的塑料辐射版主体,与端部采用的密封构件连接组构成模块化辐射板,如图 4.42 所示。其优势在于传热热阻低、成本低、质量小。

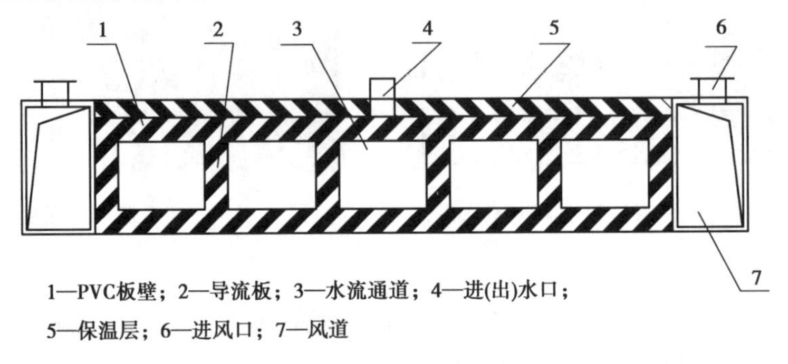

图 4.42 "多通道塑料板"悬挂型辐射板结构示意图

(2)干式风机盘管

传统空调系统多采用冷源温度低于室内空气露点温度的冷凝除湿方式,在风机盘管系统设备中需要装设凝水盘和冷凝水管路。这种空调运行方式不利于节能,且凝水盘容易滋生细菌,损害人体健康。应用于温湿度独立调控空调系统中的"干式风机盘管"在干工况下运行,不产生冷凝水。夏季盘管中通入冷水制冷,冬季则输入热水供热。

3)基于温湿度独立调控的空调送风技术

在温湿度独立调控空调系统中,干式末端技术与空调送风技术可以在供冷能力、防止结露等方面互补,且均适用于高大空间,两种技术结合效果较好,目前在工程中也有较多应用。

基于温湿度独立调控的空调送风技术主要有置换通风技术、个性化送风技术等。

(1)置换通风

①置换通风(Displacement Ventilation,简称 DV)系统的工作原理。

在置换通风系统中,略低于室内工作区温度的新鲜冷空气,由设置在房间底部的送风口以较低的风速送入室内空间,进入室内的新鲜冷空气由于密度大而下沉,像水一样弥漫在整个房间的底部,在室内地面扩散形成较薄的"空气湖"。当遇到室内热源(人员、设备等)时,新鲜空气被加热,形成热对流作为室内空气流动的主导气流,以自然对流的形式缓慢上升,并携带热的污浊空气向空间上部移动。热源引起的热对流气流在室内形成低速、温度和污染物浓度垂直分层分布的梯度流场。设置在房间顶部的排风口处的空气温度高于室内工作温度,驱动余热和污染空气由排风口排出。置换通风的气流流动主要受室内热源所控制,如图 4.43、图 4.44 所示。

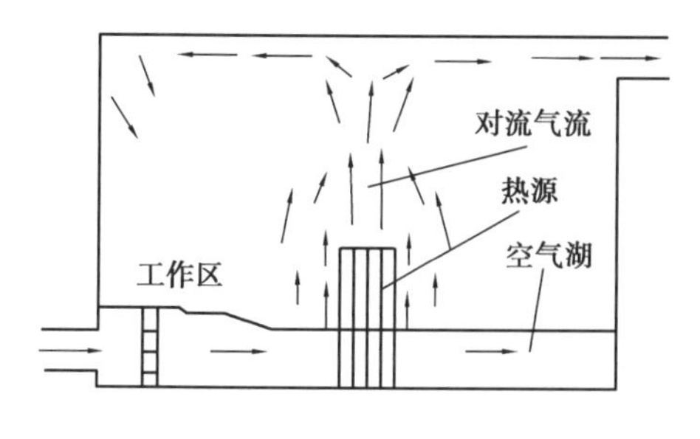

图 4.43　置换通风流态示意图

图 4.44　置换通风地板下送风示意图

②置换通风的特点。

a.温度分布。在水平方向上,置换通风的热源不会影响送入空间内部的冷空气在水平向的弥漫,也不会影响水平方向温度的均匀性。在垂直方向上,温度梯度可分为三段——地板面空气层温升段、工作区温升段和上部区温升段。室内垂直温度梯度形成了脚寒头暖的情况,与人体热舒适性需求相悖,需要控制离地面 0.1(脚踝高度)~1.1 m(人坐姿时呼吸带高度)之间温差不超过人体能接受的程度。

b.速度分布。置换通风系统在热源上方有较大的上升气流,而在其他区域空气流动较微弱和均匀,整个速度场均匀平稳,呈低湍流状态。

c.污染物浓度分布。在置换通风系统中,室内空气污染物的浓度分布随污染源温度和污浊空气密度的不同而不同。一般办公空间内部污染物主要是人员释放的污染物,人体散热使周围空气形成热对流,热对流气流包围人体表面并携带人体散发的污染物向上流动。另外,人体呼出的气流温度也高于通常的室内温度,同样使得呼出气流向上流动。可见,人员活动区内置换通风自下而上的主导气流方向与污染物的扩散方向一致,可以有效避免污染物在室内的循环,有利于污染物的迅速排除,保证了工作区的空气品质。

d.热力分层。置换通风气流会出现热力分层现象,即在某一界面处分为上部湍流混合区和下部单向流动清洁区。在实际的工程设计中必须将热力分层面高度设置在人员工作区以上,但也不宜过高,否则送风量加大,会造成浪费。

e.置换通风与混合通风的区别。置换通风系统的上述特点表明其与传统混合通风相比来说,虽然两者都是空气调节的气流组织方式,但存在明显区别:置换通风的送风既是动量源又是浮力源,混合通风的送风仅作为动量源;置换通风以浮力控制为动力,采用新风来置换工作区内的污染环境,在垂直方向产生温度梯度;混合通风以稀释为基础,用新风来充分混合稀释室内污染物,降低呼吸区的有害物浓度。置换通风系统最大程度地利用了新风的“新鲜度”,显著提高了室内空气的品质,无噪声、低风速、风量小且持续不断通风,对比混合通风而言具有明显优势。

③置换通风存在的不足。

a.置换通风系统造成垂直温差较大,易造成头暖脚冷的不舒适感。

b.置换通风系统在不引起吹风感的前提下,提供的冷量较小。

c.置换通风系统的自下而上的特殊流型决定了它只能用来送冷风。

④置换通风的送风系统。

置换通风的送风系统包括末端风口装置、风道系统、新风机组设备等。

末端风口装置为室内空间送风,并通过软管与静压箱连接。末端风口采用变风量装置,

可根据室内湿度或 CO_2 浓度来调控风量。在风道系统中利用静压箱分配空气，并预留软管接口与送风末端的风口连接。静压箱可以根据建筑空间的具体形式来设置。

⑤置换通风末端形式。

a.用于下侧送风的平板型或矢流型的“置换通风散流器”。

b.用于下送风的“地板送风器”。

c.座椅送风散流器。

d.工位置换通风。

由于送风风速小，置换通风末端的送风口面积一般较大，并多在风口前设置与送风末端相结合的“均压器”，以避免送风风速的不均。

(2)个性化送风

个性化送风与传统的全空间空气调节方式不同，是一种新型的由使用者主动设定的局部通风方式。考虑到不同的人的热舒适需求存在差异，个性化送风只需根据个体需要采用对局部热湿环境进行调控的送风。该系统将末端风口布置在使用者工作区附近，直接将经过热湿处理的新风送到人的呼吸区。使用者可以根据自身的舒适性需求调节送风量和送风角度，实现局域微环境空气品质和热舒适的个性化控制。

①个性化送风系统的特点。

a.该系统可以作为湿度独立控制的送风末端。

b.按照个人需求送风，热舒适程度高，且能耗较低。

c.适合于在室内空间中个人工作位置相对稳定的办公空间。

d.系统将新鲜空气直接输送到个体的呼吸区域，对空气品质有保障。

e.装置系统整体性强，安装使用方便。

②个性化送风末端形式。

末端装置主要由送风口(末端布风器)的直立可弯曲的送风管段(软管)变风量风机、引风入口、调节阀及其他配套设备等构成。末端装置安装在空调使用对象的工作位置，空调使用对象可以根据自身需要调节送风量、送风温度、送风距离和送风角度，且不影响其他空调的使用对象。

4.1.6 热环境调控——溶液除湿技术

在温湿度独立调控空调系统中，采用空调送风系统(例如传统混合送风、置换式通风、个体化送风等)去除室内潜热，调控室内湿度。对于新风除湿，目前主要的技术方法有降温冷凝除湿、加压冷凝除湿、膜法除湿、吸附吸湿等。其中，降温冷凝除湿前文已经述及，由于其未能实现热湿分开处理，造成能耗较高且不利于人体健康；加压冷凝除湿采用压缩空气，耗功较大；而采用固体或液体吸附材料吸湿则被认为是一种高效、健康的除湿方式，因此在温湿度独立调控空调系统中多采用该除湿技术。溶液除湿空气处理技术是一种液体吸附吸湿技术，20世纪30年代在国外已经出现，70年代在我国应用于解决地下建筑的空气除湿。

1)溶液除湿技术原理

溶液除湿是将吸湿性强的盐溶液与空气接触，使空气中的水蒸气被吸附在盐溶液中而实现空气除湿。吸收了水蒸气后的盐溶液浓度被稀释，需要利用热驱动或电驱动等再生驱动源实现再生，转变成浓溶液后，再进入溶液新风机组对空气湿度进行处理。其中，利用城市热网热水、太阳能等低品位热能驱动溶液再生系统可以显著降低空调能耗,具有推广意义。

2)溶液除湿技术特点

①可以实现热湿独立处理。

②采用灵活的热回收方式,高效地处理新风。

③采用低温的热源驱动。

④蓄能密度高。

⑤溶液全热回收,效率高。

⑥利用溶液杀菌、除尘,可以提高空气品质。

如图4.45所示是采用热水驱动的热湿独立控制空调系统图。

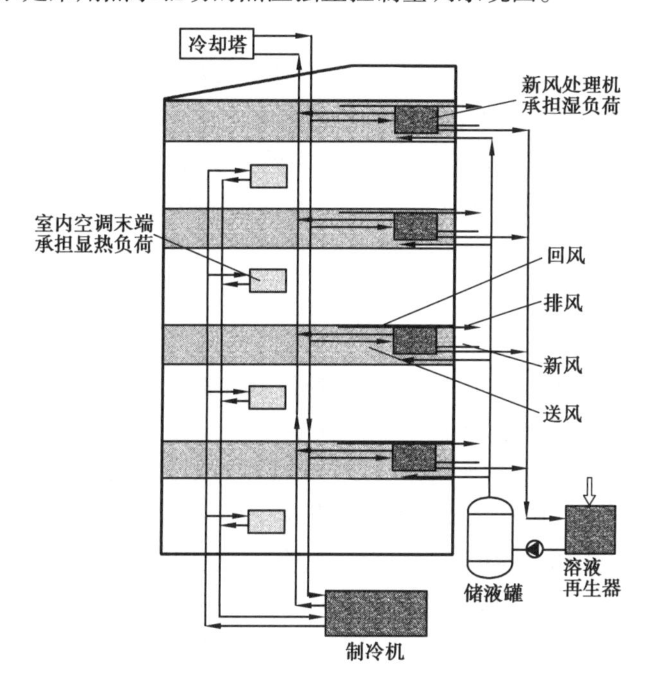

图4.45　热水驱动溶液除湿系统图

4.2　建筑光环境调控

4.2.1　热舒适及其影响因素

1)营造健康、安全、高效、舒适的室内环境

良好的建筑室内光环境一方面可以满足人们生产、工作、学习的视觉需求,保障人的健康和安全,提高工作效率,充分发挥人的视觉效能。另一方面,室内光环境也可以用于在居住、休闲、娱乐、商业等场所营造或舒适、或时尚、或雅致、或欢快、或轻松的特殊环境氛围,对人的生理和心理会产生积极影响。营造舒适的室内光环境应满足以下条件:其一,适当的照度水平;其二,舒适的亮度比;其三,适宜的色温和显色性;其四,避免眩光。

2)节能、环保

室内照明能耗在整个建筑能耗中所占比例较高。据统计,现代大型办公与商业建筑的照明能耗均约占全部建筑能耗的1/3。因此,在满足室内光环境要求前提下最大限度地降低照明能耗,对于建筑的节能、减排具有重要意义。天然光是清洁光源,充分利用天然采光可以减少电光源照明能耗,有助于节约能源和保护环境,但在具体应用时应注意兼顾采光与建筑得热。在冬季利用采光引入太阳辐射热为室内加温,降低采暖能耗;在夏季通过利用可调节遮阳设施等避免提高制冷能耗。对于必须采用电光源照明的时段或空间,应尽可能采用绿色照明系统。

4.2.2 天然采光

天然光即室外昼光,是人类在生活中习惯的光源,可以高效发挥人体视觉功效,全光谱太阳辐射可以使人们在生理和心理上长期感到舒适满意。天然采光是对太阳能的直接利用,指的是应用各种采光、反光、遮光等设施,将室外的自然光引导进入室内,满足照明、调节温度、杀菌、保健、营构空间艺术氛围等方面的需求,是绿色建筑被动式利用太阳光能最基本、最主要的措施之一。

1)天然采光设计原理

(1)天然光源

天然光以太阳为光源,作为太阳辐射的一部分,其强弱随时段、环境不断发生变化,具有光谱连续的特征,是直射光与扩散光的总和。其中,直射光是指部分太阳光通过大气层入射到地面,具有一定方向性并会在被照射物体背后形成明显阴影的太阳光。扩散光是指部分太阳光在通过大气层时受大气中的尘埃和水蒸气影响,产生多次反射所形成的、使白天的天空呈现出一定亮度的天空扩散光。扩散光没有一定的方向,不能形成阴影。晴天时的地面照度主要来自直射日光,其照度占总照度的比例随太阳高度角的增加而加大。全云天(也有称全阴天)时室外天然光全部为天空扩散光,天空亮度分布均匀稳定。多云天介于二者之间,太阳时隐时现,照度很不稳定。

由于直射光强度很高,随时段变化很大,不够稳定和均匀,而且容易造成眩光和室内过热,多数情况下需要采用遮阳设施来遮蔽直射光。因此,建筑采光设计的光源主要指的是全云天的天空扩散光。不过,由于直射光的光能极大,可以采取措施对直射光光路进行动态控制,使直射光在落到被照面之前得到有效扩散,实现对直射光源的有效利用,例如采用反光板(反光镜)天然采光技术。

(2)天然采光的形式及其对室内光环境的影响

天然采光的形式主要有侧面采光、顶部采光、反光板采光、反光镜采光、棱镜采光、光导管采光等,其中应用较多的是侧面采光和顶部采光。利用天然采光调控室内光环境的要点包括:足够大的采光口、满足照度均匀性、避免产生眩光。采用不同形式的采光口和透光材料对室内光环境的影响有较大差异,其影响因素主要有采光口面积、形状、位置和所用透光材料等。

①采光口面积。

一般来说,采光口面积越大,进入室内的自然光的光通量越多,但在采光洞口面积相同的情况下,洞口的形状和位置对进入室内的光通量在空间中的分布有较大影响。

②采光口形状。

采光口的形状影响进入室内的光通量大小和照度均匀性。以侧面采光为例,在侧窗面积相等、窗台标高相等的情况下,正方形窗口进入室内的光通量最高,其次是竖长方形窗口,横长方形最少,但在照度均匀性方面,竖长方形窗口在进深方向上照度均匀性较好,横长方形窗口在宽度方向上照度均匀性较好,见图4.46。

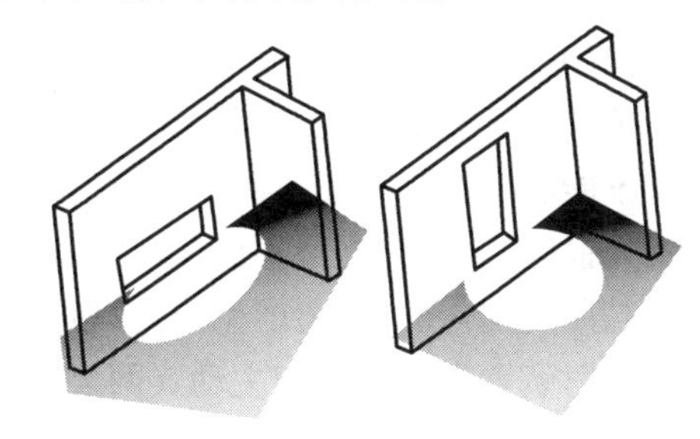

图4.46 不同形状侧窗光线分布示意图

③采光口位置。

顶部采光的室内照度均匀性明显要好于侧面采光。而对于在建筑中常用的侧面采光,采光口上下端的剖面位置对室内照度分布的均匀性有显著影响。当窗台高度不变时,随着窗口上端的下降,窗口面积的减小,室内各点照度均下降,如图4.47(a)所示。当窗洞口顶部标高不变时,升高窗台高度,减小了窗口面积,降低了近窗处照度,但对室内深处的照度影响不大,如图4.47(b)所示。当窗口面积相同时,采用低窗、高窗、多个窄条窗等不同形式对室内照度分布的影响显著不同。其中,高窗形成的室内照度分布均匀性明显好于低窗和多个窄条窗的形式。

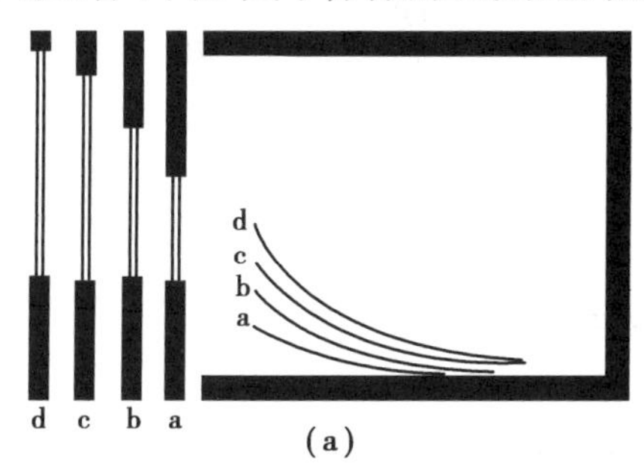

(a)

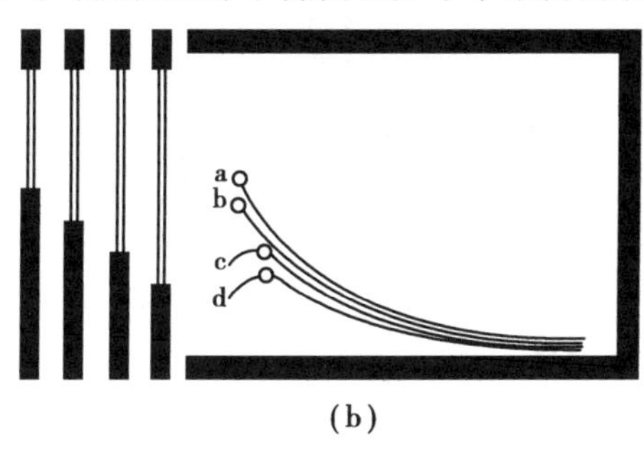

(b)

图4.47 侧窗高度变化对室内照度分布影响示意图

④透光材料。

不同类型透光材料对室内照度的分布有重要影响。采用乳白玻璃、玻璃砖等扩散透光材料,或采用可以将光线折射到顶棚的定向折光玻璃等,都会提高室内照度分布的均匀性,如图4.48所示。随着材料技术的发展,新的透光材料逐步应用于天然采光系统。例如,调光玻璃可以通过感知光和热的变化来调节、控制采光量,目前调光玻璃主要有光致变色、电致变色、温致变色、压致变色四种类型。

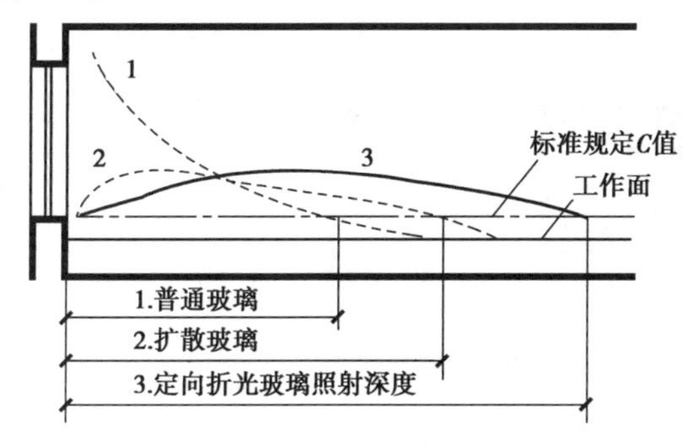

图4.48 透光材料对室内照度分布的影响

2)反射装置与整合导光系统采光技术

(1)反射装置

传统的天然采光主要利用天空扩散光,但对于进深较大的建筑(如大型办公建筑等),扩散光不能满足房间深处的照度要求。对此,可以充分利用太阳直射光,采用反射装置(反光板或反光镜等)将直射光反射到室内空间的天棚,再通过天棚材料的散射为室内照明。由此可以提高照度均匀性,避免产生眩光,解决天然采光与遮阳之间的矛盾,改善、优化室内光环境。

反射装置有被动式和主动式两类。被动式反射装置为固定或可调节的,安装在建筑采光口的内部或外部,也可采用室内外组合装置。室外反射装置可以利用具有反光性能的遮阳设施,与室内天棚的散射材料共同作用为室内采光,如图4.49所示。主动式反射装置采用智能系统,可以主动追踪太阳运行轨迹,根据太阳高度角变化自动调整反射装置的角度,充分采集太阳直射光,将其反射到建筑室内实现天然采光。

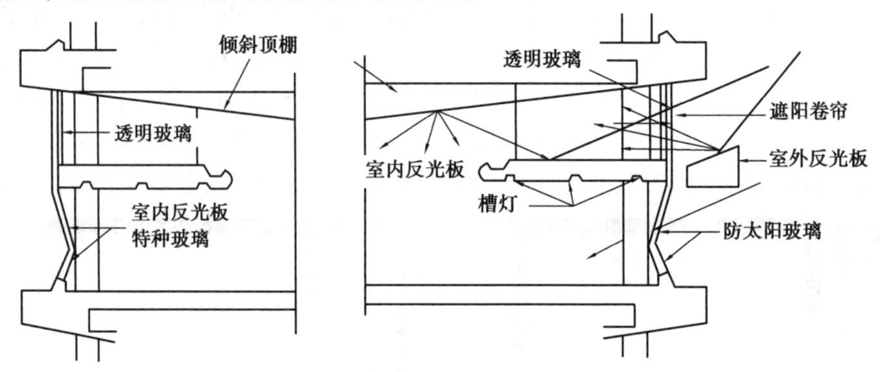

图4.49　采用反光装置采光示意图

(2)整合导光系统

一些学者经过实验研究提出,可以将遮阳、隔热与反光装置采光结合起来,形成具有复合功能的整合导光系统,对室内光环境和热环境进行调控。

①Anidolic系统。

Anidolic系统是瑞士的让·路易斯·斯卡特兹尼教授(Jean-Louis scartezzini)研究提出的"光线支架"系统。该系统利用安装在建筑室内和室外的反光设施以及天棚的反光材料将太阳光引导进室内,为房间深处采光,如图4.50所示。优化后的Anidolic系统将"光线支架"与室内天棚的空腔结合起来。系统采用出挑在建筑围护结构以外的透明材料将光线引导进入系统,再通过弧形反光板和天棚空腔材料的反光特性将光线经过多次反射后导入,再利用有机玻璃为室内照明。经过调整后的系统可以更有效地调控光线方向,优化室内光环境。

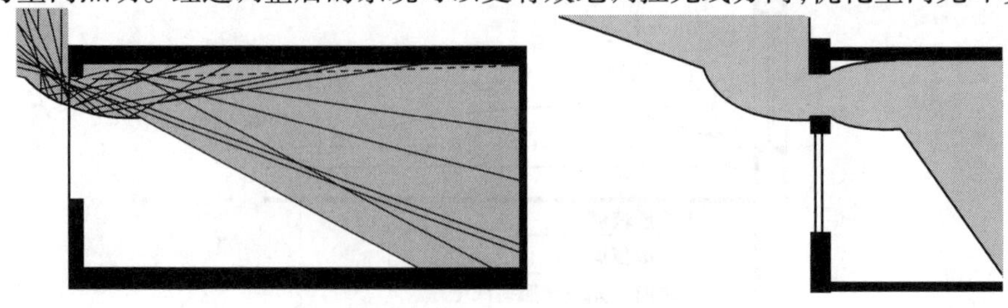

图4.50　Anidolic系统导光示意图

②RETROLux 系统。

RETROLux 系统由德国的赫尔穆特·考斯特发明,是可以对不同入射角度的光线作出不同反应的百叶帘,能同时实现太阳光供给(采光)与防护(防眩光、防过热)功能,尤其是在夏季,该系统在遮阳的同时还能为室内采光,有效地解决了遮阳与采光之间的矛盾。

系统由两个部分组成:第一部分是位于前半部分的"回复反射部件",用于在夏季和中午阻挡直射的太阳光,将光能和热能以很陡的角度反射回空中。由于采用了暗白、无光泽漆面的弧形表面,回复的光线发散到各个方向,能量密度随距离增加而变得极低,不会对周边外环境造成眩光。该构件主要起"防护作用"。第二部分是位于后半部分的"反射采光构件"(相当于"光线支架"),可以在冬季或早晚将太阳高度角较小时的入射光线反射到天棚和室内深处,用于室内照明。实验表明,如果天花板满足一定高度,光线可以照射进室内 20~30 m 的深度。该构件类似于光线"漏斗",主要承担"供给功能"。RETROLux 系统在全年大部分时间里可以水平放置,只有在低角度直射光线可能对室内使用者造成伤害时才有必要旋转百叶。因此在使用过程中,室内使用者的视线可以与室外有很好的联系(图 4.51)。

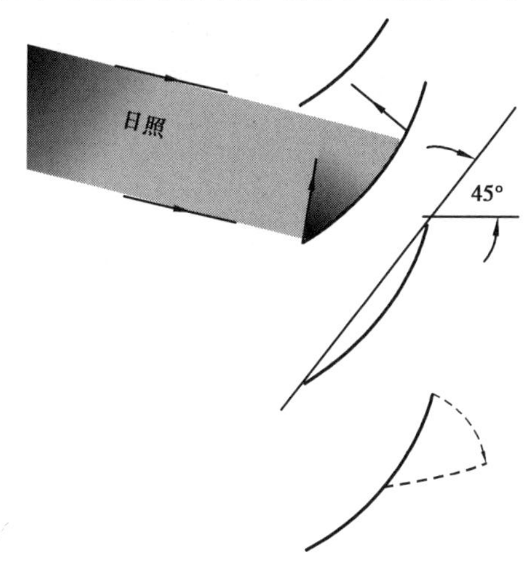

图 4.51 传统百叶帘进过弯折改进形成 RETROLux 系统

3)太阳能光导管照明技术

(1)太阳能光导管照明的概念与特征

①太阳能光导照明的方式。

太阳能光导照明有"光导管照明"和"光纤照明"两种方式。太阳能光导管(Solar light pipes)是基于光反射的原理,采用具有高反射率内壁膜的导光管筒,将太阳光引入室内用于照明的天然采光装置。太阳能光导管照明直接采集、利用太阳光的可见光部分,过滤掉大部分红外线和紫外线,是一种节能、健康、环保、安全的绿色照明方式。由于光导管可以在白天完全或部分利用自然光照明,因此该技术尤其适用于将太阳光传输到地下或无窗的建筑空间中。

光导管最初由俄国科学家契卡洛夫于 19 世纪 70 年代制造。第一个光导管专利由 William wheeler 于 1881 年在美国申请。光导纤维的出现为太阳光传导提供了可能,但受光纤尺寸太小的限制,难以传输可用于建筑照明的较大的光通量。后来,基于一些学者提出的采用空心管道输送光的设想,人们开展了光导管的研发工作。到 20 世纪 80 年代,对光导管的研究逐步由输送人工光转向了天然采光。

②太阳能光导管的分类与特征。

按照采光方式分类,太阳能光导管可以分为主动式和被动式两类。其中,主动式太阳能光导管通过聚光器上的传感和反馈装置跟踪太阳,再通过光导管将光线传输到室内需要采光的空间,其采光的方向总是向着太阳时,能够最大限度地采集太阳光,但由于采光器的工艺技术水平高,价格很昂贵且维护困难,在建筑上很少采用。常用的光导管技术是指被动式太阳能光导管,其采光罩和光导管连接固定在一起,将室外天然光导入系统内,经过重新分配、传输和强化后,对室内空间进行照明。

按照采光罩安装位置分类,太阳能光导管分为侧面采光和顶部采光,如图4.52、图4.53所示。侧面采光的采光罩安装在建筑外部侧墙上,适用于顶部采光不宜穿透或传输距离较长的楼层(例如多高层建筑底部的房间),在太阳高度角比较低时光通量较高,采光效果好。顶部采光的采光罩安装在建筑或构筑物顶部,适用于多层建筑顶层房间、单层建筑、隧道等。其特点是太阳高度角比较高时(例如正午时)采光效率高、效果好,早晚光能量较低,难以满足照明要求。

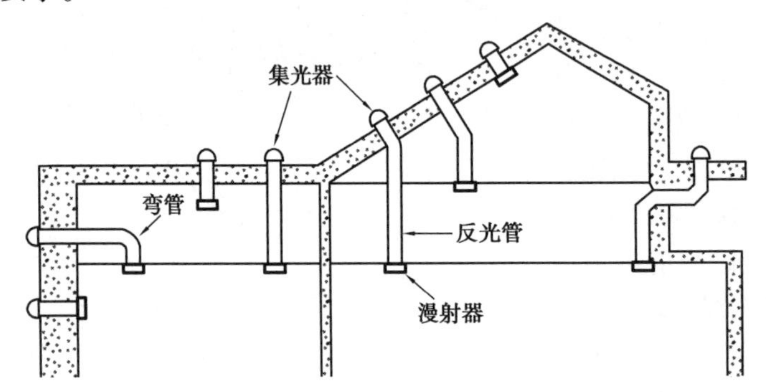

图4.52 建筑光导管侧面和顶部采光示意图

图4.53 安装在建筑屋面的光导管采光源

按照传输光的方式分类,太阳能光导管可以分为有缝光导管和棱光镜光导管。有缝光导管是在管壁上留一条长的"出光缝"用于工作面照明,工艺要求很高,光在传输过程中易泄露,效率不高,实际应用较少。棱光镜光导管通过覆盖在管壁上的棱镜薄膜反射光线,反射率高,光线传输性能好。例如由美国3M公司研制的全反射棱镜薄膜,厚度约为0.5 mm,反射率高达99.99%。

③太阳能光导管照明的优势与不足。

a.太阳能光导管照明具有健康环保、节能、安全、可靠等优势。

健康环保——光导管利用可再生的自然能源不消耗化石能源,在使用过程中不产生环境污染;光导管照明直接利用自然光,光线均匀柔和,通过在采光罩上加设防辐射涂层还能有效滤除有害辐射,对人的生理和心理健康有益。

节能——完全采用光导管天然采光可以节约20%~30%的建筑用电。实验表明,光导管照明系统引入室内的热负荷远低于利用电能的人工照明,不会对室内热环境造成明显影响,可显著降低建筑空调的负荷能耗。

安全——太阳能光导管照明系统的光能采集与照明设施在空间区域上分离,不采用电光源以避免燃爆危险。

可靠——太阳能光导管照明系统使用寿命长(一般大于30年),使用效率高,维护简便,运行可靠。

b.太阳能光导管的不足之处主要表现为:

其一,光线传输距离受限制。研究表明,直径330 mm和530 mm的太阳能光导管的最大有效长度超过10 m以上时,采光效果明显降低。

其二，光导管以太阳光作为光源，采光稳定性受自然地域气候和时段性的影响，存在较大差异。在地区差异上，不同纬度和自然地理条件地区由于日照时数不同，采用光导管照明的效果也存在差异，例如接近赤道地区比高纬度地区采用光导管照明效果更好。在季节差异上，夏季比其他季节日照条件更好，光导管照明采光率较高；在气候差异上，阴雨、多云天气比晴好天气采光效率差很多。时段差异对光导管采光的影响最大，早晚和午间由于太阳高度角的差异，光导管采光适用于不同的采光罩安装位置；而在夜间，光导管无法采光，需要采用其他系统照明。

其三，光导管系统安装与建筑系统的整合存在不足。建筑采用光导管系统需要在建筑设计中充分考虑光导管的系统形式、安装位置、管道直径，预设光导管系统的设备管道，目前这方面的设计经验、实证案例和标准规范等都比较欠缺。

(2)被动式太阳能光导管技术

①被动式太阳能光导管的构成。

被动式太阳能光导管主要包括三部分：采光部分(采光罩、集光器)、光线传输部分(光导管)、散光部分(也称为散光板、散光片或漫射器)。采光罩与光导管连接固定在一起，系统安装后不能移动。其他配件还包括防雨板、密封环等防水装置和固定装置等，如图4.54所示。

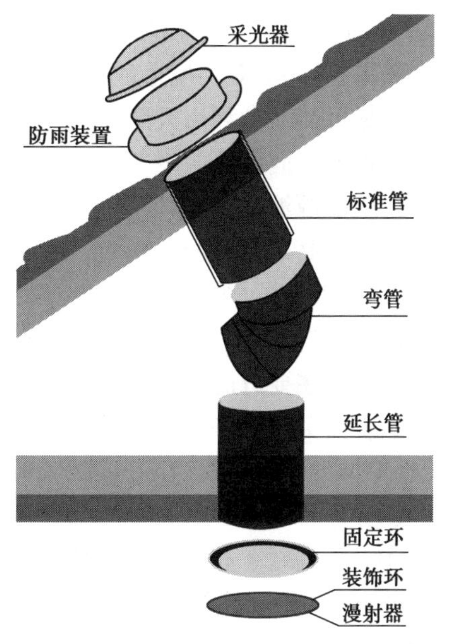

图 4.54　太阳能光导管构成示意图

采光部分(采光罩)一般是由有机玻璃或PC等材料注塑而成的透明罩体，表面有全反射聚光棱，多呈球形或多面体，设置在室外日照条件好的位置，用以采集各个方向的太阳光。光线传输部分(光导管)是整个系统的关键部件，管内壁覆有高反射率的薄膜。一些光导管可以经过旋转、弯曲改变导光角度和长度。

散光部分是将经过光导管传输、重新分配和强化后的光线自然均匀地照射到室内空间的漫射装置。

②被动式太阳能光导管技术发展趋势。

a.光导-光伏照明一体化系统。

考虑到光导管的采光稳定性会受自然地域气候和时段性的影响，一些学者提出在光导管系统中安装太阳能光伏电池，在太阳光照充足的时候储存多余的太阳能，用于日照条件不理想或夜间的条件下照明。

b.光导-自然通风一体化系统。

将自然通风管道与光导管照明系统相结合，既满足了建筑内部空间照明要求，又有效组织了建筑自然通风。

c.自动调节光通量的光导照明系统。

受自然地域气候和时段性的影响，光导管照明系统会出现忽明忽暗的采光稳定性不足的现象。对此，有学者研制出了根据室内光线强弱自动调节光通量的光导照明系统。其做法是在散光装置上加设遮光板，在光照强时利用遮光板减弱光通量，在光线较弱时打开遮光板或使用备用光源。在系统控制中力求实现感光反馈、控制、调节的有机结合。

d.色温、色差可调控的光导照明系统。

通过调控色温、色差,实现在导入自然光谱的同时过滤掉对人体有害的光谱,避免产生光污染,保证人在太阳能光导管照明系统照射下的舒适和健康。

4.2.3 室内绿色照明

室内照明在保障照明质量,满足《建筑照明设计标准》(GB 50034—2013)中对于室内照度、一般显色系数等要求的基础上,尽可能采用绿色照明技术,即消耗最少的能源获得最佳的照明效果,并避免对环境造成不利影响。具体措施包括:

①尽可能充分利用天然采光为室内白天照明,减少照明能耗。

②根据不同的照明设置部位及其功能要求合理确定空间照度标准。避免不必要的过高照度造成能源浪费。

③选用高效节能的电光源。这是绿色照明的核心。电光源产品根据发光原理分为三类:其一,热辐射光源,主要有白炽灯、卤钨灯。其二,气体放电光源,又分为低气压放电灯和高强度气体放电灯。低气压放电灯主要有低压钠灯、双端荧光灯、三基色紧凑型荧光灯等;高强度气体放电灯主要有高压汞灯、高压钠灯、金属卤化物灯等。其三,固体光源如双端荧光灯、三基色紧凑型荧光灯、三基色双端荧光灯、大功率三基色紧凑型荧光灯、高压钠灯、金属卤化物灯、半导体发光二极管(LED)灯等都是高效节能的电光源,LED灯则代表了未来绿色照明发展的趋势。

④采用高效节能的照明灯具。灯具的功能在于合理分配光源辐射的光通量,满足环境和作业的配光要求,不产生眩目现象和严重的光幕反射。应注意选用配光合理、光效高、耐久性好、耗电少光色逼真、协调、视觉舒适并与光源、电器附件协调配套的灯具。

⑤采用高效节能的灯用电器附件。包括采用功耗小的节能电感镇流器、电子镇流器取代高能耗电感镇流器,采用光传感器、直接或遥控调光等节能控制设备或器件。

4.3 建筑声环境调控

4.3.1 声环境影响因素

声音的强弱称为强度,由气压迅速变化的振幅声压大小决定。人耳对声音强度的主观感觉称为响度,响度的大小决定于声音接收处的波幅,就同一声源来说,波幅传播的越远,响度越小;当传播距离一定时,声源振幅越大,响度越大。

从物理分析的角度,一切不规则的随机的声信号或电信号都可称之为噪声。噪声分为室外噪声(包括交通噪声、施工噪声、工业噪声、市井噪声等)和室内噪声(社会生活噪声和设备噪声等)。据统计,在影响城市环境的各种噪声来源中,工业噪声来源比例占8%~10%;建筑施工噪声占5%左右;交通噪声影响比例将近30%,因其运行噪声大,又直接向环境辐射,对生活环境干扰最大;社会生活噪声影响面最广,已经达到城市范围的47%,是干扰生活环境的主要噪声污染源。

室内噪声会引起耳部不适、降低工作效率、损害心血管、引起神经系统紊乱、影响视力等。一般情况下，建筑室内的噪声级不会造成人耳听力损伤，但会影响人与人之间的交流、工作情绪、工作任务的完成和休息效果。影响室内声环境的主要因素包括室内允许噪声级、脉冲噪声和事件噪声声压级峰值和出现次数。

4.3.2 噪声控制的方法

建筑室内声环境调控所面临的主要问题是对噪声污染的控制。噪声污染是"一种造成空气物理性质变化的暂时性污染，噪声源停止发声，污染立即消失，由于声音的产生与传播过程包括声源、传声途径和接收者三个基本要素，相应地，噪声控制的主要方法为声源噪声控制，传声途径控制，接收点噪声控制。

1）声源噪声控制

噪声源是向周围的介质（主要是空气）辐射噪声声能的源头，降低声源的噪声辐射是控制噪声最有效的措施。声源噪声控制的主要方法有：

①对于作为噪声源的室内机器设备，一方面改革其工艺过程，采用低噪声工艺替代高噪声工艺；另一方面，提高加工精度，减少撞击和摩擦。

②对于高压、高速流体，可以通过减少管内和管口障碍物、降低气流出口处速度来降低噪声。

③降低噪声辐射部件对激振力的响应来降低设备噪声。

④采取吸声、隔声、减振或安装消声器等技术控制声源噪声。

2）传声途径控制

对噪声传播途径的控制主要有以下方法：

①噪声在传播过程中有自然衰减作用，因此在建筑平面设计时应将教室、办公室、旅馆客房、会议室等需要安静的房间远离相对集中的设备机房等噪声源进行布置。

②声音传播有一定的方向性，可以通过改变噪声传播方向的方法降低高频噪声。

③采用隔声材料、隔声结构等阻挡噪声传播。

④在声音传播的路径上采用吸声材料、吸声结构等吸收消耗传播中的声能，对固体振动噪声采取隔振措施减弱噪声传播。

3）接收点噪声控制

对处于噪声接收点的人采取保护措施以降低噪声对人的危害。

4.3.3 建筑室内声环境调控关键技术

1）建筑噪声源隔离技术

《民用建筑隔声设计规范》（50118—2010）规定，住宅、学校、医院等建筑，应远离机场、铁路线、编组站、车站、港口、码头等存在显著噪声影响的设施。新建小区应尽可能将对噪声不敏感的建筑物排列在小区的外围临交通干线上，以形成周边式的声屏障。交通干线不应贯穿小区。如不能避免，必须采取可靠的技术措施将噪声源隔离。

噪声源隔离技术是指通过隔离技术手段降低室外噪声（如建筑施工噪声、交通噪声和工业噪声等）对室内声环境的影响，该技术主要是采用隔声屏障隔离噪声源。当噪声源所发出的声波遇到隔声屏障时，将沿 3 条路径传播：一部分越过隔声屏障顶端绕射到达受声点（绕射声），一部分穿透隔声屏障到达受声点（透射声），一部分在声屏障壁面上产生反射（反射声），隔声屏障的性能取决于声源发出的声波沿三条路径传播的声能分配。

2）建筑通风隔声技术

建筑开窗在实现自然通风与隔绝室外噪声之间存在矛盾，而通风隔声技术是在隔声和通风之间取得平衡的一种技术措施，常用的通风隔声技术包括"双层皮"通风墙体进风口的消声设计、通风口有源消声设计、通风消声砌块和通风隔声窗（门）的设计等，其中应用最广泛的是通风隔声窗（门）构件。

通风隔声窗（门）采用了内外两扇窗体中夹空气层的构造技术，兼顾通风和隔声需求。可开启外窗将室外气流导入中间空气层，而后经特殊风道消声后引入室内。影响通风隔声产品技术性能的主要因素为基础隔声能力、消声风道设计技术和工程施工条件。

（1）基础隔声能力

理论上面积为 2~3 m^2、厚度为 3 mm 的玻璃的隔声量可以达到 27 dB，窗体隔声性能下降源于制造工艺上的缺陷。对此，高性能隔声窗的窗体被设计成固定式双层玻璃窗，以较好的密封和双层玻璃来提高隔声量。

（2）消声风道设计技术

该技术力求在不影响窗采光的前提下，利用融于窗体本身的消声风道实现室内外空气流通，同时以风道中的消声装置或吸声材料消除空气带来的声能辐射。根据通风动力性质的不同，该类产品分为自然通风式隔声窗和机械通风式隔声窗。自然通风式依靠窗体两端热压差和风压差作为动力促使空气对流，机械通风式则用电动风机进行引流。

3）建筑室内噪声控制技术

室内噪声控制技术包括吸声降噪技术、设备隔振技术、隔声吊顶技术等。

（1）吸声降噪技术

吸声是指声波入射到吸声材料表面而被吸收，可以降低反射声。一般松散多孔的材料或结构的吸声效果较好。吸声降噪技术主要是指采用吸声材料和吸声结构降低建筑室内噪声的技术方法。当建筑室内的内表面（包括地面、天棚、墙壁）采用硬质材料时，人们在室内听到的噪声是由直达声和混响声共同作用下产生的噪声。如果在建筑室内墙面或吊顶上布置吸声材料或采用吸声结构，可以有效减弱混响声，达到降噪效果。研究表明，最大可降噪量接近 10 dB。吸声材料和吸声结构有多种，常用的是多孔吸声材料和共振吸声结构。

①多孔吸声材料。

多孔吸声材料包括各种纤维材料，主要有玻璃棉、岩棉、矿棉等无机纤维和棉、毛、麻等有机纤维等，在使用时通常制成毡片或板材，诸如玻璃棉板、岩棉板、矿棉板、木丝板等。多孔吸声材料对声波的吸收作用是通过大量内外连通且对外开放的微小空隙和孔洞来实现的。

②共振吸声结构。

建筑空间中的围蔽结构或物体在声波激发下会发生振动以及由振动引起的摩擦，消耗声能转变为热能,实现吸声降噪。共振吸声结构主要有“空腔共振吸声结构”和“薄板吸声结构”两种。“空腔共振吸声结构”应用较多的有穿孔石膏板、胶合板、金属板等穿孔板共振结构,如图 4.55 所示。常用的“薄板吸声结构”主要是由周边固定在框架上的胶合板、硬质纤维板、石膏板、金属板等与板材背后的封闭空气层构成。

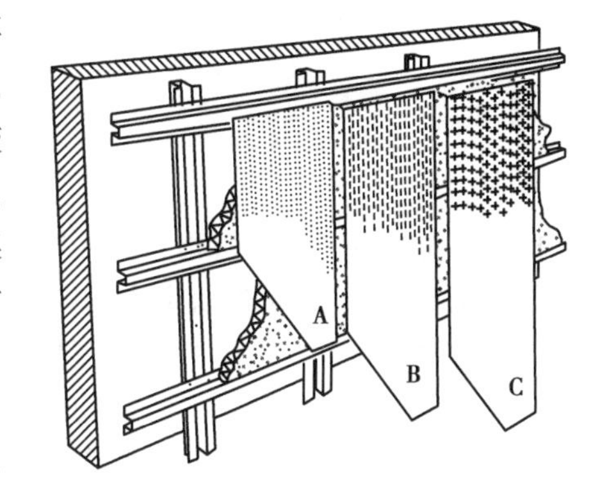

图 4.55 穿孔板共振吸声结构

(2)隔声技术

隔声是利用隔层将噪声源和接收者分隔开来。隔绝外部空间声场的声能称为“空气声隔绝”,隔绝撞击声辐射到建筑空间中的声能称为“固体声或撞击声隔绝”。后者隔绝的也是撞击传播到空间中的空气声,与直接隔绝固体振动的隔振概念不同。一般厚重密实的材料隔声效果好,例如作为围护结构的砖墙、混凝土墙等。在建筑室内除了常用的隔声墙体外,还可以采用隔声吊顶技术。该技术是指在楼板下方一定距离的位置安装吊顶,对空气声、撞击声起一定的隔绝作用。隔声吊顶的技术要求包括:

其一,有较高的密封性,吊顶板上不应有孔洞。

其二,吊顶材料要求密实且有一定厚度,并采用弹性吊钩、弹簧吊钩、橡胶吊钩以及毡垫吊钩等,避免与楼板刚性连接。

其三,吊顶的面密度越大,隔声量越高。

其四,吊顶与楼板的间距控制在 10~20 cm。

其五,可在吊顶与楼板之间填充多孔吸声材料来进一步改善空气的隔声性能。

(3)隔振和减振技术

①设备隔振技术。

为了减轻建筑内机器设备运转的振动影响,常用的技术方法是在机器设备上安装隔振器(诸如金属弹簧、空气弹簧、橡胶隔振器等)或隔振垫(橡胶隔振垫、软木、毛毡、玻璃纤维板等),使设备与其基础之间的刚性连接转变为弹性连接。

②浮筑楼板减振技术。

在钢筋混凝土楼板基层上铺设弹性垫层,在垫层上再做地面面层。楼板与墙体之间留有缝隙并以弹性材料填充,防止墙体成为地面层与基层间的声桥。当楼板面层受到撞击产生振动时,由于弹性材料的作用,仅有小部分振动穿透楼板基层形成辐射噪声。只要保证浮筑楼板与结构楼板及墙面之间的分离状态,不出现刚性连接形成声桥,就基本能满足撞击声隔绝的标准要求。

浮筑楼板常用的弹性垫层材料有两类:其一,植物纤维材料,如软木砖、甘蔗板、软质木纤维板和木丝板等;其二,无机纤维材料,如玻璃棉板、岩棉板和矿棉板等。其中无机纤维材料目前已成为浮筑楼板的主要弹性垫层材料。一般常用的弹性面层材料主要有:羊毛地毯、化纤地毯、半硬质塑料地板、再生塑料地板、橡胶地板、再生橡胶地板和软木地板等。

习 题

1.在与人体热舒适密切相关的环境物理因素中,(　　)是用于度量人通过辐射从环境中的得热或散热的情况,是建筑室内对人体辐射热交换产生影响的各物体表面温度的平均值。

A.空气温度　　B.空气湿度　　C.空气流动　　D.平均辐射温度

2.什么是热舒适?影响热舒适的因素有哪些?

3.建筑遮阳技术主要包含哪些内容?结合实例讨论建筑遮阳技术在实际生活中的应用。

5 可再生能源在建筑中的集成应用

5.1 可再生能源概述

可再生能源是指从自然界直接获取的、可连续再生、永续利用的一次能源，包括太阳能、风能、水能、生物质能、地热能、海洋能等非化石能源。这些能源基本上直接或间接来自太阳能，具有清洁、高效、环保、节能的特点。由于可再生能源是可以重复产生的自然能源，其主要特性有：可供人类永续利用而不枯竭；环境影响小，属于绿色能源；资源丰富，分布广泛，可就地开发利用，能源密度低，大多具有周期性供应特征，开发利用需要较大空间；初期投资较高，但运行成本低，大部分技术容易为公众所接受等。我国建筑中可再生能源种类主要有太阳能热水器、太阳房、光伏发电、地热采暖、地源热泵、空气源热泵、秸秆和薪柴生物质燃料、沼气等。

国际能源署(International energy agency，IEA)2012 年 7 月 5 日发布报告称，2011—2017 年，全球可再生能源发电量预计每年平均增长 5.8%，并在 2017 年达到 6.4 万亿千瓦。报告指出，对包括风能、太阳能、生物质能和水力发电等可再生能源的发电量和发电能力进行预测，2011—2017 年，绿色电力预计将比此前 7 年高出近 60%；同时，受积极的政策目标、电力需求的上升及充足的财政资源等因素推动，2011—2017 年，中国可再生能源发电能力的增长将占全球增长的 40%，美国、印度、德国和巴西依次排在中国之后。由国际能源署支持的可再生能源研究机构 REN21(21 世纪可再生能源政策网)发布的《2010 全球可再生能源现状》报告指出，2008 年以来，全球用于可再生能源发电和供热的投资，已经超过普通核电、燃煤和燃气发电的总投资。与 2008 年相比，现在全球可再生能源发电、供热能力超过 12.3 亿千瓦，提高

7%,约占全球发电总能力48亿千瓦的1/4。REN21指出,在2008年全球总发电能力中,可再生能源占18%(其中水电占15%,其他可再生能源发电占3%),传统化石能源占69%,核电占13%。2009年,德国在可再生能源发电中投资最多,其次为中国,两国投资在250亿~300亿美元;再次为美国,投资150亿美元;意大利、西班牙大致为50亿美元。2009年年底,中国的可再生能源发电容量为世界第一,达2.26亿千瓦;其次是美国,达1.44亿千瓦;最后是加拿大、巴西和日本。

从世界可再生能源的利用与发展趋势看,风能、太阳能和生物质能发展最快,产业前景最好。风力发电技术成本最接近于常规能源,因而也成为产业化发展速度最快的清洁能源技术(表5.1)。根据统计资料显示,风能是近几年世界上增长速度最快的能源,年增长率达27%。太阳能、生物质能、地热能等其他可再生能源的发电成本也已接近或达到大规模商业生产的要求,为可再生能源的进一步推广利用奠定了基础。

为进一步推进可再生能源产业的发展,我国制定了《可再生能源中长期发展规划》。规划明确提出,到2010年,可再生能源年利用量达到3亿吨标准煤,占能源消费总量的10%;到2020年,可再生能源年利用量要达到6亿吨标准煤,占能源消费总量的15%。如果上述目标能够实现,则可再生能源将在优化能源结构、改善生态环境、建设资源节约型和环境友好型社会等方面发挥重大作用。

表5.1 全球可再生能源发电技术现状及成本特点分析 单位:元

技术名称	特点	成本[元/(kW·h)]	成本走向及降低可能
大水电	电站容量:10~18 000 MW	0.19~0.26	稳定
小水电	电站容量:1~10 MW	0.26~0.45	稳定
陆地风能	风机功率:1~3 MW; 叶片尺寸:60~100 m	0.26~0.39	全球装机容量每翻一番,成本降低12% ~18%,未来将通过优选风场、改良叶片/电机设计和电子控制设备来降低成本
近海风能	风机功率:1.5~5 MW; 叶片尺寸:70~125 m	0.39~0.64	市场依然较小,未来通过培育市场和改良技术来降低成本
生物质发电	电站容量:1~20 MW	0.32~0.77	稳定

5.2 太阳能

5.2.1 太阳能利用相关知识

1)太阳能资源

(1)太阳能

太阳能是太阳内部连续不断的核聚变反应过程产生的能量,太阳总辐射能量约为3.75×

10^{26} W。地球每年从太阳获得的辐射能量为 5.44×10^{24} J。地球上的风能、水能、海洋温差能、波浪能、生物质能以及部分潮汐能都来源于太阳，地球上的化石能源（煤、石油、天然气等）实质上也是自远古以来贮存下来的太阳能。

(2)太阳辐射照度

太阳辐射透过大气层到达地面的过程中被大气层吸收和反射而减弱。其中，透过大气层直接辐射到地面的称为直接辐射；被大气层吸收后再辐射到地面的称为散射辐射；直接辐射和散射辐射之和称为总辐射。

单位面积、单位时间的物体表面接收的太阳辐射能以辐射照度表示。辐射照度随不同地域的地理纬度、大气透明度、季节、时间不同而发生变化，它决定建筑的得热状况，直接影响建筑冬季采暖和夏季防热设计，以及建筑利用太阳能的潜力。辐射照度的计量单位为 W/m^2（瓦特/平方米）。

(3)太阳能资源利用优势

人类利用太阳能已有 3 000 多年的历史。自 1615 年法国工程师所罗门·德·考克斯发明第一台太阳能发动机开始，将太阳能作为一种能源和动力加以利用，至今已有近 400 年历史。太阳能与常规能源相比有几个显著优势：

其一，太阳能储量巨大，是人类可以利用的最丰富的能源，足以供人类使用几十亿年。

其二，太阳能无地域限制。地球表面任何地方都有太阳能，便于就地开发利用，不存在运输问题。尤其对于交通不发达的农村、海岛和边远地区，太阳能更具利用价值。

其三，太阳能是一种洁净的能源。在开发利用中不会排放废弃物，基本不会影响生态平衡，不会造成污染与公害。

2)中国太阳能资源分布状况

中国太阳能资源分布的主要特点有：太阳能的高值中心和低值中心都处在 22°N~35°N 这一带，青藏高原是高值中心，四川盆地是低值中心；太阳年辐射总量，西部地区高于东部地区，而且除西藏和新疆两个自治区外，基本上是南部低于北部；由于南方多数地区云、雾、雨多，在 30°N~40°N 地区，太阳能的分布情况与一般的太阳能随纬度而变化的规律相反，太阳能不是随着纬度的增加而减少，而是随着纬度的增加而增长。按接受太阳能辐射量的大小，全国大致上可分为五类地区，见表 5.2。

表 5.2 我国太阳能资源分布

地区类型	年日照时数(h/a)	年辐射总量[MJ/(m^2·a)]	主要地区	备注
一类	3 200~3 300	6 680~8 400	宁夏北部、甘肃北部、新疆南部、青海西部、西藏西部	最丰富地区
二类	3 000~3 200	5 852~6 680	河北西北部、山西北部、内蒙古南部、宁夏南部、甘肃中部、青海东部、西藏东南部、新疆南部	较丰富地区
三类	2 200~3 000	5 016~5 852	山东、河南、河北东南部、山西南部、新疆北部、吉林、辽宁、云南、陕西北部、甘肃东南部、广东南部、福建南部、江苏北部、安徽北部	中等地区

续表

地区类型	年日照时数(h/a)	年辐射总量[MJ/(m^2·a)]	主要地区	备注
四类	1 400~2 000	4 180~5 016	湖南、广西、江西、浙江、湖北、福建北部、广东北部、陕西南部、安徽南部	较差地区
五类	1 000~1 400	3 344~4 180	四川大部分地区、贵州	最差地区

一类地区:全年日照时数为3 200~3 300 h,辐射量在6 680~8 400 MJ/(m^2·a),主要包括宁夏北部、甘肃北部、新疆南部、青海西部和西藏西部等地。这些地区是中国太阳能资源最丰富的地区,与印度和巴基斯坦北部的太阳能资源相当。特别是西藏,地势高,太阳光的透明度也好,太阳辐射总量最高值达9 210 MJ/(m^2·a),仅次于撒哈拉大沙漠,居世界第二位,其中拉萨是世界著名的阳光城。

二类地区:全年日照时数为3 000~3 200 h,辐射量在5 852~6 680 MJ/(m^2·a),相当于200~225 kg标准煤燃烧所发出的热量。主要包括河北西北部、山西北部、内蒙古南部、宁夏南部、甘肃中部、青海东部、西藏东南部和新疆南部等地。此区为我国太阳能资源较丰富的区域。

三类地区:全年日照时数为2 200~3 000 h,辐射量在5 016~5 852 MJ/(m^2·a),相当于170~200 kg标准煤燃烧所发出的热量。主要包括山东、河南、河北东南部、山西南部、新疆北部、吉林、辽宁、云南、陕西北部、甘肃东南部、广东南部、福建南部、江苏北部和安徽北部等地。

四类地区:全年日照时数为1 400~2 000 h,辐射量在4180~5 016 MJ/(m^2·a),相当于140~170 kg标准煤燃烧所发出的热量。主要是长江中下游、福建、浙江和广东的一部分地区,春夏多阴雨,秋冬季太阳能资源较多。

5.1中国太阳能资源分布图

五类地区:全年日照时数为1 000~1 400 h,辐射量在3 344~4 180 MJ/(m^2·a)。相当于115~140 kg标准煤燃烧所发出的热量。主要包括四川、贵州两省。此区是我国太阳能资源最少的地区。

一、二、三类地区,年日照时数大于2 000 h,辐射总量高于5 016 MJ(cm^2·a),是中国太阳能资源丰富或较丰富的地区,面积较大,约占全国总面积的2/3以上,具有利用太阳能的良好条件。四、五类地区虽然太阳能资源条件较差,但仍有一定的利用价值。

3)建筑太阳能利用的方式

按能量转化方式,建筑太阳能利用有4种方式:太阳光能直接利用,太阳能转化为热能,太阳能转化为电能,太阳能转化为化学能。其中以光热转换和光电转换的应用为主。

按照是否采用机电设备,建筑太阳能利用方式可以分为"被动式"和"主动式"两种。"被动式"太阳能利用不采用机电设备,力求以自然的方式获取能量,结构相对简单,造价较低。"主动式"需要采用机电设备,利用电能等辅助能源,比"被动式"结构复杂,且造价相对较高。建筑太阳能综合利用方式和技术体系如图5.1所示。

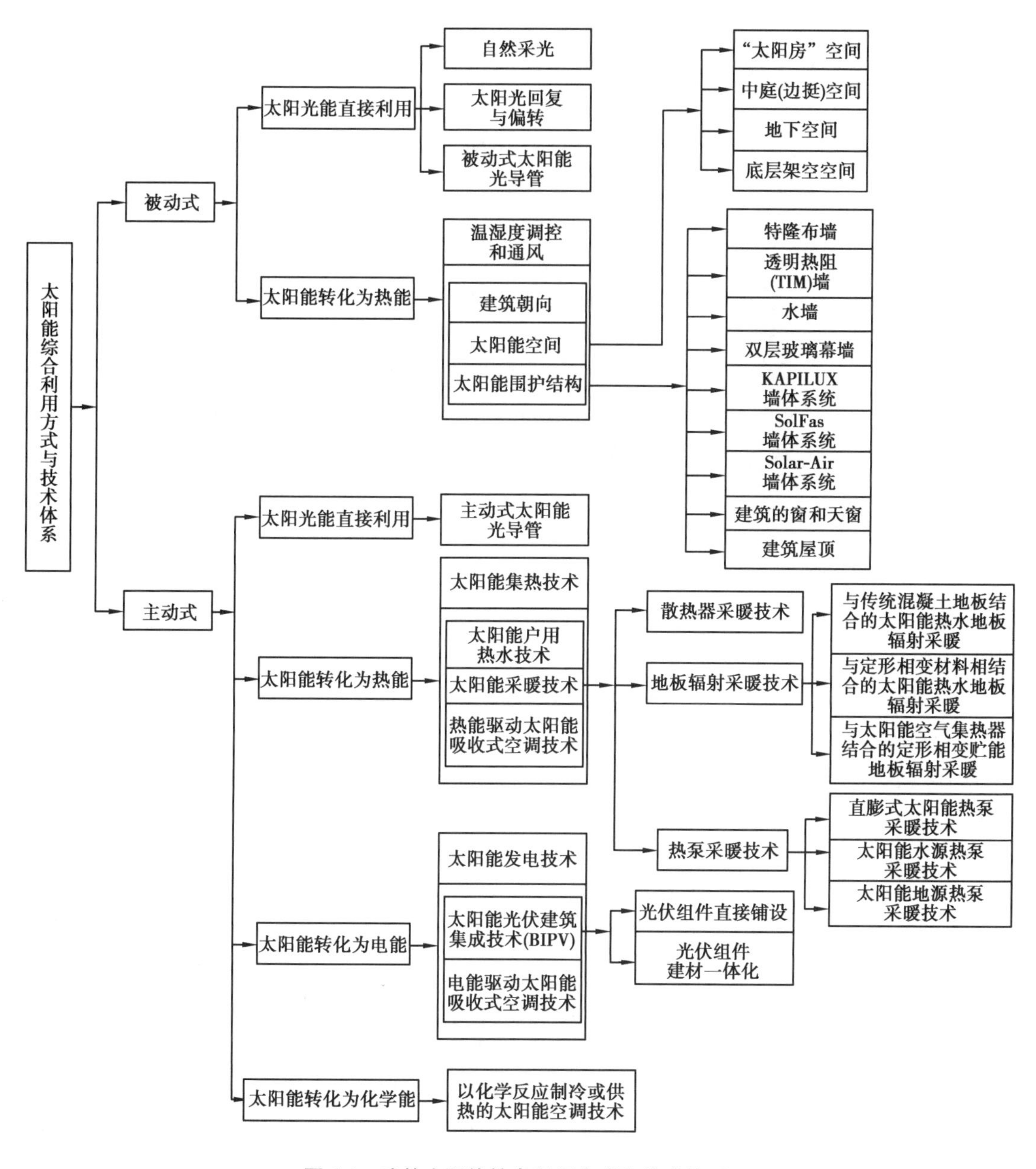

图 5.1　建筑太阳能综合利用方式和技术体系

5.2.2　被动式利用太阳能

1)建筑朝向

建筑朝向是指建筑物正立面墙面法线与正南方向之间的夹角。选择适宜的建筑朝向,可以使建筑运行充分利用源于太阳能的光、热、风等自然环境条件,有利于建筑节能,是绿色建筑得以实施的重要基础。在朝向选择上,很多动物"建造"的穴居给予了我们启示。例如澳大利亚北部的罗盘白蚁建造的楔状巢穴,是一个高度可达 3 m 的宽、薄的"板状建筑"(Termites hill),主要朝向为东向和西向,南北窄,东西宽。在炎热的气候条件下,早晚的阳光不强烈,蚁

图 5.2　澳洲白蚁蚁穴山

巢东西向的宽大表面可以吸收部分热量;中午炽热的阳光正对蚁巢薄薄的侧面,受热面积很小,有利于避免室内过热,如图 5.2 所示。

通过巧妙选择朝向充分利用太阳能,蚁穴空间内部温度得以保持恒定。多数情况下,我们在设计中会选择日照最充分的朝向(朝向赤道方向,即北半球的南向,南半球的北向)作为建筑的主要朝向,可以获得更多的日照,充分利用太阳的光能、热能,降低建筑运行能耗。应注意的是主导朝向有时对于建筑能耗是“双刃剑”。例如,对于冬冷夏热地区的建筑,冬季需要吸收和蓄积更多的太阳热能来加热内部空间,降低采暖能耗;而在炎热的夏季,则需要采用遮阳和反射装置减少对太阳辐射的吸收,降低制冷能耗。

传统意义上的建筑多是一种相对固定的工程形态,建筑建设安装完成后,其朝向关系是固定的、静态的。为应对外部环境条件的变化,在设置建筑主要朝向、被动式利用太阳能的空间或围护结构中通常都会采用一些适用于不同季节、不同气候条件的动态可变的设施、装置,例如可开闭的通风口、可调节的遮阳等,实现对室内环境的动态调控。

2)建筑“太阳能围护结构”

(1)特隆布墙(Trombe wall)

特隆布墙也称特隆布-米歇尔墙,是一种由玻璃和蓄热墙体通过一定的构造方式组成的、被动式利用太阳能为建筑室内空间供暖(冷)并实现自然通风的节能复合墙体。特隆布墙 1881 年由埃德华·莫斯(Edward Morse)发明,1964 年被法国工程师特隆布(Felix Trombe)和建筑师米歇尔(Jacques Micher)加以应用推广。

①特隆布墙构造方法。

特隆布墙需要布置在建筑的主要日照朝向上,包括外层、空气间层、内层 3 个部分。外层为玻璃墙体(glazing wall);内层为蓄热性强的厚重墙体(thermal mass),诸如砖墙、混凝土墙、石墙等,蓄热墙可以将吸收的太阳辐射热储存在墙体内,并缓慢地释放到墙体内侧的建筑室内空间中,很多情况下将墙体朝向阳光的墙面涂刷成黑色以加强墙体的吸热性能;内、外层之间为空气间层(也称“特隆布”空间)。经过改进的现代特隆布墙在外层玻璃墙和内层蓄热墙的底部和顶部设有可开闭的进、出风口和管道,用于调控室内气流和温度。有的特隆布墙在玻璃墙外侧设置适用于夏季的遮阳设施;也有的在蓄热墙外侧(临空气间层侧)设置可伸缩调节的遮阳或反光帘幕,用于在夏季降低蓄热墙体对太阳辐射的吸收。

在冬季白天,太阳辐射经过透明的玻璃表皮加热了空气间层的空气和深色的蓄热墙体。空气被太阳辐射加热后,在温室效应作用下上升,蓄热墙底部和顶部的风口打开,室内的冷空气由底部风口进入空气间层,被加热的空气通过顶部风口进入室内,在空气间层和室内空间之间形成“内循环”的气流流动,加热了室内空气温度,并实现了自然通风。在冬季夜晚,间层中的空气温度降低,蓄热墙体的风口关闭,避免冷空气进入室内和室内热量的散失,而蓄热墙将白天储存的辐射热量缓慢辐射到室内,以提高室内温度。

在夏季白天,开启在墙体外侧或间层中设置的遮阳或反射装置,以减少墙体对太阳辐射的吸收。蓄热墙体的通风口关闭,以减少间层中被加热的空气进入室内增加热负荷。设在玻璃墙底部和顶部的风口开启,室外空气由底部进入间层,被加热后由顶部排出,形成的"外循环"气流用以降低蓄热墙表面的温度,减少墙体吸收的辐射热量。在此情况下,建筑室内的自然通风通过建筑的开口(例如窗)来进行组织。在夏季夜晚,玻璃墙顶部和蓄热墙底部的风口开启,其他风口关闭,在建筑室内空间、特隆布墙体和外部环境之间形成自然通风并带走室内的热量。

②特隆布墙的作用原理如图 5.3 所示。

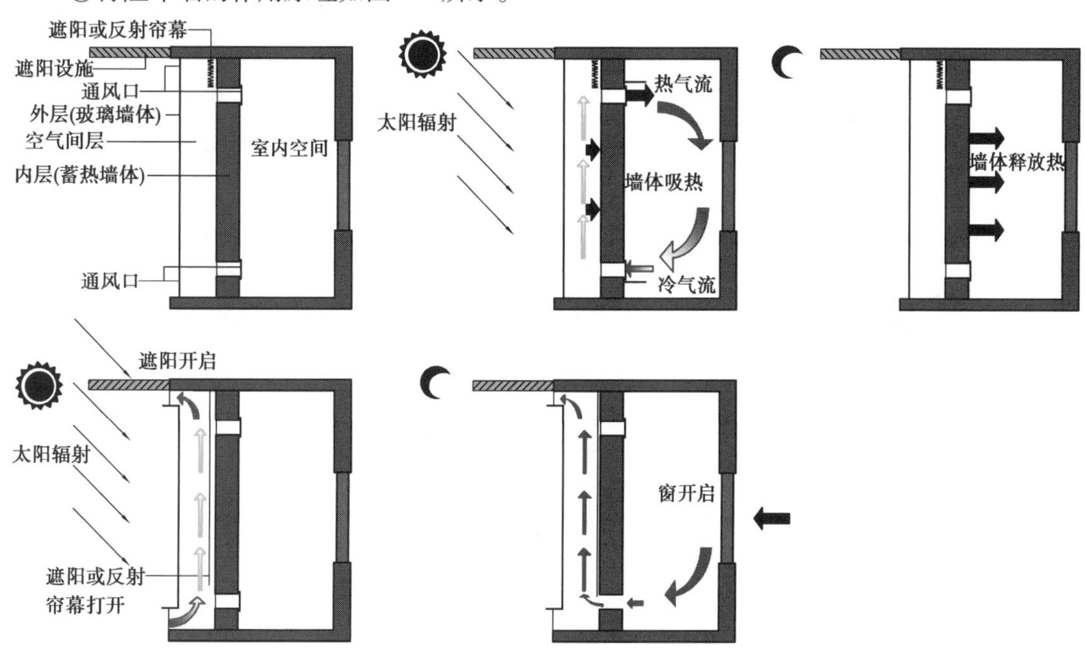

图 5.3 特隆布墙构造与运行示意图

(2)双层玻璃幕墙(Double skin facade)

①双层玻璃幕墙的特点如下:

该围护结构体系被认为是建筑"会呼吸的皮肤",由内外两道玻璃幕墙、其间的空腔(空气间层)以及进出风口、遮阳百叶等设施构件组成(图 5.4)玻璃幕墙间层内气流和温度分布受建筑的几何特征热物理、太阳光和空气动力特性等因素的影响。采用计算流体力学法(CFD)和网络法(network)进行模拟的结果表明,双层玻璃幕墙可以有效减少建筑冷热负荷,提高自然通风效率。此外,该结构体系还具有以下优点:可以为建筑提供自然采光;避免开窗对室内气候的干扰;使室内免受室外交通噪声的干扰,同时夜间可安全通风。不足之处是如果采用过大面积的玻璃,会大大增加对太阳辐射热的吸收,增加环境调控的难度。

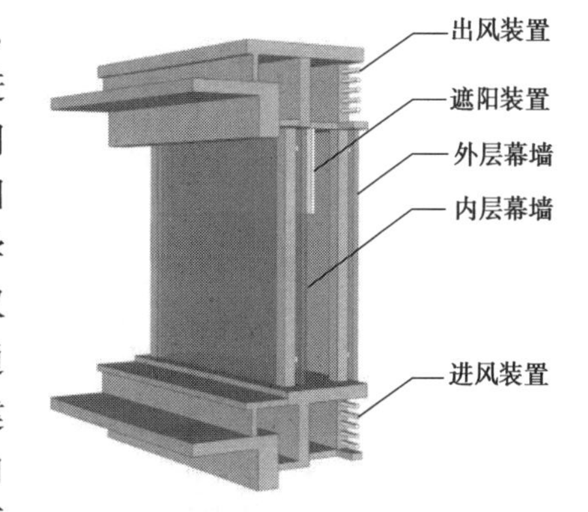

图 5.4 双层玻璃幕墙构造示意图

②双层玻璃幕墙的工作原理:在冬季,进出风口关闭,双层玻璃幕墙之间的空间形成阳光温室,吸收太阳辐射后空气温度升高,热空气上升,冷空气下降,通过对流热交换提高空腔温度,进而加热室内空间[图 5.5(b)]。在夏季,打开空腔上下两端的进出风口,空腔内的空气在烟囱效应作用下,在空腔内部产生自然通风,带走热量[图 5.5(a)]。当室内需要自然通风时,打开空腔上下两端的进出风口,开启双层玻璃幕墙的内层玻璃窗,利用烟囱效应和空气对流实现建筑室内自然通风[图 5.5(c)]。通过精细化的节点构造设计,可以进步提高体系的自然通风效率。如图 5.6 所示是由福斯特建筑事务所设计的、可以根据气候变化进行调节的双层玻璃幕墙自然通风构造节点图。

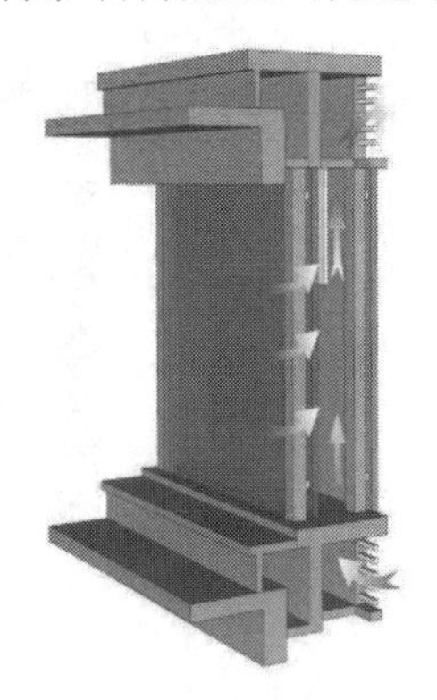

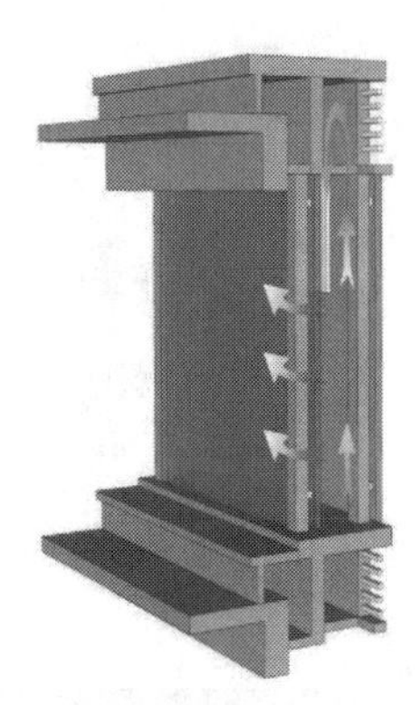

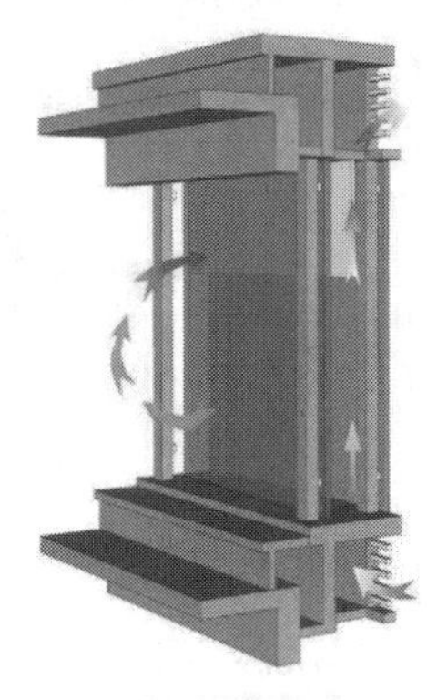

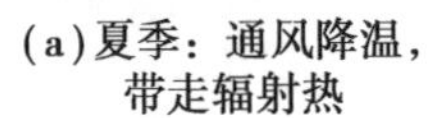

(a)夏季：通风降温，带走辐射热

(b)冬季：吸收太阳辐射热，腔体内对流升温，为室内加热

(c)组织自然通风

图 5.5　双层玻璃幕墙运行机理示意图

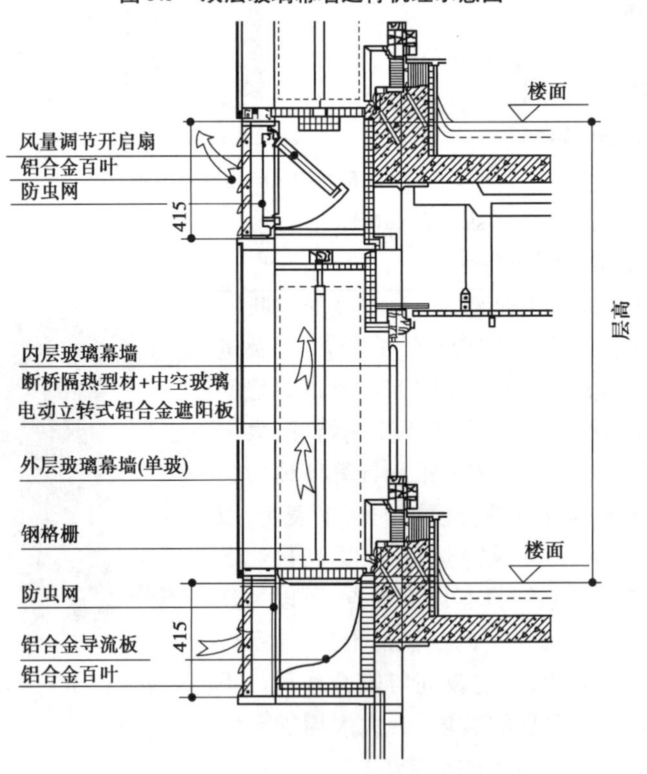

图 5.6　通风构造节点图

③双层玻璃幕墙类型。

A.双层玻璃幕墙按照安装构造方式可分为外挂式、廊道式、箱式(单元式)和井-箱式。

a.外挂式(图 5.7):两层玻璃之间不做水平和竖向分隔,是构造形式最简单的一种双层玻璃幕墙。其最主要的功能是隔绝室外噪声,但相邻房间之间的声音可以通过空腔传播。由于两层玻璃之间的空腔完全开敞,难以组织气流,因此对改善室内热环境作用较弱,见图 5.7。优化改进的方法有两种:其一,通过构造方法将空腔部分封闭,并加设进出风口;其二,将外层玻璃设计成由计算机控制的可转动的玻璃百叶,通过自动调节实现自然通风。

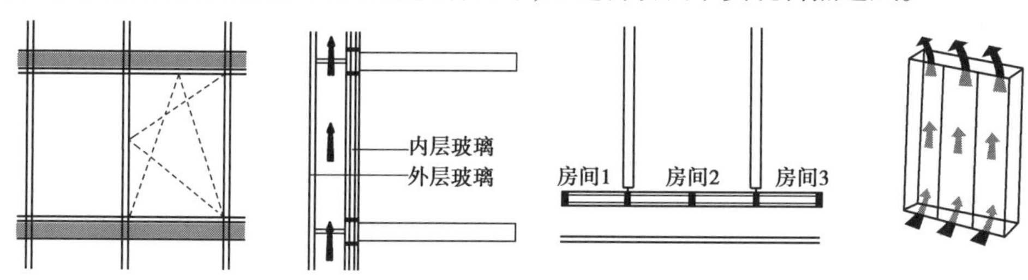

图 5.7　外挂式双层玻璃幕墙示意图

b.廊道式(图 5.8):在两层玻璃之间的空腔中每层采用水平向通长的外挂式走廊作竖向分隔,形成“廊道式”双层玻璃幕墙,其间的空腔宽度为 0.6~1.5 m。在廊道的上下两端设有进、排风口,为防止进、排气“短路”(下层排风口的排气进入上一层的进风口),一般上下层的进、排风口需要错开设置。由于该系统没有水平向分隔,每层的横向空腔贯通,应注意处理隔声和防火分区等问题。

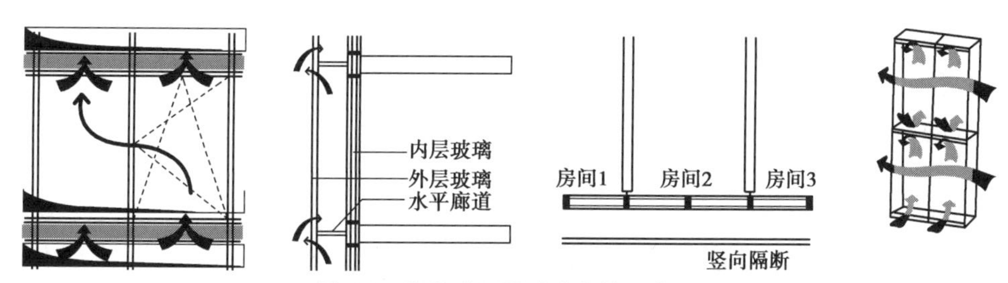

图 5.8　廊道式双层玻璃幕墙示意图

c.箱式(单元式):双层玻璃幕墙及其空腔在水平向和竖向都用作分隔,水平向可以按照均布的房间分隔,竖向每层分隔,形成许多独立的“单元式”箱体,称为箱式(或单元式)双层玻璃幕墙,如图 5.9 所示。箱体的外层幕墙上下端部设有进出风口,在空腔内通过烟囱效应组织气流,调控空腔内的温度和自然通风;内层幕墙设有可开启的窗扇,可以实现与空腔和室外之间的热交换和自然通风。箱式(单元式)双层玻璃幕墙相对独立的构造系统具有很好的隔声性能。

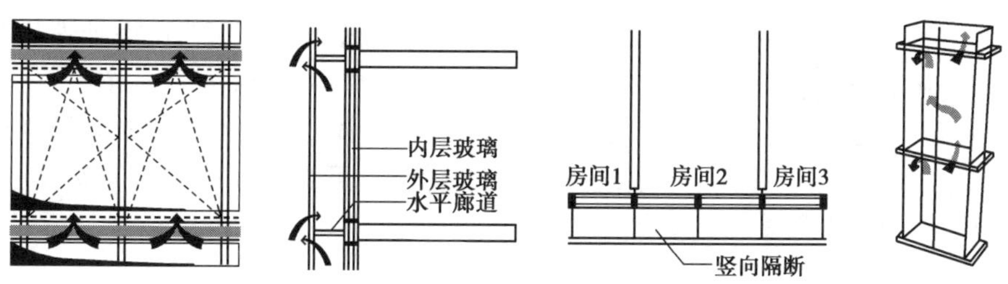

图 5.9　箱式(单元式)双层玻璃幕墙示意图

d.井-箱式(图 5.10):该体系是在原有箱式(单元式)双层玻璃幕墙中部分设置了贯通的“通风井”,箱体侧向与通风井之间设有通风口,通风井在上下端开设风口。通风井作为加长的空腔可以强化“烟囱效应”,有利于在夏季和过渡季组织室内、空腔和室外之间的自然通风;在冬季则可以通过关闭部分风口储存热量。井-箱式双层玻璃幕墙通风效果更好,能有效避免气流“短路”,但由于受“烟囱效应”作用容易造成通风井顶部温度过高,因此应对井道的长度进行计算模拟,加以控制。

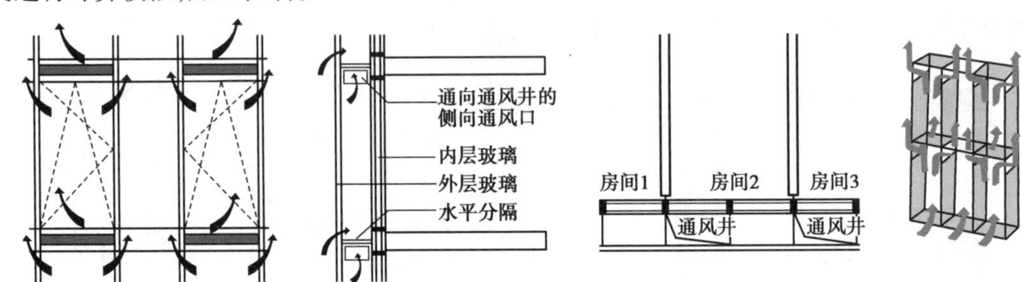

图 5.10　井-箱式双层玻璃幕墙示意图

B.双层玻璃幕墙按照“空气间层”中的空气循环方式可分为内循环(封闭)式、外循环(开敞)式和混合式。

a.内循环(封闭)式:在双层玻璃幕墙的夹层空腔与室内之间进行循环通风。

b.外循环(开敞)式:在双层玻璃幕墙的夹层空腔与室外之间进行循环通风。

c.混合式:在室内、夹层空腔与室外之间进行循环通风。

C.双层玻璃幕墙按照通道宽度可分为宽通道式和窄通道式。

a.窄通道式:夹层空腔通道宽度为 100~300 mm,为窄通道式双层玻璃幕墙。

b.宽通道式:夹层空腔通道宽度大于 400 mm 为宽通道式双层玻璃幕墙,多采用 600~1 500 mm 的通道宽度。

在设计中,不同分类方式的双层玻璃幕墙类型可以组合应用。

(3)透明热阻材料(TIM)墙

透明热阻材料墙体与前述的特隆布墙和双层玻璃幕墙在构造形式和运行机理上有相似之处,都是被动式利用太阳能的复合墙体。其不同之处在于,该墙体系统的内外构造层之间不采用空气间层,而是用透明热阻材料(Transparent insulation material,简称 TIM)填充空间。

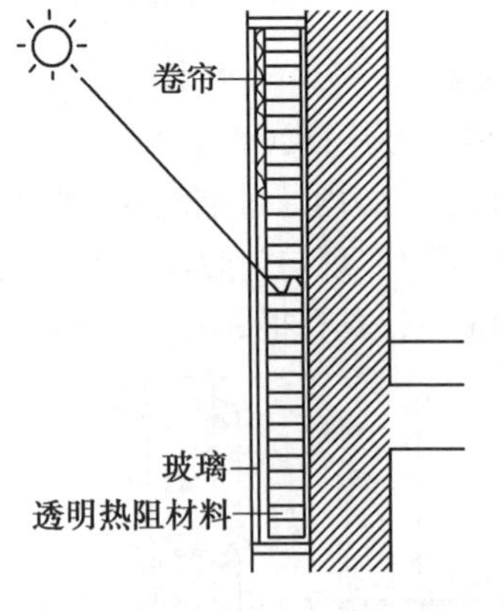

图 5.11　透明热阻材料墙体构造示意图

①构造形式。

透明热阻材料墙体一般包括以下几个层次:其最外层为透明围护结构——玻璃;中间填充层为由毛细管状的透明有机材料制成的透明热阻材料;内层为表面涂成黑色的砖墙、石墙、混凝土墙等蓄热墙体。透明热阻材料(TIM)与内外构造层之间留有空气间层,可在外层玻璃之间安设遮阳设施,如图 5.11 所示。

②运行机理

在冬季,太阳辐射穿过玻璃,热量被透明热阻材料(TIM)吸收后,再辐射到表面涂成黑色的蓄热墙体中。部分太阳辐射穿过透明材料(玻璃和透明热阻材料)加热蓄热墙体。热量被蓄热墙体储存起来,然后缓慢地将热量逐渐辐射传递到室内环境中,降低冬季的采暖能耗。这样,外墙成为了大面积吸热和供热的构件设施。在夏季,需要采用遮阳设施将热阻材料遮蔽起来,避免吸收多余的太阳辐射热。

(4)水墙

由于水的比热容比砖石大,单位体积水的蓄热效率更高,所以在朝向阳光(能直接获取太阳辐射)的外墙外侧(或内侧)附设的水管中、或埋设在墙体中的导管(一般多采用玻璃纤维管)内注水即构成水墙。也有利用盛水容器完全替代传统砖石墙的水墙做法,例如“圆桶墙”(drum wall)。

蓄热性能好是水墙最主要的特性。水墙在夏季可以降低气流温度,并加热水体产生热水;在冬季,水墙在白天可以更多地吸收和蓄积太阳辐射热量,而在夜晚又缓慢地将热量释放到室内。作为蓄热墙体,水墙也可以与前述的“特隆布墙”“透明热阻材料(TIM)墙”等墙体系统组合起来应用。

3)建筑“太阳能空间”

(1)太阳房

太阳房也称阳光房、暖房、阳光温室等,是朝向主要日照方向布置的、建筑室内空间与外部环境之间的过渡空间,有时也可以作为功能用房。太阳房多采用大玻璃窗作为外围护结构,可以让更多的太阳辐射透过玻璃照射进来,被内部围护结构表面或内部空间所吸收,是应用广泛的被动式收集和利用太阳能的典型空间模式之一。

①作用原理。

太阳房空间在寒冷的冬季具有突出的优势。在冬季的白天,太阳辐射经过透明的玻璃,被加热的空气吸收的热量一部分通过空气对流的方式直接(太阳房与室内空间之间是开敞的)或间接(通过通风洞口或门窗缝隙)进入室内空间,加热室内空气;一部分进入蓄热体(具有高热容量特性的砖石墙体、混凝土墙体、楼板等)和构件中。夜晚,蓄热体缓慢地将吸收的热量释放到室内空间,对温度波动峰值起到减幅和延时作用。在过渡季或夏季,为避免太阳房空间吸收过多的热量而产生室内过热现象,需要在空间的外部、顶部采用遮阳设施。

②主要类型。

太阳房作为一种被动式利用太阳能的供热系统,按照供热方式可以分为5种类型:直接型、半直接型、独立温室型、间接型、热虹吸型(图5.12)。

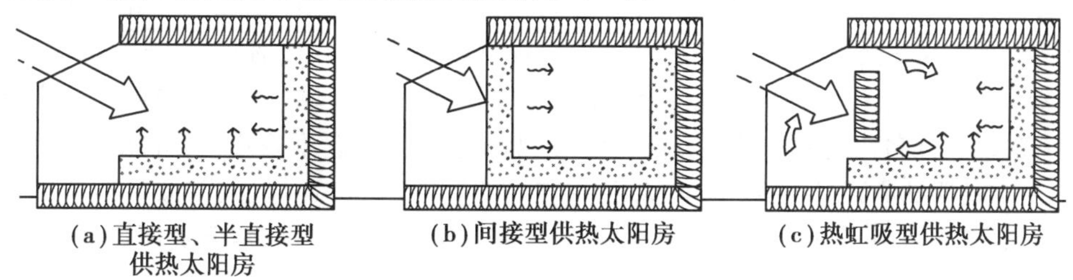

图5.12 太阳房空间的主要类型示意图

a.直接型供热太阳房:太阳房与室内某个功能空间之间开敞贯通,没有分隔,例如附设在住宅客厅外侧的“阳光间”。在这种情况下,太阳辐射热被空间内表面吸收,太阳房与贯通的功能空间通过对流和蓄热体供热的效果较弱。

b.半直接型供热太阳房:该类型的空间形态与“直接型”相同,不同的是太阳房的外表皮采用了双层玻璃幕墙,可以对温度和气流进行调控。该系统成本较高,太阳房供热效果不显著。

c.独立温室型太阳房:太阳房内表面与室内空间之间采用大玻璃窗作分隔,使太阳房形成独立的“温室”,作为室外与室内的过渡空间,其作用类似于双层玻璃幕墙之间的空气间层。

d.间接型供热太阳房:该系统在太阳房和室内空间之间设置蓄热墙体,白天吸收太阳辐射热量并蓄积,在夜晚又缓慢释放热量,加热室内空间。为防止夜晚室内热量通过墙体散失,需要在墙体外表面加设可移动的保温设施。在夏季,墙体外表面应设置遮阳或反射装置以避免室内过热。为加强对环境的调控,也有采用双层玻璃幕墙作为太阳房的外表皮的做法。

e.热虹吸型太阳房:这种系统的构造形式和运行原理与“特隆布墙”很接近,冬季白天通过空气对流和蓄热墙体散热加热室内空间并实现自然通风,夜晚则关闭风口减少热量散失。夏季采用遮阳和反射装置以减少墙体对太阳辐射的吸收,避免室内过热;也可以在太阳房外表皮开设风口,通过气流在太阳房和室外之间进行“外循环”,降低空间和蓄热体表面温度;也可以驱动气流在室内、太阳房和室外之间进行循环,组织自然通风。

(2)中庭空间

中庭空间是指位于建筑中部或边侧,在空间顶部(或侧面)利用大面积玻璃进行采光,在高度上贯通多层的空间形式。它具有利用自然采光、组织自然通风、调节室内微气候、节约能耗、引入自然植被等优点。

中庭发端于古罗马时期半开敞的公共空间。19 世纪初,受温室建筑的启示和影响,中庭被加上玻璃顶盖。伴随着建筑技术与材料的发展,中庭尺度不断增大,公共性日益加强,并逐渐在各类公共建筑中得到广泛应用。

中庭空间被动式利用太阳能主要通过“温室效应”和“烟囱效应”来实现。“温室效应”是指太阳辐射通过中庭的采光面进入空间,空间内表面被加热后发出的长波辐射被玻璃反射回室内,使空气温度逐渐升高的效应。“烟囱效应”则是由于中庭内部的空气温度高于室外,中庭空间内沿高度方向的气压差比室外低,导致室外气流从中庭底部进入,被加热后逐渐上升并从中庭顶部排风口排出的现象。

根据调控室内微气候的需要,中庭可以分为采暖型、降温型、自然通风型和混合型等。

a.采暖型中庭:空间设置方位应易接受太阳光,顶棚玻璃倾向于(或侧面采光玻璃位于)主要日照方向,中庭空间内设置热容量大的水体或蓄热墙体构件等,尽可能多吸收、储存热量,并注意加强空间的密闭性和围护结构的保温性能。该类型中庭主要适用于冬季寒冷地区;如果该地区夏季炎热,则要在中庭外表皮设置可调节的遮阳、反射装置。

b.降温型中庭:空间设置方位应避免过多接受阳光,顶棚玻璃倾向于(或侧面采光玻璃位于)与主要日照方向背离或相反的方向,并在顶部设置反射或遮阳装置,尽可能减少直射阳光进入。在空间顶部应开设天窗,充分利用“烟囱效应”组织自然通风,或采取机械辅助自然通风。该类型中庭适用于夏季或过渡季,在冬季或需要保温的夜晚,则需要关闭进、排风口和相关装置。

c.自然通风型中庭:是指以组织自然通风为主要调控目标的中庭空间,采用风压通风、热压通风组合式通风、机械辅助式自然通风等方式满足舒适性自然通风的要求,适用于夏季和过渡季。

d.混合型中庭:是指兼具采暖、降温、通风功能的中庭空间,需要设置可调节遮阳与反射装置、进排风口及装置、机械辅助设备等实现对室内环境的调控,主要应用于夏热冬冷地区。

(3)生态舱

生态舱是"太阳能空间"(太阳房、中庭等)与室内庭院组合形成的一种空间形态。该空间可以被动式利用太阳能、风能等进行自然采光和组织自然通风,调控室内热湿环境,并通过植被种植改善室内空气质量和视觉环境等综合功效,被认为是绿色建筑的一种标志性空间模式。如图5.13所示是清华大学超低能耗楼的生态舱。此外,清华大学超低能耗楼也运用了许多其他的被动式技术,如图5.14所示。

(a)生态舱外观

(b)生态舱室内一角

(c)生态舱室内一角
(遮阳帘使用时的情形)

图5.13 清华大学超低能耗楼生态舱

5.2.3 主动式利用太阳能

在1999年召开的世界太阳能大会上有专家提出,当代世界太阳能科技发展有两大趋势:一种是太阳能光电与光热结合;另一种是太阳能与建筑结合。太阳能建筑一体化系统是绿色新能源与新建筑理念的交汇点,是目前太阳能技术发展的重要趋势。

太阳能建筑一体化应力求将太阳能利用纳入建筑整体设计中,用太阳能设施完全或部分取代建筑外围护结构,集外观装饰、保温、发电、采光等多功能于一体,例如太阳能光电光热屋顶、太阳能电力墙、太阳光电玻璃等。

在具体技术应用层面,主动式太阳能利用技术主要有:太阳能集热技术、太阳能发电技术、太阳能光伏发电技术、太阳能空调技术、太阳能水泵技术、太阳灶技术等。本书着重讨论太阳能集热技术建筑一体化、太阳能光伏技术建筑一体化和太阳能光伏光热技术建筑一体化3个方面。

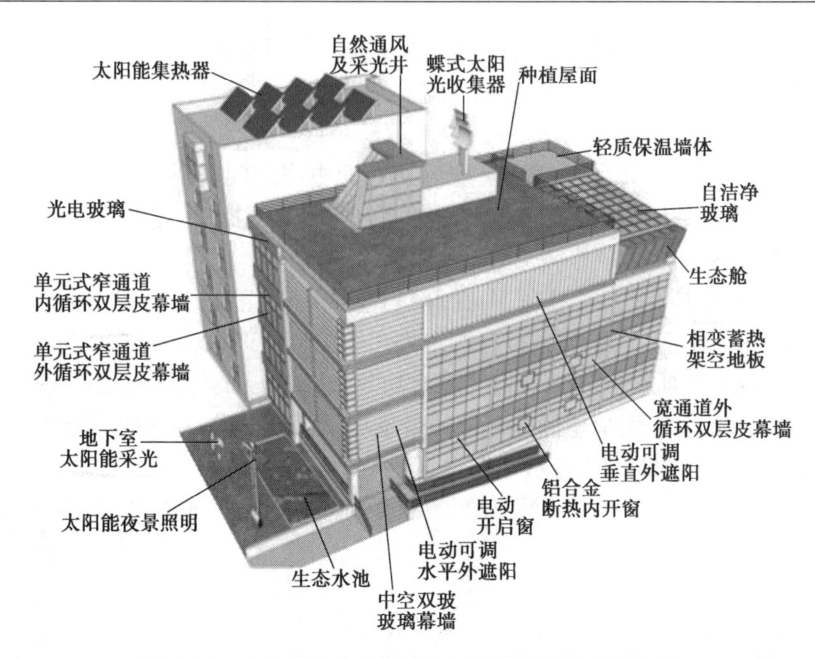

图 5.14　被动式技术在清华大学超低能耗楼中的应用

1) 太阳能集热技术建筑一体化

目前,在建筑上采用的太阳能集热技术主要有太阳能户用热水系统、主动式太阳能采暖技术和热能驱动太阳能吸收式空调技术,尤以前两种技术的建筑体化应用最广泛,技术最成熟。

(1) 太阳能户用热水系统(热水器)

①太阳能热水器的分类。

太阳能热水器目前主要用于住宅和部分公共建筑,按运行方式分为季节性热水器、全年性热水器和采用辅助热源的全天候热水器。按集热器原理和结构分为整体储热型、平板型和真空管型(根据热介质不同真空管型又分为"全玻璃真空管集热器"和玻璃金属结合的"热管真空管集热器",前者在国内应用普遍),如图 5.15、图 5.16 所示。按工质流动方式不同,一般分为闷晒型、循环型和直流型 3 种。

图 5.15　平板型太阳能集热器

图 5.16　真空管型太阳能集热器

②太阳能热水器的构成。

太阳能热水器一般由集热器、绝热贮水箱、连接管道、控制系统和支撑固定设施等组成。

集热器是太阳能热水器将接收的太阳能转换为热能的核心部件和技术关键。太阳能集热器一般多通过固定设施安装在平屋面或坡屋面上。当安装在坡屋面上时，应力求使集热器与建筑屋面形式更密切。集热器也可以结合建筑形体关系安装在阳台或墙体上，还可以兼作为建筑的遮阳设施，如图 5.17—图 5.20 所示。

图 5.17　安装在建筑屋面上的真空管型太阳能集热器

图 5.18　平板型太阳能集热器与建筑坡屋顶一体化

图 5.19　与建筑遮阳组件一体化的平板型太阳能集热器

图 5.20　与建筑水平遮阳一体化的太阳能集热器

贮水箱是贮存热水的装置，其结构、容量、材料和保温性能直接影响热水器的性能和运行质量。水箱按外形分为方形、扁盒形、圆柱形、球形水箱；按放置方法分为立式和卧式两种；按耐压状态分为常压开式水箱和耐压闭式水箱；按是否有辅助热源可分为普通水箱和具有辅助热源的水箱；按换热方式可分为直接换热水箱和二次换热的间接热交换水箱。生产水箱的材料对水箱的耐压、耐温、防渗漏及水质的影响很大。目前国内水箱的常用材料有搪瓷、镀锌钢板、防锈铝板、塑料、玻璃钢、不锈钢板等。

③太阳能热水器的发展趋势。

太阳能热水器发展趋势为：太阳能集热技术建筑一体化，太阳能热水器小型化和大面积化，结构由整体式向分体式发展，水箱设计由非承压式向承压式过渡，核心集热装置由热管真空管逐渐取代全玻璃真空管，温控装置自动化程度进一步提高。

(2) 主动式太阳能采暖系统

主动式太阳能采暖系统主要有太阳能散热器采暖技术、太阳能地板辐射采暖技术和太阳能热泵采暖技术等。

①太阳能散热器采暖技术。该技术是一种传统的太阳能采暖系统,包括两个循环,即太阳能集热循环和室内供热循环。系统由太阳能集热器、蓄热装置、水泵(或风机)、散热器构成。太阳能集热器加热产生的热水(或热空气)储存在蓄热装置(例如贮热水箱等)中,再通过水泵(或风机)将热水输送到散热器向室内供热。这种利用末端散热装置供热的方式需要较大的集热面积。

②太阳能地板辐射采暖技术。主要包括三种系统方式:其一,以热水作为辐射采暖热源,与混凝土地板相结合。不足之处是传统的混凝土地板蓄热能力较弱。其二,以热水作为辐射采暖热源,与定形相变材料相结合,利用定形相变材料单位体积蓄热量大的特点。当太阳辐射较强时,太阳能集热器将采集的热能通过介质(热水)传递给定形相变材料储存起来,当太阳辐射减弱气温降低时,相变材料释放出热量,保持室内适宜的气温,这样可以有效减少室内温度的波动。该系统的不足之处是仍需要在地板下铺设水管,结构复杂且检修不便。其三,为解决第二类系统存在的问题,可以以热空气作为辐射采暖的热源,采用太阳能空气集热器与定形相变材料结合的地板辐射采暖系统。但目前该系统技术尚不成熟,有待进一步研究和实验。

③太阳能热泵采暖技术。目前主要有三种技术系统:直膨式太阳能热泵采暖系统、太阳能水源热泵采暖系统和太阳能地源热泵采暖系统。

2)太阳能光伏技术建筑一体化

有研究指出,到 21 世纪中叶,太阳能发电量将占世界总发电量的 15%~20%,成为世界基本能源之一。发达国家对于“太阳能光伏技术建筑一体化”的研究开发较早。1979 年,美国太阳联合设计公司(SDA)研制出了面积为 0.9 m×1.8 m 的大型光伏组件,建造了户用屋顶光伏实验系统,并于 1980 年在 MIT 建造了“Carlisle house”,在屋顶安装了 7.5 kW 光伏方阵。日本三洋电气公司研制出了瓦片状的非晶硅太阳电池组件,日本计划到 2010 年光伏系统的装机容量要达到 5 GW。菲律宾政府在 1999 年提出了“太阳能计划”,在全国 263 个社区安装 1 000个太阳能系统。美国和欧盟先后实施了“百万屋顶”计划,目前世界上最大的屋顶光伏系统设于德国慕尼黑展览中心,总容量达到了 2 MW。最近,由美国国家航空航天局能源部建造的空间太阳能发电站将在太空组装,在太空中收集太阳能并向地面传输、供电。

近年来,我国的太阳能发电技术得到了快速发展。目前在河北保定正在加快建设国内最大的集太阳能电池、组件及应用系统于一体的多晶硅太阳能电池生产基地。但从整体看,国内太阳能光伏发电系统还处在产品单一、技术落后的初级阶段,太阳能电池平均转换效率较低,关键材料和技术依赖于从国外引进,技术研发与国际先进水平存在较大差距。

太阳能光伏技术建筑一体化主要是应用“太阳能光伏建筑集成技术”(BPV),包括两种形式。其一,太阳能光伏系统与建筑结合。将光伏阵列组件安装在建筑物的屋顶或阳台上,可以配备蓄电池独立供电,也可以通过逆变控制器输出端与公共电网并联,共同向建筑物供电(图 5.21)。其二,太阳能光伏组件与建筑相结合,(图 5.22)。采用特殊的材料和工艺手段,将光伏组件与建筑材料融为一体,制成屋面瓦、外墙、玻璃、遮阳板等,发电设施与建筑材料一体化。与建筑结合的光伏组件兼有发电设施和建筑材料的双重功效,不仅应满足强度、隔热与绝缘性能、防雨等要求,还需在材料的色彩、质感、形状等方面满足美观的要求。目前常见的光伏建筑集成系统有光伏屋顶、光伏幕墙、光伏遮阳板、光伏天窗等。

图 5.21　安装在建筑屋面上的光伏矩阵

图 5.22　太阳能光伏组件与建筑一体化

太阳能光伏发电系统有两种运行模式:通过电池储能且与公共电网分路的“独立供电方式”和与公共电网并联的“并网供电方式”。并网发电的电能可以互补,多余电能反馈给电网。在阴雨天或晚间可以就地供电,随时由电网向负载供电,系统不必配备储能装置,不受蓄电池荷电状态的限制,也不需要另外架设输上电线路。这样可以降低成本,增加供电的可靠性,并在用电高峰期起到调峰作用。

“太阳能光伏建筑集成技术”除具有太阳能利用的洁净、就地供能等优势外,还具有下述优点:充分利用建筑围护结构,无须另外占用土地资源;光伏电池与建筑材料结合,产生了独具特色的建筑外观;光伏组件设置在围护结构外表面,吸收并转化了部分太阳能,在夏季可以减少建筑室内的热量,降低能耗。

“太阳能光伏建筑集成技术”目前存在的主要问题:光伏电池在生产制造过程中,硅晶体、钢材、玻璃以及逆变器等各种零部件的生产加工,都需要消耗一定的资源和能源,并存在污染,系统在全生命周期内的能量收益与环境效益有待探讨;发电系统成本高,初投资大,产能效率问题值得研究;光伏建筑集成系统在夏季具有遮阳和吸热功效,而在冬季不利于采光和采暖,系统对建筑物的全年能量贡献需要进一步的研究和评价。

3)太阳能光伏光热技术建筑一体化

太阳能光伏光热技术建筑一体化是指:将太阳能光伏电池与太阳能集热器结合起来,安装在建筑围护结构外表面,或直接取代建筑外围护结构。该设施将太阳能转化为电能的同时,利用集热器中的流体将发电产生的热量带走并加以利用,综合利用电能和热能两种能量,可以实现建筑太阳能利用的规模化效应,是太阳能建筑一体化的一个重要发展方向。

5.3　风能

5.3.1　风能利用相关知识

在建筑热环境层面,城市规划、场地总体布局、建筑群体空间组织、单体建筑主要朝向与开口设置、建筑外围护结构热工的设计等都要受到风的影响。在夏季和过渡季,要充分利用主导风组织自然通风，改善建筑外部空间和建筑室内的热环境；冬季则要力求避开主导风，降低冷风对室内外环境的不利影响。

在建筑能源层面，风能可以看作太阳能的副产品，作为一种清洁的可再生能源，风能越来越受到世界各国的重视。研究表明，虽然太阳每年向地球辐射的能量中只有很少一部分（约2%）转变成为风能，但风能蕴量巨大，约为2.74×10^{7} MW，其中可利用风能为2×10^{7} MW，是地球上可利用水力资源能量的10倍以上。自发明了帆船和风车以来，人类利用风能的历史已经达2 000多年，而在18世纪的欧洲，风车的应用更是达到了高峰，仅在尼德兰（荷兰）就有1万多架风车在运转。

我国风能储量大、分布广，陆地上的风能储量约2.53亿千瓦。我国不同地理地区的风能资源可以划分为四种类型：风资源丰富利用区，包括东南沿海、山东半岛和辽东半岛沿海区、三北地区和松花江下游区；风资源较为丰富区，包括东南沿海内陆和渤海沿海区、青藏高原、三北的南部区；风资源可利用区，包括两广沿海区、大小兴安岭山地区、华北平原、中部地区；风资源欠缺区，包括川云贵、南岭山地区以及塔里木西部区。我国大多数地区属于风能资源可用区，这类地区风能密度为100～150 W/m²，年风速达到3 m/s以上的时间达4 000 h左右；春秋季节风能最大，夏季较弱。

5.3.2 被动式利用风能

绿色建筑被动式风能利用主要对策为依据“热压原理”和“风压原理”组织自然通风。组织自然通风作为人类利用自然能源调控建筑室内外环境的手段之一，有着悠久的历史。虽然空调技术现今已得到广泛应用，但为了更好地提升室内环境质量和节约能耗，自然通风一直受到建筑师和相关专业领域学者的高度重视。被动式组织自然通风的意义体现在以下几方面：

其一，有利于环境健康。自然通风不污染环境，可以为建筑室内外空间提供清新空气并带走室内污浊空气，改善空气品质；风流变化随机，风感柔和，有利于使用者的环境生理和心理健康。

其二，提高建筑环境热舒适性。通过组织自然通风可以实现夏季炎热地区被动式制冷，带走室内空间的热量和湿气，降低室内温度和相对湿度，避免和减少过度使用空调造成用户的“空调病”。

其三，节能。自然通风不需要设置消耗常规能源的动力驱动设施，可以减少空调开启时间，有效节约建筑运行能耗。

5.3.3 主动式利用风能——风力发电

建筑主动式风能利用主要是利用风能发电为建筑运行提供能源。

1）国内外风力发电的发展状况

风力发电从20世纪70年代开始兴起，历经多年发展，目前已成为一种重要的大型并网发电技术。研究表明，2004年全球风力发电量为4.78万MW，全球有65个国家利用风力发电，其中欧盟的风力发电量达到3.42万MW，占全球的72%。截至2006年年底，世界上风力发电装机容量最大的国家是德国,其后依次是西班牙、美国、印度、丹麦。2007年,全球风能发电装机容量已有9万MW。近几年,世界风电增长一直保持在30%以上,预计未来20~25年内世界风能市场每年将递增25%。

我国风能资源理论储藏量的近10%可开发利用进行风力发电,其主要布局在沿海和内蒙古、甘肃、新疆等大风带上。风力发电产业从小型离网风力发电机组开始,20世纪70年代进行并网型风力发电,80年代引进丹麦大型风电机,在山东荣城、新疆达坂城等地建风电场;到2008年,中国风电装机总量已经达到7 000 MW,占中国发电总装机容量的1%;截止到2019年底,累积装机客重达236 000 MW。

2)风力发电系统的构成

风力发电的基本工作原理是:风机的叶轮在风力作用下旋转,将风的动能转变为风轮轴的机械能,风轮轴带动发电机旋转发电,将机械能转变为电能。风力发电系统是将风能转换为电能的机械、电气与控制设备的组合设施。风力发电机组主要由叶轮、传动系统、风力发电机、调向机构、控制系统、机舱、塔筒架和基础等部件组成。

3)风力发电的类型与特征

风力发电机主要有水平轴和垂直轴两种类型。水平轴风机的叶轮围绕水平轴旋转,多数由2~3个叶片组成。叶片安置方向与旋转轴垂直,工作时叶轮的旋转平面与风向垂直。水平轴风力发电机技术成熟,风能利用率高,是目前风力发电机的主要形式,目前应用较多。

垂直轴风机的风轮围绕一个垂直轴旋转,风机塔架结构简单,传动机构和控制系统可以安装在地面或低空,修护方便。垂直轴风力机又可分为利用空气动力的阻力做功(阻力型)和利用翼型的升力做功(升力型)两类。其中,典型的阻力型风机是由芬兰的萨沃诺斯在20世纪20年代发明的"S"形风机,由两个轴线错开的半圆柱形叶片组成,起动转矩较大,但转速低。典型的升力型垂直轴力机是由法国人达里厄发明的达里厄型风力机,其风机转速高,旋转惯性大,利用翼型的升力做功。

5.4小型风力发电系统简介

4)风力发电系统应用于建筑

(1)风力发电系统设置于建筑屋顶

在风力资源相对丰富的地区,设置于建筑屋顶的风力发电系统具有较广泛的应用前景。这类风力发电机一般选用微风启动、小型、低噪声、防雷电的风机,在屋顶发电系统设计时也可以采用"风光互补供电系统"。

(2)风力发电系统应用于多层、高层建筑

英国、瑞典、荷兰等国家相继开展了高层建筑风力发电系统应用的研究和实践。建筑风力发电系统应用的外部条件取决于地区风力资源和局域风环境。在城市内部各种人工设施影响下,城市风速一般低于郊野和自然区域的风速。但风在物体遮挡下或当风流穿过建筑物洞口时,风向、风速会产生变化,形成局部强风。据此,多层、高层建筑的风力发电机应在分析风环境特点的基础上,设置在风阻较小的建筑屋顶或风力被强化的建筑边角、洞口、狭缝等部位。

5.4 地热能

5.4.1 中国地热能资源的分布状况

地热资源种类繁多,按其储存形式,可分为蒸汽型、热水型、地压型、干热岩型和熔岩型五大类;按温度可分为高温(高于 150 ℃)、中温(90~150 ℃)和低温(低于 90 ℃)地热资源。中国建筑地热利用历史悠久,窑洞、地窖都是浅层地热能利用的原始方式,主要以中低温地热资源为主。根据地热流体的温度不同,其利用范围也不同。20~50 ℃用于沐浴、水产养殖、饲养牲畜、土壤加温脱水加工;50~100 ℃用于供暖、温室、家庭用热水、工业干燥;100~150 ℃用于双循环发电、供暖、制冷、工业干燥、脱水加工、回收盐类、罐头食品;150~200 ℃用于双循环发电、制冷、工业干燥、工业热加工;200~400 ℃可直接发电及综合利用。

地热能是驱动地球内部一切热过程的动力源。地球陆地以下 5 km 内,15 ℃以上岩石和地下水总含热量相当于 9 950 万亿吨标准煤。中国地热资源开发利用前景广阔。据初步估算,全国主要沉积盆地距地表 2 000 m 以内储藏的地热能,相当于 2 500 亿吨标准煤的热量。

地热能利用可分为两大类:一类是温度在 150 ℃以上的高温地热资源,主要分布于喜马拉雅地区和台湾地区两个地热带,以发电为主;另一类是浅层地热能,水温在 50~120 ℃的低温地热资源,分布广泛,适宜直接利用于通过建筑温室、热水、采暖和温泉。地表浅层是一个巨大的太阳能集热器,收集了 47%的太阳能量,比人类每年利用能量的 500 倍还多,它不受地域、资源等限制,是一种清洁的可再生能源形式。浅层地热能是指地表以下一定深度范围内、温度一般低于 25 ℃,在当前技术经济条件下具备开发利用价值的地球内部的热能资源。

目前,中国已发现的水温在 25 ℃以上的热水点(包括温泉、钻孔及矿坑热水)约 4 000 处,分布广泛。温泉最多的西藏、云南、台湾、广东和福建,温泉数占全国温泉总数的 1/2 以上;其次是辽宁、山东、江西、湖南、湖北和四川等省,每省温泉数都在 50 处以上。我国浅层地热能开发利用时间较晚,起步于 20 世纪末,但发展速度快。截至 2017 年,我国地源热泵装机容量已经位居世界第一,实现供暖(制冷)建筑面积已经超过了 5 亿 m^2。

5.4.2 浅层地热能利用相关知识

浅层地热能是指蕴藏在地表以下数百米范围内的地质体(土壤和水体)的恒温带中、具有开发利用价值的热能,是地表吸收和蓄积太阳辐射的一种能量转换形式。其资源特点表现为品位低、总量大、分布广、基本不受地域和气候的影响、温度相对恒定、使用方便、可循环再生等,是取之不尽、用之不竭的低温能源(10~25 ℃)。目前,浅层地热能开发利用主要是运用水源热泵、土壤源热泵技术,通过换热系统与岩土体、地下水(地表水)的热能进行交换,消耗少量的高品位电能驱动热泵,将低品位热能向高品位热能转移,来实现建筑物的供暖与制冷。而利用浅层土壤的温度稳定特性构筑的“覆土建筑”也是浅层地热能利用的一种可行的方式。

5.4.3 地源热泵空调系统

热泵是一种能从自然界的空气、水或土壤中获取低品位热,经过电力做功,输出可用的高品位热能的设备,可以把消耗的高品位电能转换为3倍甚至3倍以上的热能,是一种高效供能技术。热泵技术在空调领域的应用可分为空气源热泵、水源热泵及地源热泵(也称地热泵)3类。地源热泵是利用地下常温土壤和地下水相对稳定的特性,通过深埋于建筑物周围的管路系统或地下水,采用热泵原理,通过少量高位电能的输入,实现低位热能向高位热能转移,与建筑物完成热交换的一种技术。地源热泵空调系统主要分为3个部分:室外地能换热系统、水源热泵机组系统和室内采暖空调末端系统,如图5.23所示。

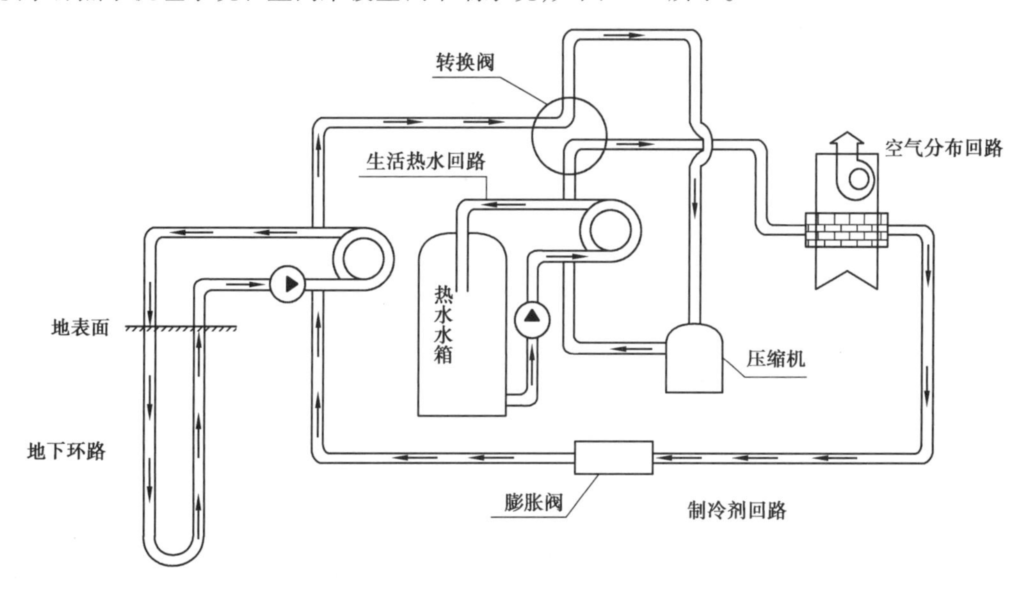

图5.23　地源热泵工作示意图

其中,水源热泵机组主要有两种形式:水-水型机组和水-空气型机组。3个系统之间靠水或空气换热介质进行热量的传递,水源热泵与地能之间的换热介质为水,与建筑物采暖空调末端的换热介质可以是水或空气。

1)地源热泵的分类

地源热泵中央空调节能是因为地源热泵技术借助了地下的能量,地下的能量来自太阳能,是可再生能源。按低温热源种类的不同,可分为地表水源、地下水源和大地耦合(土壤源)热泵,每一类型又可以根据换热管的结构、布置形式等进行分类。地源热泵技术包含:抽地下水方式、埋管方式、抽取湖水或江河水方式等。只要有足够的场地可埋设管道(地下冷热交换装置)或在政府允许抽取地下水的情况下,就应该优先考虑选择地源热泵中央空调。

地表水地源热泵系统由潜在水面以下的多重并联的塑料管组成的地下水热交换器取代土壤热交换器,只要地表水在冬季不结冰,均可作为低温热源使用。中国的地表水资源丰富,用其作为热泵的低温热源,可获得较好的经济效益。地表水相对于室外空气是温度较高的热源,且不存在结霜问题,冬季温度也比较稳定。利用地表水作为热泵的低温热源,要附设取水和水处理设施,如清除浮游生物和垃圾、防止泥沙等进入系统,以免影响换热设备的传热效率或堵塞系统,而且应考虑设备和管路系统的腐蚀问题。

地源热泵空调系统种类繁多,其分类如图5.24所示。

地下水位于较深的地层中,由于地层的隔热作用,其温度随季节变化的波动较小,特别是深井水的温度常年基本不变,对热泵的运行非常有利,是很好的低温热源。但如果大量取用地下水会导致地面下沉或水源枯竭,因此,地下水作为热源时必须与深井回灌相结合,即采用“冬灌夏用”和“夏灌冬用”的蓄冷(热)措施,以保护地下水资源。

大地耦合热泵又称土壤源热泵。土壤是热泵良好的低温热源。通过水的流动和太阳辐射热的作用,土壤的表层储存了大量的热能。土壤的温度变化不大,并有一定的蓄热作用。热泵可以从土壤表层吸收热量,土壤的持续吸热率(能量密度)为 20~40 W/m^2,一般在 25 W/m^2 左右。土壤的主要优点有:①温度稳定,全年波动较小,冬季土壤温度比空气高,因此热泵的制热系数较高;②土壤的传热盘管埋于地下,热泵运行中不需要通过风机或水泵采热,无噪声,换热器也不需要除霜;③土壤有蓄能作用。

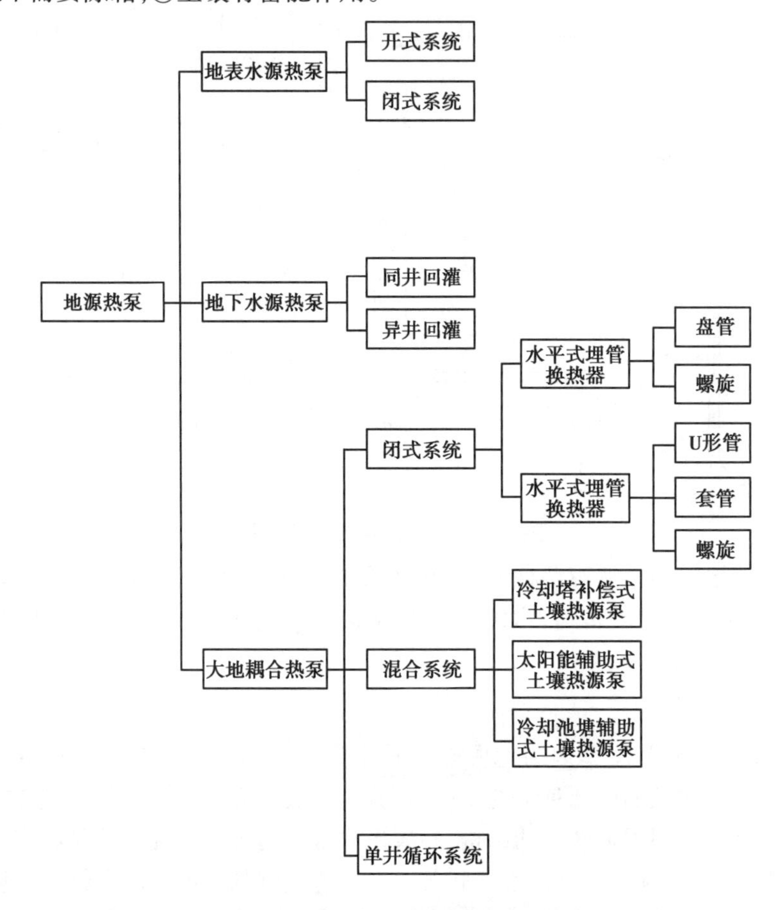

图 5.24　地源热泵空调系统的分类

2)地源热泵的制冷工况

地源热泵系统在制冷状态下,地热泵机组内的压缩机对冷媒做功,使其进行气液转化的循环。通过冷媒—空气热交换器内冷媒的蒸发将室内空气循环所携带的热量吸收至冷媒中,在冷媒循环的同时再通过冷媒—水热交换器内冷媒的冷凝,由循环水路将冷媒中所携带的热量吸收,最终通过室外地能换热系统转移至地下水或土壤里。在室内热量通过室内采暖空调末端系统、水源热泵机组系统和室外地能换热系统不断转移至地下的过程中,通过冷媒—空气热交换器(风机盘管),以 13 ℃以下的冷风的形式为房间供冷。

3)地源热泵的供热工况

地源热泵系统在供热状态下,地源热泵机组内的压缩机对冷媒做功,并通过四通阀将冷媒的流动方向换向。由室外地能换热系统吸收地下水或土壤里的热量,通过水源热泵机组系统内冷媒的蒸发,将水路循环中的热量吸收至冷媒中,在冷媒循环的同时再通过冷媒空气热交换器内冷媒的冷凝,由空气循环将冷媒所携带的热量吸收。在地下热量不断转移至室内的过程中,通过室内采暖空调末端系统向室内供暖。

4)地下换热器设计

地下换热器是地源热泵系统的关键设备。地下换热器的设计是否合理直接影响到热泵的性能和运行的经济性。地下换热器设计可按以下 4 个步骤进行:

①确定地下换热器埋管形式。地下换热器的埋管主要有两种形式,即竖直埋管和水平埋管。选择哪种方式主要取决于场地大小、当地岩土类型及挖掘成本。在各种竖直埋管换热器中,目前应用最为广泛的是单 U 形管。

②确定管路的连接方式。地下换热器管路连接有串联方式与并联方式两种。采用何种方式,主要取决于安装成本与运行费。对竖直埋管系统,并联方式的初投资及运行费均较经济,且为保持各环路之间的水力平衡,常采用同程式供水系统。

③选择地下换热器管材及竖埋管直径。目前国外广泛采用高密度聚乙烯作为地下换热器的管材,按 SDR11 管材选取壁厚,管径(内径)通常为 20~40 mm,而国内大多采用国产高密度聚乙烯管材。

④地下换热器的尺寸确定及布置。

a.确定地下换热器换热量。夏季与冬季地下换热器的换热量可分别根据以下计算式确定:

$$Q_{夏} = Q_O\left(1 + \frac{1}{COP_1}\right) \tag{5.1}$$

$$Q_{冬} = Q_K\left(1 - \frac{1}{COP_2}\right) \tag{5.2}$$

式中 Q_O——热泵机组制冷量,kW;

Q_K——热泵机组制热量,kW;

COP_1——热泵机组制冷时的性能系数;

COP_2——热泵机组制热时的性能系数。

COP 取值一般在 3.5~4.4。

b.确定地下换热器长度。地下换热器的长度与地质、地温参数及进入热泵机组的水温有关。在缺乏具体数据时,可依据国内外实际工程经验,按每米管长换热量 35~55 W 确定地下换热器所需长度。

c.确定地下换热器钻孔数及孔深等参数。竖埋管管径确定后,可根据下式确定钻孔数:

$$n = \frac{4\ 000\ W}{\pi v d_i^2} \tag{5.3}$$

式中 n——钻孔数;

W——机组水流量,L/s;

v——竖埋管管内流速，m/s；

d_i——竖埋管内径，mm。

各孔中心间距一般取4.5 m左右。对竖直单U形管，埋管深度一般为40~90 m，孔深h可根据下式确定：

$$h = \frac{L}{2n} \tag{5.4}$$

式中　n——钻孔数；

L——地下换热器长度。

d.地下换热器阻力计算。地下换热器阻力包括沿程阻力和局部阻力。埋管进出口集管采用直径较大的管子，流速大小按以下原则选取：对于内径小于50 mm的管子，管内流速应控制在0.6~1.2 m/s范围内；对于内径大于50 mm的管子，管内流速应小于1.8 m/s。地埋管换热器多采用聚乙烯(PE)管。PE管内壁光滑，绝对粗糙度K值不超过0.01 mm，是钢的20%，并且内壁光滑，使壁内不易结垢，流体摩擦阻力小。在实际工程中，地埋循环管多为并联，连接到大直径的集管上，连接时均采用同程回流式系统，各环路的阻力容易平衡，水系统阻力计算方法与一般空调水系统类似。

e.地下换热器环路水泵选型。为了保证充分的地热交换和地下管道的水力平衡，地下埋管系统应严格控制水流的临界速度。因为水流处于层流状态时，传热会恶化，甚至由于水流速度慢，会出现气塞现象，造成水力不平衡。因此要对地下换热器系统进行分析，计算出最不利环路所得的管道压力损失，加上热泵机组以及系统内其他部件的压力损失，从而确定水泵的流量与扬程，选择能满足循环要求的水泵的型号，确定水泵台数。

f.地下换热器水管承压能力校核。在一般情况下，地埋管换热器最低处是其最高压力点，系统停止运行时，最低处压力等于系统静水压力的差与大气压力之和；系统启动的瞬间，最低处压力等于静水压力差、大气压与水泵全压之和；系统正常运行时，最低处压力等于静水压力差、水泵全压的一半与大气压力之和。管路所需承受的最大压力等于大气压力、U形管内外液体重力作用静压差和水泵扬程总和。选用的管材允许工作压力应大于管路的最大压力。不同管材的承压能力不同，输送20 ℃水的PE管最大允许工作压力分别为：0.4 MPa、0.6 MPa、0.8 MPa、1.0 MPa、1.25 MPa、1.6 MPa。

5)地埋管的敷设方式

(1)水平地埋管

水平地埋管单层管最佳埋深为0.8~1.0 m，双层管最佳埋深为1.2~1.9 m，但均应埋在当地冻土深度以下。水平地埋管由于埋深较浅，换热器性能不如垂直地埋管，而且施工时占用场地大，在实际工程中，往往是单层埋管与多层埋管搭配使用[图5.25(a)]。螺旋管优于直管，但不易施工。由于浅埋水平管受地面温度影响大，地下岩土冬夏热平衡好，因此适用于单季使用的情况(如欧洲只用于冬季供暖和生活热水供应)。水平地埋管换热器可不设坡度。最上层埋管顶部应在冻土层以下0.4 m，且距地面不宜小于0.8 m。

(2)竖直地埋管

竖直地埋管间距建议为：工程规模较小时，埋管单排布置，地源热泵间歇运行，埋管间距取3.0 m；工程规模较大时，埋管多排布置[图5.25(b)]；地源热泵间歇运行时，埋管间距建议取4.5 m；若连续运行(或停机时间较少)，建议取5~6 m。岩土体吸、释热量平衡时，宜取小

(a)水平地埋管

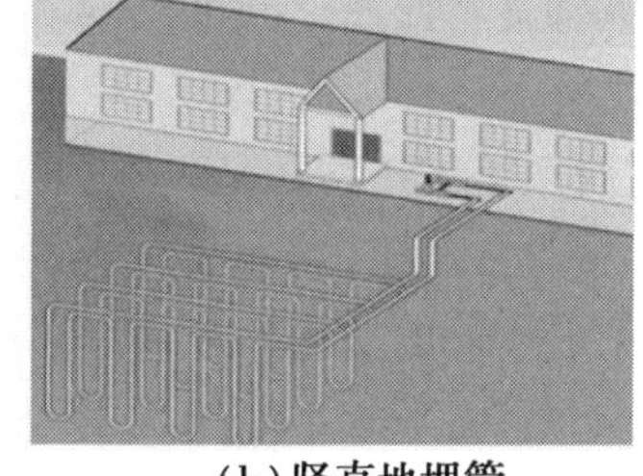

(b)竖直地埋管

图 5.25 地源热泵地埋管敷设方式

值;反之则宜取大值。从换热角度分析,间距大则热干扰小,对换热有利;但占地面积大,埋管造价也有所增加。

按埋设深度不同分为浅埋(埋深≤30 m)、中埋(埋深 31~80 m)和深埋(埋深≥80 m)。一般来讲,浅埋管的优点是:投资少,成本低,对钻机的要求不高,可使用普通型承压(0.6~1.0 MPa)塑料管;受地面温度影响,地下岩土冬夏热平衡较好。其缺点是:占用场地面积大,管路接头多,埋管换热效率较中埋、深埋时低。深埋管的优点是:占用场地面积小,地下岩土温度稳定,换热量大,管路接头少。其缺点是:投资大,成本高,需采用高承压(1.6~2.0 MPa)塑料管,对钻机的要求高。中埋管的性能介于浅、深埋管之间,塑料管可用普通承压型的。对国内外工程实例进行统计的结果表明,中埋的地源热泵占多数。

在实际工程中是采用水平式还是垂直式埋管,以及垂直式埋管的深度取多少,取决于场地大小、当地岩土类型及挖掘成本。如场地足够大且无坚硬岩石,则水平式较经济;当场地面积有限时,则应采用垂直式埋管。

6)地源热泵的优缺点

(1)地源热泵的优点

①地源热泵技术属于可再生能源利用技术。它不受地域、资源等限制。这种储存于地表浅层近乎无限的可再生能源,使得地能也成为清洁的可再生能源的一种形式。

②地源热泵属于经济有效的节能技术。地能或地表浅层地热资源的温度一年四季相对稳定,冬季比环境空气温度高,夏季比环境空气温度低,是很好的热泵热源和空调冷源,这种温度特性使得地源热泵比传统空调系统运行效率要高 40%,因此要节能和节省运行费用 40%左右。另外,地能温度较恒定的特性,使得热泵机组运行更可靠、稳定,也保证了系统的高效性和经济性。

③地源热泵环境效益显著。地源热泵的污染物排放,与空气源热泵相比,相当于减少 40%以上,与电供暖相比,相当于减少 70%以上,如果结合其他节能措施,节能减排更显著。虽然也采用制冷剂,但比常规空调装置减少 25%的充灌量;属于自含式系统,即该装置能在工厂车间内事先整装密封好,因此,制冷剂泄漏概率减小。该装置的运行没有任何污染,可以建造在居民区内,没有燃烧,没有排烟,也没有废弃物,不需要堆放燃料废物的场地,且不用远距离输送热量。

④地源热泵一机多用,应用范围广。地源热泵系统可供暖、空调,还可供生活热水,一套系统可以替换原来的锅炉加空调的两套装置或系统;可应用于宾馆、商场、办公楼、学校等建筑,更适合于别墅住宅的采暖、空调。地热源泵一机多用工况接管示意图如图 5.26 所示,室外地能换热系统、地源热泵机组和室内采暖空调末端系统,3 个系统之间靠水或空气换热介质进

行热量的传递,地源热泵与地能之间的换热介质为水,与建筑物采暖空调末端的换热介质可以是水或空气。

⑤地源热泵空调系统维护费用低。在同等条件下,采用地源热泵系统的建筑物能够减少维护费用。地源热泵非常耐用,它的机械运动部件非常少,所有的部件不是埋在地下便是安装在室内,从而避免了室外的恶劣气候,其地下部分可保证 50 年,地上部分可保证 30 年,因此地源热泵不用维护空调,节省了维护费用,使用户的投资在 3 年左右即可收回。此外,机组使用寿命长,均在 15 年以上;机组紧凑、节省空间;自动控制程度高,可无人值守。

(2)地源热泵的缺点

其应用会受到不同地区、不同用户及国家能源政策、燃料价格的影响;一次性投资及运行费用会随着用户的不同而有所不同;采用地下水的利用方式,会受到当地地下水资源的制约,如果回灌不当,会对水质产生污染;从地下连续取热或释放热量时,难以保证埋地换热器与周围的环境有足够的传热温差,还可能存在全年冷热不平衡等问题。

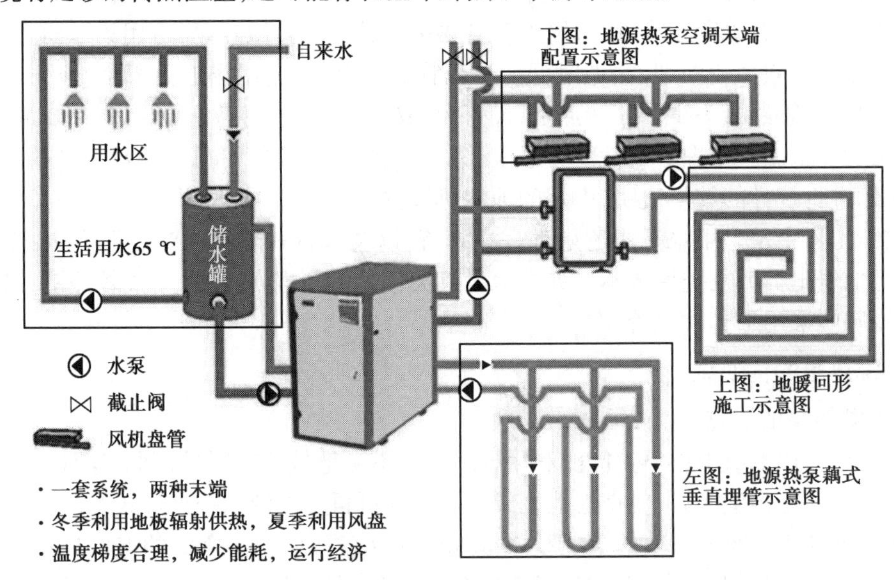

图 5.26　地源热泵一机多用工况接管示意图

5.4.4　覆土建筑

1)覆土建筑的概念

全部或部分被土质覆盖的建筑称为覆土建筑(Earth sheltered architecture),也称掩土建筑。常见的有利用坡地地形随坡就势建成的半地下建筑,或完全在土层覆盖之下的地下建筑。人类在远古时期为遮蔽寒暑、防御野兽侵袭,利用自然地势构筑的“穴居”可以认为是覆土建筑的雏形。我国黄土高原地区的窑洞、突尼斯的窑洞、土耳其卡帕多西亚地区的岩居等,是传统民居中采用覆土建筑的典型案例。20 世纪初期,由于缺乏相关技术支持以及人们对于战时防空洞的负面心理感受,覆土建筑走向衰落。20 世纪 70 年代,能源和环境危机以及城市用地紧张使利用地下空间的覆土建筑重新得到关注并迅速发展。1974 年,在明尼苏达大学的倡导下,美国地下空间研究中心召开了第一届掩土建筑会议,此后又举办了多次有关覆土(掩土)建筑的国际学术交流会、研讨会等,产生了大量的相关研究和实践成果。

美国建筑师麦尔科姆·威尔斯在《温和的建筑》一书中倡导推广覆土建筑,并将覆土建筑作为研究重点。这一阶段进行覆土建筑设计研究的还有澳大利亚建筑师西德尼·巴格斯、英格兰建筑师阿瑟·昆姆比等。他们的主要研究内容是利用覆土改善建筑热工性能,并节约建筑能源。

地下空间资源按照深度一般划分为 3 个层次(不包括地下矿藏开采):其一是浅层,在地表以下深度小于 15 m 的范围,是地下空间资源已大规模开发利用的主要层次;其二是中层,在地表以下深度 50 m 左右的范围;其三是深层,在地表以下深度 100 m 的空间资源,是目前发达国家中心城市开发利用地下空间资源的主要范畴。

2)覆土建筑技术的主要特征

(1)覆土建筑的优势与不足

覆土建筑的优势有:建筑顶部和侧面深入土壤中,绝热性能好,蓄热性能强,室内热环境稳定,冬暖夏凉,具有节能、节地、防风、防灾、防污染、运营费用低、保护自然环境、增进生态景观等优势。

其一,良好的保温隔热性能和较强的蓄热性能,室内热环境稳定。由于土壤具有良好的保温隔热性能,在同样的气候条件下,覆土建筑的温度波动幅度小,比普通房间小 5~6 ℃。覆土建筑周边或屋顶厚重的土层具有较高的蓄热性能,可以作为热质调控室内外的温度差,维持室内相对稳定、舒适的热湿环境。

其二,节能。覆土建筑的围护结构是土壤,热能散失小,保温、隔热性能好,冬暖夏凉,采暖和制冷能耗相对较低。

其三,节约土地资源。覆土建筑可以完全或部分建在地下,建筑屋面可以作为绿地、公园、广场;覆土建筑也可以利用坡度较大的坡地建造,提高土地利用效率(图 5.27)。

其四,覆土建筑具有吸音隔声、防震、防风、防尘暴、减轻或防止放射性污染及大气污染侵入的特征。

其五,覆土建筑有利于保持地面生态系统和景观的连续性(图 5.28)。

覆土建筑的不足有:覆土建筑在空间尺度、平面组合、采光通风、防止冷凝(避免室内的相对湿度过高)排烟、排水、防水防潮等技术方面还存在不足。另外,地下空间易造成使用者心理上的幽闭感,此时,需要为空间使用者提供日照,并让他们看到室外的自然景色,感受到自然通风等。

图 5.27　覆土建筑利用地形节约土地资源

图 5.28　覆土建筑保持地标生态和景观的连续性

(2)覆土建筑空间格局模式

覆土建筑的空间格局主要有 5 种模式(图 5.29)。

①地下式:覆土建筑全部位于地下,屋面和周边全部覆土。

②井院式,也称下沉式、中庭式:建筑建于地面以下,围绕天井(内院)布局,面向天井开口。建筑屋面和周边外墙掩土。规模大的可布置多个庭院。庭院可以为建筑提供循环的气流,如果温度低也可以将天井或庭院用玻璃覆盖构成中庭空间。这类空间的优点:自然采光、自然通风较好,朝向较灵活,占地比“立面式”少。

③立面式:类似于“靠崖式”窑洞建筑。建筑随坡就势建造,周边覆土,屋面覆土或外露,主要立面外露,在主要朝向开设采光、通风的开口;多为 2 层或 2 层以上;建筑内部空间的交通面积较大。为补充建筑的采光和通风,可在建筑屋面下部的外墙上设置高侧窗,或在建筑屋面设置天窗。

④穿透式:建筑屋面和周边覆土被建筑形体和构件穿透,形成覆土不连续的空间格局模式。

⑤混合式:两种或两种以上上述空间格局相结合的覆土建筑形式。

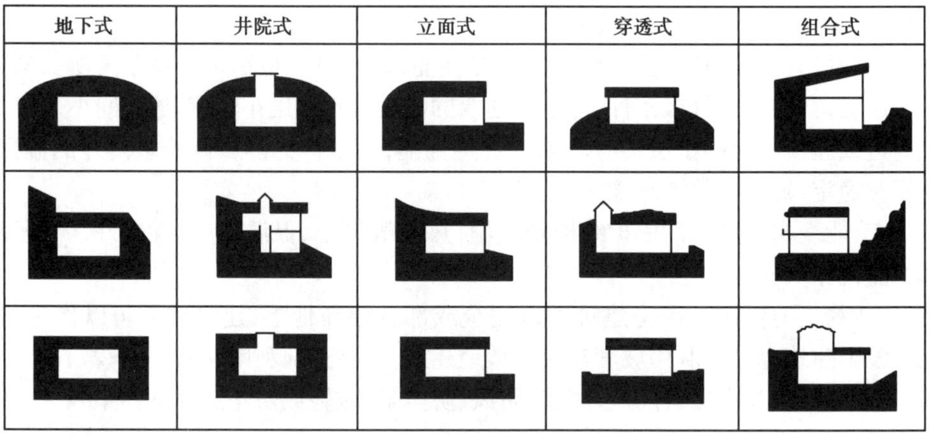

地下式	井院式	立面式	穿透式	组合式

图 5.29　覆土建筑空间格局模式图

(3)覆土建筑的技术对策

①选址方面,覆土建筑应选择土壤承载强度高、排水性能好、距离地下水位远的场地。覆土建筑不能建于具有潜在滑坡危险的场地上,并应避免选址于洪水泛滥区、有腐植土或膨胀性黏土的区域。

②覆土要求。覆土建筑的覆土厚度没有明确的界定,一般需要考虑覆土后的地表生态特征、建筑的热湿环境要求等。基于对地表生态特征的考虑,建筑屋顶覆土后若种植草皮,需要覆土厚度达到 500 mm 左右;如果种植灌木或乔木,则需要根据植被特点使覆土厚度达到 1.5~3.0 m或 30 m 以上。

如果考虑建筑的热湿环境要求,则需要掌握土壤温度随深度变化的特征。一般地,接近地表的土壤温度随深度变化呈现喇叭口态势。当土壤深度达到 6~15 m 时,各地域的土壤温度逐渐趋于稳定,不随外界环境发生变化,但不同区域的浅层土壤稳定温度有所不同。

③建筑朝向与建筑开口宽度。

覆土建筑的得失热状况与建筑朝向关系的一般规律为:冬季得热,南向>东向>北向;夏季失热,北向>南向>东向;北向综合热损失大于南向。覆土建筑的得失热状况与建筑开口宽度关系的般规律为:当面宽越宽、窗口面积过大、窗口朝向西向时,对覆土建筑的热防护不利。

④结构。

覆土建筑可以采用的结构系统包括：砖石结构，现浇、预制钢筋混凝土结构，预应力钢筋混凝土结构，木结构，钢结构等。其中，钢筋混凝土薄壳结构研究和采用得较多。因为需要承受很大的土荷载，覆土建筑的结构断面比一般地面建筑构件要大一些。

⑤防水。

覆土建筑应做好地下水处理及使用期间的排水和防水防潮。

其一，必须处理好排水，尤其在暴雨时节，雨水必须尽快排出，以免雨水进入建筑内部。可以将场地地面做成斜坡，并根据场地排水设计挖沟并填以卵石做成截水盲沟。在下沉式天井底部应设置卵石过滤层，并在基层设排水暗管。

其二，在外墙面采用刚性矿物纤维绝缘层，以防止水分通过毛细管作用浸入墙内。也可以采用聚乙烯薄膜做外墙面防水层。

其三，在掩土前需先做防水层处理。当基土是湿敏土时，在基础外部可用聚乙烯板做沟，以防止水分浸润基底土壤。回填土必须夯实，以防土壤沉陷破坏防水层。

其四，应做好各种交接处的泛水处理。

⑥自然采光与自然通风。

其一，利用建筑外露的采光立面、构件或庭院引导自然采光，组织自然通风。

其二，在覆土建筑屋面设置采光井（或采光天窗），设置捕风设施和通风井道。

其三，采用光导管采光，将自然光引导进入室内，利用该设施同时起到组织自然通风的作用。

自然采光与自然通风对策如图 5.30 所示。

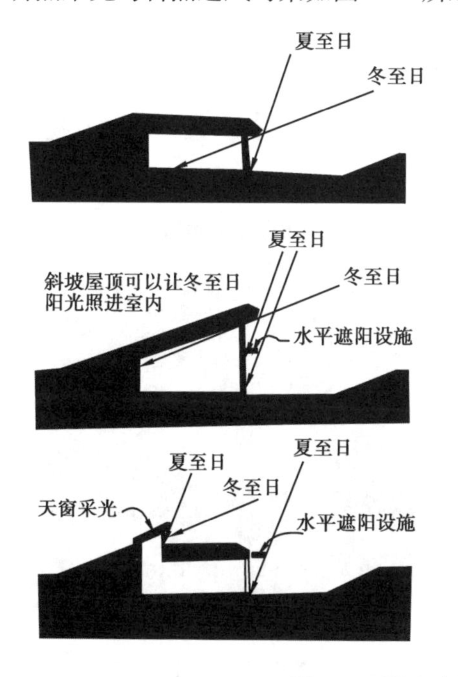

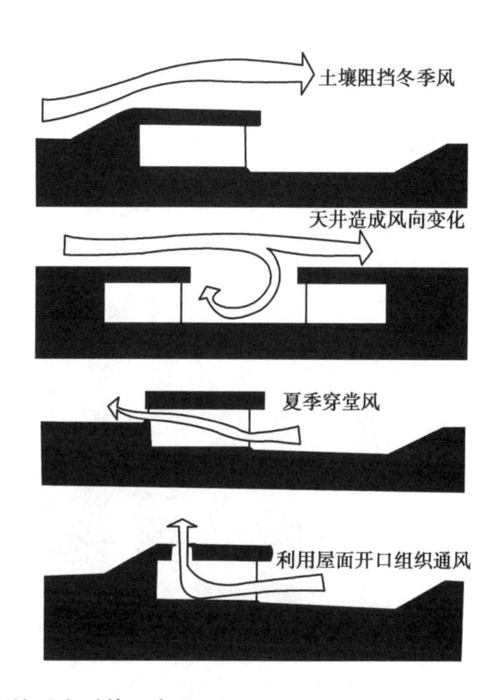

图 5.30　覆土建筑自然采光对策示意图

3)覆土建筑的功能类型

传统覆土建筑多用于陵墓建筑和地域民居。到了近现代,覆土建筑和地下空间的应用范畴得到了拓广,包括地下交通建筑(地铁、停车库)、地下仓储建筑、地下资源井工采掘建筑(例如地下煤矿)、地下能源建筑(发电厂)、地下战备建筑(例如人防建筑)等。随着覆土建筑的生态价值逐渐被认知及其技术的逐渐完善,越来越多的建筑类型,诸如商业建筑、教育建筑、办公建筑、博览建筑、体育建筑、居住建筑、工业建筑等,采用了这一建筑形态和技术(图5.31—图5.36)。

传统大学校园空间很宝贵,扩建、新建建筑又要避免破坏校园的历史人文环境,为适应空间拓展的需要,利用地下空间成为理想选项。由梅坎诺(Mecanoo)建筑师事务所设计的"荷兰代尔夫特技术大学图书馆"是覆土教育建筑的典型案例(图5.35),通过采用半地下覆土技术,既降低了外环境气候的不利影响,又减少了建造对自然环境的干扰;建筑采用斜坡面形式,斜坡由地面一直延伸到屋面,屋面绿化与地面植被形成连续的生态系统;建筑采用覆土植草屋面,充分利用土壤的蓄热和绝热性能,改善建筑室内热环境;利用建筑屋顶的圆锥体采光塔和主立面玻璃幕墙为建筑采光。覆土建筑和地下空间已成为很多大学图书馆扩建的发展取向,例如美国的密歇根大学(图5.36)、伊利诺大学、哈佛大学、约翰霍普金斯大学和康奈尔大学等都采用了利用地下空间扩建图书馆的方式。

图5.31 覆土教育建筑——韩国梨花女子大学校园中心

图5.32 覆土博览建筑——河南安阳殷墟博物馆

图5.33 覆土办公建筑——德克萨斯奥斯汀市政厅

图5.34 覆土住宅建筑——国外某居住用覆土住宅

图 5.35 荷兰代尔夫特技术大学图书馆

图 5.36 密歇根大学法学院图书馆

习 题

1.中庭是建筑的重要组成部分之一，(　　)是指以组织自然通风为主要调控目标的中庭空间,采用风压通风、热压通风组合式通风、机械辅助式自然通风等方式满足舒适性自然通风的要求,适用于夏季和过渡季。

A.采暖型中庭　　B.降温型中庭　　C.自然通风型中庭　D.混合型中庭

2.太阳能资源有哪些优势？其分布特点是什么？

3.列举可再生能源的种类并选择其中一种,讨论其特点和今后的发展方向。

绿色建筑材料简介

6.1 绿色建筑材料的定义与内涵

1988年第一届国际材料科学研究会议提出了“绿色材料”的概念。1990年日本山本良一提出“生态环境材料”的概念,认为生态环境材料应是将先进性、环境协调性和舒适性融为一体的新型材料。生态环境材料应具有三大特点:一是先进性,即能为人类开拓更广阔的活动范围和环境;二是环境协调性,使人类的活动范围同外部环境尽可能协调;三是舒适性,使人类生活环境更加舒适。传统材料主要追求的是材料优异的使用性能,而生态环境材料除追求材料优异的使用性能外,还强调从材料的制造、使用、废弃直到再生的整个生命周期内必须具备与生态环境的协调共存性以及舒适性。我国左铁镛院士提出:生态环境材料是同时具有满意的使用性能和优异的环境协调性,或者是能够改善环境的材料。生态环境材料实质是赋予传统结构材料、功能材料以特别优异的环境协调性的材料,它是由材料工作者在环境意识的指导下,或开发新型材料,或改进传统材料而获得。任何一种材料只要经过改造后能够达到节约资源并与环境协调共存的要求,就应视为生态环境材料。

1992年国际学术界明确提出:绿色材料是指在原料采取、产品制造使用或者再循环以及废料处理等环节中对地球环境负荷最小和有利于人类健康的材料。

1998年在我国的国家科学技术部、国家863新材料领域专家委员会、国家自然科学基金委员会等单位联合组织的“生态环境材料研究战略研讨会”上,提出了生态环境材料的基本定义为:具有满意的使用性能和优良的环境协调性,或能够改善环境的材料。所谓环境协调性是指所用的资源和能源的消耗量最少,生产与使用过程对生态环境的影响最小,再生循环率最高。生态环境材料是指那些具有满意的使用性能并在其制备使用及废弃过程中对资源和能源消耗较小、对环境影响较小且再生利用率高的一类材料。

1999年在我国首届全国绿色建材发展与应用研讨会上提出了绿色建材的定义。绿色建材是采用清洁生产技术，不用或少用天然资源和能源，大量使用工农业或城市固态废弃物生产的无毒害、无污染、无放射性，达到使用周期后可回收利用，有利于环境保护和人体健康的建筑材料。绿色建材的定义围绕原料采用、产品制造、使用和废弃物处理四个环节，并实现对地球环境负荷最小和有利于人类健康两大目标，达到“健康、环保、安全及质量优良”四个目的。绿色建材的含义不仅仅是使用阶段达到健康要求和“绿色”标准，而且要求在原材料的制备、生产以至废弃物的回收利用等建筑材料全生命周期的其他阶段都与环境协调一致。绿色建材除了要具备生命周期各阶段的先进性（如技术的可靠性、材料功能和使用性能的先进性、回收处理及再利用技术的先进性）外，还要具备环境协调性，包括材料寿命周期的能源属性指标、资源属性指标、环境属性指标等。

2006年发布的《建设事业“十一五”重点推广技术领域》的通知中，绿色建材与新型建材就是其中之一，强调重点推广：轻质高强建筑材料，新型复合建筑材料与制品，结构防火防腐防护新技术，绿色建筑装饰装修材料，可循环材料，可再利用材料，植物纤维建筑材料。

2012年财政部和住房城乡建设部联合下发的《关于加快推动我国绿色建筑发展的实施意见》中指出：全面大力发展建筑节能、节地、节水、节材及环境保护等多种技术，极大带动建筑技术革新，直接推动建筑生产方式的重大变革，促进建筑产业优化升级，拉动节能环保建材、新能源应用、节能服务、咨询等相关产业发展。

2014年发布的《住房城乡建设部建筑节能与科技司2014年工作要点》的通知中指出“积极推广绿色建材，推动建筑产业现代化”，出台绿色建材推广应用有关规定和办法，启动绿色建材评价工作，发布绿色建材目录，组织研究绿色建材评价标准；以住宅建设为重点，开展相关试点示范，推进产业化技术和部品的研发及工程应用，提高建筑的装配化和集成化水平。

2019年发布的《绿色建筑评价标准》（GB/T 50378—2019）中对绿色建材的定义是在全寿命周期内可减少对资源的消耗、减轻对生态环境的影响，具有节能、减排、安全、健康、便利和可循环特征的建材产品。在2015年发布的《绿色建材评价技术导则》（第一版）中增加了健康这个指标，充分体现了绿色建材发展在全寿命周期上都要实现人与自然的和谐共生相处，也是天人合一的朴素的哲学思想的在绿色建材上的体现。这代表着目前绿色建材的发展已经进入了高潮阶段。

2020年住房和城乡建设部、国家发展改革委、教育部、工业和信息化部、人民银行、国管局、银保监会共同印发的《关于印发绿色建筑创建行动方案的通知》中再次提出加快推进绿色建材评价认证和推广应用，建立绿色建材采信机制，推动建材产品质量提升。指导各地制定绿色建材推广应用政策措施，推动政府投资工程率先采用绿色建材，逐步提高城镇新建建筑中绿色建材的应用比例，打造一批绿色建材应用示范工程，大力发展新型绿色建材。

在现阶段，绿色建材的含义主要体现在以下几个方面：

①其生产所用原料尽可能少用天然资源、大量使用尾渣、垃圾、废液等废弃物。

②采用低能耗制造工艺和无污染环境的生产技术。

③在产品配制或生产过程中，不得使用甲醛、卤化物溶剂或芳香族碳氢化合物，产品中不得含有汞及其化合物的颜料和添加剂。

④产品的设计是以改善生产环境、提高生活质量为宗旨,即产品不仅不能损害人体健康,而且应有益于人体健康,产品具有多功能化,如抗菌、灭菌、防霉、除臭、隔热、阻燃、调温、调湿、消磁、防射线、抗静电等性质。

⑤产品可循环或回收利用,无污染环境的废弃物。

6.2 绿色建筑材料的分类及其评价

6.2.1 绿色建筑材料分类

1)根据绿色建筑材料的特点来分类

根据绿色建筑材料的特点,可以大致分为5类:节省能源和资源型,环保利废型,特殊环境型,安全舒适型,保健功能型。

①节省能源和资源型:此类建材是指在生产过程中,能够明显地降低对传统能源和资源消耗的产品。因为节省能源和资源,使人类已经探明的有限的能源和资源得以延长其使用年限。这本身就是对生态环境做出了贡献,也符合可持续发展战略的要求。同时降低能源和资源消耗,也就降低了危害生态环境的污染物产生量,从而减少了治理的工作量。生产中常用的方法有采用免烧或者低温合成,以及提高热效率、降低热损失和充分利用原料等新工艺、新技术和新型设备,也可以采用新开发的原材料和新型清洁能源来生产产品。

②环保利废型:此类建材是指在建材行业中利用新工艺、新技术,对其他工业生产的废弃物或者经过无害化处理的人类生活垃圾加以利用进而生产出的建材产品。例如:使用工业废渣或者生活垃圾生产水泥,使用电厂粉煤灰等工业废弃物生产墙体材料等。

③特殊环境型:是指能够适应恶劣环境需要的具有特殊功能的建材产品,如能够适用于海洋、江河、地下、沙漠、沼泽等特殊环境的建材产品。这类产品通常都具有超高的强度、抗腐蚀、耐久性能好等特点。我国开采海底石油、建设长江三峡大坝等宏伟工程都需要这类建材产品。产品寿命的延长和功能的改善,都是对资源的节省和对环境的改善。比如寿命增加一倍,等于生产同类产品的资源和能源节省了一倍,对环境的污染也减少了一倍。相比较而言,长寿命的建材比短寿命的建材就更增加了一分"绿色"的成分。

④安全舒适型:是指具有轻质、高强、防火、防水、保温、隔热、隔音、调温、调光、无毒、无害等性能的建材产品。这类产品纠正了传统建材仅重视建筑结构和装饰性能,而忽视安全舒适等方面功能的倾向,因而此类建材非常适用于室内的装饰装修。

⑤保健功能型:是指具有保护和促进人类健康功能的建材产品,如具有消毒、防臭、灭菌、防霉、抗静电、防辐射、吸附二氧化碳等功能。这类产品是室内装饰装修材料中的新秀,也是值得今后大力开发、生产和推广使用的新型建材产品。

2)按材料类别来分类

绿色建筑材料按照材料类别的不同主要可以分为砌体材料、保温材料、预拌混凝土、建筑节能玻璃、陶瓷砖、卫生陶瓷、预拌砂浆七大类建材产品。

①砌体材料:由烧结或非烧结生产工艺制成的实(空)心或多孔直角六面体块状建筑材料

和产品,包括除复合砌块外的所有砌体材料。如烧结多孔砖、烧结空心砖、混凝土砌块、蒸压灰砂砖等。

②保温材料:用于提高建筑围护结构保温性能的建筑材料和产品,包括有机保温、无机保温建筑材料。有机保温材料如膨胀聚苯板(EPS)、挤塑聚苯板(XPS)、喷涂聚氨酯(SPU)以及聚苯颗粒等;无机保温材料如中空玻化微珠,膨胀珍珠岩,闭孔珍珠岩,玻璃棉岩棉等。

③预拌混凝土:由水泥、骨料、水以及根据需要掺入的外加剂、矿物掺合料等组分按一定比例,在搅拌站(楼)生产的、通过运输设备送至使用地点的、交货时为拌合物的混凝土建筑材料,包括常规品和特质品。也叫商品混凝土,现在的建筑施工中大部分均使用预拌混凝土。

④建筑节能玻璃:由普通平板玻璃经过深加工后,用于建筑透明围护结构的玻璃制品,包括吸热玻璃、热反射玻璃、低辐射玻璃、中空玻璃、真空玻璃等。

⑤陶瓷砖:由黏土和其他无机非金属材料经成形、高温烧制等生产工艺制成的实心或空心板状建筑用陶瓷制品,包含建筑陶瓷砖、陶瓷板、陶板、瓷板等。

⑥卫生陶瓷:由黏土或其他无机物质经混炼、成形、高温烧制而成的用作卫生设施的陶瓷制品,包括便器、水箱、洗面器等。

⑦预拌砂浆:由水泥、砂、水、粉煤灰及其他矿物掺合料和根据需要添加的保水增稠材料、外加剂组分按一定比例,在集中搅拌站(厂)计量、拌制后,用搅拌运输车运至使用地点,放入专用容器储存,并在规定时间内使用完毕的砂浆拌合物,包括普通砂浆、特种砂浆、石膏砂浆等。

6.2.2 绿色建筑材料的评价

绿色建筑材料的评价指标体系分为控制项、评分项和加分项。参评产品及其企业必须全部满足控制项的要求。评分项总分为100分,加分项总分为5分。总得分按照式(6.1)和式(6.2)计算。

$$Q_{总} = Q_{评} + Q_{加} \tag{6.1}$$

$$Q_{评} = \sum W_i Q_i \tag{6.2}$$

式中 $Q_{总}$——总分;

$Q_{评}$——评分项得分;

$Q_{加}$——加分项得分;

W_i——评分项各指标权重;

Q_i——评分项各指标得分。

控制项主要包括大气污染物、污水、噪声排放,工作场所环境、安全生产和管理体系等方面的要求。评分项是从节能、减排、安全、便利和可循环五个方面对建材产品全生命周期进行评价。加分项则是重点考虑了建材生产工艺和设备的先进性、环境影响水平、技术创新和性能等。

评分项指标节能是指单位产品在能耗、原材料运输能耗、管理体系等方面的要求;减排是指生产厂区污染物排放、产品认证或环境产品声明(EPD)、碳足迹等方面的要求;安全是指影响安全生产标准化和产品性能的指标;便利是指施工性能、应用区域适用性和经济性等方面的要求;可循环是指生产、使用过程中废弃物回收和再利用的性能指标。控制项的评定结果为满足或不满足;评分项和加分项的评定结果为得分或不得分。

绿色建材等级由评价总得分确定，由低到高分为“★”“★★”和“★★★”三个等级。等级划分见表6.1。

表6.1　绿色建材等级划分

等级	★	★★	★★★
分值区间($Q_{总}$)	$60 \leq Q_{总} < 70$	$70 \leq Q_{总} < 85$	$Q_{总} \geq 85$

建筑材料产品按节能、减排、安全、便利和可循环五个方面各自评分相加，即得到评分项得分，然后再各自计算相应的加分项，由专家打分。加分项分为两个评定标准：一是建筑材料生产过程中采用了先进的生产工艺或生产设备，且环境影响明显低于行业平均水平。总分2分，由专家评分。二是建筑材料具有突出的创新性且性能明显优于行业平均水平。总分3分，由专家评分。最后得到各自的总分，依照表6.1绿色建材等级划分，评出对应的星级。

6.3　绿色建筑材料的选择

发展绿色建筑已成为我国实现社会和经济可持续发展的重要一环，受到建筑工程界的极大关注，并开展了大量的研究和实践。发展绿色建筑涉及规划、设计、材料、施工等方方面面的工作，对建筑材料的选用是其中很重要的一个方面。

6.3.1　绿色建筑材料的选择原则

1）符合国家的资源利用政策

①禁用或限用实心黏土砖、少用其他黏土制品。我国人均耕地只有143亩，国家粮食安全的耕地后备资源严重不足。据统计，我国实心黏土砖的年产量仍高达5 500亿块左右，每年用土量约10亿m^3，其中占用了相当一部分的耕地，是造成耕地面积减少的重要原因之一。在当前实心黏土砖的价格低廉和对砌筑技术要求不高的优势仍有极大吸引力的情况下，用材单位一定要认真执行国家和地方政府的规定，不使用实心黏土砖。空心黏土制品也要占用土地资源，因此在土地资源不足的地方也应尽量少用，而且一定要用高档次、高质量的空心黏土制品，以促进生产企业提高土地资源的利用效率。

②选用利废型建材产品。这是实现废弃物“资源化”的最主要的途径，也是减少对不可再生资源需求的最有效的措施。利用工农业、城市和自然废弃物生产建筑材料，包括利用页岩、煤矸石、粉煤灰、矿渣、赤泥、河库淤泥、秸秆等废弃物生产的各种墙体材料、市政材料、水泥、陶粒等，或在混凝土中直接掺用粉煤灰、矿渣等。绝大多数利废型建材产品已有国家标准或行业标准，可以放心使用。但这些墙体材料与黏土砖的施工性能不一样，不可按老习惯操作。使用单位必须做好操作人员的技术培训工作，掌握这些产品的施工技术要点，才能做出合格的工程。

③选用可循环利用的建筑材料。目前除了部分钢构件和木构件外，这类产品还很少，但已有产品上市。例如连锁式小型空心砌块，砌筑时不用或少用砂浆，主要是靠相互连锁形成墙体；当房屋空间改变需拆除隔墙时，不用砂浆砌筑的大量砌块完全可以重复使用。又如外

墙自锁式干挂装饰砌块，通过搭叠和自锁安装，完全不用砂浆，当需改变外装修立面时，能很容易被完整地拆卸下来，重复使用。

④拆除旧建筑物的废弃物与施工中产生的建筑垃圾的再生利用。这在国内还处于起步阶段，这是使废弃物"减量化"和"再利用"的一项技术措施。例如将结构施工的垃圾经分拣粉碎后与砂子混合作为细骨料来配制砂浆。将回收的废砖块和废混凝土经分拣破碎后作为再生骨料用于生产非承重的墙体材料和小型市政或庭园的材料。将经过优选的废混凝土块分拣、破碎、筛分和配合混匀形成多种规格的再生骨料后可配制 C30 以下的混凝土，其抗压强度可满足设计要求，其他力学性能指标和耐久性指标与普通混凝土接近，甚至可配制泵送混凝土。在修路现场用 70%的旧沥青混凝土和 30%的新沥青混凝土经特殊工艺可配制成性能合格的铺路材料。用废热塑性塑料和木屑为原料生产塑木制品，具有木材的观感，可锯可钉，可用于制作家具、楼梯扶手、装饰线条和栅栏板等。对于此类材料的再生利用一定要有技术指导，经过试验和检验，保证制成品的质量。

2）符合国家的节能政策

①选用对降低建筑物运行能耗和改善室内热环境有明显效果的建筑材料。我国建筑的能源消耗占全国能源消耗总量的 27%，因此降低建筑的能源消耗已是当务之急，必须使用高效的保温隔热的房屋围护材料，包括外墙体材料，屋面材料和外门窗，使用此类围护材料会增加一定的成本，但据专家计算，只需通过 5~7 年就可以由节省的能源耗费将其收回。在选用节能型围护材料时，一定要与结构体系相配套，并重点关注其热工性能和耐久性能，以保证有长期的优良的保温隔热效果。

②选用生产能耗低的建筑材料。这有利于节约能源和减少生产建筑材料时排放的废气对大气的污染。例如烧结类的墙体材料比非烧结类的墙体材料的生产能耗高，在满足设计和施工要求的情况下，就应尽量选用非烧结类的墙体材料。

3）符合国家的节水政策

我国水资源短缺，仅为世界人均值的 1/4，有大量城市严重缺水，因此"节水"已成为建设节约型社会的重中之重。房屋建筑的节水是其中的一项重要措施，而与房屋建筑用水相关的建材产品的选用是极其重要的一环。第一是要选用品质好的水系统产品，包括管材、管件、阀门及相关设备等，保证管道不发生渗漏和破裂；第二是要选用节水型的用水器具，如节水龙头、节水坐便器等；第三是选用易清洁或有自洁功能的用水器具，减少器具表面的结污现象和节约清洁用水量；第四是在小区内尽量使用渗水路面砖来修建硬路面，以便充分地将雨水留在区内土壤中，减少绿化用水。

4）不损害人的身体健康

①严格控制材料的有害物含量低于国家标准的限定值。建筑材料有害物的释放是造成室内空气污染进而损害人体健康的最主要原因，主要来自：a.高分子有机合成材料释放的挥发性有机化合物（包括苯、甲苯、游席甲醛等）；b.人造木板释放的游离甲醛；c.天然石材、陶瓷制品、工业废渣制成品和一些无机建筑材料的放射性污染；d.混凝土防冻剂中的氨的释放。为控制有害产品流入市场，我国已有 10 项《室内装饰装修材料有害物质限量》标准；还有三项产品的有害物质含量列为国家的强制性认证，即陶瓷面砖的放射性指标、溶剂型木器涂料的

有害物质含量和混凝土防冻剂的氨释放量。此外,对涉及供水系统的管材和管件有卫生指标的要求。选材时应认真查验由法定检验机构出具的检验报告的真实性和有效期,批量较大时或有疑问时,应对进场材料送法定检验机构进行复检。

②科学控制会释放有害气体的建筑材料在室内的使用量。尽管室内采用的所有材料的有害物质含量都符合标准的要求,但如果用量过多,也会使室内空气品质不能达标。因为标准中所列的材料有害物质含量是指单位面积、单位重量或单位容积的材料试样的有害物质释放量或含量。这些材料释放到空气中的有害物质必然随着材料用量的增加而增多,不同品种材料的有害物质释放量也会累加。当材料用量多于某个数值时就会使室内空气中的有害物质含量超过国家标准的限值。例如在一个面积为 20 m^2、净高为 2.5 m 的房间内满铺了合格地毯后,其合格人造板的用量若超过 8 m^2,就会使室内空气中的甲醛含量超过国家标准的限值。但如果选用的地毯和人选板材的甲醛释放量值比国家标准的限值低 20%,则人造板材的用量就可增至 12 m^2。

③必要时选用有净化功能的建筑材料。当前一些单位研制了对空气有净化功能的建筑涂料,已上市的产品主要有:利用纳米光催化材料制造的抗菌除臭涂料;负离子释放涂料;具有活性吸附功能、可分解有机物的涂料。将这些材料涂刷在空气被挥发性有害气体严重污染的空间内,可清除被污染的气体,起到净化空气的作用。但其价格较高,不能取代很多品种涂料的功能并且需要处置的时间。因此决不能因为有这种补救手段,就不去严格控制材料的有害物质含量。

5)选用高品质的建筑材料

材料品质必须达到国家或行业产品标准的要求,有条件的应尽量选用高品质的建筑材料,例如选用高性能钢材、高性能混凝土、高品质的墙体材料和防水材料等。

6)材料的耐久性能优良

这点不仅涉及工程质量,而且是“节材”的主要措施。使用高性能的结构材料可以节约建筑物的材料用量,同时材料的品质和耐久性优良时可保证其使用功能维持时间更长,使用期限延长,减少在房屋全生命周期内的维修次数,从而减少社会对材料的需求量,也减少废旧拆除物的数量,减轻对环境的污染。

7)配套技术齐全

建材的特点是要用在建筑物上,使建筑物的性能或观感达到设计要求。不少建材产品材性很好,但用到建筑物上却不能取得满意的效果。因此在选用材料时不能只注意材料的材性,还应考虑使用这种材料是否有成熟的配套技术,以保证建筑材料在建筑物上被使用后,能充分发挥其各项优异性能,使建筑物的相关性能达到预期的设计要求。

配套技术包括三点,即与主材配套的各种辅料与配件、施工技术(包括清洁施工)和维护维修技术。例如,对轻型墙板,不仅要求其材料品质达标,还应有相配套的接缝材料、与主体结构的连接件、保证板材拼接质量的施工技术以及与板材相适应的面层材料等。选用塑料管材时必须同时应考虑是否有与其匹配的管件或成熟的施工技术,以保证施工后的管道系统不发生渗漏,不产生二次污染,同时又要便于以后的维修。外墙外保温材料不仅品质要达标,还应有相关的技术来保证建成的外墙系统的热工性能达到预期的设计指标和使用年限的要求。

8)材料本地化

材料本地化即优先选用建筑工程所在地的材料,这不能仅仅看成为了省运输费,更重要的是可以节省长距离运输材料而消耗的能源,为节能和环保做贡献。

9)价格合理

一般来说,材料的价格与材料的品质是一致的,高品质材料的价格会高些,任何材料都有一个合理的价位。有些业主偏好竭力压低材料价格,价格过低必然会使高品质材料厂家望而却步,给低质量产品留了可乘之机,最终受损失的还是业主或用户。

6.3.2 选用绿色建筑材料时的注意事项

①避免使用能产生破坏臭氧层的化学物质的结构设备和绝缘材料。如已被取消使用的CFC(氟氯化碳)。

②避免使用释放污染物的建筑材料。如溶剂型涂料、粘结剂及刨花板等许多建筑材料都可能释放出甲醛和其他挥发性有机化合物,危害人体健康。

③尽量使用耐久性好的建筑材料。建筑材料的生产是高耗能的,因此使用时间长和维护简单的建筑材料就意味着节约能源,同时也能减少固体废料的产生。

④使用可持续的木材原料。使用来自管理良好的人工林木材,避免砍伐原始森林的木材。

⑤选择不需要维护的建筑材料。在可能的情况下,选择基本上不需要维护(例如粉刷、再处理或防水处理)的建筑材料,或者使其维护的过程中对环境的影响最小。

⑥在可能的情况下选择废弃的建筑材料。例如拆卸下来的木材或五金等,这样可以减轻垃圾填埋的压力,节省自然资源,但是一定要确保这些建筑材料可以被安全使用,检测其是否含铅或石棉等有害成分,重新使用旧的窗户和洁具不应以牺牲节能和节水为代价。

⑦购买当地生产的建筑材料。运输不仅需要消耗能量,同时会产生污染,因此应尽量购买当地生产的建筑材料。

⑧购买当地生产的回收再利用建筑材料。使用废弃材料生产建筑材料减轻了固体废料的污染,减少了生产中的能量消耗,同时节省了自然资源,如纤维素绝缘制品、使用草木生产的地板砖或回收塑料所生产的塑料木材等。

⑨最大限度地减少加压处理木材的使用。在可能的情况下,使用塑料木材来代替天然木材。当工人对加压处理木材进行锯切等操作时应采取一定的保护措施,碎木屑千万不能焚烧。同时将包装废料减少到最小,避免过分的包装。

6.3.3 绿色建筑材料的应用形式

1)绿色外围护材料

在建筑工程中围护结构体系承担着65%的节能任务,是实现节能环保目标的关键性因素,因此在建设过程中应该优先考虑使用具有理想透光率及保温隔热性能的玻璃材料,或者使用能够充分利用太阳能有效节省能源的新型玻璃材料,见表6.2。比如在建设大型工程的时候可以选择使用太阳能光厌屋顶材料,由于整个建筑屋顶的采光面积非常大,因此可以获得理想的发电量。

表 6.2　不同窗户类型传热系数

窗框材料	窗户类型	空气层厚度(m)	窗框洞口面积比(%)	传热系数[W/(m²·K)]
铝、钢	单层窗	—	20~30	6.4
	单框双玻或中空玻璃窗	12		3.9
		16		3.7
		20~30		3.6
	双层窗	100~140		3.0
	单层窗+单框双玻或中空玻璃窗	100~140		2.5

2)绿色功能材料

具有节省能源,对自然环境不存在危害性质的装饰装修材料、板材及保温管材等被划分在建筑节能环保功能材料范围之内,比如节能环保木地板、节能环保建筑涂料、节能环保化学建材等。使用这种类型的建筑材料不仅能够获得理想的装饰效果,而且材料自身也具有一定的功能特性。

绿色材料功能的双重特性使这种建筑材料在建筑工程中得到了非常的广泛的应用,显著提升了我国建筑工程的节能水平及质量,同时赋予了建筑节能环保材料新的内涵。节能环保功能材料在使用过程中,应该全面掌握各项影响因素,契合工程的实际情况及潜在需求,只有这样才能实现预期的设计目标。

3)绿色墙面材料

墙面材料的选择,首先要给予符合建筑室内防火等级问题足够的重视力度,然后在此基础上,对各种墙面材料进行对比分析,选择使用具有良好保温性能的节能环保材料,尽最大努力降低建筑室内热量的散失程度。

在使用轻质隔断墙体的时候,尤其是在分隔对热量传导要求非常严格的建筑中,比如办公室和仓库之间的分隔墙,为了实现控制并减少不必要的热量传导到不需要维持固定温度的房间,应该优先使用新型的节能环保墙面材料,例如可以将保温材料添加至轻质隔断中,针对对有温度维持需求的房间墙面进行处理或将保温材料加到轻钢龙骨纸面石膏板的隔墙中,最大限度避免出现严重的热量散失现象。

4)绿色门窗及玻璃幕墙材料

应用大面积玻璃幕墙是我国现代建筑近几年时间的主要发展趋势,但是在实际建筑工程构成中,不应该单单注重提高玻璃幕墙的应用形式,同时还要给予门窗问题足够的重视力度。玻璃幕墙和门窗是建筑围护结构的主要构成因素,两者对建筑室内外热量交换、热量传导非常敏感,见表 6.3。

表 6.3 门窗传热系数的规定

地区	窗墙面积比(%)	传热系数[W/(m^2·K)]
严寒	东<30;南<35;西<30;北<25	2.0~3.0
寒冷	东<30;南<35;西<30;北<25	4.0~4.7
夏热冬冷	≤35 >35 且≤50	3.2~4.7 2.5
夏热冬冷	≤35 >35 且≤50	根据外墙的传热系数和热惰性指标不同 2.0~6.5

据数据及资料显示,建筑工程使用过程中,门窗部件由于空气渗透消耗的能源大约占整体建筑能源消耗的 25%,经由门窗发生的传热损失能源大约占整体建筑能源消耗的 27%,这两个部分总的能源消耗额已经超出建筑运行维护总能耗的 50%,高于墙体热能损失数值 5~7 倍。由此可知,针对门窗部位采取合理措施避免出现过多能源浪费是获得理想建筑工程整体节能效果的关键。在建筑工程建设过程中,必须着重突出门窗及玻璃幕墙的重要地位,选择适宜的门窗及玻璃幕墙的节能环保材料。

6.4 常用绿色建筑材料的性能及其应用

6.4.1 生态水泥和绿色混凝土

1)水泥和混凝土

(1)生态水泥

生态水泥(eco-cement)是以生态环境(ecology)与水泥(cement)相结合的成语而命名的。这种水泥以城市垃圾烧成的灰烬和下水道污泥为主要原料,经过处理配料,并通过严格的生产管理而制成的工业产品。与普通水泥相比,生态水泥的最大特点是凝结时间短,强度发展快,属于早强快硬水泥。

(2)绿色混凝土

使用与高性能水泥同步发展的高活性掺合料(矿渣粉掺合料,优质粉煤灰掺合料等),大量替代(最多可达到 60%~80%)水泥,可以制成“绿色混凝土”(GHPC)。它节约能源、土地和石灰石资源,是混凝土绿色化的发展方向,见表 6.4。

表 6.4 可泵性绿色混凝土参考配合比

强度等级	配合比材料用量(kg/m^3)						坍落度(cm)	抗渗等级	各龄期强度(MPa)			压力泌水率(%)
	水泥	砂	石子	水	粉煤灰	外加剂			7 d	28 d	60 d	
C8	170	838	1 024	180	153	0.595	150	≥S10	6.9	17.6	28.1	15.3
C13	200	832	1 018	180	130	0.7	140	≥S10	8.8	20.5	31.0	17.1
C18	230	848	1 036	180	105	0.805	145	≥S10	10.8	24.0	34.8	18.0

(3)绿化混凝土

绿化混凝土是指能够适应绿色植物生长的混凝土及其制品。绿化混凝土用于城市的道路两侧或中央隔离带以及水边护坡(图 6.1)、楼顶(图 6.2)、停车场等部位,可以增加城市的绿色空间,绿化护坡,美化环境,保持水土,调节人们的生活情趣,同时能够吸收噪声和粉尘,符合可持续发展的原则,与自然相协调,是具有环保意义的混凝土材料。

图 6.1　绿化混凝土护坡

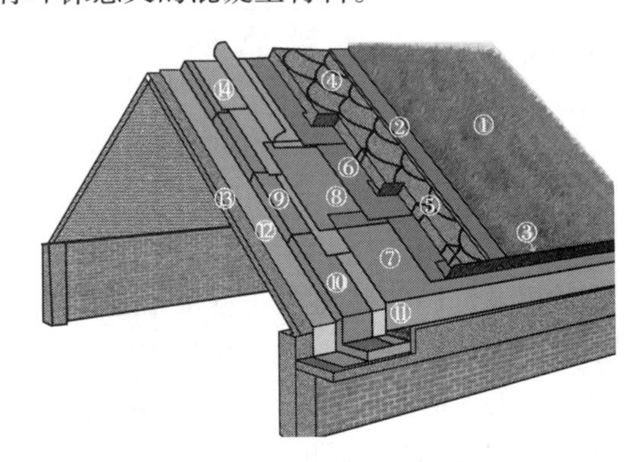

图 6.2　绿化混凝土屋顶

(4)再生混凝土

以经过破碎的建筑废弃混凝土作为集料而制备的混凝土。它是利用建筑物或者构筑物解体后的废弃混凝土,经过破碎后全部或者部分代替混凝土中的砂石配制而成的混凝土。

2)墙体材料

传统的墙体材料主要是黏土砖,其已不能满足现代建筑的需求,不符合可持续发展的要求,也不能满足绿色建材的发展要求。因为目前的绿色墙体材料主要包括烧结砖、混凝土砌块、蒸压砖、硅钙板、石膏板、GRC 板、纤维复合板、复合墙板、秸秆板等。目前,大多数新型墙体材料具有质轻、保温、节能的优点,便于工厂化生产和机械化施工,生产与使用过程中节约能耗,可以扩大建筑的使用面积,减少建筑的基础费用等优点。

(1)烧结砖

烧结砖由烧结普通砖、烧结多孔砖和烧结空心砖等种类。

①烧结普通砖又称标准砖,它是由煤矸石、页岩、粉煤灰或黏土为主要原料,经塑压成型制坯,干燥后经焙烧而成的实心砖,国内统一外形尺寸为 240 mm×115 mm×53 mm,如图 6.3 所示。

②烧结多孔砖,分为 P 型和 M 型,为大面有空的直角六面体,其孔洞率不大于 35%,孔的尺寸小而数量多,主要用于承重部位的砖,砌筑时孔洞垂直于受压面,如图 6.4 所示。

③烧结空心砖就是孔洞率不小于 40%,孔的尺寸大而数量少的烧结砖。砌筑时孔洞水平,主要用于框架填充墙和自承重隔墙,如图 6.5 所示。

图 6.3　烧结普通砖

图 6.4　烧结多孔砖

图 6.5　烧结空心砖

（2）蒸压加气混凝土砌块

蒸压加气混凝土是一种轻质、小气泡均匀分布的新型节能、环保墙体材料，由水泥、河砂、石灰、矿渣、石膏铝粉和水等原材料经球磨、搅拌、配料、切割、高温蒸压养护而成。它具有如下一些特点：容重轻、耐火隔声、保温隔热、可加工性、抗震性好。蒸压加气混凝土砌块（图6.6）与加气混凝土空心砌块（图6.7）都含有大量微小、非连通的气孔，空隙率达70%~80%。

图6.6　蒸压加气混凝土砌块

图6.7　加气混凝土空心砌块

（3）硅酸钙板

硅酸钙板是美国OCDG公司发明的一种性能稳定的新型建筑材料（图6.8）。20世纪70年代首先在发达国家推广使用并发展起来。硅酸钙板是以硅质材料（石英粉、硅藻土等）钙质材料（水泥、石灰等）和增强纤维（纸浆纤维、玻璃纤维、石棉等）为原料，经过制浆、成坯、蒸养、表面砂光等工序制成的轻质板材。

（4）GRC板

玻璃纤维增强水泥（GRC）是20世纪70年代出现的一种新型复合材料。GRC制品通常采用抗碱玻璃纤维和低碱水泥制备。制备方法有注浆法成型、挤出法成型和流浆法成型等工艺。GRC制品具有高强、抗裂、耐火韧性好、保温、隔声等一系列优点。特别适宜用于新型建筑的内、外墙体及建筑装饰的板材。GRC可以替代实心黏土砖，从而节约资源和能源，保护环境。如图6.9所示，为彩色GRC装饰板。

图6.8　硅酸钙板

图6.9　彩色GRC装饰板

（5）石膏制品

石膏制品是以天然石膏矿石为主要原料，经过破碎、研磨、炒制，由生石膏（$CaSO_4$·

$2H_2O$)制成熟石膏$\left(CaSO_4 \cdot \frac{1}{2}H_2O\right)$,并用于各类石膏制品的生产,生产中根据不同制品的性能要求和工艺要求,再加入水、纤维、胶黏剂、防水剂、缓凝剂等,使半水石膏(熟石膏)硬化并还原为二水石膏,遂可制成石膏板、石膏粉刷材料等建筑制品。建筑中广泛应用石膏制品,不但可以减少毁土和烧砖量,保护珍贵的土地资源,同时可以节约生产能耗和建筑的使用能耗。另外,由于石膏制品具有“呼吸”功能,当室内空气干燥时,石膏中的水分会释放出来;当室内湿度较大时,石膏又会吸入一部分水分,因此可以调节室内环境。加上纯天然材料无毒、无味、无放射性等性能,该材料符合绿色建材的主要特征。

①纸面石膏板。纸面石膏板(图 6.10)是以石膏芯材及与其牢固结合在一起的护面纸组成,分普通型、耐水型、耐火型三种。以耐火型、耐水型等为代表的特种纸面石膏板有效提高了纸面石膏板在耐火、耐水等建筑工程中的应用等级。

②石膏空心条板。石膏空心条板以建筑石膏和纤维为原料,采用半干法压制而成,是一种新型轻质、高强、防火的建筑板材。该板材具有墙面平整,吊挂力大,安装简便,不需龙骨且施工劳动强度低、速度快的特点。

③石膏砌块。石膏砌块是以建筑石膏为原料,经料浆拌和浇注成型、自然干燥或烘干这些工序而制成的轻质块状隔墙材料(图 6.11)。

图 6.10　纸面石膏板

图 6.11　轻质块状隔墙材料

3)保温隔热材料

保温隔热材料的保温功能性指标的好坏是由材料的导热系数的大小决定的,导热系数越小,保温功能越好。一般情况下,导热系数小于 0.23 W/(m·k)的材料称为绝热材料,导热系数小于 0.14 W/(m·k)的材料称为保温材料;保温材料品种繁多,按材质可分为无机保温材料、有机保温材料和复合保温材料。目前应用比较广泛的品种主要有岩棉、矿渣棉、玻璃棉、超细玻璃棉、硅酸铝纤维、微孔硅酸钙和微孔硬质硅酸钙、聚苯乙烯泡沫塑料(EPS)、挤塑聚苯乙烯泡沫塑料(XPS)、酚醛泡沫塑料等及它们的各种各样的制品和深加工的各类产品系列,还有绝热纸、绝热铝箔等。下面主要介绍在建筑工程中广泛使用的保温砂浆和聚苯乙烯泡沫塑料保温板。

(1)保温砂浆

保温砂浆是以各种轻质材料为骨料,以水泥为胶凝料,掺和一些改性添加剂,经生产企业搅拌混合而制成的一种预拌干粉砂浆。主要用于建筑外墙保温,具有施工方便、耐久性好等优点。

市面上的保温砂浆主要为两种:一种是无机保温砂浆(玻化微珠防火保温砂浆、复合硅酸铝保温砂浆、珍珠岩保温砂浆),其以无机玻化微珠(也可用闭孔膨胀珍珠岩代替)作为轻骨料,加由胶凝材料、抗裂添加剂及其他填充料等组成的干粉砂浆。具有节能利废、保温隔热、防火防冻、耐老化的优异性能以及低廉的价格等特点,有着广泛的市场需求。另一种是有机保温砂浆(胶粉聚苯颗粒保温砂浆),由聚苯颗粒加由胶凝材料、抗裂添加剂及其他填充料等组成的干粉砂浆。如 EPS 保温砂浆是以聚苯乙烯泡沫(EPS)颗粒作为主要轻骨料,以水泥或者石膏等作为胶凝材料,加入其他外加剂配制而成。如图 6.12 所示为外墙保温构造,图 6.13 为聚苯颗粒保温砂浆块。保温砂浆及其相应体系的抗裂砂浆,适应于多层及高层建筑的钢筋混凝土、加气混凝土、砌砖、烧结砖和非烧结砖等墙体的外保温抹灰工程以及内保温抹灰工程,对于当今各类旧建筑物的保温改造工程也很适用。

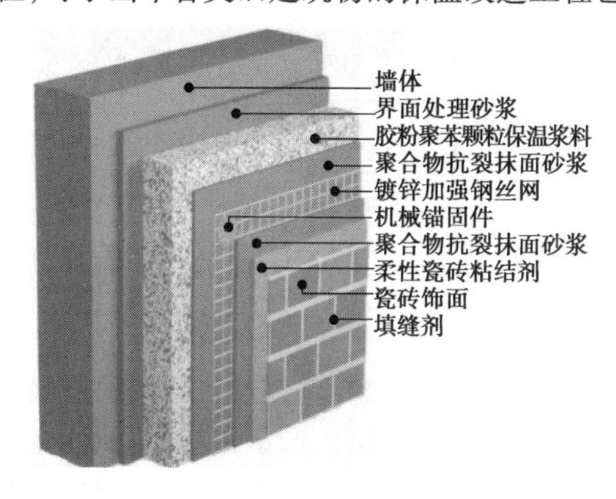

图 6.12　外墙保温构造

图 6.13　聚苯颗粒保温砂浆块

(2)聚苯乙烯泡沫塑料(EPS)保温板

聚苯乙烯泡沫塑料(EPS)保温板是由聚苯乙烯加入阻燃剂,用加热膨胀发泡工艺制成的具有微细闭孔结构的泡沫塑料板材。EPS 保温板具有重量轻、隔热性能好、隔声性能优、耐低温性能强的特点,还具有一定弹性、低吸水性和易加工等优点,广泛应用于建筑外墙外保温和屋面的隔热保温系统。

4)建筑玻璃

建筑玻璃是体现建筑绿色度的重要内容。应用于绿色建筑中的玻璃除了具有普通玻璃的功能外,还需要满足保温、隔热、隔声、安全等新的功能和要求。绿色建筑玻璃的主要类型有吸热玻璃、中空玻璃、热反射玻璃、低辐射玻璃和真空玻璃五类。

(1)吸热玻璃

吸热玻璃又名有色玻璃(图 6.14),指加入彩色艺术玻璃着色剂后呈现不同颜色的玻璃。有色玻璃能够吸收太阳可见光,减弱太阳光的强度,玻璃在吸收太阳光线的同时自身温度提高,容易产生热涨裂。有色玻璃在很多地方都有应用,在我们的生活中,有色玻璃随处可见。不仅仅在室内的装修,在汽车的玻璃上,一般都会安装暗色调的玻璃,太阳眼镜也都是有色的玻璃镜片,以及各种装饰性的灯罩,为了绚丽的颜色,都会装上有颜色的玻璃灯罩。

(2)中空玻璃

中空玻璃是用两片(或三片)玻璃,使用高强度高气密性复合粘结剂,将玻璃片与内含干燥剂的铝合金框架相粘结,制成的高效能隔音隔热的玻璃(图 6.15)。中空玻璃多种性能优越于普通双层玻璃,因此得到了世界各国的认可。其主要材料是玻璃、暖边间隔条、弯角栓、丁基橡胶、聚硫胶、干燥剂。它具有良好的隔热、隔音、美观适用等性能。中空玻璃主要用于需要采暖、空调、防止噪声或结露以及需要无直射阳光和特殊光的建筑物上。广泛应用于住宅、饭店、宾馆、办公楼、学校、医院、商店等需要室内空调的场合,也可用于火车、汽车、轮船、冷冻柜的门窗等处。

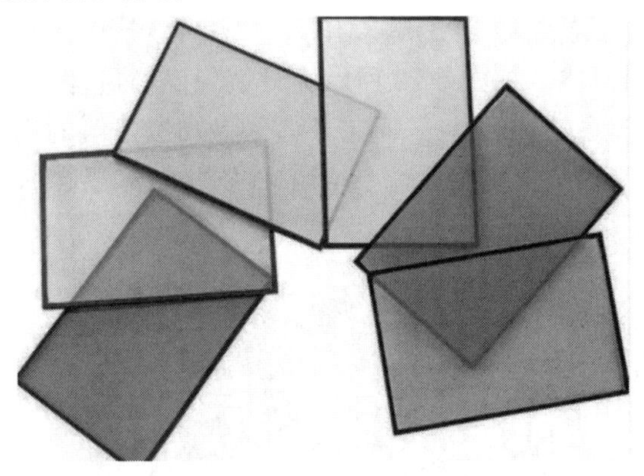

图 6.14 吸热玻璃

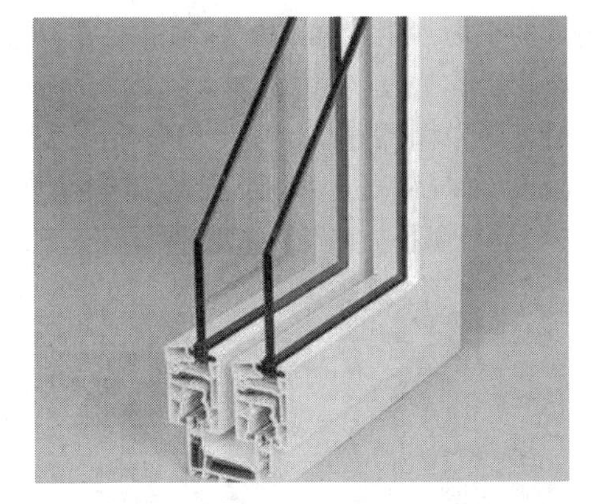

图 6.15 中空玻璃

(3)热反射玻璃

热反射玻璃又称阳光控制镀膜玻璃(图 6.16),是一种对太阳光具有反射作用的镀膜玻璃,通常是采用物理或化学方法在优质浮法玻璃的表面镀一层或多层金属或金属氧化物薄膜而成的,其膜色使玻璃呈现丰富的色彩。首先,热反射玻璃对光线具有反射和遮蔽的作用,热反射玻璃对可见光的透过率在 20%~65%,它对阳光中热作用强的红外线和近红外线的反射率可高达 50%,而普通玻璃只有 15%;其次,镀金属膜的热反射玻璃,具有单向透像的特性,它的迎光面具有镜子的特性,而在背面则如窗玻璃那样透明,即在白天能在室内看到室外景物,而在室外却看不到室内的景象,对建筑物内部起到遮蔽及帷幕的作用,而在晚上的情形则相反;热反射玻璃具有强烈的镜面效应,因此也称为镜面玻璃。用这种玻璃作玻璃幕墙,可将周围的景观及天空的云彩映射在幕墙之上,构成一幅绚丽的图画,使建筑物与自然环境能够完美的和谐。

(4)低辐射玻璃

低辐射玻璃又称 Low-E 玻璃,是在玻璃表面镀上多层金属或其他化合物组成的膜系产品。其镀膜层具有对可见光高透过及对中远红外线高反射的特性,使其与普通玻璃及传统的建筑用镀膜玻璃相比,具有优异的隔热效果和良好的透光性。Low-E 中空玻璃对波长为 0.3~2.5 μm 的太阳能辐射具有 60%以上的透过率,白天来自室外辐射的能量可大部分透过,但夜晚和阴雨天气,来自室内物体的热辐射约有 50%以上被其反射回室内,仅有少于 15%的热辐射被其吸收后通过再辐射和对流交换散失,故可有效地阻止室内的热量泄向室外。Low-E 玻璃的这一特性,使其具有控制热能单向流向室外的作用。Low-E 中空玻璃的工作原理如图 6.17所示。

图 6.16 热反射玻璃

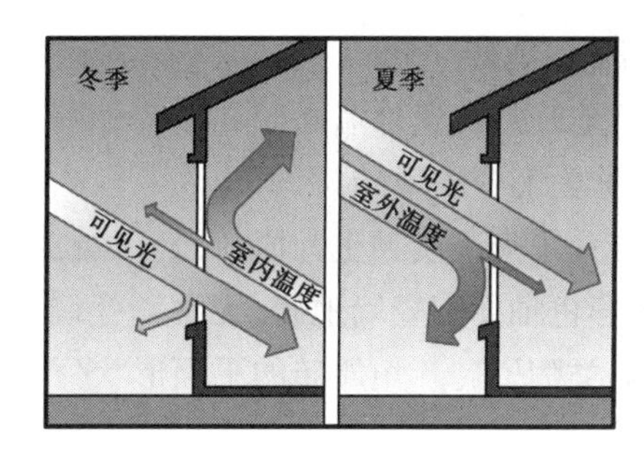

图 6.17 Low-E 中空玻璃工作原理

(5)真空玻璃

真空玻璃是一种新型玻璃深加工产品,是基于保温瓶原理研发而成。真空玻璃的结构与中空玻璃相似,其不同之处在于真空玻璃空腔内的气体非常稀薄,几乎接近真空。真空玻璃是将两片平板玻璃四周密闭起来,将其间隙抽成真空并密封排气孔,两片玻璃之间的间隙为0.1~0.2 mm,真空玻璃的两片一般至少有一片是低辐射玻璃,这样就将通过真空玻璃的传导、对流和辐射方式散失的热降到最低,具有良好的节能、隔热、降噪的效果。

5)陶瓷砖

根据《陶瓷砖》(GB/T 4100)的相关规定,陶瓷砖按材质分为瓷质砖(吸水率≤0.5%)、炻瓷砖(0.5%<吸水率≤3%)、细炻砖(3%<吸水率≤6%)、炻质砖(6%<吸水率≤10%)、陶质砖(吸水率>10%)。按其应用特性分类,可分为釉面内墙砖、墙地砖、陶瓷锦砖。

(1)釉面内墙砖

陶瓷砖可分为有釉陶质砖和无釉陶质砖两种。其中以有釉陶质砖即釉面内墙砖应用最为普遍,属于薄形陶质制品(吸水率>10%,但不大于21%)。釉面内墙砖采用瓷土或耐火黏土低温烧成,胚体呈白色或浅褐色,表面施透明釉、乳浊釉或各种色彩釉及装饰釉。釉面内墙砖按形状可分为通用砖(正方形、矩形)和配件砖;按图案和施釉特点,可分为白色釉面砖、彩色釉面砖、图案砖、色釉砖等。

釉面内墙砖强度高,表面光亮、防潮、易清洗、耐腐蚀、变形小、抗急冷急热。表面细腻、色彩和图案丰富,风格典雅,极富装饰性。

釉面内墙砖是多孔陶质胚体,在长期与空气接触的过程中,特别是在潮湿的环境中使用,胚体会吸收水分,产生吸湿膨胀现象,但其表面釉层的吸湿膨胀性很小,与胚体结合得又很牢固,所以,当胚体吸湿膨胀时会使釉面出于张拉应力状态,超过其抗拉强度时,釉面就会发生开裂。尤其是用于室外,经长期冻融,会出现表面分层脱落、掉皮现象。所以釉面内墙砖只能用于室内,不能用于室外。

釉面内墙砖的技术要求为尺寸偏差、平整度、表面质量、物理性能和抗化学腐蚀性。其中,物理性能的要求为:吸水率平均值大于10%;破坏强度和断裂模数、抗热震性、抗釉裂性应合格或检验后报告结果。

釉面内墙砖主要用于民用住宅、宾馆、医院、学校、试验室等要求耐污、耐腐蚀、耐清洗的场所或部位,如浴室、厕所、盥洗室等,既有明亮清洁之感,又可以保护基体,延长使用年限。用于厨房的墙面装饰,不但需要清洗方便,还应兼有防火功能。

(2)陶瓷墙地砖

陶瓷墙地砖是陶瓷外墙面砖和室内外陶瓷铺地砖的统称。这类砖在材质上可满足墙地两用,故统称为陶瓷墙地砖。

墙地砖采用陶土质黏土为原料,经压制成型再高温焙烧而成,胚体带色。根据表面施釉与否,分为彩色釉面陶瓷墙地砖、无釉陶瓷墙地砖和无釉陶瓷地砖,前两类属于炻质砖,后一类属于细炻类陶瓷砖。炻质砖的平面形状分为正方形和长方形两种,其中长宽比大于 3 的通常称为条砖。

陶瓷墙地砖具有强度高、致密坚实、耐磨、吸水率小(<10%)、抗冻、耐污染、易清洗、耐腐蚀、耐急冷急热、经久耐用等特点。

炻质砖的技术指标为:尺寸偏差、边直度、直角度和表面平整度、表面质量、物理力学性能与化学性能。其中物理性能与化学性能的要求为:吸水率的平均值不大于 10%;破坏强度和断裂模数、耐热震性、抗釉裂性、抗冻性、地砖的摩擦系数、耐化学腐蚀应合格或检验后报告结果。

无釉细炻砖的技术指标为:尺寸偏差、表面质量、物理力学性能中的吸水率平均值为 $3\% < E \leqslant 6\%$,单个值不大于 6.5%;其他物理和化学性能技术要求同炻质砖。

炻质砖广泛应用于各类建筑物的外墙和柱的饰面和地面装饰,一般用于装饰等级要求较高的工程。用于不同部位的墙地砖应考虑其特殊的要求,如用于铺地时应考虑彩色釉面墙地砖的耐磨等级;用于寒冷地区的应选用吸水率尽可能小、抗冻性能好的墙地砖。

无釉细炻砖适用于商场、宾馆、饭店、游乐场、会议厅、展览馆的室内外。各种防滑无釉细炻砖也广泛用于民用住宅的室外平台、浴厕等地面装饰。

6)卫生陶瓷

(1)卫生陶瓷的分类及特点

根据国标《卫生陶瓷》(GB 6952),卫生陶瓷按吸水率分为瓷质卫生陶瓷($E \leqslant 0.5\%$)和炻质卫生陶瓷($0.5\% < E \leqslant 15\%$)。卫生陶瓷产品具有质地洁白、色泽柔和、釉面光亮、细腻、造型美观、性能良好等特点。常用的瓷质卫生陶瓷产品主要有:

①洗面器,分为壁挂式、立柱式、台式、柜式,民用住宅装饰多采用台式。

②大小便器,分为坐便器、蹲便器、小便器、净身器、洗涤器、水箱等。

(2)技术要求

陶瓷卫生产品的技术要求分为通用技术要求、功能要求和配套性技术要求。

①陶瓷卫生产品的主要技术指标是吸水率,它直接影响到洁具的清洗性和耐污性。

②耐急冷急热要求必须达到标准要求。

③便器的名义用水量限定了各种产品的用水上限,其中坐便器的普通型和节水型分别不大于 6.4 L 和 5.0 L;蹲便器的普通型分别不大于 8.0 L(单冲式)和 6.4 L(双冲式)、节水型不大于 6.0 L;小便器节水型和普通型分别不大于 4.0 L 和 3.0 L。

④卫生洁具要有光滑的表面,不易沾污亦易清洁,便器与水箱配件应成套供应。

⑤便器安装要注意排污口安装距。下排式便器为排污口中心至完成墙的距离,后排式便器为排污口中心至完成地面的距离。

7)预拌砂浆

(1)预拌砂浆的定义和分类

预拌砂浆是指由专业化厂家生产的,用于建设工程中的各种砂浆拌合物,是我国近年发展起来的一种新型建筑材料。它有别于传统现场拌和的水泥砂浆、石灰混合砂浆、石灰砂浆等,因为传统的现场拌和施工砂浆首先不能满足我国现在文明施工和环境保护的要求,其次其质量稳定性也相对较差。

预拌砂浆按性能可分为普通预拌砂浆和特种砂浆。普通砂浆主要包括砌筑砂浆、抹灰砂浆、地面砂浆。砌筑砂浆、抹灰砂浆主要用于承重墙、非承重墙中各种混凝土砖、粉煤灰砖和黏土砖的砌筑和抹灰,地面砂浆用于普通及特殊场合的地面找平。特种砂浆包括保温砂浆、装饰砂浆、自流平砂浆、防水砂浆等。其用途也多种多样,广泛用于建筑外墙保温、室内装饰修补等。

根据砂浆的生产方式,将预拌砂浆分为湿拌砂浆和干混砂浆两大类。将加水拌合而成的湿拌拌合物称为湿拌砂浆,将干态材料混合而成的固态混合物称为干混砂浆。湿拌砂浆包括湿拌砌筑砂浆、湿拌抹灰砂浆、湿拌地面砂浆和湿拌防水砂浆 4 种。因特种用途的砂浆黏度较大,无法采用湿拌的形式生产,因而湿拌砂浆中仅包括普通砂浆。干混砂浆又分为普通干混砂浆和特种干混砂浆。普通干混砂浆主要用于砌筑、抹灰、地面及普通防水工程,而特种干混砂浆是指具有特种性能要求的砂浆。比如:瓷砖黏结砂浆、耐磨地坪砂浆、界面处理砂浆、特种防水砂浆、自流平砂浆、灌浆砂浆、外保温黏结砂浆和抹面砂浆、聚苯颗粒保温砂浆和无机集料保温砂浆。

(2)预拌砂浆的原材料

预拌砂浆所涉及的原材料较多,除了通常所用的胶凝材料、集料、矿物掺合料外,还需根据砂浆性能掺加保水增稠材料、添加剂、外加剂等材料,因此砂浆的材料组成少则五六种,多的可达十几种。

为了使砂浆获得良好的保水性,通常需要掺入保水增稠材料。保水增稠材料分为有机和无机两大类,主要起保水、增稠作用,它能调整砂浆的稠度、保水性、黏聚性和触变性。常用的有机保水增稠材料有甲基纤维素、羟丙基甲基纤维素、羟乙基甲基纤维素等,以无机材料为主的保水增稠材料有砂浆稠化粉等。

此外,特种干混砂浆中通常还掺加一些填料,如重质碳酸钙、轻质碳酸钙、石英粉、滑石粉等,其作用主要是增加容量,降低生产成本,这些惰性材料通常没有活性,不产生强度。

(3)技术要求

①强度等级。根据《建筑砂浆基本性能试验方法标准》(JGJ/T 70)规定预拌砌筑砂浆以抗压强度作为其强度指标。其强度等级可分为 M5、M7.5、M10、M15、M20、M25、M30 共 7 个。

地面砂浆的强度等级是根据《建筑地面工程施工质量验收规范》规定:“水泥砂浆面层强度等级不应小于 M15”,确定了 M15、M20、M25 这 3 个等级。

普通防水砂浆具有一般的防水、防潮功能,强度较低的砂浆难以满足抗渗性能的要求,因此规定 M10、M15、M20 这 3 个强度等级,抗渗等级取为 P6、P8、P10。

②黏结强度。抹灰砂浆涂抹在建筑物的表面,除了可获得平整的表面外,还起到保护墙体的作用。抹灰砂浆容易出现的质量问题是开裂、空鼓、脱落,其原因除了与砂浆的保水性低

有关外,主要原因还与砂浆的黏结强度低有很大关系。因此,《建筑装饰装修工程质量验收规范》(GB 50210)中规定:“抹灰层与基层之间及各抹灰层之间必须黏结牢固,抹灰层应无脱层、空鼓,面层应无爆灰和裂缝”。

湿拌砂浆、普通干混砂浆的拉伸黏结强度都大于0.20 MPa,低于0.20 MPa的砂浆黏性较差、可施工性不好,因此规定抹灰砂浆、普通防水砂浆的拉伸黏结强度大于0.20 MPa,但对于M5抹灰砂浆,由于砂浆抗压强度较低,并且大部分用于室内,故规定其拉伸黏结强度不小于0.15 MPa。

③凝结时间。湿拌砂浆是由专业生产厂加水搅拌好后运到施工现场的,且运送的方量较多。由于砂浆施工仍为手工操作,施工速度较慢,砂浆不能很快使用完,需要在施工现场储存一段时间。为给施工提供方便,特别是使下午送到现场的砂浆能储存到第2天继续使用,故规定湿拌砂浆的设计凝结时间最长可达24 h,具体的凝结时间可由供需双方根据砂浆品种及施工需要而定。普通干混砂浆是在现场加水拌和的,可随用随拌,不需要储存太长时间,因而规定其凝结时间为3~8 h。

习　题

1.绿色建筑材料可以根据其特点或所使用的材料类别进行分类,其中(　　)是指在生产过程中,能够明显地降低对传统能源和资源消耗的产品。

A.节省能源和资源型　　B.环保利废型

C.特殊环境型　　D.保健功能型

2.简述绿色建筑材料的选择原则。

3.目前常见的绿色建筑材料有哪些?简述它们的性能及应用并讨论其优缺点和发展方向。

附 录

附录 1 建筑热工术语

名称	定义
建筑热工	研究建筑室外气候通过建筑围护结构对室内热环境的影响、室内外热湿作用对围护结构的影响,通过建筑设计改善室内热环境方法的学科
导热	物体中有温差时,由于直接接触的物质质点作热运动而引起的热能传递过程
对流	温度不同的各部分流体之间发生相对运动,互相掺和而传递热能的过程
辐射	温度高于绝对零度(0 K)的物体,通过电磁波传递热能的过程
围护结构	分隔建筑室内与室外,以及建筑内部使用空间的建筑部件
稳定传热	围护结构内部的温度分布和通过围护结构的传热量处于不随时间而变的稳定传热状态
热桥	围护结构中热流强度显著增大的部位
围护结构单元	围护结构的典型组成部分,由围护结构平壁及其周边梁、柱等节点共同组成
导热系数	在稳态条件和单位温差作用下,通过单位厚度、单位面积匀质材料的热流量
蓄热系数	当某一足够厚度的匀质材料层一侧受到谐波热作用时,通过表面的热流波幅与表面温度波幅的比值

续表

名称	定义
热阻	表征围护结构本身或其中某层材料阻抗传热能力的物理量
传热阻	表征围护结构本身加上两侧空气边界层作为一个整体的阻抗传热能力的物理量
传热系数	在稳态条件下,围护结构两侧空气温差为单位温差时,单位时间内通过单位面积传递的热量。传热系数与传热阻互为倒数
线传热系数	当围护结构两侧空气温差为单位温差时,通过单位长度热桥部位的附加传热量
导温系数	材料的导热系数与其比热容和密度乘积的比值,表征物体在加热或冷却时,各部分温度趋于一致的能力,也称热扩散系数
热惰性	受到波动热作用时,材料层抵抗温度波动的能力,用热惰性指标(D)来描述
表面换热系数	围护结构表面和与之接触的空气之间通过对流和辐射换热,在单位温差作用下,单位时间内通过单位面积的热量
表面换热阻	物体表面层在对流换热和辐射换热过程中的热阻,是表面换热系数的倒数
建筑物耗热量指标	在采暖期室外平均温度条件下,采暖建筑为保持室内计算温度,单位建筑面积在单位时间内消耗的、需由室内采暖设备供给的热量,单位为 W/m
太阳辐射吸收系数	表面吸收的太阳辐射热与投射到其表面的太阳辐射热之比
温度波幅	当温度呈周期性波动时,最高值与平均值之差
衰减倍数	围护结构内侧空气温度稳定,外侧受室外综合温度或室外空气温度周期性变化的作用,室外综合温度或室外空气温度波幅与围护结构内表面温度波幅的比值
延迟时间	围护结构内侧空气温度稳定,外侧受室外综合温度或室外空气温度周期性变化的作用,其内表面温度最高值(或最低值)出现时间与室外综合温度或室外空气温度最高值(或最低值)出现时间的差值
露点温度	在大气压力一定、含湿量不变的条件下,未饱和空气因冷却而到达饱和时的温度
冷凝	围护结构内部存在空气或空气渗透过围护结构,当围护结构内部的温度达到或低于空气的露点温度时,空气中的水蒸气析出形成凝结水的现象
结露	围护结构表面温度低于附近空气露点温度时,空气中的水蒸气在围护结构表面析出形成凝结水的现象
水蒸气分压	在一定温度下,湿空气中水蒸气部分所产生的压强
蒸汽渗透系数	单位厚度的物体,在两侧单位水蒸气分压差作用下,单位时间内通过单位面积渗透的水蒸气量
蒸汽渗透阻	一定厚度的物体,在两侧单位水蒸气分压差作用下,通过单位面积渗透单位质量水蒸气所需要的时间
辐射温差比	累年 1 月南向垂直面太阳平均辐照度与 1 月室内外温差的比值
建筑遮阳	在建筑门窗洞口室外侧与门窗洞口一体化设计的遮挡太阳辐射的构件

续表

名称	定义
水平遮阳	位于建筑门窗洞口上部,水平伸出的板状建筑遮阳构件
垂直遮阳	位于建筑门窗洞口两侧,垂直伸出的板状建筑遮阳构件
组合遮阳	在门窗洞口的上部设水平遮阳、两侧设垂直遮阳的组合式建筑遮阳构件
挡板遮阳	在门窗洞口前方设置的与门窗洞口面平行的板状建筑遮阳构件
百叶遮阳	由若干相同形状和材质的板条,按一定间距平行排列而成面状的百叶系统,并将其与门窗洞口面平行设在门窗洞口外侧的建筑遮阳构件
建筑遮阳系数	在照射时间内,同一窗口(或透光围护结构部件外表面)在有建筑外遮阳和没有建筑外遮阳的两种情况下,接收到的两个不同太阳辐射量的比值
透光围护结构遮阳系数	在照射时间内,透过透光围护结构部件(如:窗户)直接进入室内的太阳辐射量与透光围护结构外表面(如:窗户)接收到的太阳辐射量的比值
透光围护结构太阳得热系数	在照射时间内,通过透光围护结构部件(如:窗户)的太阳辐射室内得热量与透光围护结构外表面(如:窗户)接收到的太阳辐射量的比值
内遮阳系数	在照射时间内,透射过内遮阳的太阳辐射量和内遮阳接收到的太阳辐射量的比值
综合遮阳系数	建筑遮阳系数和透光围护结构遮阳系数的乘积

附录2　经典作品分析

2.1　Norman Foster 诺曼·福斯特代表作品

2.2　杨经文代表作品

2.3　哈桑·法赛代表作品

2.4　ThomasHerzog 托马斯

2.5　槃达(Penda)建筑事务所代表作品

2.6　WOHA 建筑事务所代表作品

2.7　Bloomberg 欧洲新
总部大楼绿色建筑策略

2.8　上海卢湾滨江 CBD 绿地集
团总部大楼绿色建筑策略

2.9　彭博中心
绿色建筑策略

2.10　KAPSARC
绿色建筑策略

2.11　厦门欣贺设计
中心绿色建筑策略

2.12　洛桑国际奥林匹克
委员会总部“奥林匹克之家”
绿色建筑策略

2.13　陕西窑洞
绿色建筑策略

2.14　福建土楼
绿色建筑策略

2.15　新疆阿以旺
绿色建筑策略

2.16　渝东南土家族
吊脚楼绿色建筑策略

2.17　邛笼民居
绿色建筑策略

2.18　北京四合院
绿色建筑策略

参考文献

[1] 刘抚英.绿色建筑设计策略[M].北京：中国建筑工业出版社，2013.
[2] 刘经强，田洪臣，赵恩西.绿色建筑设计概论[M].北京：化学工业出版社，2016.
[3] 冉茂宇，刘煜.生态建筑[M].武汉：华中科技大学出版社，2014.
[4] 吕爱民.应变建筑：大陆性气候的生态策略[M].上海：同济大学出版社，2003.
[5] 杨维菊.绿色建筑设计与技术[M].南京：东南大学出版社，2011.
[6] 王瑞.建筑节能设计[M].2 版.武汉：华中科技大学出版社，2015.
[7] 杨丽.绿色建筑设计:建筑节能[M].上海：同济大学出版社，2016.
[8] 柳孝图.建筑物理[M].3 版.北京：中国建筑工业出版社，2010.
[9] 童钧耕，王平阳，叶强.热工基础[M].3 版.上海：上海交通大学出版社，2016.
[10] 中国建筑工业出版社.建筑物理规范[M].北京：中国建筑工业出版社，1997.
[11] 刘加平，谭良斌，何泉.建筑创作中的节能设计[M].北京：中国建筑工业出版社，2009.
[12] 高祥生.住宅室外环境设计[M].南京：东南大学出版社，2001.
[13] 付祥钊.夏热冬冷地区建筑节能技术[M].北京:中国建筑工业出版社，2002.
[14] 龙惟定.建筑节能与建筑能效管理[M].北京：中国建筑工业出版社，2005.
[15] 刘念雄,秦佑国.建筑热环境[M].北京：清华大学出版社，2005.
[16] 江亿.超低能耗建筑技术及应用[M].北京：中国建筑工业出版社，2005.
[17] 朱颖心.建筑环境学[M].4 版.北京：中国建筑工业出版社，2010.
[18] 王凡，龙惟定.太阳能光导管采光技术应用现状和发展前景[J].建筑科学(08)，2008.
[19] 余晓平.建筑节能概论[M].北京：北京大学出版社，2014.
[20] 刘抚英.绿色建筑设计策略[M].北京：中国建筑工业出版社，2013.
[21] 刘加平，董靓，孙世钧.绿色建筑概论[M].北京：中国建筑工业出版社，2010.

[22] 中国建筑材料工业规划研究院.绿色建筑材料:发展与政策研究[M].北京：中国建筑工业出版社，2010.
[23] 黄显彬,邹祖银,郭子红.建筑材料[M].武汉：武汉理工大学出版社，2014.
[24] 全国一级建造师执业资格考试用书编写委员会.建筑工程管理与实务[M].北京：中国建筑工业出版社，2021.
[25] 环境保护部科技标准司，等.声环境质量标准：GB 3096—2008[S].北京:中国环境科学出版社，2008.
[26] 中国建筑科学研究院，等.太阳能供热采暖工程技术规范：GB 50495—2009[S].北京：中国建筑工业出版社，2009.
[27] 中国建筑科学研究院，等.夏热冬冷地区居住建筑节能设计标准：JGJ 134—2010[S].北京:中国建筑工业出版社，2011.
[28] 中国建筑科学研究院，等.民用建筑绿色设计规范：JGJ/T 229—2010[S].北京:中国建筑工业出版社，2011.
[29] 环境保护部科技标准司，等.建筑施工场界环境噪声排放标准:GB 12523—2011[S].北京:中国环境科学出版社，2012.
[30] 中国建筑科学研究院，等.节能建筑评价标准：GB/T 50668—2011[S].北京:中国建筑工业出版社，2014.
[31] 中国建筑科学研究院，等.夏热冬暖地区居住建筑节能设计标准：JGJ 75—2012[S].北京:中国建筑工业出版社，2013.
[32] 重庆大学，等.民用建筑室内热湿环境评价标准：GB/T 50785—2012[S].北京:中国建筑工业出版社，2012.
[33] 中国建筑科学研究院，等.民用建筑供暖通风与空气调节设计规范：GB 50736—2012[S].北京:中国建筑工业出版社，2012.
[34] 住房和城乡建设部科技发展促进中心，等.绿色办公建筑评价标准：GB/T 50908—2013[S].北京:中国建筑工业出版社，2014.
[35] 中国建筑科学研究院，等.可再生能源建筑应用工程评价标准：GB/T 50801—2013[S].北京:中国建筑工业出版社，2013.
[36] 中国建筑科学研究院，等.建筑采光设计标准：GB 50033—2013[S].北京:中国建筑工业出版社，2013.
[37] 公安部天津消防研究所，等.建筑设计防火规范：GB 50016—2014[S].2018 年版.北京：中国计划出版社，2018.
[38] 中国建筑科学研究院，等.公共建筑节能设计标准：GB 50189—2015[S].北京:中国建筑工业出版社，2015.
[39] 中国建筑科学研究院，等.民用建筑热工设计规范：GB 50176—2016[S].北京:中国建筑工业出版社，2020.
[40] 住房和城乡建设部标准定额研究所，等.民用建筑能耗标准：GB/T 51161—2016[S].北京:中国建筑工业出版社，2016.
[41] 中国城市规划设计研究院，等.城市居住区规划设计规范：GB 50180—93[S].2016 年版.北京:中国建筑工业出版社，2016.

[42] 中国建筑科学研究院有限公司，等.建筑装饰装修工程质量验收标准：GB 50210—2018[S].北京:中国建筑工业出版社，2018.
[43] 中国建筑科学研究院有限公司，等.绿色建筑评价标准：GB/T 50378—2019[S].北京:中国建筑工业出版社，2019.
[44] 中国建筑科学研究院，等.民用建筑节能设计标准(采暖居住建筑部分)：JGJ 26—95[S].北京:中国建筑工业出版社，2000.
[45] 中国建筑科学研究院，等.建筑气候区划标准：GB 50178—93[S].北京:中国计划出版社，1994.